Jetzt helfe ich mir selbst

Start-Schwierigkeiten

Dieser Wegweiser soll Ihnen helfen, bei streikendem Motor den Fehler einzukreisen. In Frage kommen fast immer nur zwei Störungsursachen: Zünd- oder Kraftstoffanlage. Der aussichtsreichste Weg: Von beiden Gruppen die Anfangsfrage beantworten und falls diese bejaht werden können, mit dem Wegweiser für die Zündanlage beginnen. Entsprechend unserer Tabelle läßt sich der

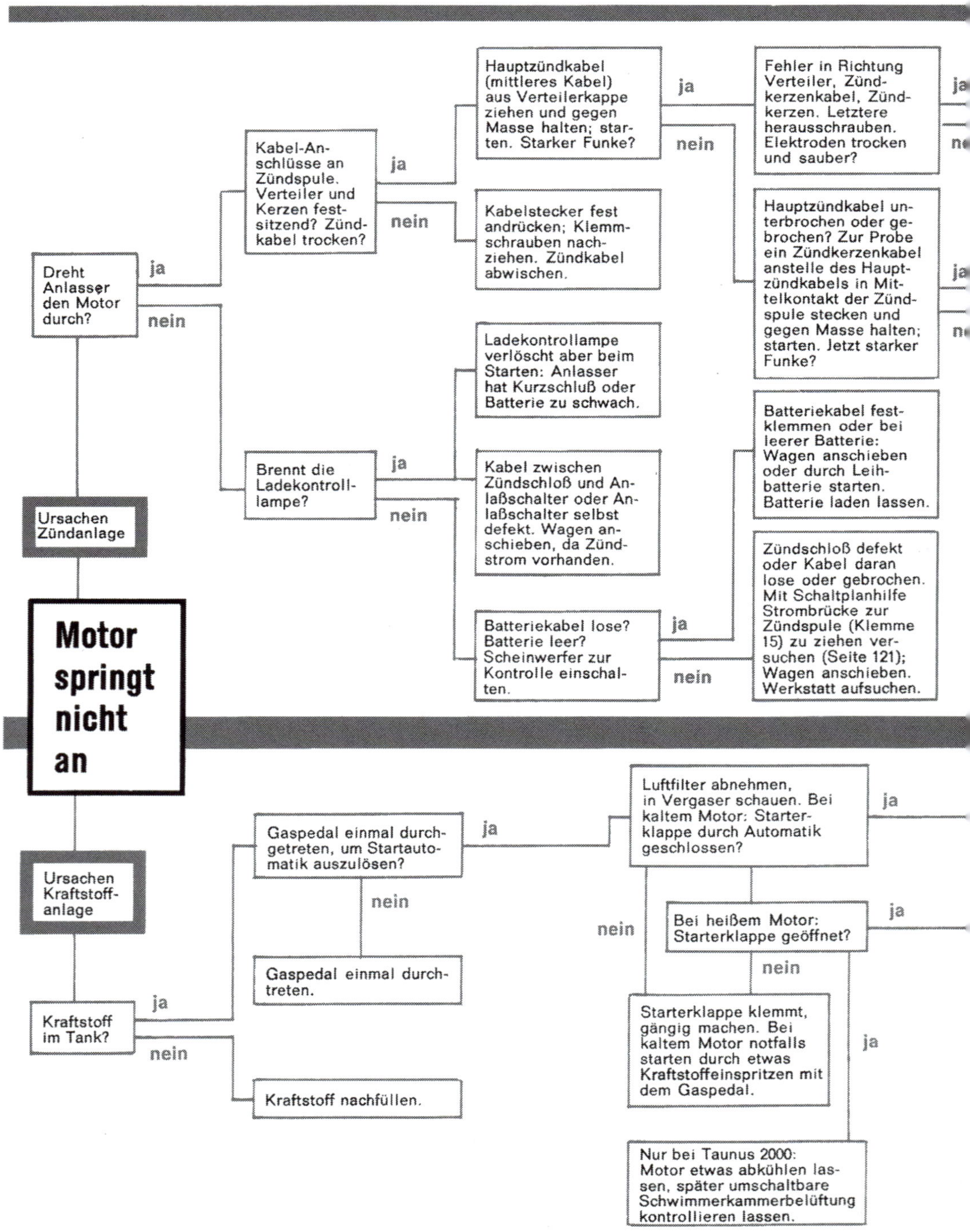

Motor auch bei Störungen, die während einer Fahrt auftreten, durchprüfen. Man beachte auch die näheren Ausführungen zu den einzelnen Punkten in den einzelnen Kapiteln und die damit verbundenen speziellen Störungshilfen, die auf den rechts unten angegebenen Seiten zu finden sind. Dieses Schema gilt sinngemäß auch für die meisten anderen Automobilfabrikate.

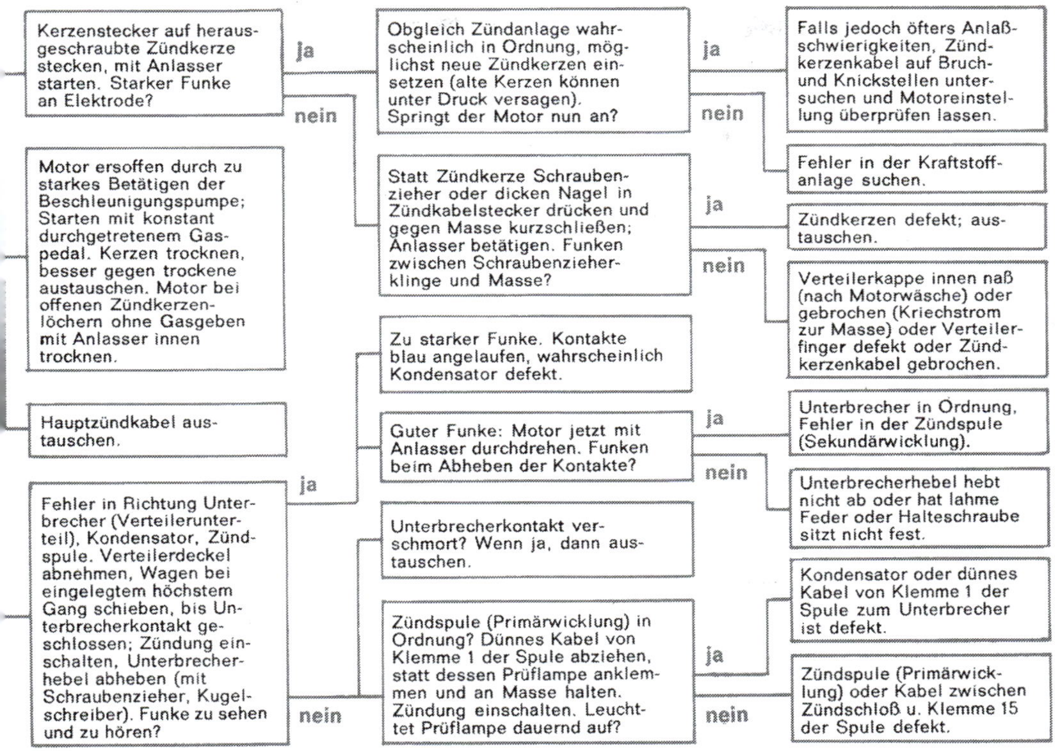

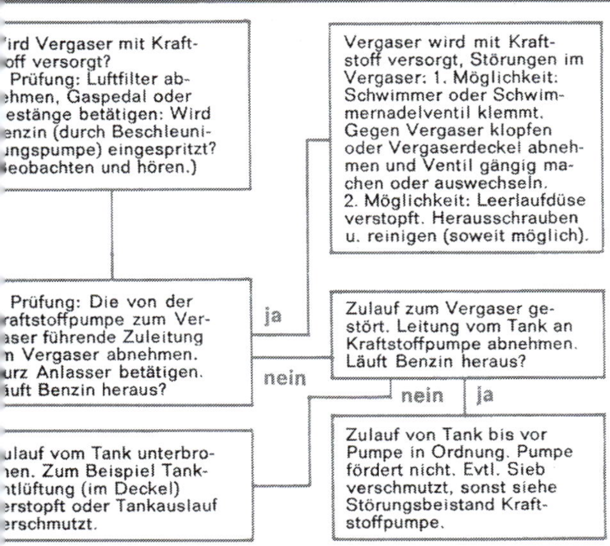

Eingehende Störungstabellen finden Sie auf den Seiten

78 Hoher Verbrauch
98 Vergaser
114 Batterie u. Lichtmaschine
118 Sicherungen
161 Radiogeräusche
166 Kupplung
178 Lenkung
188 Bremsen

Dieter Korp

Ford Escort

alle Modelle bis Ende '74

Jetzt helfe ich mir selbst

Unter Mitarbeit von
Richard Traub

Motorbuch Verlag Stuttgart

Umschlagentwurf und Buchgestaltung: Peter Werner / Siegfried Horn.
Titelbild: Richard Traub

ISBN 3-87943-249-X

Auflage Nr. 106 877.

Eine Abteilung des Buch- und Verlagshauses Paul Pietsch GmbH. & Co. KG.

Die in diesem Buch enthaltenen Ratschläge werden nach bestem Wissen und Gewissen erteilt, jedoch unter Ausschluß jeglicher Haftung.
Idee und Gestaltung des Störungsfahrplanes in der vorderen Buchklappe: Verfasser.
Fotos: Traub 64. Zeichnungen: 3.
Werk-Fotos und -Zeichnungen: Ford 45, Michelin 2, Dunlop 1, Pingo 1.
Den Schaltplan in der hinteren Buchklappe zeichnete Siegfried Blandow nach Werksunterlagen.

Druck: KN Digital Printforce GmbH, Schockenriedstraße 37, 70565 Stuttgart
Printed in Germany.

Inhaltsverzeichnis

Seite			
7	Vorwort	–	So hält man sein Auto mobil
9	Das Programm dieses Buches	–	Entwicklungshelfer
14	Prüfen ohne Werkzeug	–	Kostenbremse
21	Werkzeug und andere Hilfen	–	Trimm Dich am richtigen Fleck
	Pflege nach Plan		
30	Schaubild Motorraum	–	Was ist was im Motorraum?
31	Wartung, wann und wo	–	Alles ganz fahrplanmäßig
35	Werkstatt und Reparaturen	–	Miteinander leben
38	Schmieren aller Teile	–	Fettlebe
	Pflege des Motors		
48	Des Motors Innenleben	–	Vier Zylinder aus England
64	Kühlung und Heizung	–	Des Wassers Kraft
74	Die Kraftstoffanlage	–	Versorgungsanstalt
80	Vergaser-Beschreibung	–	Führung durch die Gasfabrik
89	Vergaser-Praxis	–	Der richtige Dreh
	Die elektrische Anlage		
101	Die Batterie	–	Strom-Silo
109	Lichtmaschine und Anlasser	–	Motoren am Motor
119	Elektrische Leitungen	–	Kabel und Klemmen
124	Die Zündanlage	–	Kunstgewitter
141	Die Beleuchtung	–	Sehmannsgarn
147	Signale	–	Kontaktpflege
150	Instrumente und Geräte	–	Stets zu Diensten
	Antrieb und Fahrwerk		
160	Die Kupplung	–	Die richtige Verbindung
165	Getriebe bis Achsantrieb	–	Die Zähne zeigen
170	Vorder-, Hinterachse und Lenkung	–	Rollender Untersatz
179	Die Bremsen	–	Stopp-Stellen
190	Räder und Reifen	–	Gewisse Rundungen
199	Die Reifenwahl	–	Profilaufnahme

Seite	**Pflege der Karosserie**		
204	Die Wagenwäsche	–	Das Bad ist frei
208	Die Lackpflege	–	Glanzvolle Taten
215	Winterschutz	–	Salz gegen Blech
218	Die Karosserie	–	Dach über dem Kopf
227	Arbeiten im Innenraum	–	Gute Stube
230	Werterhaltung	–	Lebensverlängerung
	Dies und jenes		
235	Schleppen und Abschleppen	–	Drahtseilakt
237	Technische Daten	–	Zahlen zählen
243	Änderungen	–	Entwicklungsjahre
245	Stichwortverzeichnis		
246	Erläuterungen zum Schaltplan		

Vorwort

So hält man sein Auto mobil

Leider ist es nicht mehr zu übersehen, daß uns der Besitz und der Betrieb eines Autos durch manche unverständliche Maßnahme immer teurer wird. Wir haben daher für Sie so ziemlich alle Möglichkeiten erkundet, wie und wo Sie Ihren Escort sinnvoll versorgen können, um möglichst lange Freude daran zu haben. Dazu dienen die vielen Tips zu Fahr- und Werkstattpraxis, zu Werterhaltung, Reparatur und Selbsthilfe. Hier gleich ein erster Hinweis:
Gesetzt den Fall, Sie fahren bei miesem Wetter in den Gischtfahnen anderer Autos Ihrem Ziel entgegen. Auf einmal läuft der Motor rauh und unregelmäßig. Was tun? Soll man einen teuren Abschleppdienst benachrichtigen. *)
Es ist immer gut, wenn man sich selbst zu helfen weiß. Zwar bietet die Ford-Organisation mit rund 1950 Werkstätten in der Bundesrepublik ein sehr dichtes Kundendienst-Netz. Doch trotz aller Rationalisierung, guter Ausrüstung und gutgeschultem Personal sind die Werkstätten oft überlastet. Gründe dafür gibt es viele: Moderne Autos werden zusehends komplizierter, was Wartung und Kundendienst erschwert. Das trifft auf den Escort nicht unbedingt zu, denn bei seiner Entwicklung wurde besonders auf lange Lebensdauer und Wartungsfreiheit bzw. -vereinfachung geachtet. Aber Ford hat eine besonders breite Typenpalette und Arbeitszeit und Personal werden knapper, dazu steigen Arbeits- und Teilepreise langsam aber stetig an. Umso besser, wenn man seine Werkstatt mit einfacheren Arbeiten erst gar nicht behelligen muß.
Für Ihren Escort haben Sie eine Betriebsanleitung bekommen, die Auskunft über die Bedienung und einige wichtige Betriebsdaten gibt. Das vorliegende Buch will mehr. Es soll die Betriebsanleitung erheblich ergänzen in Richtung Eigenpflege, Selbsthilfe, Störungsbeistand und Werterhaltung, ohne ein Reparatur-Leitfaden im Sinne eines Werkstatt-Handbuchs zu sein. Vernünftig angewendet, kann das im Buch Enthaltene dabei helfen, Zeit, Geld und Ärger zu sparen.
Allen freundlichen Leuten, die bei der Herausgabe dieses Buches geholfen haben, sei hiermit herzlicher Dank abgestattet.

Die Verfasser

---

* Vielleicht sind nur die Zündkabel naß geworden, so daß der Motor nur auf zwei oder drei Zylindern arbeitet. Evtl. genügt es schon, die Kabel zu trocknen und mit einem Kontaktspray einzusprühen. Oder es hat sich über einen längeren Zeitraum ein Zündkabel im Verteilerdeckel oder an den Zündkerzen gelockert und braucht nur eingedrückt zu werden. Keinesfalls längere Strecken mit nur zwei oder drei arbeitsfähigen Zylindern weiterfahren! Sonst: Ungleichmäßige Lagerbelastung und unverbrannter Kraftstoff spült in den nicht arbeitenden Zylindern die Schmierschicht ab, Kolbenklemmer können die Folge sein.

So fährt man kaum zu seiner täglichen Arbeit, noch zum Einkaufen. In diesem Ford Escort hat man Höheres im Sinn: Man möchte die härteste Langstreckenprüfung der Welt gewinnen, die Safari-Rallye in Afrika. Das ist tatsächlich einer englischen Mannschaft 1972 geglückt. Hier schlingert der Siegerwagen dem Sieg entgegen. Zwar sind Wettbewerbswagen wie dieser Schlagloch-Verächter technisch besonders präpariert, aber auch bei Alltagswagen hat man es weitgehend in der Hand, durch gewissenhafte Wartung und Pflege einiges zu gewinnen. Das ist der tiefere Sinn dieses Buches. Der Ford Escort ist unkompliziert, er macht es einem leichter, ihn zu betreuen. (Werkfoto Bilstein)

Entwicklungshelfer

Selbsthilfe und Sparen am rechten Fleck haben wir zum Programm dieses Buches erhoben. Dazu gehört, rechten Nutzen aus dem Inhalt zu ziehen, der die Erfahrungen der Fahrer- und Werkstattpraxis, viele Ratschläge für den Fahrbetrieb und die Pflege Ihres Escort zusammenfaßt. Sie können am meisten davon profitieren, wenn Sie das Buch immer parat haben: Um in einer ruhigen Stunde etwa eine theoretische Erklärung anzugehen, um bei einer Störung den Fehler rasch einzukreisen, beim Basteln oder Reparieren einen Arbeitsablauf zu verfolgen, sich auf den Umgang und das richtige Verhalten in der Werkstatt vorzubereiten oder beim Kauf eines Zubehörs oder Schmiermittels sich rechtzeitig zu informieren. Das Buch wie einen Roman zu verschlingen lohnt sich höchstens dann, wenn Sie gar keine Ahnung vom Auto haben und sich deshalb einen ersten Überblick verschaffen wollen.

Erste Hilfe

Hilfestellung für Suche und geldsparende Nutzung geben wir im Buch selbst: Den Störungsfahrplan in der vorderen, den farbigen Schaltplan in der hinteren Buchklappe, dazu Inhaltsverzeichnis und Stichwortverzeichnis zum raschen Auffinden der interessierenden Sachpunkte. Bleibt nur noch darauf hinzuweisen, daß Sie das Buch nicht im Bücherschrank verstauben lassen, sondern dort deponieren, wo Sie es am einfachsten zur Hand haben. Und das ist meistens das Ablagefach Ihres Escort!
Oft genügt dann einfaches Nachschlagen – und Sie können entscheiden, ob Sie mit bordeigenen Mitteln selbst flottkommen oder ob Sie Hilfe brauchen. Durch schnelles „Gewußt wie“ kann man so manchmal das teure Abschleppen vermeiden, das meist mehr als einen Fünfzigmarkschein kostet, und noch aus eigener Kraft eine Werkstatt anlaufen. Es sei denn, ein Unfall hemmte die weitere Fortbewegung.

Nützliches Steckenpferd

Jenen Autofahrern, die nicht unters Blech schauen wollen oder einen Horror vor dem Praktischen haben, möchten wir empfehlen, ihre Vorbehalte vor dem Innenleben ihres Automobils abzulegen. Vieles ist nämlich einfacher als man glaubt. Fahren Sie einmal in einer stillen Stunde – am Wochenende oder im Urlaub – auf einen ruhigen Platz oder in einen abgelegenen Winkel. Öffnen Sie die Motorhaube oder kriechen Sie unter den Wagen und schauen Sie sich die Teile sozusagen „unverbindlich“ an. Schon dabei fallen Ihnen die Anfangsgründe einiger Prüfungen in den Schoß, die im Wartungsplan des Werks enthalten sind: Wie sehen die Zündleitungen aus, sauber oder verschmutzt? Sind die Bremsschläuche, Stoßdämpfer oder Kühlwasserschläuche trocken? Steht die Bremsflüssigkeit und die Kühlflüssigkeit hoch genug? So fängt es an und so hat schon mancher Autofahrer Geschmack am Praktischen – und am Sparen gefunden!

Hobby-Pflege

Vielen Autofahrern bedeutet ihr fahrbarer Untersatz mehr als nur eine Maschine zur Fortbewegung. Sie freuen sich am Anblick ihres Autos, fahren es mit Genuß und möchten es mit Sorgfalt hegen und pflegen. Das ist auch realistisch, denn so ernüchternd es klingt: das Auto ist ein Gegenstand, der aus verschiedenen Verschleißteilen zusammengebaut ist, die unterschiedlich lange leben. Man muß also die Teile pflegen, die vorzeitig verschleißen könnten. Andererseits geschieht es nicht selten, daß ein liebevoll umhegtes Auto in Wirklichkeit zu Tode gepflegt wird. Das ist leider möglich, wenn es an der rechten Sachkenntnis gebricht und an der richtigen Wahl der Hilfsmittel fehlt.
Die Selbstpflege braucht sich keineswegs auf die Wochenend-Wagenwäsche zu beschränken – hier wird allzuleicht gesündigt. Bald werden Sie feststellen, daß viele der regelmäßigen technischen Wartungsmaßnahmen ohne großen Aufwand und ohne besondere Mühe selbst vorzunehmen sind. So gibt das Buch Hilfestellung als zuverlässiger Hobby-Berater, denn die regelmäßige Ausführung selbst leichter Pflegearbeiten fördert die Zuverlässigkeit Ihres Escort und erspart Umständlichkeiten oder gar einen vorzeitigen Werkstattbesuch – der Teufel liegt bekanntlich im Detail!

Gedruckte Verführung

Bei zunehmender Erfahrung stellt mancher Autobesitzer gelegentlich fest, daß er seinen Wagen der Werkstatt zur Wartung nur deshalb weggab, weil sich im Kundendienst-Scheckheft ein Blatt für den gerade erreichten Kilometerstand vorfand, dem Wagen in Wirklichkeit aber eigentlich gar nichts fehlte. Kann man daraus dem Fahrzeughersteller den Vorwurf machen, er locke die Autobesitzer unnötig in die Werkstatt (was ja schließlich Geld und Zeit kostet)? Keineswegs, denn die regelmäßig vorgeschriebenen Wartungs- und Pflegearbeiten müssen notgedrungen ein Kompromiß aus der Vielzahl unterschiedlichster Beanspruchungen sein, denen die Wagen in der Fahrpraxis unterworfen sind. Der eine fährt seinen Escort nur bei gutem Wetter oder am Wochenende, der andere muß immer und auf allen Sorten von Straßen fahren. Stadtfahrten oder Schleichfahrten bei Autobahnstauungen beanspruchen den Wagen grundsätzlich anders als schnelle Fahrten auf „Landstraßen letzter Ordnung“. Das erfordert bei der Aufstellung der Wartungspläne im Kundendienst-Scheckheft einen „Sicherheitsfaktor“, der auch höchste Beanspruchung einzelner Auto-Teile berücksichtigt.
Man kann daher bei ausreichender Erfahrung und sorgfältiger Überlegung die Wartung des Wagens in gewisser Weise seinen eigenen Fahrverhältnissen anpassen, ohne an der Verkehrssicherheit etwas zu versäumen. Man braucht sich also nicht ängstlich an die Kilometer-Abstände im Kundendienstheft zu halten. Geringfügige Überschreitungen spielen vor allem dann keine Rolle, wenn es sich nicht um besonders strapazierte Teile (als Folge einseitiger ungünstiger Fahrbedingungen) handelt.
Diese individuelle Wagen-Wartung gibt es zunehmend auch bei den Ford-Werkstätten durch das Diagnostic-System. Hier wird der Escort erstmal durchgeprüft; repariert, neu eingestellt und gewartet wird nur dann, wenn es notwendig ist. So spart die Werkstatt Zeit und Geld – und mit ihr auch der Autofahrer.

Gezielte Inspektionsarbeiten

Es gibt nicht wenige Autofahrer, die nach der Garantiezeit alles, was sie sich an Wartungsarbeiten selbst zutrauen, in unterhaltsamen Hobbystunden regelmäßig erledigen und nur noch aus zwei Gründen die Werkstatt aufsuchen: Wenn tatsächlich Störungen oder Schäden die Hilfe des Fachmannes

erfordern oder wenn wichtige Wartungsarbeiten notwendig erscheinen, die entsprechendes Wissen, Geschick und spezielle Werkstatthilfsmittel erfordern.
Das sind vor allem jene Wartungsarbeiten, die in unserem Wartungsplan auf Seite 31 mit „W" (= Werkstatt) gekennzeichnet sind, bei der Selbstpflege-Wartung „übrig" bleiben können, natürlich nicht versäumt werden dürfen und wesentlich schneller und preiswerter als ein kompletter Wartungsdienst von der Werkstatt erledigt werden.
Wer hauptsächlich an Selbstbedienungs-Tankstellen sein Benzin zapft, kommt ohne ein bestimmtes Maß an Eigenkontrolle nicht aus. Dazu wären vor allem jene Kontrollen zu nennen, die sowieso nicht nur bei jedem offiziellen Wartungsdienst, sondern in wesentlich kürzeren Zeitabständen vorgenommen werden müssen:

- Beleuchtung
- Batteriesäurestand
- Bremsflüssigkeitsstand
- Keilriemenspannung
- Kühlflüssigkeitsstand
- Motorölstand
- Reifenluftdruck und -zustand
- Sauberkeit der Zündanlage
- Wirkung der Bremsen

Spezialisten und Helfer

Sie haben zum Ford Escort dieses Buch erworben und damit gewissermaßen ein Anrecht darauf, zu erfahren, wie Sie mit möglichst wenig Aufwand möglichst lange Ihren Wagen genießen können. Natürlich gibt es Grenzen der Selbsthilfe, sei es aus Mangel an Gelegenheit, Werkzeug oder praktischer Veranlagung. Wir sagen Ihnen in den betreffenden Absätzen, wann der Fachmann angebracht ist. Dann fühlt man sich naturgemäß zu den Ford-Werkstätten hingezogen, die in der Regel mit den modernsten Geräten ausgerüstet sind. Davon gibt es in der Bundesrepublik rund 1950. Dort sitzen die Spezialisten für Ihren Escort.
Aber in manchen komplizierten Fällen ist es trotzdem vorteilhafter, einen Spezialisten für Einzelaggregate aufzusuchen. Wir denken da an folgende Möglichkeiten:

Vergaser-Dienste

Solex-Vertretungen sind für Probleme des Vergasers und der Kraftstoffpumpe zuständig, auch wenn Ihr Escort einen Ford- oder Webervergaser hat. Die Liste der Solex-Dienste im In- und Ausland schickt die Pierburg GmbH & Co KG, 4040 Neuss 13, Postfach 838, auf Anforderung. Fast immer haben die Solex-Dienste auch Motorprüfstände, auf denen man Vergaser- und Zündeinstellung optimal aufeinander einstellen kann.

Auto-Elektrik-Werkstätten

Dazu zählen auch die Bosch-Vertretungen, für alle Fragen der Autoelektrik. Dort beschränkt man sich keineswegs nur auf die Zündkerzen oder die Scheinwerfer, sondern es stehen dort teil- oder vollelektronische Motortestgeräte für die Prüfung der Zündung, für die richtige Zündeinstellung und die günstigste Abstimmung der Vergasereinstellung, den Druck der Kraftstoffpumpe und weitere Messungen mehr. Beim Kauf neuer Teile erfolgt der Einbau oft kostenlos. Von der Firma Robert Bosch GmbH, Kundendienst-Abteilung, 7016 Gerlingen-Schillerhöhe bei Stuttgart, Robert-Bosch-Platz 1, erhält man auf Anforderung ein Verzeichnis aller Bosch-Dienste im In- und Ausland. Da sich die elektrische Ausrüstung der verschiedenen Fabrikate weitgehend gleicht, kann man bei diesen Diensten fast immer auf Hilfe hoffen. Übrigens übernehmen die Bosch-Dienste auch Vergasereinstellarbeiten (an Weber-Vergasern), was im Grund nur vernünftig ist: Erst muß die Zündeinstellung stimmen, bevor man den Vergaser prüft.

Reifenwerkstätten

Davon gibt es mehr als man normalerweise weiß; studieren Sie nur einmal das Branchenverzeichnis Ihres Telefonbuches! Hier ist man in der Regel in bezug auf Reifenreparaturen, Auswuchten, Runderneuern, mehr als man glaubt auch bei der Beratung für den Kauf der richtigen Reifen gut aufgehoben. Beim Reifenkauf wird die Montage oft gar nicht berechnet.

Karosserie-Werkstätten

Autolackierereien oder -polstereien ist es meist egal, welches Markenzeichen das Auto trägt, das zur Reparatur auf den Hof fährt. Auf dem Gebiet der Blechbearbeitung sind sie mit jedem Wagen vertraut. Dort bekommt man auch oft spezielle Wünsche erfüllt, über die man in großen Vertragswerkstätten gar nicht erfreut ist.

Tankstellen

Suchen Sie sich eine gut geführte Stammtankstelle, die nicht nur auf Selbstbedienung spezialisiert ist. Denn an SB-Tankstellen darf Ihnen, entsprechend den gesetzlichen Vorschriften, nicht geholfen werden und dementsprechend ist dort auch zumeist nur jemand zum Kassieren da. An anderen Tankstellen, die (vielleicht neben einigen Selbstbedienungs-Zapfsäulen) auch Tankstellen-Service leisten, sind Sie mit kleineren autotechnischen Nöten besser aufgehoben, denn diese Tankstellen bieten in der Regel mehr als nur Benzin und Öl. An ausgewählten Zapfstationen, deren Chefs meist Kraftfahrzeugmeister sind, finden Sie sogar Motor-Prüfgeräte zum Einstellen von Vergaser und Zündung (z. B. Esso-System-Diagnose oder Aral-Motor-Prüfdienst).
Freilich darf man von einer Tankstelle in fahrzeugtechnischer Hinsicht auch nicht zu viel erwarten. Regelrechte Reparaturen wird ein vernünftiger Tankstellenhalter schon von sich aus ablehnen (er ist auch nicht entsprechend haftpflichtversichert!) und die wirklichen reparaturtechnischen Feinheiten Ihres Ford Escort kann verständlicherweise auch nur die Ford-Werkstatt kennen.

Freie Auto-Werkstätten

Obwohl die Autowerke heutzutage versuchen, möglichst viele Vertragshändler und Werkstätten an sich zu binden, gibt es noch genügend Individualisten im Kraftfahrzeughandwerk, die frei bleiben möchten. Man trifft oft auf erheblichen Sachverstand und redliches Bemühen.

Verzeichnisse helfen weiter

Um diese Helfer zu finden, muß man natürlich einige Quellen bemühen, etwa das Telefonbuch, sein Branchenverzeichnis, das Adreßbuch oder den Anzeigenteil der Zeitung (Wochenend-Ausgabe).

»Hohe Schule« der Selbsthilfe

Der erfahrene Autopraktiker kann sich noch mehr selbst helfen. Allerdings muß dazu sein Werkzeugschrank schon recht gut ausgestattet sein. Unser Buch ist auch auf diese „Hohe Schule" der Eigenhilfe abgestimmt, wobei jedoch nicht verschwiegen wird, was Sache der Werkstatt bleiben muß. Wer nun Freude daran findet, sich aufmerksam mit seinem Wagen zu befassen, oder auch nur wissen will, was der Mann in der Werkstatt mit seinem Fahrzeug macht, wird in zahlreichen Kapiteln dieses Handbuches Kenntnisse der Ford-Intimitäten erfahren können. Daß die Selbsthilfe wegen der überlasteten Werkstätten immer wichtiger wird, ging auch aus einem „Werkstatt-Test" des ADAC hervor. Obwohl dabei gerade die Ford-Vertretungen am besten abschnitten, erwies sich doch ganz allgemein, daß die Inspektionsarbeiten oft nicht mehr mit der erforderlichen Gründlichkeit ausgeführt werden – aus Mangel an Zeit und geschultem Personal, um nur zwei Gründe zu nennen. „Selbst ist der Mann" – so lautet also heute die Devise!

Vor allem in Großstädten haben sich etliche Autohobby-Mietwerkstätten angesiedelt, in welchen man gegen entsprechende Arbeitsplatz-Stundenmiete (oft einschließlich Werkzeugbenutzung) selbst an seinem Escort bauen und basteln kann. Dort gibt es Hebebühnen, Montagegruben, Schweißgeräte, Schließwinkeltester und Stroboskoplampen, einige Betriebe haben sogar Lackierkammern und einen hauptberuflichen Lackierer. Hier einige Adressen, die sich bisher als beständig erwiesen haben:

Selbsthilfe in der Mietwerkstatt

Anschrift	Name	Telefon	Arbeitsplätze
1000 Berlin-Mariendorf (42) Mariendorfer Damm 146	Auto-Hobby-Werkstatt Janasik & Schiffmann	7 06 13 86	15
2000 Hamburg-Altona (50) Ruhrstraße 48–56	Auto-Selbsthilfe Fibier & Co.	8 50 11 51	25
2000 Hamburg-Altona (50) Bornkampweg 6	Mach-es-selbst-Station Shell-Station Fr. Hofer	89 43 42	5
3000 Hannover Fössestraße 105 a	SB-Autohobby-Center Siegfried Jetzkewitz	4 58 87 86	30
4370 Marl-Sinsen Halterner Straße 42 a	Autoverwertung Fr. Schmidt	8 14 60	4
5000 Köln Genter Straße 13	Autohobby-Mietwerkstatt	52 48 74	70
6000 Frankfurt-Nied Nieder Kirchweg 113	Autohobby-Mietwerkstatt	39 92 92	65
6500 Mainz-Mombach Industriestraße 5	Autohobby-Mietwerkstatt	68 20 66	35
6800 Mannheim-Waldhof Waldstraße 172	Shell-Station Albrecht	75 31 28	6
7250 Leonberg-Eltingen Alte Ramtelstraße 40	Peter's Mietwerkstatt	4 86 50	5
8000 München 45 Knorrstraße 135	Shell-Hobby-Station Adolf Höhl	3 51 43 90	8

Sparen helfen

„Erst unter dem Strich wird zusammengezählt", sagt man. So auch in diesem Kapitel. Und darum steht an letzter Stelle desselben, jedoch keineswegs an letzter Stelle in der Bedeutung, das Bestreben dieses Handbuches, Ihnen sparen zu helfen. Denn mit dem Autokauf ist das Geldausgeben ja keineswegs beendet. Das gute Stück will auch betrieben werden. Dies kostet nicht nur Benzin, Öl, Steuer, Versicherung und eventuell Garage. Das kostet auch Wartung, Reparaturen und Reifenabnutzung. Ganz abgesehen von der Wertminderung, die Ihr Wagen bei jedem Kilometer und an jedem Tag erleidet.
Kann man daran etwas sparen? Auf keinen Fall an den fixen Kosten. Aber an Kraftstoff und Öl können Sie bereits sparen. Darüber geben verschiedene Kapitel des Buches Auskunft. Und auf die vielen Möglichkeiten, durch richtige Wartung und Pflege zur Werterhaltung des Wagens beizutragen, haben wir bereits hingewiesen.
Sollten Sie aber doch dies und jenes in dem Buch vermissen, dann seien Sie bitte nicht gleich ungehalten. Wollte man alles berücksichtigen, was an einem Auto zu tun ist, müßte dieses Buch um ein Vielfaches dicker werden. Sie wollen aber noch andere Dinge im Ablagefach Ihres Escort unterbringen und es nicht völlig durch einen dicken Werkstattwälzer blockieren.

Prüfen ohne Werkzeug

Kostenbremse

Es gibt Leute, die hören das Gras wachsen. Sie entdecken jeden Tag aufs neue Anzeichen für den baldigen Verfall ihres Gefährts. Freilich sollte man auch nicht ins andere Extrem verfallen und Fünf gerade sein lassen. Denn was man früh erkennt, läßt sich oft billig heilen, häufig ohne Werkstattbesuch, nur durch eine einfache Pflegearbeit. Deswegen ist es durchaus von Vorteil, hin und wieder eine Fahrt auf Ihrer Hausstrecke in eine private Probefahrt umzuwandeln und aufmerksam Motor, Getriebe, Fahrwerk und Karosserie zu beobachten. Die Werkstatt hat für die ausführliche Probefahrt ohnehin nur selten die Zeit oder Gelegenheit.

Wie Sie gleich lesen werden, ist für die hier geschilderten Kontrollen kein besonderes Werkzeug nötig. Höchstens ein großer Bogen Packpapier, falls Sie genauer hinsehen wollen und dazu unter den Wagen kriechen müssen. Einige der Kontrollen sind ohnehin reine Sichtprüfungen, die in der Werkstatt-Routine kaum beachtet werden.

Übrigens: Vorgehen nach dem geschilderten Rezept gibt auch für den Gebrauchtwagenkauf verläßliche Rückschlüsse. Auch dort spart ein scharfer Blick manch harte Mark.

Prüfen im Stand

Pflegearbeiten
Nr. 1, 2, 3

Vor dem Einsteigen oder bei der Wagenwäsche um den Wagen gehen. Achten Sie auf folgende Punkte:

- Neue Kratzer?
- Beulen?
- Rostansatz?
- Reifenzustand?

Beleuchtung:

- Fernlicht?
- Abblendlicht?
- Standlicht?
- Scheinwerfer verschmutzt?
- Bremslichter?
- Rückleuchten?

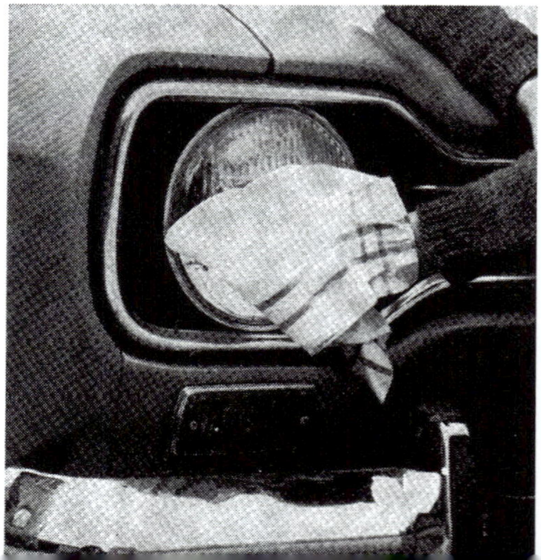

Ganz ohne Werkzeug können Sie bei nächtlicher Autofahrt für bessere Sicht sorgen: durch Sauberwischen der verschmutzten Scheinwerfergläser. Das ist noch wichtiger als das Reinigen der Frontscheibe, denn dort hilft der Scheibenwischer. Durch Spritzwasser getrübte Scheinwerfergläser nehmen jedoch schnell die Hälfte der Scheinwerfer-Leuchtkraft weg.

Motor:

- ■ Ölstand?
- ■ Vergaser benzinfeucht?
- ■ Ölspuren?
- ■ Bremsflüssigkeitsstand?
- ■ Auspuffschrauben fest?
- ■ Ansaugrohre fest?
- ■ Starke Ventilgeräusche?
- ■ Kühlmittelstand?

Wagenstandplatz ansehen: Neue Ölflecken? Wenn ja, woher? (Jedoch treten Ölverluste beim Fahren stärker auf, weil das Motor- oder Getriebeöl dann dünner ist).

Elektrische Anlage:

- ■ Batteriepole verschmutzt?
- ■ Batterieflüssigkeitsstand?
- ■ Brennen die Kontrollampen?
- ■ Tönt die Hupe?

Aufschlußreich kann das Betrachten der Wagenunterseite sein, etwa auf der Hebebühne einer Tankstelle (beim Ölwechsel):

- ■ Unterbodenschutz ohne Lücken?
- ■ Rostansatz am Unterboden?
- ■ Bremsschläuche feucht?
- ■ Schwergängige Räder?
- ■ Ölfeuchtigkeit unten am Motor?
- ■ Radlager mit zu großem Spiel?
- ■ Auspufftopf beschädigt?
- ■ Auspufftopf durchgerostet?

Weitere Beobachtungspunkte siehe Seite 19.

Probefahrt
Pflegearbeit Nr. 31

Bei manchen Werkstätten fällt die Probefahrt vielfach wegen Personalmangels oder wegen zu großen Zeitverlusts im Stadtverkehr aus. Deshalb schreibt Ford nach jeder Reparatur oder Inspektion ersatzweise eine Prüfstandkontrolle vor.

Bei der privaten Probefahrt empfiehlt sich folgendes Kontrollschema:
Bremsen – Lenkung – Motor – Kupplung – Getriebe.

■ Bremsen Sie (zunächst vorsichtig auf leerer, ebener und nicht gewölbter Straße) mit losgelassenem Lenkrad: Zieht der Wagen zur Seite? Den Wagen evtl. durch schnelle Lenkkorrekturen auf Kurs halten.

■ Lenkung kurz anreißen und dann loslassen: Kommt der Wagen ohne Hilfe der Hände wieder in Geradeausstellung zurück? Stellt sich die Lenkung nach Kurven ohne Handhilfe zurück? Läßt sich das Lenkrad leicht drehen? Rollt der Wagen leicht bei abgestelltem Motor weiter (sonst zu schwergängige Räder)?

■ Läuft der Motor im Leerlauf leise und gleichmäßig? Auch nach längerer Fahrt? Sauberer Übergang und ruckfreies Beschleunigen beim Gasgeben? Gaswegnehmen bei höherem Tempo: Ungewöhnliche Geräusche von Motor, Getriebe, Auspuff? Patschen des Vergasers?

■ Trennt die Kupplung ganz, rupft sie oder rutscht sie durch?

■ Arbeitet die Synchronisation im Getriebe einwandfrei und geräuschlos?

■ Nach scharfer Fahrt anhalten und sofort die Zündung ausschalten: Läuft der Motor weiter (Nachdieseln)? Springt der Motor in heißem Zustand leicht wieder an?

Auf solche Punkte sollte man gelegentlich bewußt achten. Denn im routinemäßigen Fahrbetrieb gewöhnt man sich leicht an Untugenden des Wagens.

Zu jedem Punkt, der hier angeschnitten wurde, finden Sie in den entsprechenden Kapiteln ausführliche Ergänzungen.

Dichtigkeit prüfen
Pflegearbeiten Nr. 17, 18

Es handelt sich um einfache Sichtkontrollen auf Dichtigkeit gegenüber Öl, Kraftstoff und Wasser, die Störungen im Fahrbetrieb vorbeugen sollen. Deshalb hier auch nur einige kurze Hinweise.

Ölfeuchte Stellen am Motor, an den Getriebetrennfugen und an der Hinterachse deuten auf Leckstellen. Unbedingt nach der Undichtigkeitsstelle for-

schen! Das kann manchmal schwierig sein, denn typische Schwächen oder eine Neigung zu Undichtigkeiten zeigen die Escort-Aggregate nicht. Es muß also irgendwo ein Verschleiß oder ein Montagefehler (Schrauben zu schwach oder zu stark angezogen, defekte verzogene oder falsch montierte Dichtung etc.) vorliegen. Oft verteilt der Fahrtwind das austretende Öl, so daß man die Leckstelle nicht ohne weiteres lokalisieren kann.
Das beste ist, Sie säubern den Motor oder das Getriebe und das Differentialgehäuse der Hinterachse und schauen in kürzeren Abständen nach, woher das Öl kommt. Näheren Aufschluß erhält man unter Umständen, wenn man die austretende Flüssigkeit prüft, indem man sie zwischen den Fingern verreibt: Bremsflüssigkeit läßt sich leicht wie Wasser zwischen den Fingern verreiben. Wie schmierig Motoröl ist, weiß wohl jeder. Das Getriebeöl haftet zäh an den Fingern und riecht auch ziemlich penetrant.
Besonders schwierig ist es, Leckstellen im Kraftstoffsystem, etwa am Vergaser, zu finden, denn Kraftstoff verdunstet schnell. Aber auch hier gibt es Anzeichen, und zwar hinterlassen die Kraftstoffzusätze, besonders die Einfärbungen der Markenkraftstoffe im Laufe der Zeit Niederschläge, die bei der Suche helfen können. Ebenso ist es mit der Kühlflüssigkeit. Auch hier wird man nach längerem Austreten Niederschläge finden. Man muß nur die Schläuche, Schlauchanschlüsse, Manschetten an Kühler, Motor und Heizung, aber auch die Aggregate selbst genau ansehen. Den ersten Anstoß zum Verdacht auf Flüssigkeitsverlust bekommt man normalerweise, wenn bei der Kontrolle des Kühlmittelstandes im Kühler Absinken unter die zulässige Minimummarke festgestellt wird. Man ist also gewarnt!

Kraftstoff-Verbrauch

Etwa 41 Liter Kraftstoff faßt der Tank. Diese Kraftstoffmenge reicht natürlich für eine unterschiedliche Anzahl von Kilometern, je nachdem, ob Sie einen Escort mit 40 oder 64 PS fahren. Auch die Betriebsart (Kurzstrecke, Langstrecke etc.) ist für den Kraftstoffverbrauch ausschlaggebend. Man sollte aber wissen, wie weit die Tankfüllung reicht, um rechtzeitig tanken zu können. Denn an manchen Autobahnen und in abgelegenen Landstrichen sind diese Oasen der Kraftfahrer recht dünn gesät, und wegen Kraftstoffmangel auf der Autobahn oder einer Bundesstraße liegenzubleiben ist strafbar.
In den technischen Daten haben wir die von uns ermittelten Testverbräuche für die verschiedenen Escort-Versionen und die unterschiedlichen Betriebsverhältnisse festgehalten. Diese können natürlich nur Anhaltswerte sein, weshalb es gut ist, wenn Sie den Verbrauch für Ihren eigenen Wagen und Ihre Betriebsverhältnisse selbst messen. Damit können Sie dann die Reichweite einer Tankfüllung selbst ausrechnen. Nehmen wir einmal als Beispiel den (hohen) Kurzstreckenverbrauch, den wir bei einem Escort 1300 GT mit 72 PS gemessen haben: Tankinhalt mal 100, geteilt durch den Verbrauch (12,5 Liter/100 km) = 41 × 100 = 4100 : 12,5 = 328 km. Oder bei einem Langstreckenverbrauch in zügiger Fahrweise mit einem 44-PS-Escort von 8,2 Liter/100 km: 41 × 100 = 4100 : 8,2 = 500 km.
Natürlich ist in beiden Fällen bereits die Reservemenge des Tanks mit eingeschlossen, so daß es angebracht ist, im ersten Fall spätestens nach etwa 270 km, im zweiten Fall erst nach spätestens 450 km nach einer Zapfsäule Ausschau zu halten, wenn man keinen Reservekanister dabei hat.

Benzinverbrauch messen

Den Verbrauch zu ermitteln ist nicht jedermanns Sache. Denn es geht nicht ohne etwas Rechenarbeit ab. Zu hoher Verbrauch deutet auf Abweichungen vom Normalzustand hin, wenn persönliche Fahrweise, Belastung, Verkehrsdichte und Witterung ungefähr gleichbleibend sind. Deshalb lohnt es sich, gelegentlich oder regelmäßig den Verbrauch zu messen. Ein genau geführtes Fahrtenbuch erleichtert die Feststellung eines monatlichen oder jährlichen Durchschnittswertes. Geringe Differenzen in den Zählwerken der Zapfsäulen fallen dabei kaum ins Gewicht.

1. Methode: Stets volltanken

Dabei wird der Tank immer gleichvoll (knapp bis unter den Rand des Einfüllstutzens) gefüllt. Kilometerstand (am besten gleich auf Tankquittung) notieren und mit dem letzten Tanken vergleichen. Beispiel: 30 Liter getankt, letzter km-Stand 14 236, jetzt 14 516 km. Differenz 280 km. Durch Teilen der Literzahl mit der gefahrenen Strecke erhält man den Verbrauch. Also 30 : 280 = 0,107 Liter pro km oder 10,7 Liter auf 100 km. Mit dieser Methode kann man die Durst-Prüfung für jede beliebige Strecke durchführen, wenn nur der Wagen an der Tankstelle eben steht und richtig gefüllt wird.

2. Methode: In gleichen Abständen tanken

Volltanken, und dann alle 100, 200 oder 300 km auffüllen. Ein Vergleich der Literzahl mit dem letzten Mal sorgt ohne Rechenarbeit für rasche Feststellung des Mehr- oder Minderverbrauchs, oder man teile nach 200 oder 300 km die getankte Menge einfach durch 2 bzw. 3 und hat dann den Verbrauch pro 100 km. Allerdings kann diese Methode zwangsläufig nicht ganz genau sein, da bei den vollen Hunderten nicht immer eine Tankstelle vorhanden ist.

Norm- und Straßenverbrauch

Die in den Prospekten angegebenen Normverbräuche sind keine Praxiswerte, sondern nur genormte Vergleichsfaktoren zu anderen Autos. Der Normverbrauch wird nach DIN 70 030 bei günstigen Bedingungen ermittelt: mit halber Nutzlast (ca. 210 kg) und gleichbleibend ³/₄ der Höchstgeschwindigkeit auf ebener Straße mit vorgeschriebenem Reifenluftdruck. Dazu kommt ein Zuschlag von 10 %. Man kann den Normverbrauch gelegentlich bei sparsamer Fahrt, nicht aber im Jahresdurchschnitt erreichen.

Zu hoher Verbrauch

Der heutige dichte Verkehr läßt es – zumal im Stadtgebiet – meist nicht mehr zu, ausgesprochen sparsam zu fahren. Lassen Sie sich auch nicht durch die angeblich sagenhaft niedrigen Verbrauchszahlen anderer Ford-Fahrer beeinflussen. Diese beruhen nur selten auf gemessenen Tatsachen. Man sollte aber auch nicht kleinlich sein. Ein halber Liter Mehrverbrauch auf 100 km spielt keine ausschlaggebende Rolle. Außerdem: Motoren, die ständig niedertourig und lahm gefahren werden, erreichen besonders auf Ultrakurzstrecken kaum die günstigste Betriebstemperatur und unterliegen so – trotz scheinbar schonender Fahrweise – einem höheren Verschleiß, und auch die Gefahr von Ablagerungen im Motor ist größer.
Und vergessen Sie nie: Für die Verbrauchshöhe gibt meistens der Fahrer den Ausschlag.

Fahrerursachen

■ Gaspedal wird ständig durchgetreten, obwohl oft ein leichtes Zurückgehen des Gasfußes kaum Geschwindigkeitseinbuße, aber viel Benzinersparnis bringt.
■ Gänge werden beim Beschleunigen bis in hohe Drehzahlen ausgefahren. Der günstigste Verbrauch liegt knapp über dem Bereich der höchsten Durchzugskraft (= günstiges Drehmoment, beste Zylinderfüllung), also beim 44- und 48-PS-Motor bei einer Drehzahl von ca. 3500 U/min, beim 72-PS-Motor des GT bei ca. 4500 U/min. Die wirtschaftlichsten Schaltstufen in den ein-

zelnen Gängen können Sie dementsprechend in den Drehzahl/Geschwindigkeits-Diagrammen im Kapitel „Motor" ablesen!

Ungünstige Fahrbedingungen

■ Überwiegender Stadtverkehr läßt den Motor zuviel im Leerlauf drehen. Er wird nicht richtig warm, das Benzin vergast schlecht. Plötzliches Beschleunigen an Kreuzungen und Ampeln treibt den Verbrauch in die Höhe. Außerdem braucht man länger Starthilfe.

■ Kalte Witterung. Es dauert länger, bis die günstigste Betriebstemperatur des Motors erreicht wird. Länger Starthilfe nötig. Und die Schmierstoffe für Motor, Getriebe und Radlager bleiben länger steif und leisten höheren Widerstand.

■ Schnee und Matsch erhöhen den Rollwiderstand der Reifen, der mit etwas tiefer durchgetretenem Gaspedal überwunden werden muß.

■ Kurvenreiche und gebirgige Strecken: vieles Bremsen, Schalten und Beschleunigen kosten Kraftstoff.

Wagenursachen

■ Hohe Belastung des Wagens. Deshalb braucht man bei der Urlaubsreise mit viel Gepäck mehr Benzin; pro 100 kg Zuladung etwa 0,5 bis 1 Liter mehr.

■ Vorwiegend Pflaster- und Schotterstraßen.

■ Zu niedriger Reifendruck erhöht den Rollwiderstand.

■ Schwergängige Räder, zu knappes Radlagerspiel oder schleifende Bremsbeläge. Evtl. hervorgerufen durch schlecht eingestellte oder nicht voll gelöste Handbremse.

■ Radeinstellung (Vorspur) stimmt nicht.

■ Reifen-Art: Nicht alle Fabrikate weisen gleiche Rollwiderstände auf, selbst bei Normalreifen können Unterschiede bis zu 10 Prozent vorkommen, M + S-Reifen führen zu höherem Verbrauch.

Motorursachen

■ Parken in praller Sonne: Benzin verdunstet über Vergaser- und Tankentlüftung.

■ Man braucht doch etwa 4000 bis 8000 km, bis alle Lagerstellen von Motor und Fahrwerk richtig „frei" sind und die günstigsten Verbrauchswerte erzielt werden, was auch für Austauschmotoren und überholte Motoren zutrifft.

■ Großserienmotoren, auch die der Escort, streuen in Leistung und Verbrauch bis zu 5 Prozent vom Katalogwert nach oben und unten.

■ Zündung nicht in Ordnung: Zündzeitpunkt verstellt, Zündkerzen verschmutzt oder abgenützt, verschmorte Unterbrecherkontakte.

■ Störungen am Vergaser: Düsen verschmutzt, Vergaser falsch eingestellt (insbesondere die Leerlaufgemisch-Regulierschraube), Vergaserdichtungen defekt, Schwimmer beschädigt oder klemmt.

■ Motorverschleiß stark fortgeschritten: Ventile schließen nicht dicht, Kolbenringe dichten nicht mehr genügend.

Höchstgeschwindigkeit und Tachoanzeige

Man soll sich von der Tachometeranzeige nicht täuschen lassen. Die Tachometer eilen mehr oder weniger vor, d. h. Sie zeigen eine höhere Geschwindigkeit an, als der Wagen tatsächlich fährt. Das dürfen sie sogar nach den gesetzlichen Vorschriften, nur dürfen sie nicht zu wenig anzeigen. Die Toleranz darf in den beiden oberen Dritteln des Anzeigebereichs bis zu 7 Prozent vom Endwert der Tachoskala nach oben betragen. Beim bis 180 km/h reichenden Tachometer des Escort sind das 12 bis 13 km/h ab etwa 50 km/h der Skala.
Wer genau wissen will, wie schnell er tatsächlich fährt, kann seinen Tacho-

meter „eichen". Dazu braucht man eine Stoppuhr, einen Beifahrer, 1 km mäßig befahrene Autobahnstrecke (500 m genügen auch, man muß dann die gestoppte Zeit verdoppeln). Die Meßstrecke wird mit jeweils genau eingehaltenen 40, 50, 80 oder 100 Tacho-km/h durchfahren. Am Schluß der Messungen wird dann der Mittelwert genommen und in km/h umgerechnet.
Vor Beginn jeder Messung muß man einen langen Anlauf nehmen, bis sich die Tachonadel ruhig auf die nachzuprüfende Tachomarke eingependelt hat und sich während der Meßfahrt die Geschwindigkeit nicht mehr verändert. Der Beifahrer visiert über den vorderen Türholm die blauen Kilometertafeln am Autobahnrand an und drückt am Anfang und Ende der Meßstrecke auf die Stoppuhr, wenn die blauen Kilometertafeln über die Blickrichtung des Türpfostens nach hinten verschwinden.
Vor allem die 50-km/h-Marke sollte man genau vermessen, um zu wissen, wie schnell man innerorts nach Tacho fahren kann. Die gestoppten Werte läßt man vom Beifahrer gleich in eine vorbereitete Tabelle eintragen. Hat man beispielsweise bei genauer Fahrt nach der 50-km/h-Marke für den Kilometer durchschnittlich 77 Sekunden gebraucht, dann teilt man 1 Stunde (= 3600 Sekunden) durch diese 77 Sekunden. Das sind 3600 : 77 = 47,4 km/h. Der Escort fährt also 47,4 km/h, während der Tachometer 50 km/h anzeigt.
Wenn Sie sich die Meßergebnisse bei der 50-, der 80- und der 100-km/h-Anzeige genau merken, wissen Sie zukünftig, was die Tachonadel anzeigen darf, wenn Sie auf geschwindigkeitsbegrenzten Strecken fahren, ohne daß ein Radarwagen Anstoß nehmen kann. Lassen Sie sich dann nicht von unbeherrschten (vogelzeigenden) Autofahrern verwirren.
Die Spitzengeschwindigkeit wird in gleicher Weise gemessen. Nur braucht man dazu ein topfebenes Autobahnstück. Dieses mit Vollgas durchfahren, nachdem schon vor Beginn der Meßstrecke die Höchstgeschwindigkeit mit einigen Kilometern Anlauf erreicht ist. Mehrmals messen, auch in Gegenrichtung, um Windeinflüsse und leichte Gefälle auszugleichen.

Prüfen vor der TÜV-Kontrolle?

Wenn der Termin herangekommen ist, auf den die Jahreszahl der TÜV-Plakette auf dem hinteren Nummernschild und der senkrecht nach oben zeigende Strich hinweisen, befällt fast jeden Autofahrer mehr oder weniger großes Unbehagen.
Bekanntlich muß man nach § 29 der Straßenverkehrs-Zulassungsordnung alle zwei Jahre bei einem Technischen Überwachungsverein (TÜV) vorfahren, um den Wagen auf Verkehrssicherheit untersuchen zu lassen. Immer dann erhebt sich die Frage, wie man am billigsten und besten durch die Prüfungsrunde kommt. Anhand dieses Buches wird man selbst schon vorher eine ganze Reihe von Funktionen durchprüfen können, um die Zahl der Beanstandungen zu begrenzen. Dennoch ist es nicht ausgeschlossen, daß der Prüfer etwas Negatives findet, etwa falsch eingestellte Scheinwerfer, unzureichende oder einseitige Bremsverzögerung, allzu stark verrostete Bremsleitungen, Spurstangen oder Bleche, zu großes Lenkungsspiel.
Um dem vorzubeugen ist es nicht immer empfehlenswert, vorher eine Werkstatt aufzusuchen und dort zu sagen: „Ich muß zum TÜV, schaut doch mal nach, ob alles in Ordnung ist." Damit hat man nämlich der Werkstatt einen Blankoauftrag gegeben, der unter Umständen großzügig ausgenutzt wird. Man darf sich nicht wundern, wenn man eine hohe Rechnung präsentiert bekommt, denn irgendwas kann man am Auto immer finden.
Wir meinen, es ist besser, es getrost darauf ankommen zu lassen, daß der Prüfer etwas beanstandet. Das streicht er auf seinem Prüfbefund an, und nur

diese Fehler läßt man beheben. Dann fährt man eben zur Nachprüfung zum zweitenmal zum TÜV. In der Regel wird man mit dieser Methode etwas billiger wegkommen. Unter Umständen kann man dem Prüfer gleich sagen, daß man vorher nicht zur Werkstatt gegangen ist. Das wird besonders bei relativ neuen Wagen kaum auf Unverständnis stoßen.
Vorteilhaft ist eine Wagen-, Unterboden- und Motorwäsche vor der Durchsicht. Das macht einen günstigeren Eindruck auf den Prüfer, als wenn ihm ein vergammeltes Auto vorgestellt wird, wo er bei jedem Griff eine schwarze Hand aus dem Motorraum zieht – der Prüfer ist auch nur ein Mensch!
Übrigens ist die TÜV-Kontrolle nicht an den Wohn- bzw. Zulassungsort gebunden. Man kann sich die Prüfstelle aussuchen, bei der man Entgegenkommen erwarten kann. Bei einigen Prüfstellen kann ein Vorführungstermin vereinbart werden. Auch muß man als Wagenbesitzer nicht selbst vorfahren, sondern kann eine andere Person beauftragen. Besonders ungünstige Zeiten für den TÜV-Besuch sind das Frühjahr, Tage vor Feiertagen und vor Ferien.

Trimm Dich am richtigen Fleck

Seit unsere Ahnen in grauer Vorzeit die ersten Steine zuschlugen, ist der Mensch nie mehr ganz ohne Werkzeug ausgekommen. Nicht anders ergeht es dem praktisch veranlagten Automobilisten heute, der seinen Wagen pflegen oder reparieren möchte. Aber der Escort-Besitzer stößt schnell an die Grenzen des Möglichen, wenn er sich nur auf das serienmäßige Bordwerkzeug verläßt. Dieses besteht nämlich nur aus dem Wagenheber und dem dazugehörigen Radmutterschlüssel, mit dem man auch noch die Radkappen abheben kann. Es ist dem Bastler nur ein schwacher Trost, daß auch in den meisten anderen modernen Autos nicht mehr an Werkzeug mitgeliefert wird.
So muß der praktisch veranlagte Escort-Besitzer seine Werkzeugausrüstung von Grund auf neu zusammenstellen, wenn er nicht auf bereits früher angeschafftem Werkzeug aufbauen kann.
Deshalb für den Werkzeugkauf vorweg eine Allerweltsweisheit, die dennoch zutrifft: Nur mit gutem Werkzeug kann man richtig und präzise arbeiten! Doch gutes Werkzeug ist teuer. Der kluge Mann kauft deswegen lieber ein Stück weniger oder später, als an der Qualität zu sparen. Lassen Sie sich auch durch noch so appetitliche Werkzeugauslagen nicht zu unbesonnenen Käufen hinreißen, man sollte gezielt kaufen. Aus diesem Grund scheinen uns auch fertig sortierte Werkzeugsätze „für den Autofahrer" nicht immer empfehlenswert, denn ihre Zusammenstellung ist sehr allgemein. Nicht selten braucht man am Escort manches Stück nie. Schlechtes Werkzeug dagegen verschleißt schneller und ruiniert zudem Schraubenschlitze, Muttern usw.

Empfehlenswerte Grundausrüstung

Für Arbeiten an der Bordelektrik, an Karosserie und im Innenraum sind passende Schraubenzieher besonders wichtig. Für die Querschlitzschraubenköpfe braucht man Flachschraubenzieher (im Fachjargon Schraubendreher genannt). Und zwar kann man davon in großer, mittlerer und kleiner Klingenbreite gar nicht genug haben, möglichst für jede Schlitzgröße die richtige Klinge. Zu große Klinge paßt nicht in kleine Schrauben, mit zu kleinen Klingen vermurkst man große Schlitze.

»Bits« sparen Platz

Bei der Gelegenheit wollen wir Sie gleich vor Fehleinkäufen bewahren. Sie brauchen nämlich nicht unbedingt einzelne Schraubenzieher zu kaufen. Auch keinesfalls sogenannte Wechselschraubenzieher, bei denen das eine Klingenende flach, das andere gekreuzt ist, und die einfach im Heft umgesteckt werden = qualitativ auf die Dauer mangelhaft. Vielmehr wollen wir Sie auf die sogenannten Bits hinweisen. Das sind kleine Sechskantstückchen, etwa SW 8, die mit diesem Sechskant in den Schraubenziehergriff gesteckt werden und entweder magnetisch oder mit einem Drahtsprengring festgehalten werden. Am anderen Ende tragen diese Bits die verschieden-

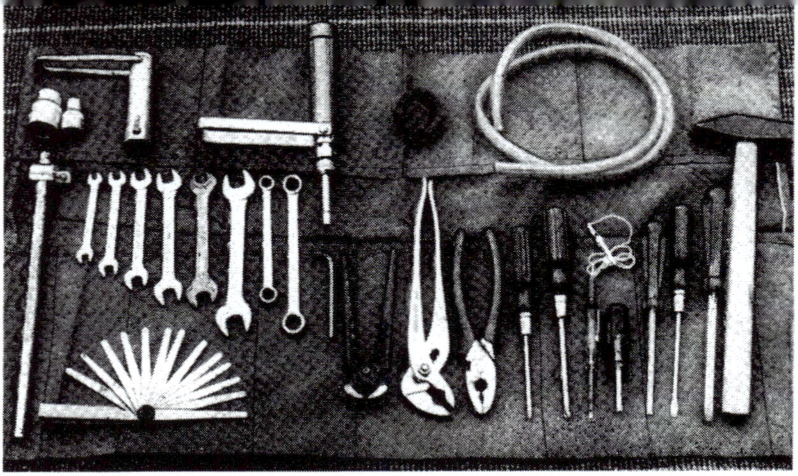

Mit diesem Werkzeug kann man schon etwas am Escort ausrichten. In der oberen Reihe von links zwei Steckschlüsseleinsätze, daneben ein Zündkerzenschlüssel. Dann eine Ratsche für Steckeinsätze, Isolierband und ein Schlauch zum Benzinabzapfen. In der Reihe darunter ein Halter für Steckeinsätze, dann Gabel- und Ringschlüssel, ein gebogener Schlüssel für Innensechskantschrauben, verschiedene Zangen, Kreuzschlitz- und Flachschraubenzieher, einer davon mit Prüflampe nebst Kabel und Krokodilklemme, sowie ein Hammer. Links unten ein Fühlerblattsatz mit verschieden dicken Blättern zum Einstellen des Ventilspiels, des Unterbrecherkontaktabstands und der Zündkerzenelektroden. Die untergelegte Wickeltasche ist aus starkem Leinen selbstgemacht.

sten Werkzeugformen, also Kreuzschlitz oder Flachschlitz, auch mit kleineren Sechskanten für Innensechskantschrauben sind sie käuflich. Der Handgriff kann auch als Ratsche ausgebildet sein.
Mit drei bis vier Flachschlitz-Bits und zwei Kreuzschlitz-Bits (klein und mittel) kommt man am Escort aus. Damit wird man nicht mehr in den Zwang geraten, mit nicht passenden Schraubenzieherklingen die Schraubenschlitze zu verderben. Und man stellt erfreut fest, daß man das ganze Sortiment in einer Hand halten, also auf kleinstem Raum unterbringen kann.
Der Satz Bits schließt natürlich den Kauf von speziellen Schraubenziehern nicht ganz aus. Einen kleinen Elektrikschraubenzieher mit Prüflampe und kurzem Massekabel mit Kleinkrokodilklemme kann man immer brauchen, ebenso einen kurzen Vergaserschraubenzieher.
Für die Zündkerzen braucht man einen Kerzenschlüssel SW 21. Er sollte einen Gummi- oder Federeinsatz haben, mit dem die herausgeschraubte Kerze festgehalten wird. Man kommt allerdings auch mit ganz gewöhnlichen, billigen Rohrsteckschlüsseln zurecht, die Zündkerzen sind gut zugänglich.

Millimeter- und Zoll-Schlüssel am Escort

Was den Schlüsselkauf für den Escort erschwert, ist die Tatsache, daß die Escort-Motoren und -Getriebe aus dem englischen Ford-Werk in Kent kommen, und dort dementsprechend Schrauben und Muttern des Zollsystems verwendet werden. Deren Gewinde haben eine andere Steigung als bei Gewinden des Dezimalsystems, dürfen also keinesfalls miteinander verwechselt werden. Auch die Schlüsselweiten (SW) des Dezimalsystems passen zu den Zollgrößen nicht, so daß man bei falschem Werkzeug schnell die Sechskante von Schrauben und Muttern verdirbt. Wo die wichtigsten Zollschrauben sitzen, finden Sie im Kapitel „Technische Daten".

Die Schlüsselfrage

An Gabel- oder Ringschlüsseln kann man nie genug haben. Bei den häufigsten Schlüsselweiten lohnt sich sogar doppelte Anschaffung, um mit dem zweiten Schlüssel gegenhalten zu können, wenn eine Mutter auf dem Schraubengewinde festsitzt und sich mitdreht. Ob man sich im Einzelfall Gabel- oder Ringschlüssel kauft, hängt von der Zugänglichkeit der Schraubenköpfe ab. Die Ringschlüssel haben Innenzwölfkant; auf begrenztem Raum kann man also durch häufigeres Umsetzen des Schlüssels schneller arbeiten, und der Ringschlüssel gleitet nicht so schnell vom Schraubensechskant ab wie ein Gabelschlüssel. Außerdem schont der Zwölfkant Schrauben und Köpfe, weil er an allen Flanken anliegt.

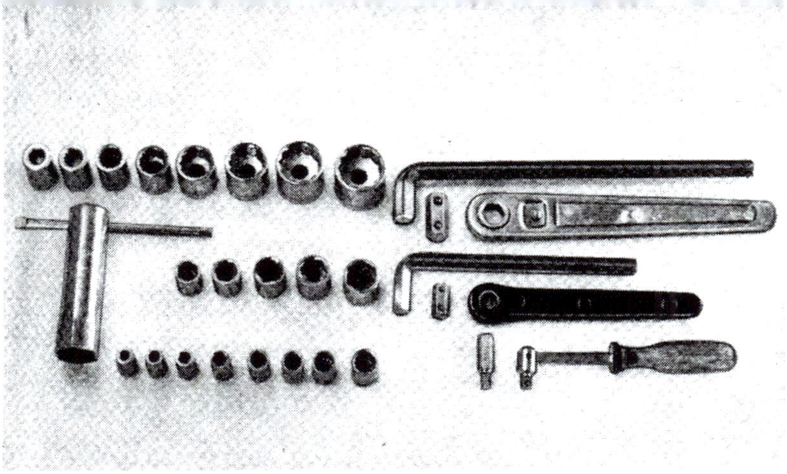

Ein Steckschlüsselsatz aus dem Kaufhaus. Allerdings nicht die beste Qualität, was man besonders an den Blechratschen rechts und an mangelnder Paßgenauigkeit der Einsätze auf ihren Haltern merkt. Wer ernsthaft an seinem Escort basteln will, sollte von Anfang an bessere Qualität einkaufen. Das erspart Ärger.

Wo Schrauben sehr eng am Blech oder gar in Vertiefungen sitzen, arbeitet man mit hochgebogenen (gekröpften) Ringschlüsseln meistens leichter und muß weniger Angst haben, daß man die Haut abschürft.
Sehr gut bewährt haben sich Ring/Gabelschlüssel. Das sind Schlüssel, die an einem Ende einen Ringschlüssel, am andern einen Gabelschlüssel aufweisen. Aber auch hier nicht drauflos kaufen. Da man oft viel Kraft aufwenden muß, um eine festgerostete Mutter zu lösen, sucht man sich Ring/Gabelschlüssel in einer möglichst langen Ausführung zusammen, die günstigere Hebelwirkung bieten.
Aus diesen Ausführungen folgt, daß es falsch wäre, komplette Schlüsselsätze zu kaufen. Erstens sind diese Schlüsselsätze keineswegs komplett, zweitens arbeiten Sie mit gezielt zusammengekauften Schlüsseln leichter und besser. Schon aus diesem Grund sollten Sie kein Werkzeug im Kaufhaus kaufen, wo es fast nur ganze Schlüsselsätze gibt.

Steckschlüssel

Aber da muß gleich die Überlegung einsetzen, ob man nicht gleich jetzt den Grundstock für eine spätere Sammlung von Steckeinsätzen legen soll. Wir halten sehr viel davon. Im Gegensatz zu den Bits nennt man die größeren Steckschlüsseleinsätze Nüsse. Die Nüsse gibt es in zwei Ausführungen, mit Sechs- und mit Zwölfkant. Werkstattmonteure lieben eher die Sechskantnüsse, weil sie angeblich länger halten. Mit Zwölfkantnüssen arbeitet man auch hier leichter, weil man gerade in verwinkelten Ecken den Betätigungsgriff in kleineren Winkelgraden bewegen kann.
Nüsse kauft man am besten mit $^1/_2$"-Vierkantantrieb (etwa 12,7 mm Vierkantnuß), die nächst kleinere Ausführung mit $^3/_8$ Zoll wäre zwar günstiger, doch ist sie seltener in Werkzeuggeschäften vollständig am Lager. Und auf Bestellung verläßt man sich hier besser nicht, denn Werkzeughersteller haben unglaublich lange Lieferfristen. Zunächst kauft man nur den Handgriff und die wichtigsten Einsätze, evtl. noch ein oder zwei Distanzstücke. Nach Bedarf wird dann mit jeweils wenig Geld erweitert.
Etwas Geldaufwand erfordert nur der Grundstock mit Halter und Ratsche. Aber der Zwanzigmarkschein für die Ratsche ist bestimmt kein weggeworfenes Geld; man kann sie sich auch schenken lassen. Unterschiede der einzelnen Fabrikate bestehen bei den Knarren hauptsächlich in zwei Punkten: Einmal ist die Anzahl der Mitnehmerzähne entweder 12 oder 24 (für die Knarre mit 24 Zähnen spricht das gleiche Argument, das auch für die Wahl der Zwölfkanteinsätze gilt), zum zweiten sehen die Handgriffe der Ratschen

unterschiedlich aus. Auch darauf sollte man achten, denn es hat sich herausgestellt, daß ein flacher Griff (rechteckiger Querschnitt, wie z. B. bei Hazet) Vorteile hat: Man kann die Nuß sicherer führen, sie verkantet nicht und kann deshalb kaum vom Sechskant abrutschen.

Spezialzangen lohnen

Der weniger versierte Bastler begnügt sich – zumindest am Anfang – mit einer Kombizange, evtl. mit isoliertem Griff zum Schutz vor elektrischen Schlägen. Nach unseren Vorstellungen ist die Kombizange jedoch keineswegs ideal, denn sie kann alle Arbeiten, für die sie gekauft wurde, nur unter Schwierigkeiten verrichten. Zum Durchkneifen von Draht ist z. B. ein Seitenschneider besser, der etwa 15 DM kostet. Zum Festhalten von Blechteilen und Schrauben vieler Dimensionen kommt man mit einer Rohrzange besser zurecht, die durch ihr verstellbares Gelenk für verschieden große Maulöffnungen nutzbar ist. Aber darauf achten, daß die Zange ein sogenanntes „Nutengewerbe" besitzt, das den Gelenkbolzen entlastet und so der Zange zu langem Leben verhilft. Für alle Fälle, in denen es auf kräftiges Festhalten eines Werkstücks ankommt, beschafft man sich eine der modernen – allerdings teuren – Grip-Zangen, die soviel Kraftanwendung gestattet, daß sogar eine festgefressene Schraube ohne Abrutschgefahr gelöst werden kann.

Zum Einstellen des Ventilspiels, zum Messen des Unterbrecherkontaktabstands und des Elektrodenabstands der Zündkerzen, braucht man eine Fühlerblattlehre. Und wer den Ölwechsel selbst ausführen will, braucht für die Ablaßschraube einen 22 mm-Gabel- oder Steckschlüssel.

Hier gesammelt die Werkzeuge, die wir für die Grundausrüstung für erforderlich halten:

Doppelgabelschlüssel der Größen 6 x 7, 8 x 9, 10 x 11, 12 x 13, 17 x 19;
Ring- oder Gabelschlüssel der Größen 10 x 11, 12 x 13, 17 x 19 oder
Steckschlüssel der Größen 8, 9, 10, 11, 12, 13, 17 , 22.
Schlüssel der Zollgrößen 1/4", 5/16", 3/8", 7/16", 1/2", siehe auch Seite 26.
2 Kreuzschlitzschraubenzieher (klein und mittel)
3 verschiedene Größen Flachschraubenzieher 3, 5 und 7
1 Spezial-Steckschlüssel für Ribe-Schrauben (Ford) 6 mm
1 Vergaserschraubenzieher mit kurzem Schaft
1 Rohrzange 240 mm lang mit Nutengewerbe
1 Seitenschneider
1 Schlosserhammer 250 bis 300 Gramm
1 Zündkerzenschlüssel SW 21
1 Fühlerblattlehre, darin Blätter von 0,05 bis 1 mm Stärke
2 Dorne verschiedener Länge und Stärke
1 Körner

Was die Größenangaben bedeuten

Bei der Nennung der Schraubenschlüssel ist verschiedentlich von SW 10 oder 16 x 17 die Rede, eine Bezeichnung, die wir das ganze Buch hindurch der Kürze halber beibehalten. Was SW bedeutet, ist schnell erklärt: Bei Schraubenmuttern mißt man den Abstand der einander gegenüberliegenden Flanken einer Mutter oder eines Sechskantschraubenkopfes, womit man die entsprechende Schlüsselweite (SW) ermittelt hat. Ein Doppelgabelschlüssel – man nennt Gabelschlüssel auch Maulschlüssel – mit der Bezeichnung 16 x 17 hat also auf der einen Seite ein Maul für einen 16 mm und auf der anderen ein Maul für einen 17 mm breiten Vier- oder Sechskant.

Die Schlüsselweite mißt man in Deutschland in Millimeter. Im Handel ist jedoch auch das englische und amerikanische Maßsystem, bei dem die Größen in Zoll angegeben werden. Das Zeichen für Zoll ist ein hinter der Zahl stehendes Gänsefüßchen ("). Ein Zoll (1") entspricht 25,4 mm.

Schraubenschlüssel mit Zoll-Angabe brauchen Sie an Ihrem Escort – wie bereits erwähnt – für die Schrauben an Motor und Getriebe, die ja aus England stammen. Sie dürfen die Zollschlüssel jedoch nicht an Millimeterschrauben benutzen, denn sie passen um Bruchteile von Millimetern nicht, so daß man die Flanken von Schrauben und Muttern beschädigen kann.

Schraubengrößen des metrischen Systems

Wenn man mal eine fehlende Schraube nachkaufen muß, dann bestellt man nicht eine Schraube z. B. mit SW 13 sondern sagt dem Verkäufer, daß man eine Schraube M 8 haben möchte. Das M besagt nichts anderes, als daß es sich um eine Schraube des metrischen Systems handelt, gemessen also in mm. Die 8 sagt, daß der Schraubenbolzendurchmesser 8 mm beträgt. Aber wie das meiste in der Technik ist auch hier genormt, welche M-Größe heute zu welcher SW gehört, z. B.

SW 4	zu M 2	SW 8	zu M 5
SW 4,5	zu M 2,3	SW 10	zu M 6
SW 5	zu M 2,6	SW 11	zu M 7
SW 6	zu M 3,5	SW 13	zu M 8
SW 7	zu M 4	SW 15	zu M 10 usw.

Wie bei Außensechskantschrauben ist auch bei Innensechskantschrauben die Paarung mit den M-Größen genormt. Da man aber außen genügend Material haben muß, damit der Schraubenkopf beim Drehen nicht ausbricht, ist hier die Schlüsselgröße kleiner als der Bolzendurchmesser. So gehört z. B.

SW 3	zu M 4	SW 12	zu M 14
SW 4	zu M 5	SW 14	zu M 16
SW 8	zu M 10	usw.	

Schraubengrößen des Zoll-Systems

Während die Amerikaner ebenfalls die Schlüsselweite (nur in Zoll) auf die Schlüssel prägen, braten sich unsere englischen EWG-Partner hier bislang noch eine Extrawurst, indem sie nicht die Schlüsselweite, sondern den Bolzendurchmesser auf die Schlüssel stempeln. Das bedeutet, daß man beim Nachkauf fehlender Schrauben über den Bolzendurchmesser Bescheid wissen muß. Und zwar finden wir gleich drei verschiedene Normen: Whitworth, New British Standard (BS)/B.S.F. und BA. Die nachfolgende Aufstellung mag etwas Klarheit bringen:

Bolzenstärken

Whitworth (Großer Sechskant)	BS und B.S.F. (Kleiner Sechskant)	Maulweiten in mm	Bolzenstärken BA	Maulweiten in mm
1/16	3/32	6,5	10	2,971
3/32	1/8	7,54	9	3,327
1/8	3/16	8,636	8	3,860
3/16	1/4	11,303	7	4,368
1/4	5/16	13,335	6	4,902
5/16	3/8	15,240	5	5,588
3/8	7/16	18,034	4	6,299
7/16	1/2	20,828	3	7,162
1/2	9/16	23,368	2	8,229
9/16	5/8	25,654	1	9,271
5/8	11/16	27,940	0	10,490

Schraubenzieher

Auf den Schraubenziehern ist oft ein Maß wie z. B. 100 x 6 angegeben. Die Zahl 100 gibt dabei die Länge der Klinge in mm an, die zweite Zahl, die 6, weist auf die Klingenbreite hin.

Schraubengröße und Anzugsdrehmoment

Gute Schraubenschlüssel verführen natürlich dazu, Schrauben mit Gewalt anzuziehen oder beim Losbrechen verrosteter Schrauben ein unzulässig hohes Drehmoment auszuüben. Das darf aber nicht sein. Für jede Schraube gibt es ein maximales Drehmoment, bei Überlastung kann der Bolzen abscheren. Die Prüfdrehmomente, die die Schraubenhersteller angeben, sind Mindest-Garantiewerte, die nach DIN für bestimmte Schraubengrößen und Material-Güteklassen erreicht werden müssen. Bei den Anzugsdrehmomenten, die die Automobilwerke fürs Festziehen bestimmter Schrauben am Wagen angeben, wird außer auf die Schrauben, die verwendet werden, auch auf die Materialien Rücksicht genommen, die befestigt werden sollen. Deshalb muß man sich an die Werks-Anzugsdrehmomente halten. Wo keine Drehmomente angegeben sind, z. B. bei kleinen Schräubchen, muß man eben Gefühl walten lassen. Und wenn eine kleine Schraube mit sanfter Gewalt nicht herausgedreht werden kann, hilft meistens die Chemie weiter; mit Rostlöser das Gewinde zu lockern versuchen.

Allgemeine Anzugsdrehmomente für Zollschrauben

Gewinde	– Gänge	Drehmoment mkg	Gewinde	– Gänge	Drehmoment mkg
1/4″	– 20	0,7 – 1,0	7/16″	– 20	5,6 – 6,2
5/16″	– 18	1,7 – 2,1	1/2″	– 13	6,3 – 7,0
5/16″	– 24	1,7 – 2,1	1/2″	– 20	6,9 – 8,3
3/8″	– 16	2,4 – 3,0	9/16″	– 12	8,3 – 9,7
3/8″	– 24	3,1 – 3,7	9/16″	– 18	9,0 – 10,3
7/16″	– 14	4,2 – 4,8	5/8″	– 11	10,4 – 11,7

Spezielle Anzugsdrehmomente finden Sie am Schluß der technischen Daten.

Hilfsmittel für die Wagenpflege

Zur Grundausrüstung gehören natürlich noch einige Hilfsgeräte, deren Zahl man für wenig Geld beliebig erweitern kann. Wir nennen davon:

1 Ölspritzkanne
1 Reifendruckprüfer
1 Prüflampe
1 Benzin-Waschpinsel ohne Metallfassung für Motorwäsche
1 Waschbürste mit Stiel
1 Autoschwamm oder Waschhandschuh
1 Fensterleder, erste Qualität

Wie diese Hilfsgeräte benutzt werden, ist in den betreffenden Kapiteln beschrieben. Vielleicht vermissen Sie in unserer Aufzählung eine Zündkerzenbürste. Einfach deshalb, weil wir nichts davon halten. Auch die Kontaktfeile für die Unterbrecherkontakte ist von gestern. Dagegen kann man statt des Fensterleders auch das billigere Vileda-Autotuch nehmen. Wir haben damit gute Erfahrungen gemacht. Die Vileda-Tücher gibt es in verschiedenen Ausführungen in Haushalts- und Zubehörgeschäften.

Hilfen für unterwegs

Es ist immer gut, wenn Isolierband und Bindedraht in kleineren Mengen vorhanden sind. Man würde sich bestimmt ärgern, wenn man wegen einer gebrochenen Auspuff-Schalldämpferaufhängung fremde Hilfe in Anspruch nehmen müßte, und wenn's nur um ein Stück Bindedraht geht. Ebenso unangenehm dürfte es sein, wenn man ein durchschlagendes Zündkerzenkabel, das durch zu enge Nachbarschaft mit einem Blechteil durchgescheuert ist, nicht weit genug von der Funkenüberschlagstelle wegbinden kann, bloß weil kein Isolierband zur Hand ist.

Ergänzungen

Wer seine Werkzeugausrüstung weiter ergänzen will, sollte sich in erster Linie weitere Ringschlüssel und auch Steckschlüssel mit Zwölfkant-Einsätzen anschaffen. Gelegentlich wird man bei Bekannten oder in einer Werkstatt weiteres Werkzeug sehen, das man sich auch kaufen möchte. Überhaupt hat ein eifriger Heimwerker mit der Zeit Lieblingswerkzeug, mit dem er besonders gerne arbeitet und bis zur Anschaffung eines Drehmomentschlüssels ab ca. 80,– DM, einer Bohrmaschine, eines Gewindeschneiders, einem Gerät zum Lackspritzen und einem ausgestatteten Werkzeugschrank, der einen Werkstattbesitzer vor Neid erblassen läßt, sind da keine Grenzen gesetzt.
Wir wollen in dieser Richtung keine Vorschläge machen, denn solch ein Hobby entwickelt sich individuell. Nur vor einer Werkzeugsorte wollen wir warnen: vor sogenanntem Universalwerkzeug, mit dem man beispielsweise – wir übertreiben nur wenig – zugleich Schrauben anziehen, Draht abkneifen, die Gartenhecke scheren, Nägel einklopfen und vielleicht noch Butterbrot schmieren können soll. Für solches Werkzeug sollte Ihnen Ihr Escort zu schade sein.

Umgang mit dem Werkzeug

Wenn Sie es zusammenrechnen, kostet ordentliches Werkzeug eine hübsche Stange Geld. Dieses Kapital sollten Sie zweckdienlich ausnutzen und sorgsam pflegen. Das bedeutet, daß grundsätzlich das Werkzeug nur zu jenem Zweck verwendet wird, für den es entwickelt wurde. Einen Schraubenzieher als Meißel zu benutzen, ist genau so schädlich, wie etwa das Lösen oder Anziehen einer Schraubenmutter mit der Zange. Eine Zange hat an einer Schraube grundsätzlich nichts zu suchen, denn ihre scharfen Zähne oder ihre Riffelung beschädigen die Ecken und Flanken einer Mutter rücksichtslos, so daß später jeder Schraubenschlüssel abgleiten muß. Eine Zange ist nur ein Haltewerkzeug, und mit der Rohrzange darf, wie ihr Name sagt, nur an Rohren und Wellen herumgedreht werden, aber nicht an Schrauben. Und wenn man sie schon benutzt, weil kein passender Schlüssel zur Hand ist, muß man höllisch aufpassen, daß die Zange nicht abrutscht.
An den Schraubenziehern soll die Klingenspitze immer sauber gerade geschliffen sein, aber sie darf keine scharfe Schneide bilden, sondern muß flach wie ein Messerrücken sein. Eine scharf zugeschliffene Klingenspitze dreht sich nämlich leicht aus dem Schraubenschlitz, da ihre Flanken schräg sind. Oder sie bricht bei Gewaltanwendung aus, weil sie zu dünn ist.

Wohin mit dem Werkzeug

Zum Schluß noch ein paar Bemerkungen zur Aufbewahrung des Bordwerkzeugs. Man sieht überall in Kaufhäusern vornehme Werkzeugkoffer; Blechernes kommt wegen der Geräusche ja sowieso nicht in Frage, man überlegt dann aber, wie denn innerhalb dieses Koffers die einzelnen Werkzeuge gestapelt werden sollten. Hier empfiehlt sich tatsächlich die gute alte Segeltuchtasche, in der man für jedes Werkzeug ein einzelnes Fach abteilt, so daß man nach einer Bastelei auch sicher sein kann, alles wieder eingepackt zu haben. Außerdem verhindert eine solche Tasche, daß sich die Werkzeuge gegenseitig ständig die Chromschichten zerschlagen, sie hat also rundherum nur Vorzüge. Allerdings: man muß sie selbst anfertigen, denn was man an Werkzeugtaschen kaufen kann, ist immer auf allgemeinen Gebrauch abgestimmt, da ist also bestimmt kein Fach für Bits vorgesehen. Den Koffer benutzt man schließlich nur noch zum Wegräumen der in Segeltuch verpackten Werkzeuge und der kleinen Unterwegs-Hilfsmittel. Braucht man das Werkzeug vorwiegend zuhause, kann man sich einen Werkzeugkasten aus Blech kaufen, wobei der fünfteilige mit Tragegriff, wie ihn die Schlosser haben, besonders praktisch zum schnellen Greifen der einzelnen Werkzeuge ist (ab 33,– DM).

Flüssige Hilfen

Im Regal an der Garagenwand, in welcher das Selbsthilfewerkzeug untergebracht ist, sollten einige der modernen chemischen Hilfsmittel stehen. Ihre Anwendung ist nicht nur zeitgemäß, sondern in vielen Fällen wirklich kräftesparend, materialschonend. Bezugsquellen sind der Zubehörhandel, Tankstellen und Werkstätten.

Als Lösemittel für starken Rost und festsitzende Schrauben haben sich beispielsweise „Caramba Super" und „Multigliss" von Molykote sehr bewährt. Man muß nur ein wenig Geduld haben und die Flüssigkeiten lange genug einwirken lassen (Frühstückspause derweilen machen), bevor man dann den Ringschraubenschlüssel ansetzt. Damit die solcherart locker gemachten Schrauben nicht wieder anrosten, diese mit einem graphitierten Öl (z. B. von BP, Aral, Rex, Pingo) bzw. Molybdän-Öl (z. B. „MoS2-Spray" von Pingo oder „Liqui-Multi" von Liqui-Moly) einsprühen. Als Rostschutz für Teile, die man immer wieder benutzt, also vor allem für Werkzeuge, ist auch ein Hauch dieser graphitierten Öle oder Molybdän-Öle besser als Motoröl. Ebensogut ist ein Sprüher Chromschutzwachs bzw. Lackpflegewachs (beides von zahlreichen Herstellern) oder als Spezialmittel mit zusätzlicher Rostlösewirkung „Omnigliss" von Molykote. Länger haltbaren Rostschutz bietet an Teilen, die man nicht so bald wieder handhabt (z. B. Gewindeschneidern oder Fahrzeugteilen) wachsartiges Unterbodenschutzmittel z. B. von Aral oder „Tectyl" von Valvoline. Diese wachsartigen Mittel gibt es ebenfalls als Sprays, aber die damit behandelten Gegenstände sind natürlich klebrig.

Für angerostete Fahrwerksteile, Fahrzeugböden usw. werden im Fachhandel eine Vielzahl von sogenannten Rostumwandlern angeboten. Wie Tests und eigene Erfahrungen ergaben, machen sie nicht alle ihrem Namen Ehre; bisweilen zeigt sich schon wenige Tage nach der Behandlung erneuter Rostbefall.

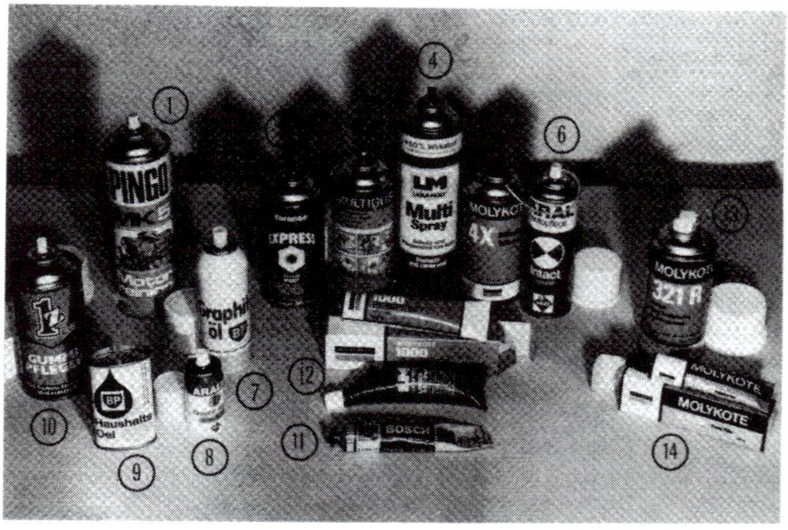

Flüssige und fette Spezialisten für die Fahrzeugpflege:
1 – Motorreiniger; 2 – besonders intensiv wirkender Spezial-Rostlöser; 3, 4, 5 – Mehrzweck-Sprays zum Rostlösen, Schmieren und mit weiteren Anwendungsmöglichkeiten; 6 – Isolierspray; 7 – Graphit-Öl mit meterweitem, nadelfeinen Sprühstrahl; 8 – Graphitpuder als Trokkenschmierstoff; 9 – vielseitig verwendbares Haushaltsöl; 10 – Spezial-Spray zur Gummipflege; 11 – Batterie-Polschutzfett Bosch Ft 40v1; 12 – Schrauben-Compound, verhindert Festrosten von Schrauben; 13 – Gleitlack, ohne Schmierfilm; 14 – Festschmierstoff-Montagepaste (auch als Spray), wichtig bei Motor- und Getriebemontage.

Brauchbare Ergebnisse erzielten wir mit Rostumwandlern auf Tanninsäurebasis, die den Rost (Eisenoxyd) in eine Tanninsäure-Eisenverbindung umwandeln und so weiteres Rosten verhindern. Nachdem er trocken ist, soll der blauschwarz gefärbte Untergrund mit Grundierung und Decklack oder Unterbodenschutz weiterbehandelt werden. Vorläufig sind uns nur zwei derartige Erzeugnisse bekannt, und zwar das recht preiswerte „Pingo-Roststop" (Bezugsquellennachweis: Pingo-Erzeugnisse, 8046 Garching, Gutenbergstraße 13) und das sehr teure „Rostsiegel", bestehend aus dem eigentlichen Rostumwandler und einem Überzugslack (Vertrieb: Heim + Sport, 7065 Winterbach, Schorndorfer Straße 18).

Sollen fettverschmierte Motorteile, die Innenseite der Felgen oder der ganze Motorraum gereinigt werden, dann gibt es hierzu, ebenfalls in Sprühdosen, spezielle Motor-Reiniger (besonders wirksam fanden wir den von Aral). Damit wird das betreffende Teil eingesprüht und nach wenigen Minuten mit Wasser abgespritzt und mit dem Pinsel abgewaschen. Selbst dicke Fettkrusten lösen diese Kaltreiniger und geben dazu den Teilen noch Glanz. Fahrbenzin ist demgegenüber zur Motorreinigung gar nicht zu empfehlen. Nicht nur, weil nach dem Trocknen die Teile grau und unansehnlich sind, sondern vor allem, weil das Fahrbenzin giftige Bleiverbindungen enthält.

Die zahlreichen Lackpflegemittel, Scheibenwaschwasserzusätze, Chromschutzmittel, Plastik-Reiniger usw. gehören eigentlich auch zu den „Flüssigen Hilfen". Ihnen sind die Kapitel „Lackpflege" und „Winterschutz" besonders gewidmet. Wegen ihrer Bedeutung sollen hier jedoch noch die sogenannten „Isolier-Sprays" genannt werden, die bei Feuchtigkeitsstörungen in der Zündanlage so wirkungsvoll helfen, was aber unter den Autofahrern noch immer weithin unbekannt ist. Als Beispiel wären zu nennen „Aral Intact", „4 X Silikon-Spray" von Molykote, Teroson „mo", „LM Liqui Multi" von Liqui Moly oder „MoS_2" von Pingo. Ihre Wirkung: Das Isolierspray unterwandert auch die feinsten Feuchtigkeitströpfchen und unterbricht den durch die Feuchtigkeit bewirkten Kurzschluß, vor allem bei dem hochgespannten Zündstrom im Zündverteiler. Die hier genannten „4 X Silikon-Spray" und „LM Liqui Multi" sind übrigens noch vielseitiger als Pflegemittel für Gummiteile (Türdichtungen), und alle Isoliersprays verhindern auch nachhaltig das Einfrieren der Türschlösser.

Ersatzteile für Reisen in ferne Länder

Falls eine Reise in solche Länder geplant ist, in denen das Ford-Zeichen seltener an Werkstatt-Toren leuchtet, beruhigt es sicher, wenn im Kofferraum in Lappen eingewickelt, einige Ersatzteile mitreisen, die man vielleicht gebrauchen könnte. Wie meistens, braucht man sie dann doch nicht, aber schon das Bewußtsein der Vorsorge beruhigt.

Solch ein nützliches Ersatzteillager brauchen Sie sich aber in der Regel nicht zu kaufen, denn meist haben die Ford-Händler ein nach Werkstatterfahrung zusammengestelltes »Kundendienst-Päckchen« für diesen Zweck zur Hand. Dafür braucht man im allgemeinen den Kaufpreis nur zu hinterlegen und bekommt ihn nach Rückkehr von der Reise wieder zurück, wenn nichts gebraucht wurde, bzw. braucht nur die verbrauchten Ersatzteile zu zahlen. Und einem guten Kunden wird der Ford-Händler solch ein Ersatzteilpäckchen allein gegen Lieferschein und Quittung ohne Anzahlung zur Verfügung stellen.

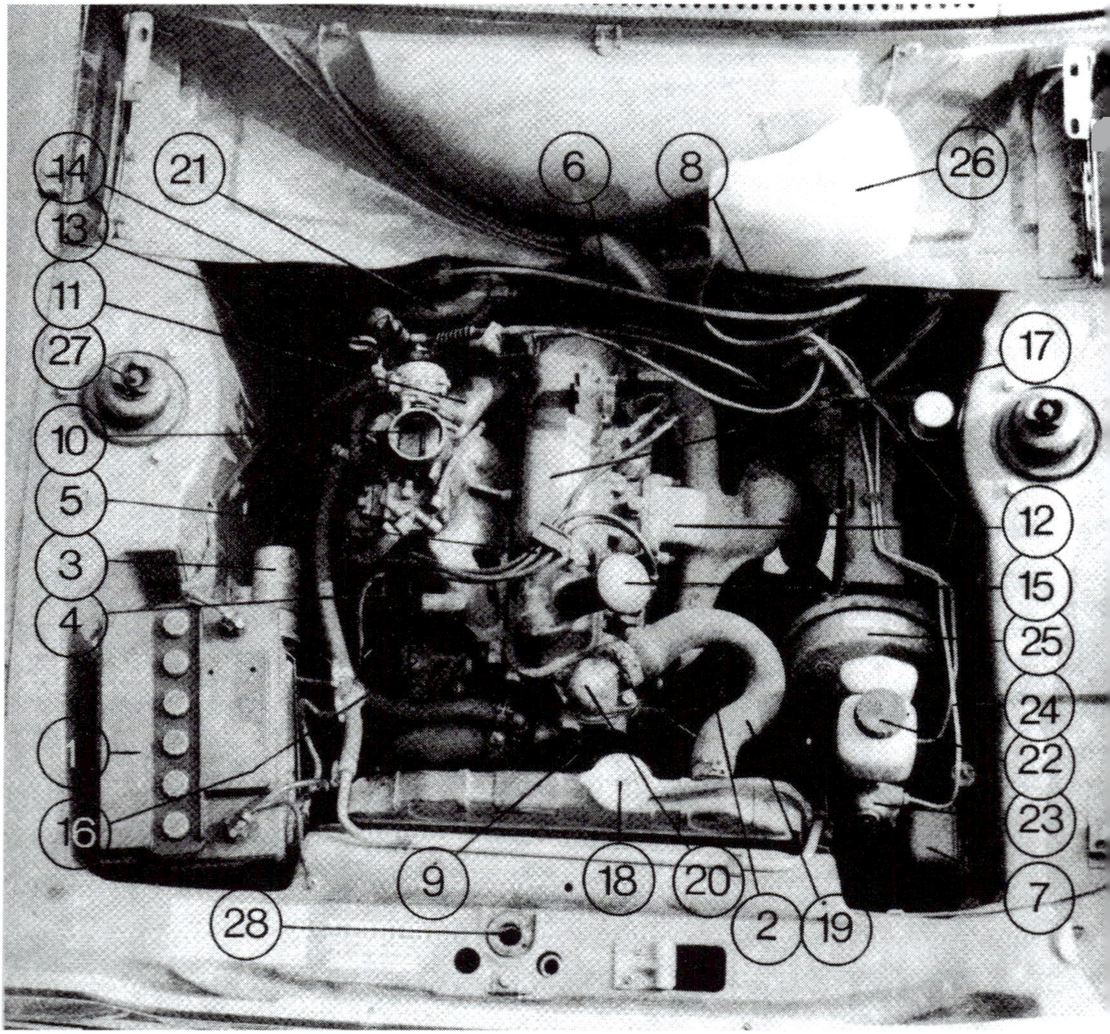

Was ist was im Motorraum?

Falls Ihnen verschiedenes fremd sein sollte, was sich unter der Motorhaube Ihres Ford Escort verbirgt, hier alles auf einen Blick (Luftfilter abgenommen); die Aufnahme stammt von einem Automatic-Escort mit Bremskraftverstärker:

1 – Batterie
2 – Lichtmaschine
3 – Zündspule
4 – Zündverteiler
5 – Kerzenzündkabel
6 – Zündkerze des 4. Zylinders
7 – Regler der Lichtmaschine
8 – Sicherungskasten
9 – Ventilator-Riemenscheibe mit Keilriemen
10 – Vergaser (ohne Luftfilter)
11 – Einlaßkrümmer
12 – Auslaßkrümmer
13 – Motoröl-Peilstab
14 – Peilstab Automaticgetriebe
15 – Motoröleinfüllstutzen
16 – Ölpumpe mit Filter
17 – Zylinderkopfhaube
18 – Kühlerdeckel auf dem Kühlerkasten, nach rechts führt die Überlaufleitung weg
19 – Kühlwasserschlauch
20 – Thermostatgehäuse, darunter Wasserpumpengehäuse
21 – Heizschläuche zum Wärmetauscher
22 – Bremsflüssigkeitsbehälter
23 – Hauptbremszylinder
24 – Bremsleitungen
25 – Bremskraftverstärker (nicht serienmäßig)
26 – Scheibenwascherbehälter
27 – Obere Stoßdämpfer-Befestigung
28 – Aufnahme für Motorhaubenverriegelung

Alles ganz fahrplanmäßig

Wer fahren will muß zahlen. Das ist bei der Eisenbahn so, im Flugverkehr – und leider auch beim Auto. Wir denken weniger an die reinen Betriebsmittel wie Kraftstoff, Öl oder Bremsbeläge, sondern an Pflege und Wartung. Wer wenig Zeit und keine Lust zur Autopflege hat, muß das Geld eben auf die Theke der Werkstatt oder der Tankstelle hinblättern.
Billiger fährt jener, der selbst was tut, denn die Freizeit ist schließlich die billigste Arbeitszeit. Warum da nicht noch etwas „hinzuverdienen", indem man sich mit seinem Auto beschäftigt? Denn man muß den Tatsachen ins Auge sehen: Wenn Sie die Annehmlichkeiten Ihres Escort möglichst lange genießen wollen, müssen Sie etwas dafür tun. Doch das alles klingt schlimmer als es in Wirklichkeit ist.
Nehmen wir uns zum Beweis den Fahrplan vor, den Ford für die Fahrsicherheit und Werterhaltung des Escort aufgestellt hat. Dieser Pflegeplan klärt darüber auf, was wann und wo gepflegt, gewartet oder kontrolliert werden soll. Alle Schmierdienst- und Inspektionsarbeiten finden Sie nachfolgend aufgeführt und dazu vermerkt, auf welcher Seite des Handbuchs genauer beschrieben ist, wie die einzelnen Arbeiten ausgeführt werden sollen. Die Bedeutung der Buchstaben S, T, W ist weiter unten erläutert.

Was muß wann und wo gemacht werden?

Diagnose alle 10000 km oder halbjährlich

Rund um den Wagen		Nähere Hinweise Seite
S	1. Beleuchtungsanlage prüfen	14
S	2. Instrumente und Kontrolleuchten prüfen	14
S	3. Hupe auf Funktion prüfen	14, 148
S	4. Scheibenwischer prüfen	156
ST	5. Reifendruck prüfen	193
SW	6. Lenkungsspiel und Lenkgestänge prüfen	177
W	7. Radaufhängung und -einstellung prüfen	172
STW	8. Scheinwerfereinstellung prüfen	141
S	9. Heizungsbetätigung auf Gängigkeit prüfen	73

Unter der Motorhaube		
S	10. Motorölstand prüfen, falls kein Ölwechsel fällig	38
SW	11. Bremsflüssigkeitsstand prüfen	181
ST	12. Scheibenwaschanlage füllen	157
ST	13. Säurestand der Batterie prüfen	103
STW	14. Ladezustand der Batterie prüfen	105
ST	15. Kühlflüssigkeitsstand prüfen	64

STW	16.	Frostschutzwirkung ausspindeln	67
S	17.	Motorblock auf Dichtigkeit prüfen	15, 61
S	18.	Kraftstoffanlage mit Vergaser auf Dichtigkeit prüfen	15
S	19.	Schläuche und Schlauchschellen der Kühlanlage prüfen	66
S	20.	Keilriemenspannung prüfen, evtl. spannen	109
W	21.	Zündanlage prüfen	129, 130, 131
W	22.	Leerlaufdrehzahl und CO-Gehalt einstellen	91
SW	23.	Flüssigkeitsstand im Automatikgetriebe prüfen	44

Unter dem Fahrzeug

SW	24.	Kupplungspedalspiel prüfen und einstellen	163
SW	25.	Getriebeölstand prüfen	44
SW	26.	Hinterachsölstand prüfen	46
S	27.	Dichtigkeit von Getriebe und Hinterachse prüfen	165
SW	28.	Bremssystem auf Dichtigkeit prüfen	182
S	29.	Reifenzustand prüfen	195
SW	30.	Zustand der Auspuffanlage prüfen	57
S	31.	Probefahrt	15

Wartung alle 10000 km

Rund um den Wagen

ST	32.	Türscharniere und -feststeller ölen	46
ST	33.	Haubenverschlüsse fetten und prüfen	47, 219
SW	34.	Bremsbeläge prüfen, Belagabrieb entfernen	183

Unter der Motorhaube

S	35.	Zündkerzenelektroden prüfen und einstellen	138
S	36.	Zündverteiler schmieren	46
SW	37.	Ventilspiel einstellen	54
ST	38.	Batterieanschlüsse reinigen und einfetten	104
W	39.	Ansaug- und Auspuffkrümmer nachziehen	59
S	40.	Motorbelüftungsventil und -kanal reinigen	61
S	41.	Luftfilter reinigen	97

Unter dem Fahrzeug

ST	42.	Motoröl und Ölfilter wechseln	39, 40
S	43.	Handbremsgelenke ölen	47
SW	44.	Bremsen einstellen	185
SW	45.	Handbremse einstellen	183
W	46.	Hinterfederbriden nachziehen	173

Zusätzliche Wartung alle 20000 km

S	47.	Luftfilterpatrone erneuern	97
S	48.	Kraftstoffleitungsfilter erneuern	93

Zusätzliche Wartung in längeren Abständen

W	49.	Fettfüllung der Vorderradlager erneuern (alle 50000 km)	175
W	50.	Bremsflüssigkeit erneuern (alle zwei Jahre)	181
STW	51.	Kühlflüssigkeit wechseln (alle zwei Jahre)	68

Diese Aufstellung entspricht den Ford-Wartungsempfehlungen. Wir haben sie lediglich der Übersichtlichkeit wegen etwas anders geordnet.

Ford Diagnostic-Service

Da aber nicht alle zu prüfenden Teile regelmäßig genau alle 10000 km nachgestellt, ersetzt oder hergerichtet werden müssen, weil sie immer noch in Ordnung sind, wäre es eine Zeit- und Geldverschwendung, an ihnen herumzudrehen und zu basteln, weil gerade wieder der entsprechende Kilometerstand erreicht wurde. Deshalb hat Ford im September 1970 zu Anfang jeder Inspektion den Diagnostic-Service eingeführt. Nur was sich bei der Diagnose als fehlerhaft herausstellt, wird instandgesetzt.
Bei Fahrzeugen, die im halben Jahr weniger als 10000 km gefahren werden, sollte trotzdem alle 6 Monate eine Zwischendiagnose vorgenommen werden.
Was über die Wartungs- und Schmierarbeiten hinaus vor und nach jedem Winter – der Jahreszeit, welche die härteste Beanspruchung des Autos bringt – am Escort getan werden soll, steht im Kapitel „Winterschutz".

Was kann man selbst machen?

Im Wartungsplan haben wir durch einen oder mehrere Kennbuchstaben markiert, wann man sich selbst helfen kann und wann nicht.

S = Selbstmachen: Das sind Arbeiten, die man ohne Fachkenntnisse und ohne besonderes Werkzeug selbst ausführen kann, wenn man den entsprechenden Absatz dieses Buches durchgelesen hat.

S T = Selbstmachen oder Tankstelle: Auch hier sind keine besonderen Fachkenntnisse notwendig, aber vielleicht fehlt Ihnen das Gerät zur Durchführung dieser Arbeit und die Tankstelle besitzt es, oder Ihnen mangelt es an der Zeit.

S W = Selbstmachen oder Werkstatt: Dabei sind neben einigen Kenntnissen, die Ihnen ebenfalls dieses Buch vermittelt, etwas Geschick, Einfühlungsvermögen, und zusätzliches, aber kein aufwendiges Werkzeug erforderlich. Das wird es sowieso meist nur bei Reparaturen.

T = Tankstelle: Auch der sparsame Mann überläßt diese Pflegemaßnahmen am besten einer verläßlichen Tankstelle, wenn er sie auch selbst ausführen könnte. Er spart dabei Zeit und Mühe, denn meist wird nur der Warenpreis – in der Regel das Öl – von der Tankstelle berechnet, aber oft kein zusätzlicher Arbeitslohn.

In einigen Zeilen stehen mehrere Buchstaben nebeneinander. Sie haben dann die Wahl, wer die Arbeit ausführen soll. Natürlich könnte bei jedem Punkt ein „W" allein stehen, denn der Werkstatt-Fachmann ist ja damit vertraut. Wir schlagen Ihnen aber die Reihenfolge Selbstmachen – Tankstelle – Werkstatt – vor. Bei einer Tankstelle kommen Sie nämlich schneller zum Zuge als bei einer Werkstatt. Außerdem kann man, wenn nicht gerade Wochenende ist, häufig darauf warten, bis der Tankwart mit dem Wagen fertig ist – und, nicht zu unterschätzen für das Sammeln von Erfahrungen, man kann zusehen.

Der Pflegeplatz

Er muß nicht mit dem Waschplatz identisch sein. Im Gegenteil. Unter Umständen bekommt man Schwierigkeiten mit der Polizei, wenn man auf öffentlicher Straße sein Auto wäscht. Gegen einen montierenden oder schmierenden Besitzer hat dort kaum jemand etwas, wenn er nicht gerade seine Beine unter dem Wagen hervor auf die Straße streckt. Auf jeden Fall muß man sich einen geeigneten Platz suchen, denn die wenigsten Garagen sind so geräumig und gut ausgeleuchtet, daß man dort ungezwungen arbeiten kann.
Am besten ist eine harte Standfläche mit einer glatten Betondecke. Dort findet man herabfallende Kleinteile und Schrauben eher wieder als im Gras einer Wiese oder auf einem gekiesten Platz. Eine Asphaltdecke ist weniger geeig-

Soll die Escort-Limousine seitlich angehoben werden, etwa zum Radwechsel, muß der Wagenheber am Punkt A angesetzt werden. Beim Kombi dient die Aufnahme A zum Anheben des Vorderrads, die Aufnahme B zum Anheben des Hinterrads. Wird der Escort mit einem fahrbaren Wagenheber angeliftet, so darf das nur an den schwarz ausgefüllten Punkten geschehen, wobei unter dem Motorträger vorn ein mindestens 30 cm langes Hartholzstück zwischengelegt werden muß, um Beschädigungen zu vermeiden. Hebebühnenarme dürfen nur an den mit ○ oder ● bezeichneten Punkten angesetzt werden. Schauen Sie an der Tankstelle ruhig darauf, damit die Wagenpfleger in diesem Punkt korrekt sind.

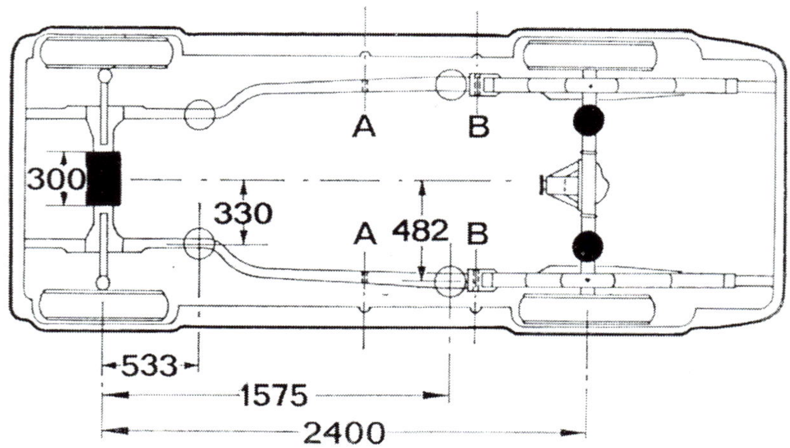

net, denn im Hochsommer wird sie weich, außerdem ist Asphalt empfindlich gegen Öl und Kraftstoff.

Wagen aufbocken und sichern

Keinesfalls dürfen Sie unter den Wagen kriechen, wenn er vom Wagenheber nur einseitig angehoben ist und die Räder nicht gegen Abrollen gesichert sind. Beim Rütteln am Wagen oder Losbrechen von festgerosteten Schrauben kann der Heber kippen. Ihr Escort knallt Ihnen unweigerlich auf einen edlen Körperteil, falls nicht noch Schlimmeres passiert, denn die Bodenfreiheit des Escort ist nicht sehr hoch, dazu federt der Wagen beim Aufprall auf dem Boden durch.

Viel sicherer ist das Hochbocken. Im Zubehör- und Kaufhaushandel gibt es dafür preiswerte Unterstellböcke und Auffahrrampen, letztere sind allerdings nicht für alle Arbeiten zu gebrauchen; denn beim Ölwechsel zum Beispiel muß der Wagen eben stehen und bei manchen Arbeiten am Fahrwerk müssen die Räder oder Achsen frei hängen. Aus Brettern oder Steinen selbstgestellte Rampen sind jedoch meist zu unsicher und wacklig, man kann in dieser Hinsicht nicht vorsichtig genug sein!

An welchen Punkten man den Escort unterbaut oder hochhebt, zeigen die Zeichnungen in der Betriebsanleitung für Ihren Escort. Wir wiederholen sie für den Fall, daß Ihnen die Betriebsanleitung abhanden gekommen ist.

Fingerzeig: *Nicht bei laufendem Motor unter den Wagen legen. Die Abgase bei leerlaufendem Motor enthalten besonders giftige Anteile, die schwerer als Luft sind und zu Boden sinken. Das gilt besonders für Arbeiten in der Garage und bei Windstille! Solch unbesonnenes Verhalten kann tödlich enden!*

Miteinander leben

Das Verhältnis zwischen Autofahrer und Werkstatt entbehrt oft nicht gewisser Spannungen. Wir wollen die Gründe nicht untersuchen. Fest steht jedenfalls, daß beide aufeinander angewiesen sind. Schließlich kann eine Autowerkstatt ohne Autofahrer nicht existieren, und jeder Wagen ist das ganze Autoleben lang über die Inspektionsintervalle mit der Werkstatt verbunden, von den Reparaturen gar nicht zu reden, die bei jedem Auto vorkommen – ob es seinem Besitzer nun schmeckt oder nicht. Deshalb sollten beide Seiten versuchen, miteinander auszukommen. Wir würden die sogenannten Schiedstellen, zu denen neuerdings der Trend geht und die latentes Mißtrauen der Werkstatt gegenüber voraussetzen, möglichst wenig in Anspruch nehmen. Aber wenn es nicht anders geht: Ein Adressenverzeichnis der Schiedsstellen in der Bundesrepublik ist vom Zentralverband des Kraftfahrzeughandwerks, 53 Bonn 1, Franz-Lohe-Straße 21, von der Kfz-Innung und von den Automobil-Clubs oder vom DAT erhältlich. Aber auch die Formel „Seid nett zueinander" hilft nicht immer weiter. Zweifellos nützt es dem Zusammenleben am ehesten, wenn beide Seiten eine vernünftige Handlungsweise praktizieren, und der Autofahrer zur Werkstatt ein sachliches Verhältnis herstellt.

Umgang mit der Werkstatt

Zur Entschärfung diverser Probleme deshalb einige Ratschläge:

■ Wartungsdienste und voraussehbare Reparaturen möglichst früh persönlich oder telefonisch anmelden und einen Termin vereinbaren. Werkstattbesuche kurz vor Feiertagen und Ferienbeginn vermeiden. Wartefristen von zwei bis drei Wochen sind heute durchaus keine Seltenheit mehr.

■ Morgens möglichst zwischen 7 und 8 Uhr vorfahren; zu dieser Zeit werden die Arbeiten für den Tag eingeteilt. Besser schon am Abend vorher, da herrscht bei der Annahme nicht so viel Gedränge.

■ Ganz klaren Reparaturauftrag geben, dieses Buch soll dabei helfen. Ölwechsel ja oder nein? Welches Öl, Zündkerzen austauschen? Am besten im Lauf der Zeit einen Merkzettel anlegen. Sonst vergißt man bei der Reparaturannahme doch einige der gewünschten Punkte anzugeben.

■ Den Annehmer der Werkstatt um möglichst genaue Auskunft über die vermutlichen Kosten bitten. Dazu eindeutig erklären, daß man Sie anrufen oder auf Ihr Wiederkommen warten müsse, wenn der Betrag um soundsoviel höher komme. Sie wollen ja nicht von einer Bombenrechnung überrascht werden, die Ihren Monats-Etat über den Haufen wirft.

■ Vor der Wagenabholung sicherheitshalber nochmal nach der Kostensumme fragen. Denn es ist allgemeiner Werkstattbrauch, den fertigen Wagen nur gegen Barzahlung herauszugeben. Auch von Schecks will man in vielen Werkstätten nichts wissen, wenn Sie keine Scheckkarte besitzen.

■ Eigene Telefonnummer hinterlassen, wichtig für Rückfragen wegen zusätzlicher Arbeiten, die der Werkstatt empfehlenswert erscheinen. So etwas stellt sich manchmal erst während der Reparatur heraus. Übrigens können Sie zusätzliche Arbeiten nicht ablehnen, wenn ohne sie der Wagen nicht mehr verkehrssicher ist.

■ Ausgebaute oder ersetzte Teile wandern auf den Schrotthaufen. Lassen Sie auf dem Reparaturantrag vermerken, daß man sie Ihnen in den Kofferraum legt oder wenigstens zeigt. Dadurch lernen Sie Ihr Fahrzeug besser kennen und können sich auch besser vorstellen, was alles gemacht wurde.

■ Auch bei Reparaturen haben Sie Garantieansprüche, wenn die Arbeit unsachgemäß erledigt wurde oder wenn sich ein Materialfehler herausstellt. Im Gegensatz zur Erstgarantie haben Sie sogar Anspruch auf Schadenersatz, wenn fahrlässig repariert wurde.

Was wird das wohl kosten?

Die größte Scheu haben Autofahrer, wie wir immer wieder beobachten, vor der Frage nach den Kosten. Man will seine Unkenntnis nicht zugeben, obwohl unmöglich ein Mensch erwarten kann, daß man die Ersatzteilpreise für die einzelnen Teile kennen kann. Der Unsichere läßt sich etwas Unverständliches erzählen, erteilt dementsprechend einen verschwommenen Reparaturauftrag und wundert oder ärgert sich hinterher. Jene Leute, die mit fröhlicher Unbekümmertheit sagen, daß sie rein gar nichts vom Auto verstünden (obwohl sie vielleicht recht gut Bescheid wissen) und daher keine Ahnung hätten, wieviel Geld sie zum Abholen des Wagens in die Taschen stecken müßten, sind da viel besser dran. Machen Sie es wie letztere. Sie werden manche Mark sparen, weil Sie diese oder jene eifrig angebotene Arbeit abweisen können, bevor sie auf Ihrer Rechnung auftaucht.

Bei größeren Reparaturen sollte man grundsätzlich einen schriftlichen Kostenvoranschlag verlangen. Dabei genügt durchaus eine Durchschrift des Reparatur-Auftragszettels mit jeweils hinter die Arbeitspositionen und Teile geschriebenen Preisen. Ein solcher Kostenvoranschlag darf nach dem Brauch der Branche bis 500 DM um höchstens 20% und über diesem Betrag um nicht mehr als 15% überschritten werden, ohne daß man Sie um Erlaubnis fragen muß.

Achten Sie auch darauf, daß es in der Reparaturbranche allgemein übliche „Geschäftsbedingungen für die Ausführung von Arbeiten an Kraftfahrzeugen“ gibt. Sie hängen entweder irgendwo an der Wand, wo sie jeder lesen kann, oder sie sind auf die Rückseite des Reparaturauftrags gedruckt. Es handelt sich um das berühmte „Kleingedruckte“ in Verträgen. Vielleicht wird es für Sie einmal wichtig.

Die Rechnung muß stimmen

Gelegentlich hört man von Rechnungen, deren sparsamer Text sich in dem Satz „Wagen instandgesetzt 327,51 DM“ erschöpft. Solch eine Rechnung ist keine Rechnung. Man braucht sich damit nicht zufriedenzugeben, denn es ist das gute Recht des Kunden, genau zu erfahren, was ihm da alles berechnet wurde. Nicht zuletzt gilt eine exakte Rechnung auch als eventuelles Beweismittel bei Reklamationen. So ist es für eine gute Werkstatt selbstverständlicher Brauch, daß die Rechnung genau beschreibt, wie und was eigentlich repariert wurde, welche Teile und zu welchem Preis dazu nötig waren und wie hoch der Preis für die eigentliche Arbeitszeit war.

Gerade diese letzte Position bringt manchen unkundigen Autobesitzer zum Schaudern, denn in den meisten Fällen sind die Kosten der Montage wesentlich höher als der Preis des jeweiligen Ersatzteils.

Fleißige Hände kosten Geld

Deshalb unser Rat, daß man sich vor jeder größeren Reparatur einen Kostenvoranschlag von seiner Werkstatt geben lassen soll. Solch ein Kostenvoran-

schlag einschließlich des Arbeitspreises ist für den Ford-Händler kein Problem, denn die Ford-Werke haben für Ihre Vertragswerkstätten ein Fest-Zeiten-Buch zusammengestellt. Darin kann man aus stichwortartigen Beschreibungen von vielen hunderten Reparaturarbeiten ablesen, wieviel Zeit ein erfahrener Monteur in einer ordentlich organisierten und ausgerüsteten Werkstatt für die jeweilige Reparaturarbeit braucht.
Der Stundenpreis selbst richtet sich aber nach den Stundenlöhnen, die von der Werkstatt nach eigener Kalkulation berechnet werden. Die Stundenpreise liegen gegenwärtig zwischen etwa 30 und 50 DM, in der Großstadt meistens höher als auf dem flachen Land. Deshalb kostet die gleiche Reparatur in jeder Werkstatt einen anderen Preis, was den Arbeitslohn betrifft. Bei Reparaturen mit hohem Arbeitsaufwand können dabei erhebliche Differenzen herauskommen, weshalb es sich unter Umständen schon lohnt, vorweg Kostenvoranschläge von verschiedenen Werkstätten einzuholen.

Fettlebe

Der Escort ist zwar so wartungsfrei, wie es nach dem heutigen Stand der Technik in dieser Preis- und Leistungsklasse möglich ist. Trotzdem gibt es auch an ihm noch Stellen an Motor, Fahrwerk und Karosserie, die ohne Schmierung nicht auskommen. Überall wo Metallteile aufeinander gleiten, droht vorzeitiger Verschleiß, den ein Schmierfilm aus Öl oder Fett hinausschieben kann. Außerdem erfüllen Schmierstoffe an manchen Stellen besondere Aufgaben wie Kühlung heißlaufender Teile, Abdichtung gegen Gas, Wasser oder Schmutz, Abtransport von Abriebteilchen, Verbrennungsrückständen. Diese Aufgabenvielfalt zeigt schon, daß Schmierung sein muß. Es ist nicht so, wie manche Autofahrer meinen, daß sich das Werk und die Mineralölindustrie technischer Argumente bedienen, um dem Autofahrer das Geld aus der Tasche zu ziehen. Andererseits können die verschiedenen Aufgaben nicht von einer einzigen Schmierstoffsorte bewältigt werden. Deshalb die speziellen Schmierstoffvorschriften für die verschiedenen Schmierstellen.

Motorölstand prüfen
Pflegearbeit Nr. 10

Der Ölpeilstab ragt auf der rechten Motorseite – in Fahrtrichtung gesehen – knapp vor der Spritzwand empor. Er ist an dem runden Drahtgriffring erkennbar, beim Automatic-Escort liegt dicht daneben der Plastikgriff des Getriebeflüssigkeits-Peilstabs, auf den wir weiter unten zu sprechen kommen. Zur Standprüfung den Peilstab herausziehen, abwischen, erneut bis zum Anschlag hineinstecken, kurz warten und wieder herausziehen. Die Peilstabspitze muß mindestens bis zur Markierung „MIN" mit Öl benetzt sein. Steht das Öl unter dieser Marke, muß Öl nachgefüllt werden (siehe Absatz Motorölsorten in diesem Kapitel). Bis zur Markierung „MAX" kann etwa $^3/_4$ Liter Öl nachgefüllt werden. Darüber darf das Öl aber nicht stehen, denn Überfüllung ist schädlich für den Motor! Wenn der Ölstand zwischen den beiden Marken liegt, ist Nachfüllen nicht nötig. Nachfüllen sollte man auch nicht,

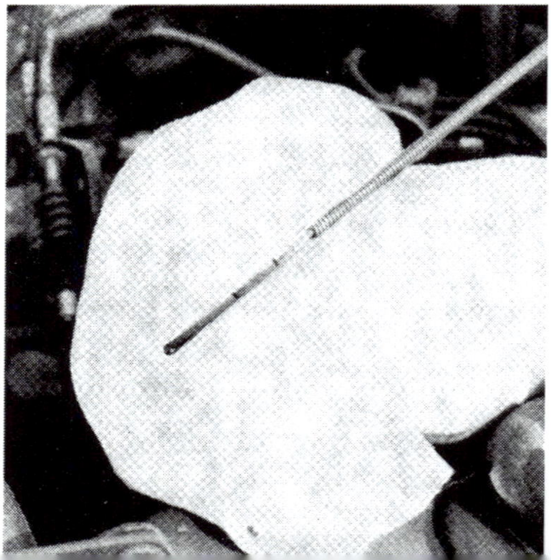

Wie man den Ölstand im Motor mißt, ist im Text beschrieben. Das Öl soll zwischen den beiden auf dem Meßstab sichtbaren Markierungen stehen. Unter die Minimum-Kerbe links unten darf das Motoröl nicht absinken: vorher Öl nachfüllen. Aber man soll auch nicht soviel Öl einfüllen, daß der Ölstand über die Maxi-Marke steigt. Sonst besteht die Gefahr, daß sich im Kurbelgehäuse Überdruck bildet, der sich irgendwo einen Ausweg sucht, oder daß die Kurbelwelle das Öl zu Schaum schlägt, worunter die Schmierung leidet.

wenn der Ölstand auf MIN gesunken ist, der nächste Ölwechsel aber kurz bevorsteht. Dann legt man den Ölwechsel einfach ein wenig früher.
Den Ölstand kann man nur genau ermitteln, wenn der Motor seit mindestens einigen Minuten stillsteht und der Wagen auf ebenem Boden abgestellt ist. Am einfachsten: Morgens den Peilstab ziehen, dann braucht man ihn nicht mit einem Lappen abwischen.
Die Escort-Motoren verbrauchen bemerkenswert wenig Motoröl. Die zulässige Grenze von etwa 0,3 Liter auf 1000 km wird also kaum überschritten, höchstens wenn man einen Motor ständig voll ausfährt und in den Gängen hoch ausdreht.

Motoröl wechseln

Teil der Pflegearbeit Nr. 42

Man kann den Motorölwechsel in der Ford-Werkstatt, an der Tankstelle oder zu Hause machen. Wir ziehen im allgemeinen die Tankstelle vor. Denn:
1. Das Motoröl soll warm gewechselt werden, damit aller Schmutz gut ausläuft. In Werkstätten muß der Escort oft lange warten, bis er drankommt. An Tankstellen hat man dagegen oft schon nach wenigen Minuten Zeit.
2. Wenn Sie Motoröl nicht im Discountladen, Kaufhaus oder durch gute Beziehungen billiger kaufen können, sondern es von der Tankstelle beziehen, ist in deren Verkaufspreis die Ölwechselarbeit des Tankwarts eingeschlossen. Ausnahme: „Öl zum Mitnehmen".
3. Beim Ölwechsel fällt Altöl an. Wohin damit? In die Kanalisation schütten oder im Garten vergraben darf man es wegen der Grundwasserverseuchung nicht. Bei der Tankstelle ist Altöl besser aufgehoben. Oder an einer Altölsammelstelle, wo das verbrauchte Öl kostenlos abgegeben werden kann.
Die entsprechende Adresse erfahren Sie von der Gemeindeverwaltung, der örtlichen Polizei oder auch vom ADAC.
4. Bei jedem Ölwechsel muß nach Werksempfehlung auch das Ölfilter gewechselt werden, was nur bei aufgebocktem Wagen möglich ist. Das muß der Tankwart mit seiner Hebebühne machen, es sei denn, Sie hätten zu Hause eine sichere Aufbockmöglichkeit für den Escort.
Wirbt Ihre Stamm-Tankstelle für den Ölwechsel mit Ölabsauggerät zur Selbstbedienung und mit preisgünstigem „Öl zum Mitnehmen", dann ist dies zwar eine preiswerte Möglichkeit, doch wegen des notwendigen Ölfilterwechsels von unten her für den Escort nicht zu empfehlen. Das Ölabsauggerät kommt eigentlich nur in der kalten Jahreszeit infrage, wenn bei vorwiegendem Kurzstreckenverkehr das Motoröl vorzeitig gewechselt werden soll. Da hierbei das Ölfilter nicht getauscht werden muß, kann man das verbrauchte Öl unbesorgt absaugen.
Zum Selbstwechseln brauchen Sie: 22 mm Steck- oder gekröpften Ringschlüs-

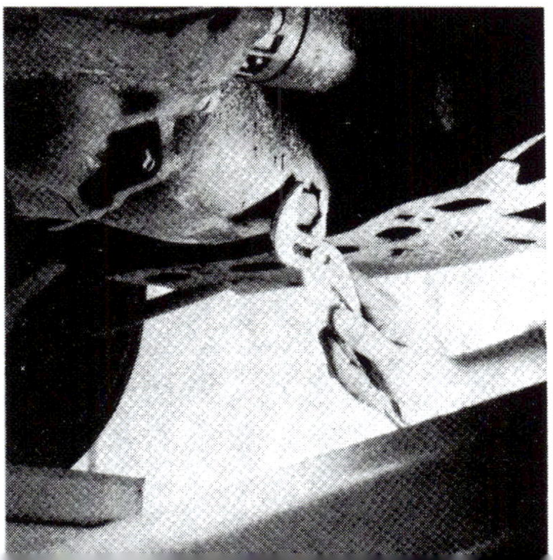

Die Motorölablaßschraube sitzt an der rechten Seite der Ölwanne – in Fahrtrichtung gesehen. Die Rohrzange ist allerdings nicht ganz das richtige Werkzeug, um die Ablaßschraube heraus- und hineinzudrehen, höchstens im Notfall. Das richtige Werkzeug für die ½"-Gewindeschraube ist ein 22 mm-Schlüssel.

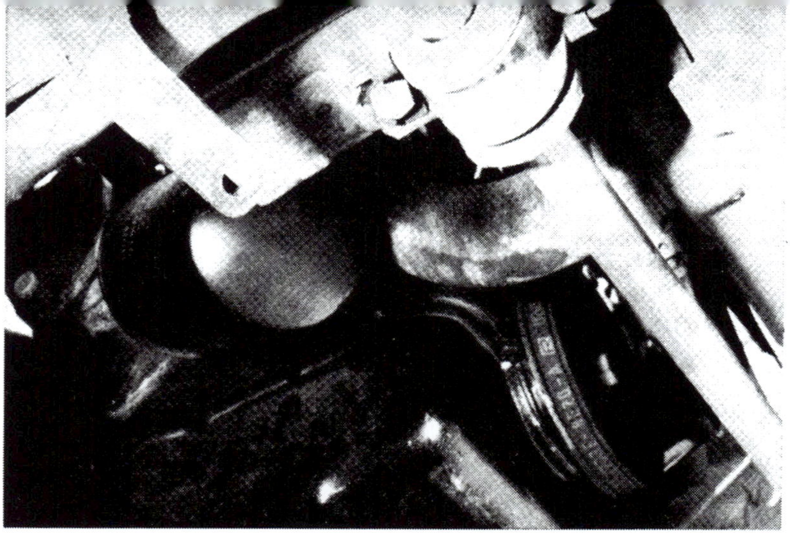

Wie das Foto zeigt, hängt die Ölfilterpatrone an der rechten Motorseite an der Ölpumpe, schräg hinter der Riemenscheibe. Zum Auswechseln muß der Vorderwagen hochgebockt oder angehoben werden, denn die Patrone ist nur von unten zugänglich. Die Werkstatt benutzt zum Herausdrehen einen Hebel mit Spannband. Im Notfall geht es auch mit einem Gürtel, den man fest um die Patrone legt. Oder mit Schmirgelpapier, das man mit der Schmirgelseite zum Blech um die Patrone legt, die man dann mit gekreuzten Fingern fest umfaßt.

sel, ein mindestens 3,5 Liter fassendes Gefäß zum Auffangen des Altöls, 2,75 Liter Mehrbereichsöl, bei gleichzeitigem Ölfilterwechsel 3,25 Liter.
Das ist zu tun: Motor warm fahren, denn nur warmes Öl wird dünnflüssig, läuft gut ab und nimmt die Verschmutzungen mit sich. Die Ölablaßschraube sitzt an der rechten Seite vorn an der Ölwanne. Man löst sie mit dem Steck- oder Ringschlüssel, stellt das Auffanggefäß unter die Ablaufrinne oder das Ausflußloch, dreht jetzt die Ablaßschraube vollends mit der Hand heraus, damit sie nicht verlorengeht oder im Ölgefäß versinkt. Schraube von oben her fassen, damit das Öl nicht über die ganze Hand fließt. Wenn man den Einfülldeckel oben auf dem Motor abnimmt, läuft das Öl besser ab. Selbstverständlich muß der Wagen eben stehen, damit alles Öl aus der Wanne abfließen kann.
Nachdem das Öl ganz abgelaufen ist, die Ölablaßschraube wieder eindrehen und mit dem Schlüssel festziehen. Aber nicht anknallen, sonst kann das Gewinde ausbrechen oder die Ablaßschraube sitzt wie festgeschweißt, wenn man nächstes Mal das Öl wechseln will. Keinesfalls den Dichtring vergessen; eigentlich muß er bei jedem Ölwechsel erneuert werden. Ohne oder mit lädiertem Dichtring tröpfelt das Öl weg und Sie liegen bald mit trockenem Motor und ernstem Schaden fest. Zum guten Schluß 2,75 oder 3,25 Liter Mehrbereichsöl oben in den Motor schütten und den Ölstand am Meßstab prüfen.

Ölfilterwechsel

Teil der Pflegearbeit Nr. 42

Das Ölfilter liegt im Hauptstrom des Motorölkreislaufs und wird deshalb auch Hauptstromölfilter genannt. Diese Bezeichnung besagt, daß alles Öl durch den Filtereinsatz aus Papier hindurch muß, wobei die Verschmutzungen des Öls herausgefiltert werden. Ein defekter oder verschmutzter Filtereinsatz beeinträchtigt zwar nicht den normalen Schmierumlauf, doch läßt er den freien Durchlauf von Fremdkörpern zu, die dann in den Lagern und an den engen Passungen vorzeitigen Verschleiß verursachen. Daraus erhellt schon, daß es ratsam ist, den Wechselempfehlungen des Werks zu folgen: Alle 10 000 km oder mindestens einmal im Jahr muß die Ölfilterpatrone erneuert werden.
Die Ölfilterpatrone hängt an der rechten Motorseite vorn schräg nach unten am Leichtmetall-Ölpumpengehäuse. In die Escort werden ab Werk sowohl Ölfilter mit auswechselbarem Einsatz als auch Ölfilterpatronen, sogenannte Wegwerffilter, die im ganzen gewechselt werden, eingebaut. Beide sind

untereinander auswechselbar. Einsätze und Filterpatronen besorgt man sich am besten im Ford-Ersatzteillager.
Falls wegen erschwertem Fahrbetrieb oder zu geringer Kilometerleistung ein zusätzlicher Ölwechsel innerhalb des 10 000 km-Intervalls vorgenommen wird, braucht das Ölfilter nicht ausgetauscht zu werden. Dementsprechend ist auch ein halber Liter Motoröl weniger einzufüllen.
Zum Wechsel des Filters benutzt die Werkstatt ein Spezialwerkzeug, ein Spannband, das um das Filtergehäuse gelegt wird, plus Handgriff. Aber man kann versuchen, es auch mit der Hand herauszuschrauben. Dazu schneidet man sich einen 6 bis 7 cm breiten Streifen Schmirgelleinen zurecht, legt den Streifen mit der Schmirgelseite gegen das Blech um das Filtergehäuse. Dann umfaßt man die Patrone mit der rechten Hand, legt die linke Hand mit den Fingern über die Finger der rechten Hand und dreht die Patrone mit fest angedrückten Händen entgegen dem Uhrzeigersinn vom Gewinde. Geht es auf diese Weise nicht, kann man auch einen Lederriemen um das Gehäuse spannen, das Ende des Riemens wird dann als Hebel benutzt, oder man legt einen alten Keilriemen herum, den man mit der Wasserpumpenzange so eng als möglich spannt.
Eingedreht wird das Filtergehäuse oder die neue Patrone mit der Hand bis zum Anliegen, dann zieht man – ebenfalls mit der Hand – den Filter noch eine dreiviertel Umdrehung fest. Dabei darauf achten, daß das Filtergehäuse nicht schief in das Gewinde eingesetzt wird. Bei jedem Filterwechsel eine neue Dichtung verwenden.

Welche Ölwechselabstände?

Ford versucht, dem Escort-Fahrer das Leben zu erleichtern. Dazu zählen auch die langen Motorölwechsel-Intervalle von 10 000 km. Das heißt, daß das Motoröl bei normalen Betriebsbedingungen nur alle 10 000 km gewechselt werden muß. Nun macht Ford aber Einschränkungen: Mindestens alle 6 Monate, ebenso Intervallverkürzung bei erschwerten Fahrbedingungen. Dazu ist einiges zu sagen. Das Motoröl wird nämlich im Kurzstreckenbetrieb und besonders im Winter erheblich stärker beansprucht und schneller verbraucht als auf Langstrecken und im Sommer. Außerdem kommen im Kurzstreckenbetrieb erheblich mehr Motorkilometer als Tachokilometer zusammen, dazu altert das Öl nicht nur mit der Belastung sondern auch mit der Zeit. Es wird unbrauchbar. Auch hier spielen Verunreinigungen, z. B. Kraftstoffkondensat, Wassertröpfchen, eine Rolle. Altes Öl verbraucht sich auch schneller. Erhöhter Ölverbrauch kann beispielsweise daran liegen, daß man häufig neues Öl zum alten hinzugeschüttet hat. Ein Ölwechsel kann so den Verbrauch wieder senken, wenn der Motor sonst noch in Ordnung ist.
Weiter spielt auch der Straßenzustand und der Grad der Luftverschmutzung eine Rolle. Fahren Sie viel auf staubigen Landstraßen, so müssen Sie damit rechnen, daß der Luftfilter vorzeitig verschmutzt, und wenn Sie ihn nicht rechtzeitig wechseln, wird mit der Ansaugluft Schmutz in den Motor mitgerissen, den wiederum der Ölfilter aus dem Öl fischen muß. Daraus ergibt sich, daß der Ölwechsel je nach Kilometerleistung, Betriebsart, Motorbelastung und Schmutzanfall variiert werden sollte. Wir schlagen deshalb vor, Ölwechselintervalle von 10 000 km bei normaler Betriebsart und einer Jahreskilometerleistung von etwa 20 000 km ruhig beizubehalten. Liegt winterlicher Kurzstreckenbetrieb vor, wobei wenig Kilometer zusammenkommen, dafür viele Starts und Standzeiten, dann empfiehlt es sich, den Motorölwechsel schon 2000 Kilometer früher vorzunehmen, falls nicht die 6 Monats-Empfehlung des Werks sowieso die Grenze setzt.

Die gleiche Vorsicht ist auch beispielsweise bei einer Urlaubsfahrt auf staubigen Kalkstraßen, z. B. im Innern Jugoslawiens am Platze. Dagegen können Sie bei Langstreckenfahrten im Sommer die Ölwechselintervalle ruhig auch mal um 2000 km überziehen – vorausgesetzt, Sie kontrollieren den Ölstand regelmäßig. Sind Sie ein sportlicher Fahrer, der den Motor in den Gängen häufig bis zur Ventilflattergrenze ausdreht, so merken Sie ebenfalls am schwindenden Ölstand, daß hohe Drehzahlen Öl fressen.

Welches Öl ist richtig?

Ford will kein Risiko eingehen und schreibt deshalb für alle Escort-Motoren HD-Mehrbereichsöl vor. Allerdings mit dem Hinweis, daß nur Öle der Ford-Spezifikation ESE-M 2 C-101 C (früher B) eingefüllt werden dürfen. Daraus ist außerdem für europäische Verhältnisse die Spezifikation SSM-2C-9001-AA abgeleitet worden. Öldosen, die eine dieser Bezeichnungen tragen, sind demnach offiziell von Ford für seine Fahrzeuge „freigegeben" worden. Alle großen und viele kleinere Ölfirmen besitzen für mindestens eines ihrer Mehrbereichsöle eine Freigabe von Ford nach der Spezifikation ESE-M 2 C-101 C. Und Ford führt auch in seinem hauseigenen Motorcraft-Zubehör-Programm ein Motoröl nach dieser Vorschrift mit der Bezeichnung „Premium 10 000 km Motor Oil". Nach den API-Normvorschriften muß die Ölqualität der Klasse SE entsprechen, nach der US-Militär-Spezifikation MIL-L-46152, also auf jeden Fall Höchstqualität haben.

Selbstverständlich werden in den Ford-Vertragswerkstätten nur solche Mehrbereichsöle angeboten und bei Ihrer Stamm-Tankstelle brauchen Sie nur zu fragen, wobei man sich gar nicht auf die Beteuerungen des Tankwarts verlassen muß, sondern entweder steht auf der Öldose „Entspricht Ford-Spezifikation SSM-2C-9001-AA" oder ein entsprechender Vermerk ist in der Ölpreisliste der betreffenden Ölmarke zu finden. Darauf können Sie sich verlassen, denn keine Ölfirma wird es wagen, diesen Vermerk irgendwo zu drucken, wenn Ford das betreffende Mehrbereichsöl nicht freigegeben hat. API- und MIL-Spezifikationsangaben sind noch nicht auf allen Öldosen bekannter Marken zu finden, aber oft auf Öldosen in Kaufhäusern, im Discount- und Zubehörhandel.

Mehrbereichs- und Einbereichsöle

Daß Ford Mehrbereichsöle vorschreibt, erkennt man an den in der Betriebsanleitung aufgeführten Bezeichnungen SAE 10 W - 30, 10 W - 40, 10 W - 50, 20 W - 40, 20 W - 50. Dabei handelt es sich um die Öl-Viskosität, um die Zähflüssigkeit des Öles, d. h. hier wird durch Zahlenwerte angegeben, ob ein Motoröl schneller oder langsamer aus einem Röhrchen gleichen Durchmessers fließt, ob es also dick- oder dünnflüssiger ist. Dieses Problem ist international von der amerikanischen „Society of Automotive Engineers" genormt, und ihr zu Ehren werden die Zähflüssigkeitsklassen mit SAE und einer Zahl dahinter bezeichnet. Je kleiner die Zahl ist, umso dünnflüssiger ist das Öl. Dünnflüssiges Öl ist für den Winter bestimmt, deshalb SAE 10 W – das „W" am Schluß bedeutet zusätzlich „Winter" – etwas dickflüssigeres Öl ist für den Sommer, deshalb SAE 20 W/20 oder SAE 30. Die Bezeichnung 20 W deutet an, daß es in verschiedenen Motoren als Winteröl geeignet ist.

Motorenöle, die nur eine Viskositätsbezeichnung haben, also beispielsweise SAE 10 W oder SAE 20 W/20, nennt man „Einbereichsöle". Sind mehrere SAE-Klassen angegeben, wie SAE 10 W - 30 oder SAE 20 W - 40, spricht man von „Mehrbereichsölen", denn sie können immer dann verwendet werden, wenn Öle von SAE 10 W, 20 W/20, 30, 40 oder 50 vorgeschrieben sind, denn sie decken alle diese Zähflüssigkeitsbereiche ab, können also im Sommer und Winter gleicherweise beim Motorölwechsel eingefüllt werden.

Bei diesen Mehrbereichsölen handelt es sich zumeist um dünnflüssige Öle der Klasse 10 W, die besonders chemische Zusätze enthalten. Diese „quellen" bei höheren Temperaturen, halten also das Öl in heißem Zustand zähflüssiger, wie es etwa ein Öl SAE 30 oder SAE 40 bei gleicher Temperatur wäre. Dadurch ist auch bei sehr hohen Öltemperaturen noch immer eine gute Schmierfähigkeit gegeben. Und umgekehrt ist es bereits beim Motorstart nicht zu zähe und dickflüssig, so daß hierdurch bereits beim Start eine zufriedenstellende Schmierung aller Teile sichergestellt ist.
Die Kehrseite der Medaille ist der Preis für diese Mehrbereichsöle. Während ein einwandfreies Einbereichsöl, wie es für die Vorgängertypen unseres Fords noch gut genug war, pro Liter etwa 3,80 DM kostet, muß man für ein Mehrbereichsöl entsprechend der Ford-Spezifikation zwischen 5,– DM und 9,– DM zahlen. Wer da ein wenig sparen möchte, geht allerdings ein gewisses Risiko ein, aber man könnte dann im Sommer auch Einbereichsöl SAE 20 W/20 und im Winter bei Temperaturen unter –10° C Einbereichsöl SAE 10 W nehmen. Selbstverständlich muß es immer ein hochwertiges „HD-Öl" sein, das den bereits erwähnten Normvorschriften entspricht.

Fingerzeig: *Ist nur teures Öl, so um 9,– DM pro Liter, wirklich gut? Keineswegs. Wir haben auch auf sehr preiswerten Mehrbereichsölen aus Kauf- und Versandhäusern zu unserer Überraschung den Aufdruck „Spezialöl für Ford-Motoren" oder „Von Ford freigegeben nach SSM-2C-9001-AA" gefunden und Ford hat uns bestätigt, daß so gekennzeichnete Motoröle allen Ford-Anforderungen entsprechen.*

Unterwegs Öl nachfüllen

Wenn Sie durch Ölverbrauch Motoröl nachfüllen müssen – das ist erst wirklich notwendig, wenn der Ölstand bis zur Minimum-Marke des Peilstabes abgesunken ist –, dann nehmen Sie am besten die gleiche Sorte der gleichen Marke, die Sie zum Ölwechsel gewählt haben. Sie haben dann das beruhigende Gefühl, bei einem überraschenden Motorschaden bei der treu beanspruchten Ölfirma anklopfen zu können, um feststellen zu lassen, ob vielleicht mit der Motorschmierung oder gar dem Öl irgend etwas nicht stimmte. Das ist allerdings nur wirklich selten der Fall, aber in diesen seltenen Fällen zeigen die Mineralölfirmen nach unseren Erfahrungen auch zweifellos Kulanz. Im übrigen lassen sich aber alle HD-Ölsorten und HD-Ölmarken fröhlich durcheinander mischen. Diese Mischbarkeit ohne schädliche chemische oder sonstige Folgen ist eine Grundforderung der internationalen HD-Öl-Normen. An Tankstellen erzählt man es gerne anders. Glauben Sie uns trotzdem und es ist zweifellos besser, bei wirklichem Ölbedarf das nächst-erreichbare HD-Öl nachzufüllen, statt noch mehrere hundert Kilometer nach der bevorzugten Ölmarke zu suchen. Geld läßt sich übrigens sparen, wenn der nächste Ölwechsel nur noch etwa 1000 km weit ist. Dann kann man auch einen halben Liter des billigeren HD-Einbereichsöl nachfüllen, denn nach kurzer Zeit würde das teure Mehrbereichs-HD-Öl ja schon wieder weggeschüttet.

Kein Ölverbrauch? Das ist verdächtig

Öl verbraucht sich unter Aufopferung seiner selbst. Ölverbrauch ist also ganz natürlich. Unnatürlich ist es dagegen, wenn Ihr Ford-Motor, vielleicht nur im Winter, kein Öl verbraucht. Das zeigt in aller Regel, daß sich durch Kurzstreckenfahrten, die den Motor nicht richtig warm werden lassen, verstärkt Wasser- und Kraftstoffkondensat im Motoröl abgesetzt hat. Das setzt natürlich die Schmierfähigkeit des Ölwannen-Inhalts sehr herab, oft ist sogar ein vorzeitiger Ölwechsel angebracht. Oder man bringt durch eine längere, flotte Autobahnfahrt das Motoröl auf so günstige Temperaturen, daß das Kondensat wieder aus dem Motoröl verdunstet.

Ölzusätze überflüssig

Viele Firmen bieten Zusatzmittel zum Motoröl an. Sie kosten Geld – und bewirken kaum etwas Meßbares. Auch der Hinweis, man könne sich damit jeweils einen Ölwechsel sparen, ist milde gesagt, unkorrekt. Die heutigen HD-Öle und besonders die HD-Mehrbereichsöle sind so „konstruiert", daß sie alle Ansprüche klaglos erfüllen, die der Motor stellt. Außerdem sind sie so fein abgestimmt, daß die Beimischung fremder Stoffe ihr inneres Gleichgewicht stören kann.

Fingerzeige: *Lassen Sie sich nicht ängstlich machen: Hochwertiges Öl wird schon nach kurzer Laufzeit dunkel. Dies ist jedoch kein Zeichen, daß das Öl gewechselt werden muß.*
Gegen die ölunlöslichen Zusätze, die meist aus fein pulverisiertem Molybdändisulfid (Molykote und Liqui Moly) bestehen, ist nicht viel einzuwenden. Doch sind wir der Meinung, daß die Zugabe eines Döschens Konzentrat auch nicht der richtige Weg ist, sondern besser sind bereits mit diesem Schmierstoffzusätzen fertig gemischte Motoröle. Auch Ford ist dieser Meinung und hat die Mehrbereichsöle „Liqui-Moly super motoroil mos2" und „Molykote Super motor oil" offiziell nach Ford-Spezifikation SSM-2C-9001-AA freigegeben.

Getriebeölstand prüfen
Pflegearbeit Nr. 25

Diese Kontrolle soll alle 10000 km vorgenommen werden. Sie ist deswegen so wichtig, weil Ford den Getriebeölwechsel abgeschafft hat. Stellt man bei der Standkontrolle eine Fehlmenge fest, wird Getriebeöl lediglich bis zum vorgeschriebenen Ölstand ergänzt.
Der Verschlußstopfen mit 10 mm Innenvierkant, der zur Prüfung des Getriebeöl-Niveaus und zum Nachfüllen dient, liegt an der linken Getriebeseite – in Fahrtrichtung gesehen. In halber Höhe des Gehäuses, hinter dem Kupplungsausrückhebel finden Sie ihn. Zur Prüfung des Getriebeölstandes wird der Stopfen herausgedreht. Dann steckt man einen Finger in die Öffnung; das Getriebeöl soll nicht mehr als 1 cm unter den unteren Rand der Öffnung abgesunken sein. Fehlt mehr, wird nachgefüllt. Zur Prüfung muß jedoch der Wagen waagrecht stehen, Auffahren auf eine Rampe oder einseitiges Anheben des Wagens verfälscht das Prüfungsergebnis. Das Nachfüllen sollte man jedoch der Tankstelle oder der Werkstatt überlassen, die das zähflüssige Öl mit einem Spezialgerät ins Getriebe pumpt.

Flüssigkeitsstand im Automaticgetriebe
Pflegearbeit Nr. 23

Wer einen Automatic-Escort besitzt, muß den Flüssigkeitsstand im Automaticgetriebe alle 10000 km prüfen. Das geschieht an dem Peilstab mit dem Kunststoffgriff, der neben dem Motorölpeilstab vor der Motorraum-Trennwand liegt. Während jedoch zur Motorölstand-Kontrolle der Motor mindestens einige Minuten stehen muß, bis alles Öl in der Ölwanne zusammengelaufen ist, muß die Flüssigkeitsstandkontrolle des Automaticgetriebes bei langsam laufendem (Leerlauf) und betriebswarmem Motor (nach mindestens 8 km Fahrt) sowie bei Wählhebelstellung „P" erfolgen. Zuvor soll außerdem das Getriebe durch alle Wählhebelstellungen (bei getretener Fußbremse) geschaltet worden sein, und zwar langsam, sonst ist die Messung ungenau!
Bei Leerlauf und Wählhebelstellung „P" wird dann der lange Peilstab herausgezogen, mit einem blütenweißen und nicht fasernden Lappen abgewischt, nochmals eingesteckt und danach der Flüssigkeitsstand am Peilstab kontrolliert. Steht die Flüssigkeit nur bis zur unteren Kerbe MIN: nachfüllen.

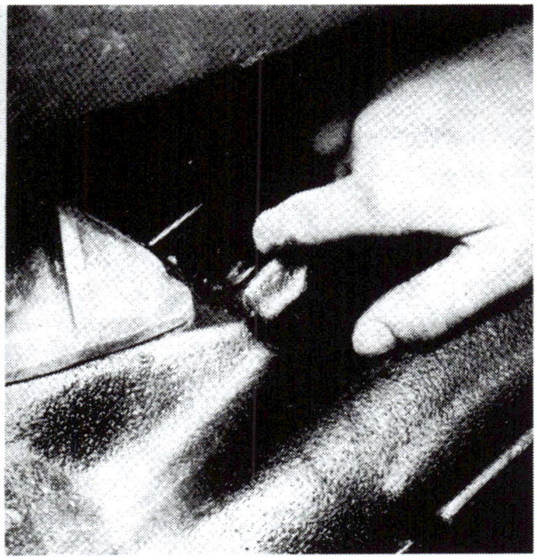

Der Finger weist auf den Innenvierkantstopfen, der an der linken Getriebeseite in halber Höhe des Gehäuses liegt. Hier wird der Getriebeölstand gemessen, indem man den Finger ins Loch steckt, nachdem der Stopfen herausgedreht wurde. Es gibt keine Ablaßschraube, da das Getriebeöl nicht gewechselt wird, man füllt nur Fehlmengen nach, was ebenfalls an diesem Loch geschieht.

Die beiden Kerbmarken sind auf dem leicht gebogenen Meßstabende jedoch nicht immer gut zu erkennen. Die MIN-Marke ist etwa 8 mm, die MAX-Marke 26 mm vom Meßstabende entfernt. Die Differenz zwischen beiden Marken bedeutet im Getriebe einen Ölmengenunterschied von 0,5 Liter. Noch ein Hinweis: Der Lappen zum Abwischen des Meßstabs sollte wirklich völlig sauber sein. Schon einzelne Fasern können die komplizierte Schaltautomatik später aus dem Gleichschritt bringen.

Vielleicht fällt Ihnen auf, daß wir hier von Flüssigkeitsstandkontrolle und nicht von Ölkontrolle sprechen. Aber die Füllung des Automaticgetriebes ist ein besonderer Saft, kein Öl, sondern eine synthetische Flüssigkeit, das sogenannte Automatic Transmission Fluid, kurz ATF. Darum auch unser ernsthafter Hinweis auf die Ford-Werkstatt, wenn ATF-Schwund festgestellt wurde. Natürlich schreibt Ford auch hierfür eine bestimmte Spezifikation vor: M 2 C-33 F.

Ins Automaticgetriebe werden 6,4 Liter dieser Spezialflüssigkeit eingefüllt. Mit Ölkühler, für den Anhängerbetrieb nötig, müssen es 6,6 Liter sein.

Hinterachs-Ölstand prüfen

Pflegearbeit Nr. 26

Auch für die Hinterachse gibt es keinen regelmäßigen Ölwechsel. Hier wird lediglich nachgefüllt, wenn sich bei der Ölstandprüfung eine Fehlmenge herausstellt.

Zwei Meßstäbe sind hier zur Demonstration etwas aus ihren Führungen herausgezogen. Der Stab mit dem Ring ist der Motorölpeilstab, den Stab links daneben findet man nur in Automatic-Escort, denn er dient zum Messen des Getriebeflüssigkeitstandes, und zwar bei laufendem Motor, wie im Text beschrieben.

An der linken Differentialseite (in Fahrtrichtung) vor der Hinterachse finden Sie den Vierkantstopfen, der zum Messen des Ölstandes und eventuellen Nachfüllen herausgedreht wird. Bis Sept. 1970 befindet sich der Stopfen an der Differentialrückseite.

Der Vierkantstopfen befindet sich an der linken Seite des Differentials vor dem Hinterachsrohr – in Fahrtrichtung gesehen, (bis September 1970 war er an der Differentialrückseite). Man dreht ihn mit einem gebogenen Vierkant heraus und steckt den Finger ins Loch. Das Öl soll bis knapp unter dem unteren Rand der Öffnung stehen – bei eben stehendem Wagen. Fehlt Öl, wird die entsprechende Menge Hypoid-Getriebeöl nachgefüllt, Ford-Spezifikation SQM-2C 9002-AA (alte Spezifikation S-M 2 C-28 BA). Am besten prüft man nur den Ölstand und läßt das Öl beim Händler nachfüllen, denn eigene Lagerhaltung lohnt sich bei den geringen benötigten Mengen nicht.

Türscharniere und -feststeller ölen

Pflegearbeit Nr. 32

Man sollte nicht warten, bis Scharniere der Klappen und Türen Laute geben. Denn das wäre ein Zeichen dafür, daß bereits Reibungsverschleiß begonnen hat. Mindestens alle 10000 km sollte man einmal mit dem Ölkännchen um den Wagen gehen und alles, was sich bewegen läßt, mit einigen Tropfen Öl versorgen. An das Schmiermittel werden keine besonderen Anforderungen gestellt. Man kann Motoröl nehmen oder normales Maschinenöl. Wir haben allerdings festgestellt, daß die Schmierung länger vorhält, wenn man ein sogenanntes Langzeitschmiermittel verwendet, z. B. Antiquietschpaste von Liqui-Moly.

Zündverteiler schmieren

Pflegearbeit Nr. 36

Am Zündverteiler gibt es zwei Stellen, die zu schmieren sind. Man muß jedoch die vorgeschriebenen 10 000 km-Intervalle nicht unbedingt einhalten, sie stehen auf der Liste dort nur, damit die Schmierstellen nicht ganz vergessen werden. Am besten schmiert man, wenn man ohnehin am Motor zu tun hat. Ein oder zwei Mal im Jahr genügt durchaus.

Der Verteiler sitzt an der rechten Motorseite unter dem Einlaßkrümmer, von seinem Deckel führen die schwarzen Zündkabel zu den Zündkerzen an der linken Motorseite. An beide Schmierstellen kommt man heran, wenn der Deckel abgenommen ist. Der Deckel wird von zwei Federklammern auf seinem Sitz gehalten. Die äußere Klammer ist bequem mit dem Finger abzudrücken, die innere, zum Motorblock gelegene, hebelt man leichter mit einem Schraubenzieher ab, mit dem man sie nachher zum Aufdrücken auch wieder herauffischt. Den Deckel abheben und beiseitehängen.

Nun muß man noch den Verteilerläufer abziehen, der jetzt in der Mitte des Verteilers sichtbar wird (auch Maßnahme gegen Autodiebstahl). Dann sieht man ein Stück Filz, das in der Mitte der Verteilerachse steckt. Auf diesen Filz

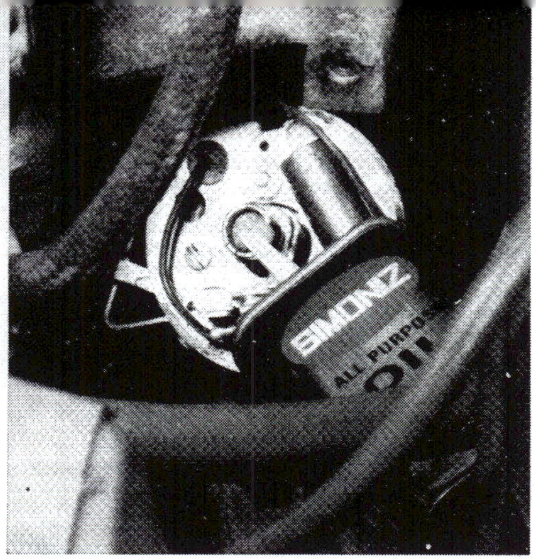

Wenn man den Verteilerdeckel und den Läufer abnimmt, sieht man in der Verteilerwelle den Filzpfropfen. Drei, vier Tropfen Motoröl alle 10 000 km beugt dem Verschleiß vor. Nicht zuviel Öl einträufeln, das Unterteil braucht nicht im Öl zu schwimmen. Die zweite Schmierstelle ist das Kunststoffklötzchen in der Mitte des Unterbrecherhammers. Hinter das Klötzchen, das auf den Nocken der Verteilerwelle gleitet, gibt man ein kleines Klümpchen Fett, damit die Nockenbahn laufend geschmiert wird.

gibt man mit dem Ölkännchen oder mit dem Ölpeilstab vier bis fünf Tropfen Motoröl.
Die zweite Schmierstelle sitzt etwas tiefer über der Unterbrecherplatte. In der Mitte des beweglichen Unterbrecherhammers ist ein Kunststoffklötzchen befestigt, das auf der viereckigen Nockenbahn der Verteilerwelle schleift. Die Nockenbahn reinigt man mit einem nichtfasernden Lappen von alten Schmierstoffrückständen. Bei hartgewordenem Fett Lappen mit Kraftstoff anfeuchten. Dann wird die Nockenbahn hauchdünn mit Fett bestrichen. Ein kleines Klümpchen Schmierfettvorrat wird so hinter das Kunststoffklötzchen gebracht, daß bei drehender Verteilerwelle immer etwas Fett mitgenommen wird. Doch normales Motoröl oder irgendwelches Fett ist hier nicht am Platz. Es muß ein spezielles Fett wie z. B. Bosch-Spezialfett Ft 1 v 4 sein.

Fingerzeig: *Darauf achten, daß weder beim Reinigen noch beim Fetten der Nockenbahn und des Klötzchens Fett auf die Unterbrecherkontakte gerät. Sonst gibt es später Startschwierigkeiten!*

Handbremsgelenke ölen

Pflegearbeit Nr. 43

Diese Maßnahme wird laut Pflegeplan alle 10 000 km fällig. Aber wir würden uns da keine Kilometerintervalle vornehmen, sondern die Gelenkstellen an der Hinterachse (hinter dem Achsrohr) ölen, wenn man gerade mal die Ölkanne zur Hand hat. Die Schmierstellen liegen außen in der Nähe der Hinterachstrommeln. Wenn Sie nicht ganz sicher sind, lassen Sie einen Helfer die Handbremse bedienen, damit Sie sehen können, was sich bewegt. Schmiermittel ist einfaches Motor- oder Maschinenöl.

Haubenverschlüsse fetten

Pflegearbeit Nr. 33

Alle 10 000 km, obwohl man das auch zwischendurch mal machen kann. Auch hier die Gleitstellen und beweglichen Teile schmieren. Als Schmiermittel nimmt man Fett, am längsten hält Langzeitschmierfett, z. B. Antiquietschpaste von Liqui-Moly oder ein Schmierfett mit MoS_2-Zusatz vor. Beides gibt es in kleinen Tuben im Fachhandel zu kaufen. Der Kauf lohnt sich, weil man diese Schmierpasten immer gebrauchen kann, und sei es zum Schmieren der Zimmertüren.

Vier Zylinder aus England

Der Ford Escort ist ein europäisches Auto. Er wurde bei Ford England konstruiert, bei Ford Deutschland weiterentwickelt, zuerst im belgischen Ford-Werk Genk und jetzt im deutschen Werk Saarlouis gebaut. Motor und Getriebe kommen jedoch nach wie vor aus England. Aus dieser europäischen Zusammenarbeit erwachsen jedoch für den Wagen selbst keinerlei Nachteile. Auch in die Zuverlässigkeit der Escort-Motoren kann man Vertrauen haben, wie unter anderem die vielen Erfolge bei Rallies und anderen Sportprüfungen beweisen. Natürlich sind diese Motoren hochgetrimmt, aber sie zeigen die Solidität der Grundkonstruktion. Im Alltagsbetrieb, der für Sie ja entscheidend ist, bewähren sich die Escort-Motoren als robuste Burschen, die wenig Kummer machen; Umfragen unter vielen Escort-Besitzern brachten das zutage.

Seit September 1970 stehen vier Escort-Motoren zur Auswahl:

- 1100 N mit 44 PS
- 1100 S mit 48 PS
- 1300 S mit 57 PS
- 1300 GT und Sport mit 72 PS

Über die weiteren technischen Daten, auch der Motoren vor September 1970, gibt das Kapitel „Technische Daten“ Auskunft, wobei Sie wissen sollten, daß es den früheren 1300 N-48 PS-Motor nicht mehr gibt. Dort steht die Kennzeichnung der Motoren vermerkt.

Des Motors Steckbrief

Unter der Motorhaube jedes Escort steckt ein Vierzylinder-Reihenmotor: Vier Zylinder stehen im Motorblock hintereinander, ein bewährtes Bauprinzip, das weder in der Entwicklung noch in der Produktion Probleme aufwirft.

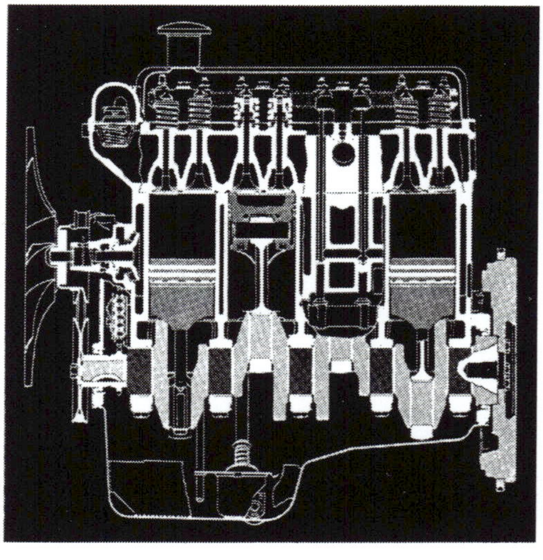

Weiß auf schwarz zeigt sich Ihnen hier der Escort-Motor im Längsschnitt. Links der Kühlerventilator, auf dessen Welle am Motor auch die Wasserpumpe sitzt, zwischen beiden die Riemenscheibe, die über die darunterliegende Kurbelwellen-Riemenscheibe angetrieben wird. Die mehrfach gekröpfte Kurbelwelle (die dunkelgrauen Partien verdeutlichen ihre fünffache Lagerung) bewegt die Kolben, die hier in verschiedenen Schnitten dargestellt sind. Außerdem treibt die Kurbelwelle über eine Zahnkette (links außen am Motorblock erkennbar) die Nockenwelle an, die wiederum die oben aufgehängten Ventile über Stößelstangen und Kipphebel bewegt, wie am 3. Zylinder von links zu sehen ist. Links oben sitzt der Thermostat in seinem Gehäuse. Unten die Ölwanne mit dem Ölsieb, rechts die auf der Kurbelwelle sitzende Schwungscheibe, über sie gibt die Kupplung die Motordrehzahl ans Getriebe weiter.

Trotz der konventionellen Bauart deuten die Kennzahlen des Motors auf ein modernes Triebwerk, und das ist es auch: Bei einer Zylinderbohrung von 80,98 mm und einem Kolbenhub von 53,29 mm beim 1100 ccm-Motor bzw. von 62,99 mm beim 1300 ccm-Motor spricht der Fachmann von einem Kurzhubmotor („unterquadratisches" Hub/Bohrungs-Verhältnis) im Gegensatz zu einem Langhubmotor, bei dem der Hub länger ist als der Zylinderdurchmesser. Der kurze Kolbenweg des Kurzhubers ist es, der die Kolbengeschwindigkeit und damit den Verschleiß geringer halten soll.

Denn: Wenn von zwei Kolben der eine in der gleichen Zeit einen kürzeren Weg zurücklegen muß, so braucht er dazu nicht so schnell zu laufen. Und er muß im oberen und unteren Totpunkt – die Punkte der Laufrichtungsumkehr – nicht so scharf abgebremst und beschleunigt werden. Daraus ergeben sich geringere Lagerbelastung, weniger Zylinderverschleiß und im Zusammenhang mit der fünffach gelagerten Kurbelwelle geschmeidiger Motorlauf. Dementsprechend sind die Escort-Motoren sportliche Schnelläufer. Man kann sie in den Gängen munter drehen lassen, ohne Arges für die Lebensdauer oder zu hohen Kraftstoffverbrauch befürchten zu müssen.

Die angegebene Höchstleistung erreicht der Motor knapp unter der ausnutzbaren Drehzahlgrenze. 5800 U/min bzw. 6000 U/min sind für die Escort-Motoren noch kein Risiko. Auch nicht kurzzeitiges Höherdrehen, um beispielsweise zügig überholen zu können.

Zu größtmöglichster Laufruhe und langer Lebensdauer verhilft den Motoren die fünffache Lagerung der Kurbelwelle, dazu wird die Kurbelwelle von zwei Halbmond-Druckscheiben am mittleren Hauptlager in axialer Richtung geführt.

Für die gute Ausnutzung des Kraftstoffs und hohe Leistung bei den kleinen Escort-Motoren leitet man den Kraftstoff auf dem kürzesten Weg quer durch den Motor. Das Frischgas strömt auf der Vergaserseite über den Einlaßkrümmer zu den Brennräumen in die Zylinder, das verbrannte Gas strömt über den Auslaßkrümmer wieder ab. Saugrohr und Auspuff liegen also auf verschiedenen Seiten des Zylinderkopfs, so wie es bei echten Sportmotoren üblich ist.

Doch jetzt einige praktische Ratschläge:

■ Bei noch kaltem Motor sollte man den Motor in den Gängen nicht voll ausdrehen und auch nicht die erreichbare Spitzengeschwindigkeit fahren. Das ergibt vorzeitigen Verschleiß. Erst wenn das Öl warm ist und das Kühlwasserthermometer im Armaturenbrett das Erreichen der Betriebstemperatur anzeigt, kann man den Motor voll ausfahren.

■ Nach vorwiegendem Stadt- und Kurzstreckenbetrieb den Motor bei einer Langstreckenfahrt nicht von Anfang an durch Vollgasfahren belasten. Den Motor auf den ersten 50 Kilometern allmählich warmfahren. Ansonsten kann es zu Kolbenklemmern und sonstigen Motorschäden kommen. Der Motor muß sich langsam von den abgelagerten Verbrennungsrückständen des ungünstigen Kurzstreckenbetriebs freibrennen.

Richtiges Einfahren

Wahrscheinlich haben Sie sich über die Einfahrvorschriften gewundert, die Ford in die Betriebsanleitung Ihres Escort gedruckt hat. Wir brauchen sie deshalb nicht zu wiederholen. Doch bestehen diese nicht ohne Grund. Die Lager des Motors sind mit engen Passungen gearbeitet, die später die größtmögliche Verdichtung und Leistung garantieren sollen. Und trotz bester Feinbearbeitung im Werk sind an den beweglichen Teilen immer noch winzig kleine Erhebungen und Grate vorhanden, die beim Einfahrvorgang

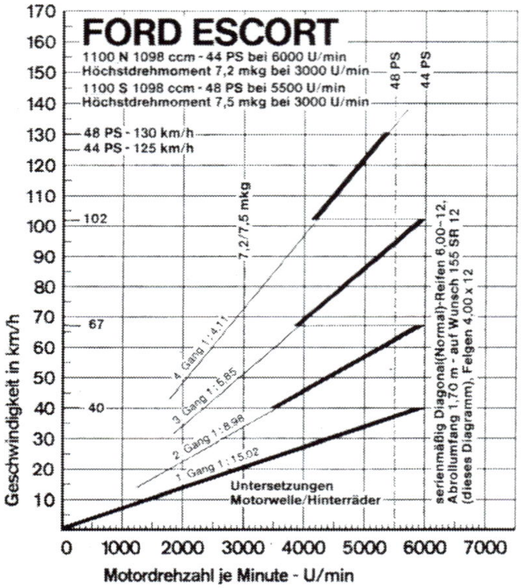

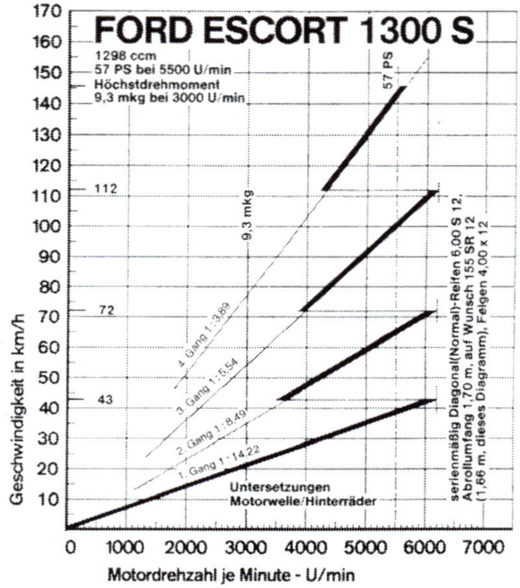

behutsam abgeschliffen werden sollen. Vollgas vom ersten Kilometer an würde an solchen Stellen Überhitzungszonen schaffen, die dem Material schaden.

Auf den ersten 1000 Fahrkilometern sollten Sie also mit den Drehzahlen in den Gängen nicht über ca. 2500 U/min hinausgehen, nichts anderes bedeuten die km/h-Angaben in der Betriebsanleitung, zum Vergleich siehe Diagramme. Am besten ist es, wenn man den neuen Wagen auf die Autobahn oder eine Bundesstraße nimmt und dort brav die ersten 1000 bis 1500 Kilometer abspult. So hat man das Ganze bald hinter sich und der Motor wird geschont.

Wichtig: Ruckhaftes Gasgeben, Kuppeln und Schalten unbedingt vermeiden, besonders beim Zurückschalten.

Bei Fahrten auf Überlandstrecken, insbesondere auf der Autobahn, sollte man hin und wieder weich das Gas wegnehmen und wieder geben, um dadurch zusätzlich schmierendes und kühlendes Öl an die Kolbenlaufbahnen zu „pumpen" (durch die Bewegung der Kolbenringe). Ein altes Einfahrer-Rezept lautet demnach auch: „An jeder Autobahn-Unterführung, -Brücke oder -Ausfahrt einmal den Fuß vom Gaspedal nehmen."

Am Berg den Motor während der Einfahrzeit nicht quälen – man sollte das eigentlich nie tun. Also: wenn der Wagen langsamer wird, das Gaspedal nicht bis zur Vollgasstellung durchdrücken, sondern früh genug herunterschalten. Lassen Sie auf freier Strecke den Motor auch einmal ohne Gang rollen, gönnen Sie ihm eine Verschnauf- und Schmierpause.

Wundern Sie sich dennoch nicht, wenn der Motor auch nach den ersten 4000 km noch zäh am Gas hängt und seine volle Leistung noch nicht oder nur unwillig erreicht. Bei unseren Testwagen dauerte es rund 6000 km, bis der Motor wirklich frei und leichtgängig war. Bis der Motor nicht willig mitgeht, sollte man deshalb nicht mit Gewalt die Tachonadel bis zum Anschlag bringen wollen.

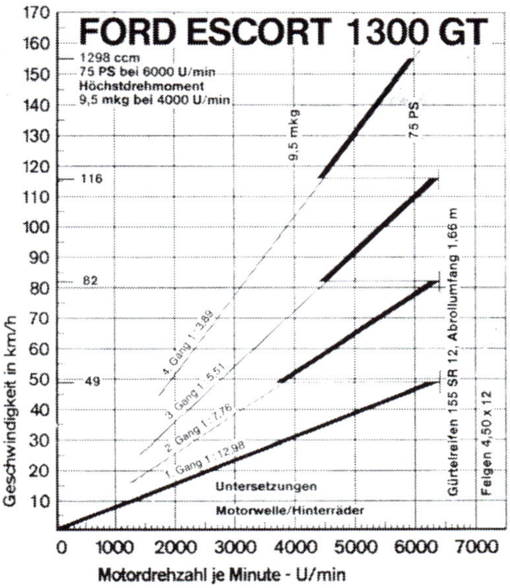

Diese Schnittmuster sind nicht so kompliziert, wie sie auf den ersten Blick aussehen. Es handelt sich um sogenannte Drehzahl-Geschwindigkeits-Diagramme. Wenn man von einem Punkt der schrägen dicken Ganglinien nach links geht, kann man am linken Zeichnungsrand die Fahrgeschwindigkeit in km/h ablesen, und wenn man vom gleichen Punkt auf der schrägen Linie nach unten geht, findet man am unteren Zeichnungsrand die dazugehörige Drehzahl in dem betreffenden Gang. Die senkrecht gestrichelt eingezeichnete PS-Linie zeigt an, wo der jeweilige Escort-Motor seine katalogmäßige Höchstleistung von 44, 48, 57 oder 75 PS erreicht. Man kann den Motor jedoch ohne weiteres höher drehen bis zum Ende der dick ausgezogenen Ganglinien, in Notfällen und beim Überholen im 2. oder 3. Gang kurzzeitig sogar darüber.
Am wirtschaftlichsten fährt man um die Drehzahlen herum, in denen der Motor sein höchstes Drehmoment erreicht (zweite gestrichelte Linie).

Der Kurbeltrieb

Die Kurbelwelle ist – wie eingangs gesagt – fünffach gelagert. Sie wird in zwei verschiedenen Kröpfungen geliefert, für 1100 ccm- und 1300 ccm-Motoren unterschiedlich. Wegen seiner Bedeutung stellen wir gleich an den Anfang einen

Fingerzeig: *Um Verwechslungen von Motorteilen innerhalb der verschiedenen Motortypen zu vermeiden, ist in jedem Fall die Zugehörigkeit der Teile laut Ersatzteil-Katalog zu überprüfen. Es ist also sehr riskant, Teile, an die Sie billig kommen können, aufs Geratewohl in Ihren Escort einzubauen. Ersatzteile sollte man besser beim Ford-Händler kaufen. Das geht auch aus den nachstehenden Angaben zur Kurbelwellenlagerunghervor!*

Die Grundbohrung im Zylinderblock kann entweder Standardmaß oder 0,38 mm Übermaß haben. Bei Bohrungen mit Übergröße sind Lagerdeckel und Kurbelgehäuse mit weißen Farbpunkten gekennzeichnet. Die Hauptlagerzapfen der Kurbelwelle können Standard-Durchmesser und (auch in neuen Motoren) 0,25 mm Untermaß haben. Diese sind dann nochmals in je zwei Produktionsgrößen sortiert und mit Farbpunkten markiert: Standard: Blau für den kleinsten und Rot für den größten Durchmesser. Untermaß 0,25 mm: Grün für den kleinsten und Gelb für den größten Durchmesser. Die Pleuellagerzapfen der Kurbelwelle können Standard-Durchmesser und (auch in neuen Motoren) 0,25 mm Untermaß haben. In beiden Fällen sind die Pleuellagerzapfen nicht gekennzeichnet und müssen vor dem Einbau unbedingt vermessen werden! Die Hauptlagerschalen sind in ihrer Zugehörigkeit wie die Hauptlagerzapfen mit Farbpunkten markiert. Die Pleuelschalen sind nicht gezeichnet.
Auf der Kurbelwelle laufen in Gleitlagern die Pleuelstangen, die an ihrem oberen Ende die Kolben tragen. Die Pleuel gibt es wieder in zwei verschiedenen Ausführungen: Bei 1100-ccm-Motoren sind sie 109,83 bis 109,88 mm

lang (Länge zwischen den Bohrungsmittelpunkten), bei 1300-ccm-Motoren sind sie 104,98 bis 105,03 mm lang.
Vorn auf der Kurbelwelle sitzt ein Zahnrad. Von diesem wird über eine einreihige Steuerkette die höher liegende Nockenwelle angetrieben.

Lagerschäden

Durch frühes Erkennen von Lagerschäden läßt sich viel Geld (für eine neue Kurbelwelle) sparen. Lagerschäden kündigen sich mit wärmer werdendem Motor (Öl wird dünnflüssiger) durch Klopfen an, das allmählich lauter wird. Man sollte dann umgehend die Werkstatt aufsuchen. Oft kann man bei äußerster motorschonender Fahrweise noch bis zum rettenden Stützpunkt fahren.
Lagerschäden können entstehen (außer durch Ölmangel oder Überlastung), wenn mit Frostschutzmittel versehenes Wasser durch schadhafte Dichtungen in die Kurbelwellenlager eindringt. Noch ein Tip: Es schadet der Kurbelwelle bzw. den Lagern, wenn man den Motor bei niedriger Drehzahl hoch beansprucht, also viel Gas gibt (schaltfaules Fahren). Je schneller die Kurbelwelle dreht, um so kräftiger ist das Schmierpolster in den Lagern.

Der Ventilantrieb

Seine Aufgabe ist es, die Ein- und Auslaßöffnungen in den Zylinderköpfen zwecks „Weichenstellung" für das Frisch- und Auspuffgas zum genau richtigen Zeitpunkt zu öffnen und zu schließen. Der Ventilantrieb beim Escort besteht aus Nockenwelle, Stößel, Stößelstangen, Kipphebel, Ventilen und Ventilfedern. Die Kurbelwelle treibt über eine Kette die über der Kurbelwelle liegende Nockenwelle an. Auf der Nockenwelle sind ovale Erhebungen, die Nocken, auf deren Bahnen die Stößel laufen. Die Stößel müssen die Bewegungen mitmachen, die von den Nockenerhebungen vorgeschrieben werden. Die drehende Bewegung der Nockenwelle wird also durch die Nocken in hin- und hergehende Bewegung umgewandelt, die sich über die Stößel und Stößelstangen den Kipphebeln mitteilt, die wiederum die Ventile gegen den Druck der Ventilfedern niederdrücken und damit die Einlaß- und Auslaßöffnungen in den Zylinderköpfen öffnen. Dabei ist für die Öffnungszeit der Ventile nicht nur die Nockenspitze ausschlaggebend, sondern auch die Form, in welcher die Nockenbahn ansteigt und abfällt, sowie die Breite der Nockenspitze. Daraus erklärt sich die Wichtigkeit der Nockenform für optimale Brennraumfüllung und Leistung, gerade bei den kurzhubigen Escort-Motoren.
Auch die Nockenwelle gibt es in verschiedenen Ausführungen. Zwei für die Escort bis September 1970, und zwei für die Escort ab September 1970. Und zwar jeweils für die Normal-Escort mit 1100 und 1300 ccm die gleiche, für den GT eine Nockenwelle mit höherem Nockenhub und anderen Ventilöffnungszeiten. Dementsprechend hat der GT-Motor auch einen anderen Zylinderkopf, verstärkte Ventilfedern, abgesetzte Ventilfederteile, größere Einlaßventile, Ventile mit kürzeren Ventilschäften für Ein- und Auslaß sowie einen anderen Vergaser und andere Krümmer.
Die Nockenwelle läuft bei allen Escort in sogenannten Lagerbüchsen. Die Kette, welche über das Zahnrad die Nockenwelle antreibt, wird durch einen federbelasteten Kettenspanner, der am Zylinderblock befestigt ist, selbsttätig nachgespannt. Wenn Verdacht auf verschlissene Kette oder Zahnräder besteht, was man hören kann, muß der Motor ausgebaut und der hinter den Riemenscheiben liegende Stirnraddeckel abgenommen werden.

Der Zylinderkopf

Er ist das obere Teilstück des Motors und mit 10 Zylinderkopfschrauben auf dem Zylinderblock festgeschraubt. Nimmt man den Zylinderkopfdeckel ab, worauf wir im Absatz „Ventile einstellen" noch zu sprechen kommen, dann

Die Zahlen bezeichnen die 10 Zylinderkopfschrauben, mit denen der Zylinderkopf auf dem Motorblock festgeschraubt ist. Die Schrauben müssen in der Zahlen-Reihenfolge angezogen werden. Anziehen in der falschen Reihenfolge, ebenso ungleichmäßiges Anziehen (Arbeitsgänge im Text) kann zum Verziehen des Zylinderkopfes führen und den Grundstein für spätere Defekte legen.

sieht man die Kipphebelwelle mit den darauf sitzenden Kipphebeln. Dazu auf der einen Seite der Kipphebel die Enden der Ventilschäfte, die in dicken Federn stecken, auf der anderen Seite die Stößelstangen, die im Takt der Nockenwellenumdrehungen sich auf- und abbewegen und dabei über die Kipphebel die Ventile niederdrücken (zurück kommen die Ventile durch die Federkraft).

Könnten Sie dabei die Unterseite des Zylinderkopfes beobachten, so würden Sie sehen, wie durch das Niederdrücken die Ventile etwas von ihrem Sitz abgehoben und in den Brennraum gedrückt werden. Jeweils für eine genau ausgerechnete Zeitspanne, um Kraftstoff/Luft-Gemisch einzulassen bzw. verbrannte Gase aus dem Brennraum zu entlassen. Deshalb sind am Zylinderkopf auch die Sammelrohre (Krümmer) für den Einlaß und Auspuff festgeschraubt.

Wir raten Ihnen ab, den Zylinderkopf in Eigenregie auszubauen und zu zerlegen. Dazu ist Fachkenntnis und Spezialwerkzeug nötig und äußerste Präzision. Selbst zum Anziehen der Zylinderkopfschrauben, die leicht zugänglich unter dem Zylinderkopfdeckel liegen, ist ein Spezialwerkzeug nötig: ein Drehmomentschlüssel. Denn die Zylinderkopfschrauben müssen in mehreren Arbeitsgängen in genauer Reihenfolge mit einem genau festgelegten Drehmoment angezogen werden:

Im 1. Arbeitsgang mit 2,8 bis 4,2 mkg, im 2. Arbeitsgang mit 7,0 bis 7,6 mkg, nach 10 bis 20 Minuten Wartezeit mit 9,0 bis 9,7 mkg, und im 4. Arbeitsgang nach 15minütigem Warmlaufen bei 1000 U/min nochmals mit 9,0 bis 9,7 mkg. Zieht man die Zylinderkopfschrauben falsch oder nachlässig an, kann der Zylinderkopf verzogen und der erste Grundstein fürs Verbrennen der Zylinderkopfdichtung gelegt werden.

Falls Sie doch einmal in die Zwangslage geraten sollten, den Zylinderkopf abbauen zu müssen, hier wenigstens die kurzgefaßte Arbeitsreihenfolge als Orientierungshilfe (die Anzugsreihenfolge der Zylinderkopfschrauben finden Sie im Foto):

Batteriekabel abklemmen, Motorhaube ausbauen und Kühlflüssigkeit ablassen. Oberen Kühlerschlauch und Leitung vom Ferngeber abnehmen, Luftfilter

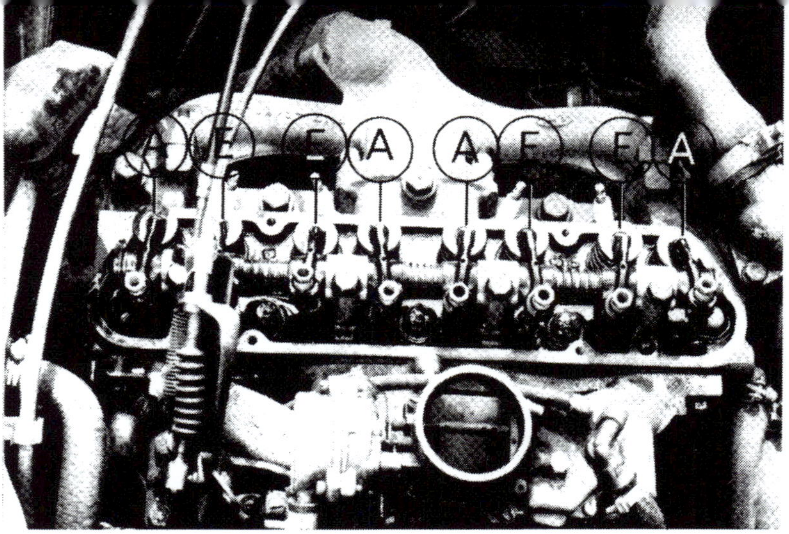

Die Buchstaben haben wir nicht nur zu Ihrer theoretischen Information ins Bild gesetzt. Sie brauchen sie auch für die Praxis. Fürs Einstellen des Ventilspiels müssen Sie nämlich wissen, wo die Einlaß(E)- und Auslaß(A)-Ventile der einzelnen Zylinder liegen, denn Sie müssen die Ventile eines Zylinders auf Überschneiden stellen, um die Ventile eines anderen Zylinders einstellen zu können (Arbeitsfolge im Text). Der Zylinder 1 liegt vorn hinter dem Kühler, im Foto rechts. Das rechte E/A-Ventilpaar gehört also zum Zylinder 1, das zweite Paar (A/E) zum Zylinder 2.

abbauen, Gaszug aushängen, Zündleitungen abziehen und Zündkerzen herausdrehen. Auspuffrohr vom Krümmer abschrauben. Am Vergaser: Benzinleitung abnehmen, ebenso Unterdruckleitung und Schlauch der Vergaservorwärmung, Gasbetätigungswelle aushängen. Zylinderkopfhaube abnehmen, Kipphebelwelle losschrauben, Stößelstangen herausnehmen. Nach Lösen der Zylinderkopfschrauben (in umgekehrter Reihenfolge wie beim Festziehen) den Zylinderkopf abnehmen.
Der Anbau geschieht in umgekehrter Reihenfolge. Vorher jedoch die Dichtflächen an Kopf und Block reinigen, Führungsbolzen in den Motorblock schrauben und eine neue Dichtung auflegen. Jetzt den Zylinderkopf aufsetzen und mit den Zylinderkopfschrauben etwas beidrehen. Dann werden die Führungsbolzen herausgenommen und gegen die Schrauben ausgetauscht. Zylinderkopf nach Schema (siehe Foto) in vier Arbeitsgängen mit dem vorgeschriebenen Drehmoment festziehen. Die Zylinderkopfschrauben haben entsprechend der Höhe des Zylinderkopfs unterschiedliche Längen bei den verschiedenen Escort-Modellen. Stößelstangen und Kipphebelwelle montieren und die Ventile einstellen. Auch die Zylinderkopfhaube sollte nach jedem Abbau eine neue Dichtung bekommen.

Fingerzeig: *Achten Sie peinlich genau auf den richtigen Sitz des Ventildeckels und seiner Dichtung. Sonst verliert der Motor bei jedem Gasgeben Öl. Nach Montieren am Ventildeckel zumindest für einige Zeit die Öldruckkontrollampe im Auge behalten. Sie zeigt den Ölmangel durch Aufleuchten an. Man kann dann noch bis zur nächsten Werkstatt fahren. Aber der Ursache des Aufleuchtens unbedingt nachforschen lassen.*

Ventilspiel einstellen

Pflegearbeit Nr. 37

Zuerst Zylinderkopfhaube abnehmen, siehe dazu vorigen Absatz „Zylinderkopf abbauen“. Zündkerzen herausschrauben, damit sich der Motor leichter durchdrehen läßt. Kurbelwellen-Riemenscheibe im Uhrzeigersinn (auf die Motorstirnseite gesehen) verdrehen, bis sich die Riemenscheibenkerbe mit der OT-Marke (TDC) auf dem Stirnraddeckel deckt. Wird jetzt die Riemenscheibe etwas hin- und hergedreht, so überschneiden sich am 1. oder 4. Zylinder die Ventile, das heißt, beide Kipphebel bzw. Stößelstangen bewegen sich gegenläufig. Wenn die Ventile des 1. Zylinders überschneiden, Riemenscheibe genau eine Umdrehung weiterdrehen, dann überschneiden die Ventile des 4. Zylinders. In dieser Stellung beide Ventile des 1. Zylinders ein-

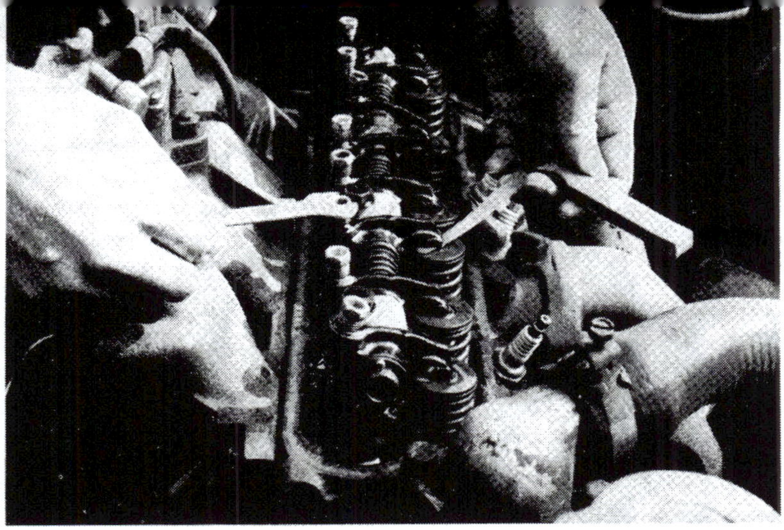

Auf dem Foto wird das Ventilspiel am Einlaßventil des 2. Zylinders mit der Fühlerlehre zwischen Kipphebel und Ventilschaftende geprüft und mit dem Schraubenschlüssel (am besten ein Ringschlüssel) an der Einstellschraube berichtigt. Die Fühlerlehre soll satt, aber ohne zu klemmen durchgehen.

stellen. Anschließend Riemenscheibe eine halbe Umdrehung weiterdrehen. In dieser Stellung überschneiden die Ventile des 3. Zylinders und die des 2. Zylinders können eingestellt werden usw. entsprechend der Zündfolge, siehe technische Daten. Hier das Einstellschema:
4. Zylinder überschneidet – 1. Zylinder einstellen
3. Zylinder überschneidet – 2. Zylinder einstellen
1. Zylinder überschneidet – 4. Zylinder einstellen
2. Zylinder überschneidet – 3. Zylinder einstellen.
Im Normalfall braucht man zunächst nur zu prüfen, ob das Ventilspiel, also der Abstand zwischen Kipphebel und Ventilschaftende (ragt aus der Ventilfeder empor) stimmt. Die Messung geschieht bei kaltem Motor. An den Einlaßventilen soll der Abstand 0,25 mm betragen, an den Auslaßventilen 0,45 mm. Man nimmt das entsprechende Fühlerblatt und schiebt es zwischen Kipphebel und Ventil. Die Blattlehre soll satt, aber ohne zu klemmen hindurchgehen. Stimmt das Ventilspiel nicht, muß am entgegengesetzten Ende des Kipphebels die Einstellmutter gelöst und die Einstellschraube entsprechend verdreht werden, Mutter wieder festziehen. Bei Escort bis September 1970 benötigte man zum Lösen der Mutter einen Ringschlüssel, für die Einstellschraube einen Schraubenzieher. Bei jüngeren Escort ist es eine selbstsichernde Schraube mit Sechskantkopf.

Warum Ventilspiel?

Dieses „Spiel" ist für den Motor wichtig. Es gleicht die unterschiedlichen Wärmedehnungen von Zylinderblock, Zylinder, Zylinderkopf, Ventilschaft, Stößelstange und Stößel aus. Das Prüfen oder Einstellen des vorgeschriebenen Spiels ist deshalb eine wichtige Wartungsmaßnahme am Motor. Wenn Ford die Kontrolle nicht ausdrücklich in den Wartungsplan aufgenommen hat, so deshalb, weil es zu den routinemäßigen Kontrollen jeder größeren Inspektion gehört.
Man darf sich nicht auf sein Ohr verlassen, um etwa zu großes Ventilspiel an den lauteren Tick-Geräuschen zu erkennen. Was man nicht hört, und was kritischer ist: zu kleines Ventilspiel! Das vorgeschriebene Ventilspiel – oder auch Kipphebelspiel – ist an den Auslaßventilen aus Gründen der Kühlung etwas größer als bei den Einlaßventilen. Es bedeutet:
Zu großes Ventilspiel: Schlechtere Zylinderfüllung, also geringere Leistung, Veränderung der Steuerzeiten, ungleichmäßiger Lauf, höherer Verschleiß, lauteres Geräusch.

Zu kleines Ventilspiel: Gefahr, daß Ventile und Ventilsitze verbrennen (Ventile liegen nicht satt auf dem Ventilsitz auf, dadurch Ventil-Kühlung ungenügend), Verziehen der Ventile, schlechte Motorleistung durch verringerte Kompression, veränderte Steuerzeiten.

Ventilfedern austauschen

Ventilfederbrüche sind im Gegensatz zu früher eine Seltenheit. Sollte eine einzelne Ventilfeder gebrochen oder aus einem sonstigen Grund austauschreif sein, braucht man nicht den ganzen Zylinderkopf abzubauen. Man schraubt die Zündkerze aus dem betreffenden Zylinder und steckt ins Zündkerzenloch einen gebogenen Eisenstab oder Schraubenzieher, der das Ventil auf seinem Sitz hält (die Feder ist dadurch entspannter), während man nach abgenommenem Zylinderkopfdeckel die Feder von oben zusammendrückt, die Keile sowie den Federteller entfernt und die Feder auswechselt. Vorteilhaft ist ein Helfer, der das Ventil mit dem gebogenen Eisen festhält, damit es nicht auf den Kolben hinunterfallen kann. Sonst muß man nämlich zum guten Schluß doch den Zylinderkopf demontieren.

Kompressionsdruck prüfen

Gebraucht werden: Kerzenschlüssel, Druckprüfer und ein Helfer. Bei dieser Prüfung wird ermittelt, ob die Kolben und Ventile den Zylinder noch gut abdichten. Diese Kontrolle empfiehlt sich besonders dann, wenn Verdacht auf verringerte Motorleistung besteht oder wenn man einen gebrauchten Wagen kauft. Voraussetzung für exakte Meßergebnisse ist richtig eingestelltes Ventilspiel.

Die Werkstatt verwendet Kompressionsdruckschreiber, in die ein gewachstes Kärtchen eingelegt wird. Ein Metallstift ritzt die Ergebnisse ein, so hat man die Werte rot auf weiß. Es gibt jedoch auch billigere Druckmesser mit einfachen Skalen, sie sind jedoch gegen Erschütterungen anfälliger und nicht immer ganz genau.

Der Motor sollte zur Prüfung betriebswarm sein, denn dann hat er die beste Verdichtung. Doch in der Werkstattpraxis ist der Motor meistens kalt, bis es zur Prüfung kommt: Kerzen herausschrauben, Gummikonus des Druckmessers völlig abdichtend auf den Kerzensitz drücken. Ein zweiter Mann drückt das Gaspedal ganz durch, damit die Zylinder voll ansaugen können. Dann Motor mit dem Anlasser durchdrehen, bis der Schreibstift oder die Skalenanzeige nicht mehr weiter in die Höhe ruckt. Dieser höchste Punkt ist das Ergebnis.

Wichtig für den gesunden Motor ist weniger die absolute Höhe des Drucks als vielmehr die Gleichmäßigkeit der Druckwerte auf allen vier Zylindern. Denn die Voraussetzungen sind von Messung zu Messung verschieden; sowohl die Außen- wie die jeweilige Motortemperatur beeinflußt das Meßergebnis ebenso wie vielleicht ein anderes Meßgerät. Druckunterschiede bei der einzelnen Messung zwischen den einzelnen Zylindern bis 0,5 kg/cm^2 sind unerheblich, sie sollen aber 1 kg/cm^2 nicht überschreiten. Ungefähre Werte für das Gesamtbild: über 8 kg/cm^2 = gute Kompression, unter 5 kg/cm^2 = schlechter Motorzustand.

Zu niedriger Druck kann bedeuten: Schäden an den Ventilen, z. B. durch verbranntes Auslaßventil, oder klebendes Ventil durch zuviel Rückstände am Ventilschaft und in dessen Führung, undichter Ventilsitz durch zuviel Ablagerungen, ferner Kolben- und Kolbenringverschleiß, unrunde oder riefige Zylinder, Folgeerscheinungen von Kolbenklemmern. In den meisten Fällen liegt jedoch mangelnder Kompressionsdruck an undichten Ventilen vor. Kontrolle: Öl ins Kerzenloch träufeln, ist Kompressionsdruck noch ungenügend, sind es

undichte Ventile (das Öl dichtet Kolben und Zylinderwand besser ab, der Wert müßte also ansteigen).
Das Einschleifen von Ventilen bzw. deren Befreien von Rückständen bringt Abhilfe, wenn sich nicht wegen zu hoher Kilometerleistung ein Austauschmotor empfiehlt. Lassen Sie sich aber auf jeden Fall nach dem Inspektionsdienst das Meßkärtchen geben, wenn es nicht schon der Rechnung beigefügt wurde. Schreiben Sie Datum und Kilometerstand darauf. Das erleichtert Vergleiche und ist ein guter Qualitätsnachweis beim Verkauf des Wagens, falls der Interessent es genau wissen will.

Fingerzeige: *Fällt der Kompressionsdruck der ganzen Zylinderreihe von Messung zu Messung stark ab oder steigt steil an, besteht die Möglichkeit, daß der messende Monteur geschludert hat. Oder mit einem anderen Gerät oder unter anderen Bedingungen gemessen hat. Bei Verdacht nachmessen lassen. Aber: Es kommt mehr auf ein gleichmäßiges Druckbild an.*
Es schadet der Kurbelwelle bzw. den Lagern, wenn man den Motor bei geringer Drehzahl hoch beansprucht, also viel Gas gibt, anstatt in einen niedrigeren Gang zu schalten (schaltfaules Fahren). Je schneller die Kurbelwelle innerhalb der zulässigen Drehzahlen dreht, umso kräftiger ist das Schmierpolster in den Lagern. Im allgemeinen gilt: Helles Ticken sind defekte Pleuellager, bei dumpfem Ticken oder klackendem Klopfen handelt es sich um auslaufende Kurbelwellen-Hauptlager.

Die Auspuffanlage

Welch ein Glück, daß der Motor die Auspuffanlage bei weitem überdauert. Sie ist nämlich dem frühen Verschleiß ausgesetzt. Schon nach 10 000 Kurzbetriebskilometern oder 2 bis 3 Jahren, unabhängig von der Kilometerleistung, kann der Ersatz fällig werden. Aber das ist bei allen Wagen so. Bei vorwiegendem Kurzstreckenbetrieb bewirkt nämlich Rost durch Spritz- und Salzwasser (vom Streusand im Winter) noch nicht einmal den Hauptteil des Verschleißes. Korrosion von innen durch Kondenswasser und saure Verbrennungsprodukte wirkt sich stärker aus. Deshalb ist äußerlicher Anstrich nutzlos, von Schutzwirkung höchstens bei vorwiegendem Langstreckenbetrieb.

Zustand der Auspuffanlage prüfen

Pflegearbeit Nr. 57

Ein undichter Auspufftopf macht sich durch Knallen bei schiebendem Wagen (Gaswegnehmen bei schneller Fahrt) bemerkbar, wenn also Luft zu nicht verbrannten Auspuffgasen kommt und diese wieder zünden, und durch knatterndes Auspuffgeräusch.

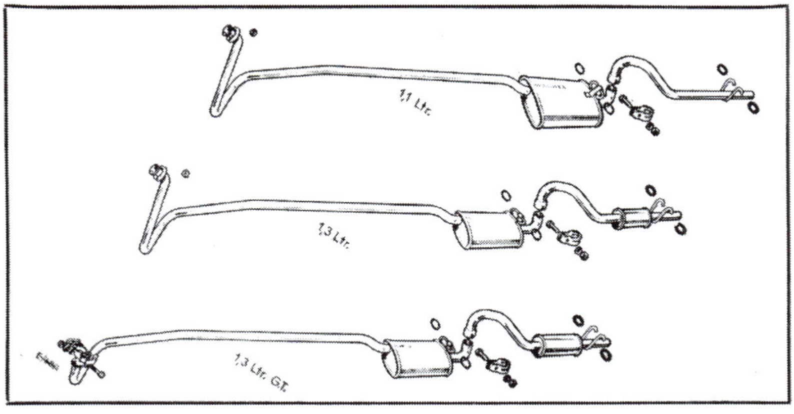

Das sind die drei verschiedenen Auspuffanlagen der Escort-Modelle – ohne Krümmer natürlich, der nicht so verschleißanfällig ist. Beim Auswechseln muß jeweils wieder die gleiche Anlage eingebaut werden.

Besonders früh durchgerostet sind der Schalldämpfertopf und die Anschlußstellen der Rohre. Vorbeugung und Abhilfe ist eigentlich nur durch längere Fahrten an Wochenenden möglich, wobei die Rückstände aus dem Auspuff geblasen werden und der Topf austrocknet.
Aus der Farbe der Auspuffgase lassen sich einige Rückschlüsse auf den Zustand des Motors und die Einstellung ziehen:

■ Schwärzliche Gase: Unvollständige Verbrennung des Kraftstoff/Luft-Gemischs durch Luftmangel oder Kraftstoff-Überschuß. Oder Leerlauf zu fett eingestellt. Schwarz gefärbtes Auspuffendstück deutet die gleichen Tatsachen an. Nach Langstreckenfahrten sollte das Auspuffendstück innen hellbraun oder hellgrau sein.

■ Bläuliche Gase: Verbranntes Öl durch schlechte Kolbenringabdichtung (zu sehr verschlissene, verklebte oder falsch eingesetzte Ringe). Öl kann auch durch ausgeschlagene Ventilführungen in den Brennraum gelangen.

Aber Gasfarbe nicht verwechseln mit

■ Weißen Gasen: Das ist Wasserdampf als chemisches Verbrennungsprodukt, der bei Kälte kondensiert. Normale Erscheinung beim Kaltstart.

■ Gase, die man nicht sieht: Gift in geschlossenen Räumen.

Auspuffanlage austauschen

Wir schildern hier, aus welchen Teilen sich die Auspuffanlage zusammensetzt und wie die Teile verbunden sind. Daraus ergeben sich die Maßnahmen zum Austausch der Einzelteile oder der gesamten Anlage.
Da ist zunächst das Abgas-Sammelrohr, der Auspuffkrümmer, der mit sechs Muttern auf Bolzen am Zylinderkopf befestigt ist. Dazwischen liegt eine Dichtung, die nach jedem Abbau erneuert werden sollte. Beim GT und Escort Sport unterscheidet sich übrigens die Krümmerbauart von der bei den Normallimousinen. An den Krümmer ist das Auspuffrohr mit einer 5/16"-Schraube angeflanscht. Auspuffrohr und Schalldämpfer bestehen aus einem Stück, jedoch unterschiedlich geformt bei 1100 ccm-, 1300 ccm- und GT-Motoren. Ebenfalls unterschiedlich geformt ist das nach hinten ragende Endstück bei allen drei Motorvarianten, beim GT ist noch ein kleiner Schalldämpfer in das Endstück eingebaut.
Zum Ausbau hängt man die Gummiringe am hinteren Rohr aus und löst die Rohrschelle am Auspufftopf, worauf man das Endrohr ausbauen kann. Dann wird, muß man die ganze Auspuffanlage ausbauen, der Auspufflansch am Krümmer gelöst, Gummiringe am Topf aushängen und das vordere Rohr mit Topf herausnehmen. Der Einbau geschieht in umgekehrter Reihenfolge, wobei nach dem Einbau und vor dem Festziehen die Auspuffanlage ausgerichtet und spannungsfrei befestigt werden muß. Soweit die reine Arbeitsfolge. In der Praxis sieht die Demontage jedoch meist düsterer aus, besonders wenn nur Teile der Auspuffanlage getauscht werden sollen. Die Verbindungen und Schrauben sind fast immer stark verbrannt und verrostet, dazu aufeinander festgebacken.
Man arbeitet leichter, wenn man Schnellrostlöser, z. B. Caramba, Ferex Rapid oder Molykote Multi Gliss Rapid, zuhilfe nimmt, um erst einmal die dicken Rostschichten an den Rohrverbindungen und -anschlüssen aufzuweichen. Unter Umständen muß man mechanisch nachhelfen: abwechselnd Rostlösemittel sprühen und mit breitseits angelegter Schraubenzieherklinge und Hammer die Rohre auseinanderzutreiben versuchen. Oder mit dem Hammer rundum gegen die Rohre klopfen, um sie zu lockern. Aber Vorsicht: Zuviel Gewalt beim Hämmern deformiert die dünnen, rostzerfressenen Rohre. Außerdem sollte man den Wagen hochbocken oder auf eine Rampe fahren;

Das Nachziehen der Krümmerschrauben gehört zum regelmäßigen Wartungsdienst. Lockere Schrauben können zur Minderung der Motorleistung und zum Verbrennen der Dichtungen führen.

Hochstützen mit dem Wagenheber ist zu unsicher, weil man unter Umständen kräftig zupacken muß.

Fingerzeige: *Den Austausch der Auspuffleitung kann man hinausschieben indem man die zuerst noch kleinen Durchbrüche im Metall mit dem Auspuffdichtungsmittel Gun Gum (Zubehörhandel) abdichtet. Früher oder später muß man aber doch an den Austausch denken.*

Ansaug- und Auspuffkrümmer nachziehen

Pflegearbeit Nr. 39

Gebraucht werden: 5/16″-Gabelschlüssel, etwas Gefühl.
Gefühl dann, wenn man keinen Drehmomentschlüssel besitzt, denn die Krümmermuttern sollen mit 2,1 bis 2,5 mkg angezogen werden. Ein bißchen zuviel Drehmoment ist allerdings nicht so schlimm wie etwas zuwenig. Bei einem lockeren Ansaugkrümmer kann nämlich falsche Luft angesaugt werden, so daß die Vergaserabstimmung in Unordnung gerät, bei einem lockeren Auspuffkrümmer besteht erhöhte Gefahr, daß ausströmende heiße Auspuffgase die Dichtung verbrennen, wonach ebenfalls der Verbrennungsablauf im Motor gestört wird. Daraus erhellt schon, daß Ford zu Recht verlangt, daß die Schrauben mindestens alle 10 000 Kilometer auf festen Sitz geprüft bzw. nachgezogen werden.

Das Schmiersystem

Aus dem Sammelbecken der Ölwanne am tiefsten Punkt des Motors saugt die Ölpumpe, eine Zahnradpumpe, das Öl durch ein Filtersieb an und drückt es durch den Hauptstrom-Ölfiltereinsatz. Durch die Mittelachse der Ölfilterpatrone gelangt das gefilterte Öl über einen kurzen Kanal an der rechten Motorseite zum Öldruckschalter und über eine Querbohrung zum Hauptölkanal an der linken Motorseite. Die Kurbelwellenlager stehen in direkter Verbindung mit dem Hauptölkanal, wobei die Nockenwellenlager wiederum mit dem vorderen, mittleren und hinteren Kurbelwellenlager in Verbindung stehen. Die Pleuellagerzapfen der Kurbelwelle werden jeweils vom nächstgelegenen Kurbelwellenlager durch schräge Bohrungen mit Öl versorgt. Die Pleuel haben im Pleuelfuß eine Spritzbohrung, welche die Kolbenbolzen und die unbelastete Seite der Zylinder mit Öl versorgt. Steuerkette und Stirn-

Das Schmiersystem des Ford Escort im Schema. Wie man sieht, wird das Öl aus der Ölwanne angesaugt, durch die Ölfilterpatrone getrieben, wo der Schmutz herausgefiltert wird, und von dort zu den Schmierstellen des Motors geschickt, Erläuterung im Text.

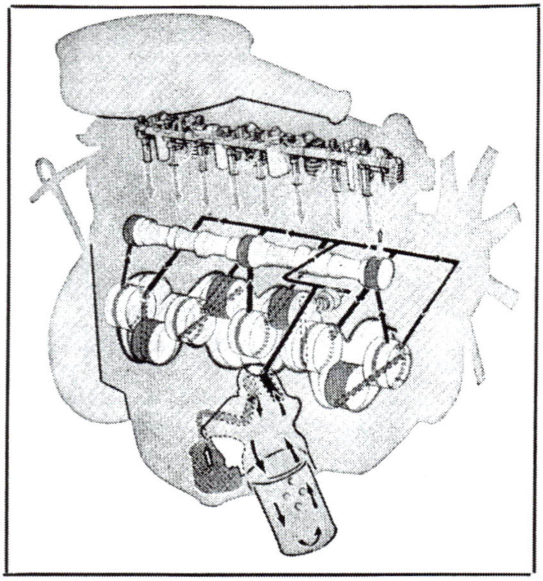

räder werden ebenfalls über eine Spritzbohrung geölt. Der vordere Lagerzapfen der Nockenwelle hat in der Mitte eine gefräste Fläche, über die Drucköl schubweise durch eine Bohrung im Zylinderblock und Zylinderkopf zur Kipphebelwelle gelangt. Das ablaufende Öl läuft auf verschiedenen Wegen wieder in der Ölwanne zusammen, wo es erneut auf den Kreislauf geschickt, zuvor jedoch wieder im Ölfilter gefiltert und gereinigt wird.
Den Wechsel des Ölfilters haben wir im Kapitel „Schmieren aller Teile" behandelt. Aus dieser Schilderung geht jedoch hervor, wie wichtig die Wechselintervalle zu nehmen sind. Das Ölfilter hat nämlich nur eine begrenzte Aufnahmefähigkeit für Schmutz. Ist es verschmutzt, stockt zwar nicht der Ölkreislauf; der ist durch ein Ventil in der Ölpumpe gewährleistet. Jedoch wird dann verschmutztes Öl in den Kreislauf geschickt, und der Schmutz im Öl trägt zu vorzeitigem Verschleiß an den engen Gleitbahnpassungen der Lager und Zylinder bei.

Die Ölpumpe

Die Ölpumpe sitzt an der rechten Motorseite – in Fahrtrichtung gesehen. An ihr hängt festgeschraubt die Ölfilterpatrone nach unten. Angetrieben wird die Ölpumpe von der Nockenwelle, die eigens dafür ein Zahnrad aufweist. In diesem kämmt schrägverzahnt das Ende der kurzen Ölpumpenantriebswelle.
An der Ölpumpe gibt es nichts zu pflegen, sie schmiert sich selbst. Falls doch einmal eine Reparatur an der Ölpumpe oder am Überlastungsventil nötig werden sollte, braucht man den Motor nicht auszubauen. Man löst die drei Schrauben, die das Ölpumpengehäuse am Motorblock festhalten und zieht die Ölpumpe nach leichter Drehung um die Antriebswelle seitlich aus dem Motorblock. Auf die gleiche Weise wird sie wieder eingesetzt, jedoch muß vorher die Dichtung erneuert werden. Das Zerlegen und Reparieren ist Sache der Werkstatt, nur soviel: das Spiel zwischen den Nocken des inneren und äußeren Rotors darf 0,15 mm nicht überschreiten. Bei zu großem Spiel ist ein neues Rotorpaar einzusetzen. Das Spiel zwischen dem äußeren Rotor und dem Gehäuse darf 0,25 mm nicht überschreiten, sonst muß eine neue Rotoreinheit eingesetzt oder ein neues Pumpengehäuse verwendet werden

Sollte es notwendig werden, den Rotor oder die Antriebswelle auszuwechseln, muß man nach Abbau des Rotors den Sicherungsstift des Antriebszahnrads entfernen und dieses dann abziehen.
Beim Zusammenbau am Ende der Welle das Antriebszahnrad so weit aufpressen, bis zwischen Ölpumpenflansch und dem unteren Ende des Zahnrades ein Abstand von 57 mm erreicht ist. Nun im rechten Winkel zur Rotorwelle eine 3-mm-Bohrung 33 mm vom Ölpumpenflansch entfernt durch den Hals des Zahnrades und die Rotorwelle bohren. Einen neuen Sicherungsstift einsetzen und diesen gut verstemmen. Die Befestigung des Pumpengehäuse nicht zu stark anknallen, nur 1,7 bis 2,1 mkg sind vorgeschrieben.

Die Ölwanne

Die Ölwanne ist mit 18 Schrauben unten an den Motorblock angeschraubt. Für ihren Ausbau besteht außer bei Motorschäden (Werkstattsache) kein Anlaß. Aber vielleicht muß einmal nach dem Filtersieb in der Ölwanne gesehen werden. Dann muß man das Öl ablassen und die Schrauben herausdrehen. Vor dem Wiederanbau auf jeden Fall eine neue Dichtung einsetzen. Beim Anziehen der Schrauben muß man viel Gefühl walten lassen. Vorgeschrieben ist nur ein Drehmoment von 0,8 bis 1,1 mkg, wichtiger als die Kraft ist jedoch die Gleichmäßigkeit des Anzugs. Zieht man kraß unterschiedlich an, verzieht sich das Blech und man erreicht keine ausreichende Abdichtung: Ölverlust ist die ernste Folge.

Motorblock auf Dichtigkeit prüfen

Pflegearbeit Nr. 17

Hier handelt es sich um eine Sichtprüfung, die Ford im 10000-km-Intervall jedoch nur vorschreibt, damit sie nicht ganz vergessen wird. Besser ist es, wenn man zwischendurch einmal nachsieht. Undichtigkeit muß sich nicht unbedingt durch Öltropfen auf dem Wagenstandplatz bemerkbar machen. Ölverluste während der Fahrt können mehr ins Gewicht fallen. Durch die zunehmende Erwärmung wird das Öl dünnflüssiger und kriecht eher durch die Dichtungen. Man kann das leicht auf der Autobahn beobachten, wo die meistbenutzte rechte Fahrbahn einen dunklen Streifen aufweist. Da dort mehr Wagen fahren, bleiben mehr Ölspuren zurück, meist von Lastwagen.
Aus den genannten Gründen ist es ratsam, den Motorblock selber in Augenschein zu nehmen. Befindet sich Öl an den Trennfugen der Ölwanne, an den Trennfugen des Zylinderkopfs oder des Stirnraddeckels? Bei jeder dieser Stellen hat es mit der Undichtigkeit seine besondere Bewandtnis, der man nachforschen oder auf die man die Werkstatt aufmerksam machen sollte. Ist es altes Öl, das sich im Lauf der Zeit angesammelt und mit Schmutz zusammengebacken hat, oder ist es relativ neues Öl? Dann dürfte der Ölverlust größer sein, so daß sie ihn durch aufmerksames Beobachten des Motorölstandes am Ölpeilstab feststellen können. Läßt sich die Leckstelle nicht einwandfrei lokalisieren, dann hilft oft eine Motorwäsche weiter.

Motorbelüftungsventil und -kanal reinigen

Pflegearbeit Nr. 40

Gebraucht wird: Schraubenzieher, etwas Geschick.
Die Reinigung des Motorbelüftungsventils und des -kanals wird alle 10 000 Kilometer verlangt. Das Ventil sitzt versteckt an der rechten Motorseite – in Fahrtrichtung gesehen – ganz hinten vor der Motorraumtrennwand in einem rechteckigen Kasten, dem Ölabscheider. Den Kanal, der in den Vergaser mündet, kann man abnehmen, nachdem man mit dem Schraubenzieher die Schlauchschellen gelöst hat. Das Ventil zieht man aus dem Ölabscheider. Allerdings läßt es sich in der engen Ecke nur verflixt umständlich arbeiten. Ventil und Kanal werden mit Waschbenzin oder einem ähnlichen Reinigungsmittel ausgewaschen, mit Preßluft ausgeblasen und wieder eingesetzt.

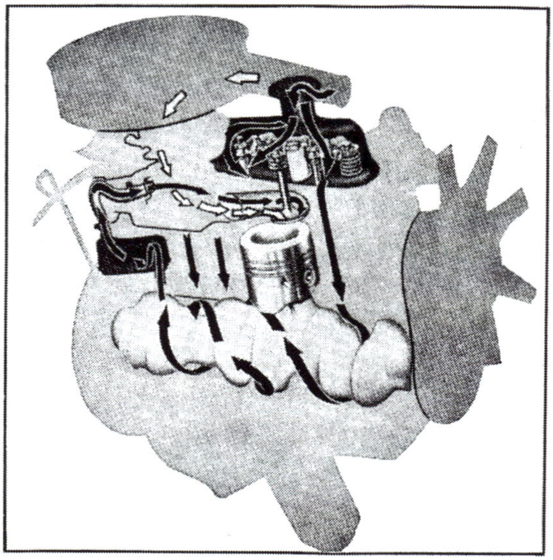

Der Pfeil im linken Foto zeigt auf den gebogenen Gummischlauch, über den das Kurbelgehäuse wieder in den Motor entlüftet wird, nachdem die Gase vorher das darunterliegende Regulierventil passiert haben. Rechts die Kurbelgehäuseentlüftung im Schema; das schwarze Kästchen links enthält das Regulierventil.

Um Ihnen die Notwendigkeit der regelmäßigen Reinigung vorzuführen, noch etwas Theorie: Die Durchlüftung des Kurbelgehäuses ist abhängig von der angesaugten Luftmenge des laufenden Motors und dem Durchlaß des Regulierventils. Die Frischluft gelangt über den Öleinfüllstutzen in die Zylinderkopfhaube, durchströmt das Kurbelgehäuse und wird über das Regulierventil im Ölabscheider vom laufenden Motor angesaugt und mit dem Vergasergemisch verbrannt. Das Regulierventil regelt den Luftdurchsatz in Abhängigkeit vom Belastungszustand des Motors. Das kann es aber nur, wenn es sauber ist.

Mancher wird sagen, was soll diese unnütze Komplizierung? Aber Motorentlüftung muß sein. Durch die Kolbenbewegung, durch die heißen Öldünste und durch Kompressionsgase würde im Kurbelgehäuse zu hoher Druck entstehen, wenn man nicht für Entlüftung sorgen würde. Früher leitete man diese Gase über einen Gummischlauch einfach nach unten ins Freie. Aus Gründen der Reinhaltung von Luft und Wasser darf das aber nicht mehr geschehen. Deshalb werden die Öldünste wieder dem Motor zur Verbrennung zugeführt.

Motoraus- und -einbau

Für den Fall, daß Sie einmal den Motor ausbauen müssen oder wollen, schildern wir kurz die Arbeitsfolge.

- Motorhaube abbauen, Massekabel von Batterie und Stirnraddeckel abschrauben, Luftfilter abnehmen.
- Kühlflüssigkeit ablassen, dazu die Ablaßschrauben an Kühler und Motor öffnen.
- Alle Kabel-, Schlauch- und Seilzugverbindungen einschließlich des Auspuffrohrs vom Motor trennen, Kühler ausbauen.
- Anlasser ausbauen und alle Schrauben am Flansch Kupplungs/Motorblock entfernen. Untere Zwischenplatte abnehmen, Getriebe mit einem Wagenheber abstützen.
- Hebewerkzeug an der vorderen Einlaßkrümmerschraube und an der hinteren Auslaßkrümmerschraube befestigen und den Motor nach oben aus dem Motorblock heben.

Vor dem Einbau muß die Kupplungsreibscheibe auf zentrischen Sitz überprüft werden. Die Werkstatt macht das mit einem Spezialwerkzeug, das in Schwungradachse gesteckt wird.

■ Motor langsam in den Motorraum absenken und auf der Getriebeantriebswelle bis zum Flansch des Kupplungsgehäuses drücken.

■ Schrauben am Flansch Kupplungsgehäuse/Motor einsetzen und gleichmäßig festziehen. Wagenheber unter dem Getriebe entfernen.

■ Anlasser und hinteres Abdeckblech einbauen, Motor auf die vordere Motoraufhängung ablassen und festschrauben. Jetzt erst kann der Motor ausgehängt werden.

■ Alle Kabel-, Schlauch- und Seilzugverbindungen einschließlich Auspuffrohr am Motor befestigen. Kühler einbauen und Schlauchverbindungen anschließen.

■ Luftfilter aufsetzen, Motorhaube aufsetzen, ausrichten und festziehen. Massekabel am Stirnraddeckel und an der Batterie anklemmen.

■ Ablaßschrauben an Kühler und Motor einschrauben und Kühlflüssigkeit auffüllen, dabei Kühlsystem entlüften.

■ Grundeinstellung des Motors vornehmen.

Der Motortausch

Leider bietet Ford nicht die Möglichkeit, über das Service-Motoren-Programm den einen gegen den anderen Motor zu tauschen. Ford tauscht nur gleiche Motoren gegen gleiche Motoren. Das ist eine berechtigte Vorsichtsmaßnahme, denn sonst könnte man auf den Gedanken kommen, in einen vorherigen 1100-ccm-Escort einen GT-Motor einbauen zu wollen. Das aber erlaubt der Gesetzgeber nicht. Zumindest ist eine Neuabnahme eines solchermaßen umgerüsteten Escort unumgänglich. Und dafür gibt weder Ford noch der TÜV die Genehmigung, weil weder Fahrwerk noch Bremsanlage der stärkeren Leistung angepaßt sind. Wer einen stärkeren Escort haben will, muß sich also zum Neu- oder Gebrauchtkauf entschließen, was angesichts des zu erwartenden Ärgers bei der Umrüstung und der Kosten für Umrüstung und Neuabnahme nur vernünftig wäre.

Übrigens gibt es bei Ford schon lange keine aufbereiteten Austauschmotoren mehr. Man bekommt für den alten Motor (nackt, ohne Nebenaggregate) einen ebenfalls nackten neuen Motor. Die alten Motoren werden verschrottet; vom alten Motor werden nur die Nebenaggregate auf den neuen Motor übernommen.

Des Wassers Kraft

Wenn Ihnen die technischen Daten über Ihren Ford Escort verkünden, er sei wassergekühlt, so stimmt das nur bedingt. Was in der Kühlanlage im Kreis gepumpt wird, besteht höchstens zu fünfzig Prozent aus Wasser. Die andere Hälfte ist Frostschutzmittel, eine Alkoholverbindung mit Antikorrosions- und Entkalkungszusätzen. Deshalb spricht auch die Betriebsanleitung oder der Inspektionsplan nicht von „Kühlwasserstand prüfen" sondern von „Kühlflüssigkeitsstand prüfen".
Auf diese besondere Flüssigkeit sind die Metallegierungen im Kühlwasserkreislauf abgestimmt, z. B. die Wasserpumpe. Dort könnte reines Wasser, auf die Dauer verwendet, sogar Schaden anrichten. Was die Betriebsanleitung mit Kavitation bezeichnet, ist nichts anderes als Ausschwemmung von Metallanteilen aus der Leichtmetall-Legierung. Wir haben schon Wasserpumpen gesehen, deren Gehäuse stellenweise papierdünn und durchbrochen war. In einem solchen Fall bricht die Motorkühlung zusammen und die Pumpe muß ausgetauscht werden, falls wegen Überhitzung nicht sogar ein Austauschmotor fällig wird. Das Prüfen und Spannen des Keilriemens, das auch für die Kühlung von großer Bedeutung ist, haben wir im Kapitel „Lichtmaschine" beschrieben.

Kühlflüssigkeitsstand prüfen

Pflegearbeit Nr. 15

Gebraucht wird: Ein scharfes Auge, evtl. etwas Vorsicht und ein Pappstreifen.
Der Kühlmittelstand soll alle 10000 km geprüft werden. Auf Langstreckenfahrt im Hochsommer, womöglich noch mit voller Last und Besetzung mit vier Personen, kann die Prüfung bei jedem Tankaufenthalt empfehlenswert sein. Sie sehen ja am Kühlwasserthermometer, ob der Motor heißläuft, oder es macht Sie ein freundlicher Zöllner beim Grenzstau darauf aufmerksam, daß es unter Ihrem Wagen munter plätschert, wir kommen noch auf die Eigenheiten der Motorkühlung zu sprechen.
Nehmen Sie die Empfehlung der Betriebsanleitung durchaus ernst, daß die Kühlflüssigkeit in kaltem Zustand nicht höher als 2,5 cm über den Kühlröhrchen des Kühlers stehen darf. Wenn Sie den Abstand nicht exakt zu schätzen vermögen, nehmen Sie einen zurechtgeschnittenen Pappstreifen zu Hilfe, mit dem Sie den Abstand genau messen können. Füllt man nämlich höher auf, was manche Tankwarte aus Übereifer gerne tun, dann verliert man, einem physikalischen Gesetz zufolge, viel mehr Kühlmittel, als eigentlich zuviel eingefüllt wurde: der Überlauf hört überhaupt nicht mehr zu rinnen auf. Das hängt damit zusammen, daß sich die Kühlflüssigkeit bei Erhitzung stark ausdehnt. Der Flüssigkeitsspiegel im Kühler steigt also. Deshalb ist es auch müßig, bei heißgefahrenem Motor die Kühlflüssigkeit messen zu wollen.
Wenn Sie schon Kühlflüssigkeit verloren haben und nicht warten können,

bis der Motor abgekühlt ist, was im Sommer immerhin mehrere Stunden dauern kann, so füllen Sie Wasser höchstens bis knapp über die bewußten Röhrchen nach. Lieber nehmen Sie einen Wasservorrat mit und kontrollieren kurze Zeit später nocheinmal.

Läßt Wasserverlust auf Leckstellen schließen, so sollte man es nicht beim Nachfüllen bewenden lassen. Nachschauen, wo Wasser entweicht. Das läßt sich schnell erledigen, denn erstens ist alles im Motorraum gut zugänglich und einzusehen, und zum andern sieht man auf sauberem Boden schnell die Wasserspuren. In der Regel genügt ein prüfender Blick auf die Schlauchanschlüsse, ob Feuchtigkeitsspuren vorhanden sind. Dabei die Schläuche zum Heizkörper und zum Vergaser (Startautomatik) nicht vergessen. Weitere Möglichkeiten sind ein undichter Kühler, die Wasserpumpe oder aber – seltener – der Motor selbst (z. B. Zylinderkopfdichtung).

Muß aus irgendeinem Grund eine größere Menge Wasser nachgefüllt werden: Heizung auf „Warm" stellen, damit auch der Heizkörper berücksichtigt wird. Nach dem Einfüllen muß der Motor warm laufen, damit sich der Thermostat öffnet. Hiernach Wasserstand erneut kontrollieren.

Fingerzeig: *Müssen Sie bei heißem Motor nach dem Kühlmittel schauen, dann umwickeln Sie Ihre Hand mit einem Lappen und drehen den Kühlerdeckel nur bis zur ersten Raste auf. In dieser Stellung läßt man den Überdruck entweichen, ehe man den Kühlerdeckel vollends abschraubt.*

Die Kühlanlage

Moderne Motoren, so auch die Escort-Motoren, besitzen sogenannte geschlossene Überdruck-Kühlsysteme, die bei Betriebstemperatur Überdruck von ca. 0,7 atü erreichen. Dadurch sind kleinere Kühler möglich und der Siedepunkt des Kühlmittels wird auf ca. 115° C heraufgesetzt. Sie werden es deshalb kaum einmal erleben, daß der Kühler überkocht. Für die Praxis bedeutet die höhere Betriebstemperatur bessere Ausnutzung des Kraftstoffs. Dabei muß man wissen, daß nicht die höhere Betriebswärme, sondern

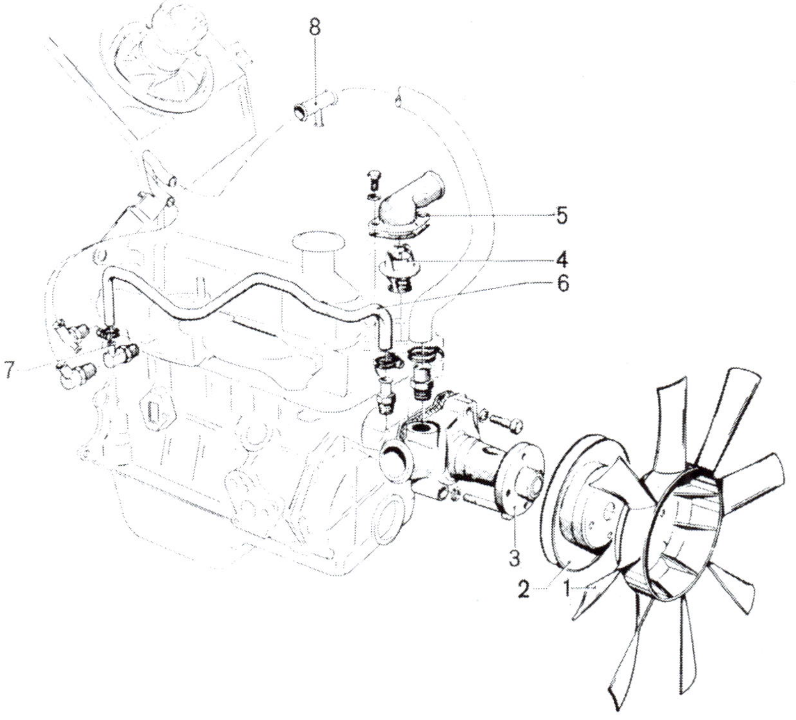

Ein Teil der Kühlanlage in ihren Einzelteilen. Die Zahlen bedeuten: 1 – Kühlerventilator, 2 – Riemenscheibe, 3 – Träger für Riemenscheibe und Ventilator, 4 – Thermostat, 5 – Thermostatgehäuseabdeckung (Dom), 6 – Schlauch für Ansaugkrümmervorwärmung, 7 – Anschlußstück für Krümmer (verschiedene Ausführungen), 8 – Schlauchverteilerstück. Links oben das Gebläse des Heizungswärmetauschers.

Nicht nur wenn Kühlmittelverlust vorliegt, sondern regelmäßig etwa alle 10 000 km sollten die Anschlüsse der Kühlmittelschläuche auf festen Sitz geprüft werden. Schraubenzieher verschiedener Größe reichen dazu aus.

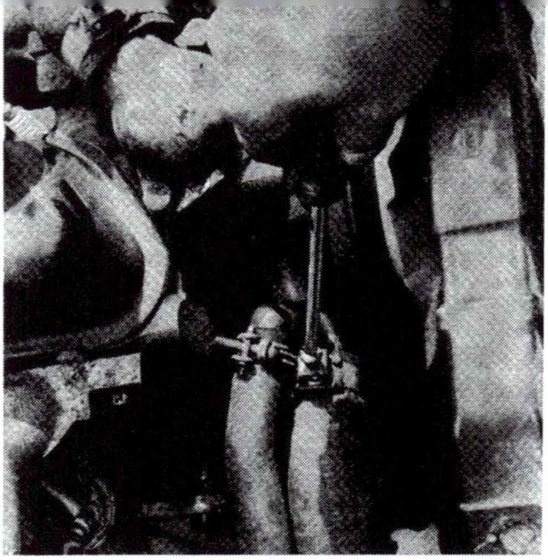

niedrige Temperaturen um 70° C für den Motor schädlich sind und den Verschleiß fördern. Wichtiger Teil des Kühlsystems ist deshalb der Thermostat, der nach dem Start möglichst schnell für die richtige Betriebstemperatur zu sorgen hat.

Zur Kühlanlage gehören:

- Die Wasserpumpe, die von der Kurbelwelle über einen Keilriemen angetrieben wird, der auch die Lichtmaschine mitnimmt. Die Pumpe hat zwei Anschlußstutzen für Kühlwasserschläuche.
- Der Kühler, der im Fahrtwind gleich hinter dem Frontgrill liegt.
- Der Thermostat, der entsprechend der Kühlmittelerwärmung die Durchflußmenge zum Kühler steuert.
- Die Kühlwasserschläuche von der Wasserpumpe zum Kühler, zum Motorblock, vom Thermostat zum Kühler. Natürlich auch die Vorwärmleitungen für den Vergaser sowie die Heizschläuche von und zum Heizungs-Wärmetauscher.
- Der Kühlerventilator, der wie die Wasserpumpe vom Keilriemen angetrieben wird.
- Der Ferngeber, der vorn am Motor ins Thermostatgehäuse eingeschraubt ist; die rotweiße Leitung meldet die Kühlwassertemperatur zum Anzeigeinstrument im Armaturenbrett.

Schläuche und Schlauchschellen prüfen

Pflegearbeit Nr. 19

Gebraucht wird: Schraubenzieher, scharfes Auge.

Auch die Werkstatt beschränkt sich hier bei der 10 000-km-Inspektion auf die Sichtprüfung der Schlauchanschlußstellen, Dichtflächen am Zylinderkopf, Verschlußstopfen und am Ablaßhahn. Bei laufendem und möglichst gesäubertem Motor prüfen: Tritt irgendwo Flüssigkeit aus? Wenn ja, Schlauchschellen anziehen, ebensc Verschlußstopfen, oder die betroffenen Schlauchklammern, Dichtungen und Schläuche auswechseln. Schläuche auch mit den Fingern zusammendrücken: Sind die Gummischläuche rissig, porös? Vorteilhaft finden wir es, wenn man vor der Wagenwäsche oder nach dem Abstellen des Wagens in den Motorraum oder unter das Auto blickt, ob sich irgendwo Feuchtigkeitsspuren zeigen oder Wasserpfützen ausbreiten. So erkennt man frühzeitig Leckstellen und kann Schwierigkeiten vorbeugen.

Stellen Sie Kühlmittelverlust fest, obwohl alle Schläuche und Anschlußstellen dicht sind, besteht die Möglichkeit, daß die Leckstelle im Motor selbst liegt, etwa eine durchgebrannte Zylinderkopfdichtung oder ein Riß im Block nach innen.

Die Ford-Werkstatt benutzt zum Prüfen des Kühlsystems eine Art Handluftpumpe mit angebautem Druckmesser, die mit einem Bajonett-Verschluß genau auf die Kühleröffnung paßt. Damit wird ein Druck von 1 atü (höchstens 1,4 atü) aufgebaut und auf der Skala beobachtet, ob der Druck zurückgeht. Tut er das, ist irgendwo eine Leckstelle im Kühlsystem. Mit diesem Druckprüfer läßt sich feststellen, ob eine Zylinderkopfdichtung durchgebrannt ist: Steigt der Druck bei laufendem Motor, ist die Dichtung hinüber.

Das Kühlmittel

Sehr angenehm ist es, daß schon vom Werk aus eine Frostschutzdauerfüllung dem Kühlwasser beigegeben wird, und zwar, aus Sicherheitsgründen, etwa im Verhältnis 50:50. Damit ist das Kühlwasser bis zu –37° C frostgeschützt. In Europa wird für Frostschutz und also auch für die Dauerfüllung allgemein Äthylenglykol verwendet, wobei es sich um eine Flüssigkeit auf Alkoholbasis handelt (zweiwertiger Alkohol, daher als Notbehelf auch Brennspiritus). Genaugenommen besteht dieses Naß nur aus etwa 95 Prozent dieses Alkohols. Beim Rest handelt es sich um ein Korrosionsschutzmittel, dessen Vorhandensein genauso wichtig ist wie der Frostschutz selbst. Damit wird der Kühler innen vor chemischem Anfressen und Rost geschützt und vor allem wird der Bildung des Kesselsteins entgegengetreten, welcher im Lauf der Zeit die Kühlwirkung herabsetzt.
Wichtig: Wenn in das mit Frostschutzmittel versehene Kühlmittel zu häufig reines Wasser nachgefüllt wird, sinkt damit auch der Widerstand gegenüber Kesselsteinbildung. Reines Wasser sollte in die Kühlanlage nicht eingefüllt werden, siehe Kapiteleinleitung.

Fingerzeig: *Gefrierschutzmittel und spezielle Kühlerreinigungs- oder Korrosionsschutzmittel vertragen sich nicht zu gleicher Zeit im Kühlwasser. Markenfrostschutzmittel enthalten ja bereits Zusätze gegen Rost und Kesselsteinbildung.*

Schlechtere Kühlung durch Frostschutz?

Diese Frage ist berechtigt, wenn man ganzjährig mit Dauerfüllung fährt. An sich hat das Frostschutzmittel eine ungünstigere Wärmeaufnahmefähigkeit, das heißt, die entstehende Motorwärme wird nicht so gut wie von reinem Wasser an die Außenluft abgegeben. Dafür liegt aber der Siedepunkt des Kühlmittels höher als beim Wasser. Da aber der Escort-Motor nicht überhitzungsempfindlich ist und eine reichlich bemessene Kühlerfläche hat, ist auch keine Überhitzung des Motors zu befürchten, einen einigermaßen sauberen Kühler vorausgesetzt. Auch Gebirgsfahrten im Hochsommer werden deswegen noch nicht problematisch. Aber die Erhöhung des allgemeinen Temperaturniveaus im Motor hat auch seine Vorzüge: Der Motor bleibt während des üblichen Stadtschleichverkehrs eine Idee wärmer, was sich günstig auf die Lebensdauer auswirkt.
Heißes Wasser kann unbedenklich in den kalten Motor gefüllt werden (alter Trick für besseres Anspringen bei extremer Kälte). Jedoch kaltes Wasser nie in einen heißen Motor schütten, sonst besteht die Gefahr der Rißbildung im Motor. Motor vorher abkühlen lassen, Wasser bei laufendem Motor nachfüllen.

Frostschutzwirkung ausspindeln

Pflegearbeit Nr. 16

Jedes Jahr im Spätherbst, Ende Oktober/Anfang November, wenn in unseren Breiten der Winter ernst zu machen beginnt, muß das Kühlmittel auf seine Frostschutzwirkung geprüft werden. Denn vermutlich haben Sie im Lauf des Jahres, besonders im Sommer, hin und wieder etwas Wasser nachgefüllt,

Hier wird das Ausspindeln der Kühlflüssigkeit auf Frostsicherheit gezeigt. Solche Geräte führt jede Tankstelle, die Eigenanschaffung lohnt deshalb nicht. Aber man sollte das Ausspindeln jeden Herbst vornehmen, um Schäden am Motor durch Einfrieren der Kühlflüssigkeit vorzubeugen.

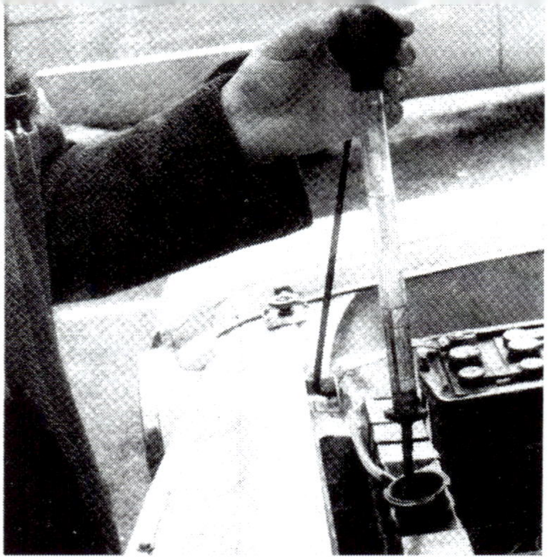

so daß die 50:50-Mischung „verwässert" wurde. Außerdem altert der Frostschutzzusatz im Lauf der Zeit und verliert an Wirkung. Zwar ist beim ersten leichten Kälteeinbruch noch keine unmittelbare Gefahr für den Motor gegeben, denn höchstwahrscheinlich ist noch ausreichende Frostschutzwirkung vorhanden. Es bildet sich bei mangelndem Frostschutz in der Kühlanlage zunächst eine gelatineartige Masse, die durch Standlauf wieder verflüssigt werden kann. Aber öfter sollte man es nicht darauf ankommen lassen.
Zum Ausspindeln verwendet man einen Flüssigkeitsheber, einen Glaskolben mit Meßskala und innenliegender, genau geeichter Schwimmkugel. Dieses Meßgerät muß man auch als Selbstpfleger nicht kaufen, es ist an jeder Tankstelle vorhanden. Wenn man dort nicht gleich die Frostschutzwirkung durch Nachfüllen von Frostschutzmittel aufbessern läßt, kann man sich merken oder aufschreiben, wieviel Frostschutz fehlt. Das erfordert etwas Rechenarbeit, weil man ja nicht einfach Frostschutzmittel in den Kühler kippen kann, sondern durch Ablassen von etwas altem Kühlmittel erst Platz für die neue Nachfüllmischung schaffen muß. Dabei kommt es auf ein oder zwei Prozent Frostschutzmittel mehr oder weniger nicht an, denn wann gibt es bei uns schon –37° C. Ganz genaue Mischung erreicht man demnach meist auch nur dann, wenn das Kühlmittel ganz gewechselt wird und man ganz genau mischen kann.
Wichtig: Man darf weder beim Aufbessern noch beim Neuansetzen der Frostschutzmischung einfach Frostschutz in den Kühler gießen. Vielmehr müssen Wasser und Frostschutz in einem genügend großen Behälter vorgemischt werden. Man nimmt auch möglichst kein einfaches Leitungswasser, sondern besorgt sich an der Tankstelle entsalztes oder destilliertes Wasser. Leitungswasser ist zwar weniger korrosionsfördernd als entsalztes, aber die Zusätze in den Frostschutzmitteln heben diese Nachteile wieder auf. Weil jedoch die Zusätze für die Qualität der einzelnen Frostschutzmittel mit ausschlaggebend sind, sollte man beim Kauf von billigen, markenfreien Frostschutzmitteln Vorsicht walten lassen. Statt dem von Ford angebotenen Frostschutzmittel können Sie allerdings unbesorgt auch die Marken-Frostschutzmittel Glysantin, Genantin, Glycoshell usw. zur Mischung verwenden.

Kühlflüssigkeit wechseln
Pflegearbeit Nr. 51

Ford schreibt den Wechsel der Kühlflüssigkeit alle zwei Jahre vor. Falls Sie Ihren Escort im Frühjahr gekauft haben, können Sie auch zweieinhalb Jahre warten und den Wechsel im Herbst mit dem Ausspindeln verbinden. Länger sollten Sie den Wechsel allerdings aus den oben geschilderten Gründen

Der Kühlerdeckel, der mit einem Renkverschluß auf dem Kühler sitzt, hat nicht nur die Aufgabe, den Kühler zu verschließen. Er ist mit einem Überdruckventil versehen, das einen Überdruck von etwa 1,0 atü im Kühlsystem hält, auf dem Deckel durch die eingestanzte Zahl 100 gekennzeichnet. Dadurch wird der Siedepunkt des Kühlmittels heraufgesetzt. Bei höherem Druck öffnet das Ventil und läßt den Überdruck durch die Überlaufleitung ins Freie entweichen. Um ein Zusammenziehen der Schläuche beim Abkühlen zu vermeiden, ist in den Deckel auch noch ein Unterdruckventil eingebaut, das bei Unterdruck Luft von außen ins Kühlsystem einströmen läßt. Der Kühlerdeckel ist also ein auf Über- und Unterdruck geeichtes Instrument, das sich nicht einfach gegen eine andere, zufällig passende Kappe auswechseln läßt. Die Kennzahl 100 ist wichtig und man kauft deshalb am besten beim Ford-Händler nach, wenn man Ersatz braucht. Falsche Druckverhältnisse können platzende Kühlwasserschläuche oder ständigen Kühlmittelverlust zur Folge haben.

nicht hinauszögern. Auch für den Fall, daß Sie anläßlich einer Motorreparatur die Kühlflüssigkeit zwischendurch ablassen müssen, schildern wir den einfachen Vorgang (siehe auch Foto auf Seite 72):
Stellen Sie einen ca. 4 Liter fassenden flachen Behälter unter den Ablaßhahn an der Kühlerunterseite und unter den Ablaßstopfen am Motorblock hinter der Lichtmaschine. Dann drehen Sie den Kühlerdeckel ab und schalten die Heizung voll ein. Jetzt öffnen Sie die Knebelschraube am Kühler und den Stopfen am Motorblock und lassen das Kühlmittel ablaufen. Dann verschließen Sie die Ablaßöffnungen wieder und füllen das Kühlsystem mit 5,7 Liter Wasser auf, dem Sie (vorteilhaft) ein Reinigungsmittel beimischen. Das besorgen Sie sich am besten bei Ihrem Ford-Händler, denn von dem Reinigungsmittel bleiben ja Spuren in der Kühlanlage zurück, und manchmal kommt es vor, daß sich werksfremde Reinigungsmittelreste mit der späteren Dauerfüllung nicht vertragen.
Mit dieser Mischung fahren Sie nun einige Kilometer, um die Kühlanlage gut durchzuspülen. Anschließend wird die Reinigungsmischung wieder abgelassen und durch die vorgemischte endgültige Dauerfüllung ersetzt. Lassen Sie nun den Motor bei immer noch eingeschalteter Heizung einige Zeit im Stand laufen. Der Kühlerdeckel darf noch nicht montiert sein. Dieser Standlauf dient der Entlüftung der Kühl- und Heizanlage. Erst wenn keine Luftblasen mehr im Kühlereinfüllstutzen zu erkennen sind, ist die Prozedur beendet und der Kühlerdeckel kann aufgeschraubt werden. Wenn man die Kühl- und Heizanlage nicht entlüftet, bilden sich Luftpolster und im Winter funktioniert dann unter Umständen die Heizung schlecht.

Die Wasserpumpe

Die Wasserpumpe sitzt an der Motorstirnseite hinter der Ventilator-Keilriemenscheibe in einem eigenen Leichtmetallgehäuse. In dem Gehäuse steckt ein Laufrad, das das Kühlmittel durch das Kühlsystem treibt. Die Wasserpumpe ist wartungsfrei, jedoch kann man sie vorbeugend pflegen, indem man niemals mit reinem Wasser in der Kühlanlage fährt, siehe dazu die entsprechenden Absätze weiter oben. Defekte kündigen sich durch pfeifende und zwitschernde Geräusche an, auch durch Undichtigkeiten. Aus dem undichten Wasserpumpengehäuse tropft es heraus (Wasserflecke auf dem Boden). Wir schildern nachstehend den Aus- und Einbau, nützlich für den Austausch der ganzen Pumpe.
Zuerst das Kühlmittel ablassen und den Kühler ausbauen, Keilriemen abnehmen, siehe Kapitel „Lichtmaschine". Ventilator mit Riemenscheibe ab-

bauen, Heizungsschlauch an der Wasserpumpe abnehmen und die Wasserpumpe, die mit 3 Schrauben befestigt ist, abnehmen.
Vor dem Einbau die Dichtflächen am Motorblock und an der Pumpe von Dichtungsresten säubern. Dann eine neue Dichtung auf beiden Seiten mit Dichtungsmasse bestreichen (vom Ford-Händler) und auf die Wasserpumpe legen. Pumpe ansetzen und festschrauben. Der weitere Einbau geht in umgekehrter Ausbau-Reihenfolge, wobei man nach Spannen des Keilriemens und Einfüllen des Kühlmittels den Motor warmlaufen läßt, bis der Thermostat einmal geöffnet hat (Öffnungstemperatur siehe technische Daten).

Kühler und Ventilator

Im Kühler liegen dünne Röhrchen, um eine möglichst große Oberfläche zu schaffen, an der das Kühlmittel schnell abgekühlt werden kann. Der Ausbau des Kühlers ist einfach: Kühlmittel ablassen, Kühlwasserschläuche an der Wasserpumpe und am Wasserauslaßstutzen abnehmen. Befestigungsschrauben am Kühler herausnehmen und den Kühler nach oben herausnehmen.

Fingerzeig: *Schauen Sie sich hin und wieder die Kühlervorderseite durch den Kühlergrill an. Dort sammeln sich nämlich im Lauf der Zeit Insekten und Schmutz an, wodurch die Kühlfähigkeit sinkt. Das Gegenmittel ist Preßluft, die man von der Motorseite her durchpustet. Die Geräte dafür stehen an Tankstellen und in Werkstätten. In leichteren Fällen geht die Reinigung auch mit scharfem Wasserstrahl aus dem Schlauch.*
Der Kunststoff-Ventilator ist mit den gleichen vier Schrauben auf der Riemenscheibe befestigt, die auch die Riemenscheibe auf ihrem Träger auf der Wasserpumpenwelle halten. Zugänglich werden die Schrauben nach Ausbau des Kühlers.

Der Thermostat

Der Thermostat, gewissermaßen die Hauptkreuzung im Escort-Kühlsystem, steckt im Leichtmetallgehäuse neben der Stirnseite des Motors. Von ihm führt ein kurzer geschwungener Schlauch zur Kühleroberseite. Zum Ausbau des Thermostats muß man das Kühlmittel zumindest teilweise ablassen, dann kann man die beiden Sechskantschrauben, die die Kuppel auf dem Unterteil halten, herausdrehen, ohne Wasserverlust befürchten zu müssen. Bevor Sie den Thermostat herausnehmen, sollten Sie sich seine Einbaustellung merken oder markieren.
Die Aufgabe des Thermostats ist es, den Durchfluß der Kühlmittelmenge durch das Kühlsystem zu steuern. Er soll das Kühlwasser so regeln, daß es nicht durch den Kühler fließt, solange es im Motor nicht wärmer als etwa 85 bis 87° C geworden ist. Wird das Wasser wärmer, öffnet er den Zugang zum Kühler. Und zwar nicht sofort voll, das ist er erst ab 100° C, sondern er läßt die Wassermenge abhängig von der herrschenden Kühlwassertemperatur durch. Auf diese Weise bleibt der Motor weitgehend innerhalb der günstigsten Betriebstemperatur, was seiner Lebensdauer (sonst chemische Kaltkorrosion) und der Schmierfähigkeit des Öls (Ölschlammbildung) zuträglicher ist.
Übrigens kann man den Kühlwasserkreislauf noch erweitern, z. B. wenn der Escort im Hochsommer schweres Urlaubsgepäck über die Pässe nach dem Süden schleppen soll und dabei zu heiß wird. Man schaltet die Heizung und dazu noch das Heizgebläse ein. Über den Wärmetauscher der Heizung kann so zusätzlich Wärme abgeführt werden, z. B. wenn man in der Kolonne am Paß hängt und der Ventilator mit der Kühlung nicht mehr fertig wird. Allerdings gerät man dabei ziemlich ins Schwitzen.

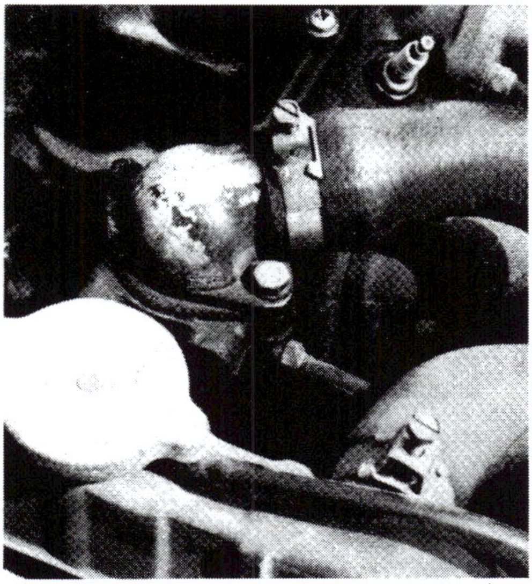

Unter der runden Kuppel hinter dem Kühlerdeckel sitzt der Thermostat, der den Kühlmitteldurchfluß in Abhängigkeit von der Motorerwärmung regelt – wenn er intakt ist. Den Thermostat wird man also nur ausbauen, wenn Verdacht auf Defekt besteht. Man sollte ihn z. B. prüfen lassen, wenn die günstigste Kühlmitteltemperatur, abzulesen am Kühlwasserthermometer im Armaturenbrett, nicht oder nur selten erreicht wird. Aber die Selbstprüfung ist unrentabel, denn man müßte dazu ein Thermometer anschaffen, dessen Skala bis ca. 100° C reicht (wie man es beispielsweise zum Eindünsten benutzt) und das man ins kochende Wasser steckt, in dem man den Thermostat aufheizt, um seinen Öffnungsbeginn und die volle Öffnung zu kontrollieren.

Winterthermostat ratsam?

Mit normalen Betriebszuständen und den dabei anfallenden Temperaturen wird der Serien-Thermostat ohne weiteres fertig. Aber es gibt Ausnahmen. Wenn zum Beispiel ein Escort im Winter fast ausschließlich auf Kurzstrecke und in der Stadt bewegt wird, wo noch viele Haltepausen dazukommen, dann besteht die Möglichkeit, daß der Motor seine günstigste Betriebstemperatur nicht oder erst nach viel zu langer Fahrt erreicht. Für Verschleiß und Lebensdauer ist dieser Kaltbetrieb jedoch abträglich. Unter solchen widrigen Umständen sollte man sich mit der Werkstatt ins Benehmen setzen und einen Winterthermostat einbauen lassen. Solche Thermostate gibt es entweder im Ersatzteillager oder im Fachhandel.

Ein Winterthermostat ist praktisch dasselbe wie ein Serienthermostat, jedoch öffnet er erst bei höherer Temperatur als dieser – in der Regel 5 bis 8° C –, so daß der große Kühlkreislauf erst später dazugeschaltet wird. Neben schnellerer Motorerwärmung wirkt sich das auch günstig auf die Leistung der Heizung aus. Aber wie gesagt, wird der Winterthermostat höchstens bei den geschilderten Extrembedingungen nötig.

Kühlmittel-Temperaturanzeige

Die Skala finden Sie bei den Normal-Escort im rechten Kombiinstrument unten, beim GT in einem separaten Instrument links vom Tachometer. Die Anzeige ist nicht zur Verzierung da. An der Skala können Sie ablesen, was sich vorn im Motorraum abspielt. Dazu sitzt vorn im Thermostatgehäuse ein Temperaturfühler, der die jeweilige Kühlmitteltemperatur zum Instrument signalisiert. Kritisch wird es, wenn der Zeiger ins rote Skalenfeld wandert und dort verbleibt. Das tut er erst, wenn das Kühlmittel auf 100 oder mehr Grad erhitzt ist, dem Motor es also zu heiß wird. Dann muß man unbedingt anhalten und nachsehen, wo die Ursache liegt. Die Überhitzung kann durch Wassermangel, Motorölmangel, Überlastung durch zu schnelle Fahrt, lockeren oder gerissenen Keilriemen und durch einen defekten Thermostat, der nicht mehr öffnet, hervorgerufen worden sein. Erste Maßnahme sollte in solchem Fall stets die Kontrolle des Kühlmittelstandes im Kühler und des Motorölstandes am Peilstab sein.

Ausnahme: Wenn man nach schneller Autobahnfahrt unvermutet in eine Verkehrsstockung gerät, kann es sein, daß durch den Wärmestau beim Halten

An der Kühlerrückseite ganz unten sitzt der Ablaßhahn (Pfeil), den man durch Drehen öffnen muß, wenn man das Kühlmittel ablassen will. Genügend großes Gefäß vorher unterstellen. Und auch den Kühlerdeckel abnehmen, damit das Wasser besser abfließt.

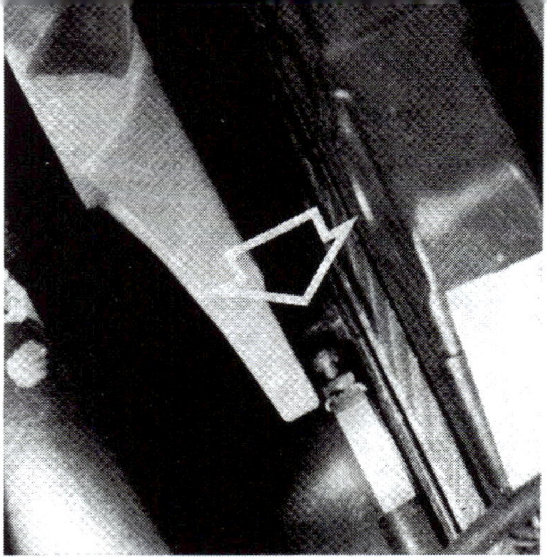

oder Schleichen der Zeiger ins rote Feld wandert. Da ist es am besten, man fährt an den Straßenrand und läßt den Motor einige Zeit abkühlen.

Die Heizung

Hier ihre wesentlichsten Teile kurz aufgeführt:

- Der Wärmetauscher unter dem Armaturenbrett, der über zwei Heizschläuche mit dem Kühlsystem verbunden ist.
- Der Heizventilator, der durch die Lamellen des kühlerähnlichen Wärmetauschers Frischluft schickt, wobei sie erwärmt wird.
- Die Austrittsöffnungen für Frontscheibenentfrostung und Fußraumbeheizung, dazu die Abziehöffnungen unter dem Heckfenster, die für die Luftzirkulation sorgen.
- Die Bedienungshebel und Schalter.

Ihre Arbeitsweise: Schiebt man den Heizungshebel in der Armaturenbrettmitte zum roten Quadrat hin, öffnet man damit den Heizungshahn und das warme Kühlwasser kann den Wärmetauscher der Heizung durchfließen und ihn aufheizen. Die eintretende Frischluft erwärmt sich am Wärmetauscher und strömt in den Innenraum, je nachdem, ob Sie Kopf, Fußraum oder beides gewählt haben. Auch die Heizwirkung können Sie wählen, indem Sie den Heizungshebel ganz oder teilweise nach rechts schieben, in ganz rechter Stellung fließt am meisten heißes Wasser durch den Wärmetauscher. Weitere Verstärkung erreichen Sie durch Einschalten des Gebläseschalters, der zwei Stellungen für halbe und volle Kraft hat. Durch das Gebläse verstärkt man den Luftdurchsatz durch den Heizungswärmetauscher, es wird also mehr warme Luft in den Innenraum geblasen.

Fingerzeig: *Im Lauf der Zeit kann in Ausnahmefällen der Heizungshahn schwergängig werden oder festgehen. In den meisten Fällen sind daran Ablagerungen im Kühlsystem schuld. Vorbeugung: Auch im Sommer hin und wieder die Heizung einschalten. Abhilfe: Kühlsystem reinigen oder Heizungshahn ausbauen und reinigen oder ersetzen.*

Zum Ausbau der Heizung muß das Kühlmittel abgelassen werden, dann nimmt man die beiden Heizschläuche an der Trennwand von den Anschlußstutzen. Der Heizungskörper sitzt im Innenraum unter dem Armaturenbrett. Man muß also die beiden Ablagefächer abmontieren, ebenso die Schalterblende in Armaturenbrettmitte (Kreuzschlitzschrauben), ehe man die Befestigung des Heizungskastens lösen kann.

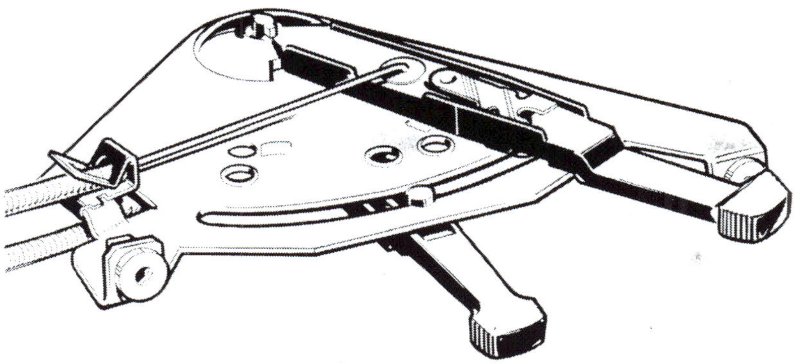

Die Zeichnung zeigt die Hebel der Heizungsbetätigung und ihre Lagerung, wie man sie vor sich sieht, wenn man die Blende im Armaturenbrett abgenommen hat. Bei Schwergängigkeit sollte man nach den Hebeln sehen und sie eventuell schmieren.

Heizungsbetätigung auf Gängigkeit prüfen

Pflegearbeit Nr. 9

Im Grunde ist diese Pflegeanweisung unnötig, denn man merkt ja beim Bewegen der Hebel, ob sie leichtgängig sind oder nicht. Der Grund liegt sozusagen tiefer, nämlich hinter den Schlitzen, in denen sich die Hebel bewegen lassen. Dort hinten liegen nämlich die Hebelachsen, und die sollen auch gelegentlich ihr Fett abbekommen. Man muß also die Blende abnehmen (sie ist mit Kreuzschlitzschrauben befestigt), um heranzukommen. Als Schmiermittel genügt Motoröl. Geht der Heizungshebel auch nach der Schmierung schwer, besteht der Verdacht, daß der Heizungshahn festgegangen ist, weil er längere Zeit nicht betätigt wurde. Dann muß die Kühlanlage gereinigt oder der Hahn ausgewechselt werden.

Störungsbeistand

Kühlung und Heizung

Die Störung	- ihre Ursache	- ihre Abhilfe
Thermometer wandert ins rote Feld	1 Zuwenig Wasser, oder zuwenig Öl im Motor	Wasser- bzw. Ölstand nachprüfen, nach Undichtigkeit suchen, beheben
	2 Thermostat öffnet nicht	Thermostat prüfen, evtl. auswechseln
	3 Keilriemen rutscht durch oder ist gerissen	Keilriemenspannung prüfen bzw. neuen Keilriemen auflegen
	4 Nur nach längerer Fahrt: Kühler stark verschmutzt, Lamellen verklebt	Kühler reinigen
	5 Kühlmittel eingefroren, weil kein oder zu geringer Frostschutz	Sofort anhalten, nicht weiterfahren. Nachprüfen, ob Wasserverlust durch Risse im Kühlmantel des Motorblocks oder im Kühlsystem
A Zeiger wandert ins rote Feld, kehrt aber bei Normalfahrt zurück	Hitzestau bei Kolonnenfahrt	Keine Störung, normale Erscheinung
B Kühlmitteltemperatur schwankt stark	Zuwenig Wasser im Kühlsystem	Auffüllen, nach Ursache des Kühlmittelverlustes suchen
Thermometer zeigt ständig Untertemperatur	Thermostat defekt, schließt nicht	Thermostat prüfen, evtl. ersetzen
Heizwirkung mangelhaft	1 Heizanlage schlecht entlüftet	Kühlsystem bei eingeschalteter Heizung entlüften
	2 Heizungsabsperrhahn festgegangen, öffnet nicht	Heizungshahn ausbauen oder Kühlsystem reinigen
Heizwirkung setzt spät ein	Thermostat defekt, schließt nicht	Thermostat prüfen, evtl. ersetzen
Keine Temperaturanzeige	Temperaturfühler oder Anzeige-Instrument defekt	Reparieren oder ersetzen

Versorgungsanstalt

Die Kraftstoffversorgung des Escort funktioniert in der Regel so reibungslos, daß man keinen Gedanken daran verschwenden müßte – jedenfalls weniger als an das Benzin, das in diesem System zum Motor befördert wird. Seit nämlich unser Gesetzgeber in seinen Umweltschutzbemühungen den Bleigehalt des Superkraftstoffs auf 0,4 Gramm je Liter herabgesetzt hat, ist mancher Autofahrer unsicher geworden, was er seinem Motor noch zumuten kann. Immerhin können wir soviel vorweg sagen, daß der Escort unbesorgt die ihm versprochene Leistung in Anspruch nehmen kann. Aber wir kommen noch eingehender auf das Problem zu sprechen.

Der Tank

Er steht im Gepäckraum an der rechten Wagenseite. Kluge Fahrer halten den Tank immer ganz gefüllt, wenn sie den Wagen einmal für längere Zeit abstellen. Dann kann sich im Tank kein Kondenswasser (Schwitzwasser) bilden. Wasser im Tank ist aus zweierlei Gründen schlecht: Erstens rostet der Tank, wodurch der Kraftstoff verschmutzen kann, und zweitens verträgt der Zinkspritzguß des Vergasers das Wasser schlecht. Er korrodiert und es gibt Absonderungen, die Düsen und Bohrungen verstopfen können.

Das ist ein Hinweis übrigens auch für Wenigfahrer. Sie sollten den Tank nicht immer bis zur Neige leer fahren und dann erst tanken, sondern gleich volltanken, wenn sie zehn oder zwanzig Liter verbraucht haben. Im Geldaufwand läuft es auf dasselbe hinaus. Aber man beugt Verschmutzungen vor.

Wenn man den Kraftstoffbehälter ausbauen muß, sollte man immer an die Explosionsgefahr denken. Den Wagen und den Tank durch eine blanke

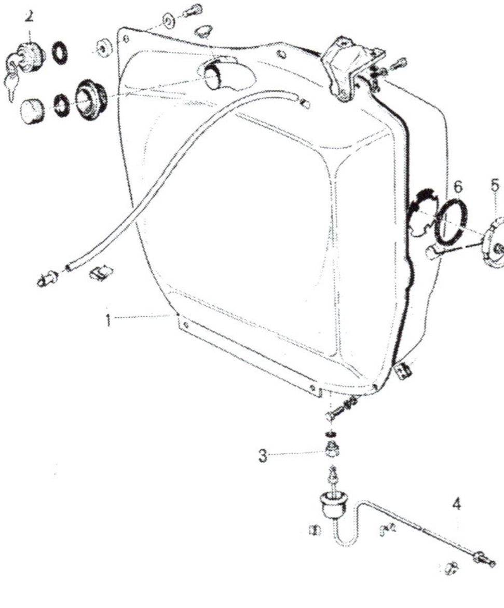

Unser Bild zeigt die Tankseite, die man normalerweise nicht sieht, weil sie der Gepäckraum-Außenwand zugewandt ist. Die Zahlen bedeuten: 1 – Kraftstofftank, 2 – verschließbarer Tankdeckel (Zubehör), 3 – Anschlußstopfen der Kraftstoffleitung, 4 – Kraftstoffleitung zur Benzinpumpe nach vorn, 5 – Geber der Benzinuhr im Armaturenbrett, 6 – Dichtung. Der dünne Schlauch an der Tankoberseite neben dem Einfüllstutzen ist die Tankentlüftung. Sie ist wichtig: wenn die Kraftstoffpumpe bei laufendem Motor den Kraftstoff ständig aus dem Tank saugt, würde ohne die Tankentlüftung oberhalb des Kraftstoffspiegels bald Unterdruck entstehen, der nach einiger Zeit die Saugkraft der Pumpe aufheben und den Benzinzufluß hemmen würde. Die Entlüftungsleitung führt vom Tank zur Mitte der Gepäckraumrückwand, wo sie nach unten durch den Boden ins Freie mündet.

Leitung erden. Man zieht die Kraftstoffleitung unten am Wagen, hinter dem Radkasten, ab und fängt den Kraftstoff in einem sauberen Behälter auf. Dann nimmt man den Tankdeckel ab und zieht im Gepäckraum das Kabel vom Geberanschluß ab, ebenso den Belüftungsschlauch. Die vier Tankbefestigungsschrauben, zwei im Gepäckraum und zwei unterhalb des Gepäckraumbodens, lösen und den Tank herausheben. Verstauen Sie den Tank so, daß niemand, besonders kein Raucher, darankommen kann, oder versehen Sie den Tank mit einem Schild, z. B. Achtung Explosionsgefahr!
Beim Einsetzen des Tanks müssen Sie auf richtige Plazierung der Distanzstücke und Beilagscheiben an den vier Befestigungspunkten achten. Geberkabel und Belüftungsschlauch aufstecken, Gummitülle unterhalb des Gepäckraumbodens montieren und Kraftstoffleitung anschließen.

Tank reinigen

Dazu füllt man etwas Kraftstoff ein und schwenkt den Tank hin und her. Der Tankinhalt wird danach durch ein feines Sieb oder ein sauberes Tuch in einen anderen Behälter gefiltert. Dieser Vorgang ist so lange zu wiederholen, bis im Sieb oder Tuch keine Schmutzreste mehr zurückbleiben.

Geber für die Kraftstoffanzeige ausbauen

Dazu muß der Tank nicht ausgebaut werden. Jedoch sollte man den Kraftstoff ablassen, mindestens soweit, daß nur noch wenig Kraftstoff im Tank verbleibt. Den Geberanschluß finden Sie im Gepäckraum vorn am Tank. Kabel des Gebers abziehen und den Geber aus dem Tank herausnehmen. Die Werkstatt verwendet dazu ein Spannband wie zum Ausbau der Ölfilterpatrone, jedoch kann man auch versuchen, den Geberverschluß mit Hammer und Hartholz, das man an den Einschnitten ansetzt, in den Gewindegängen weiterzutreiben und so herauszuschrauben. Zum Herausnehmen wird der Geber um 180° gedreht. Beim Einbau die neu zu verwendende Dichtung beiderseits mit Fett einreiben und auf den Geber aufsetzen. Geber so in den Tank einführen, daß der Schwimmer im montierten Zustand nach unten hängt. Geber mit Deckel wieder in den Tank schrauben und das Kabel anschließen, ebenso die Kraftstoffleitung. Kraftstoff einfüllen und dabei soll ein Helfer die Benzinuhr am Armaturenbrett beobachten. Geber und Kraftstoffleitungsanschluß auf Dichtigkeit prüfen.

Fingerzeige: *Um zu verhindern, daß der kostbare Treibstoff nach dem Volltanken aus dem Tankdeckel oder über die Entlüftungsleitung ins Freie fließt, sollte man den vollgetankten Wagen nicht gleich danach in die pralle Sonne stellen. Der Kraftstoff ist im unterirdischen Behälter der Tankstelle kühl gelagert. Er dehnt sich bei Sommertemperaturen aus und entweicht.*
Will man freundlicherweise Benzin an einen anderen Kraftfahrer abgeben, benötigt man einen dünnen Schlauch von etwa 1 bis 1,5 Meter Länge. Er wird soweit wie möglich in den Tank gesteckt. Dann verschließt man das herausschauende Ende mit dem Zeigefinger, zieht den Schlauch heraus, bis sein Ende noch unter den Kraftstoffspiegel reicht, und leitet den abfließenden Kraftstoff in ein tieferstehendes Gefäß. Man kann natürlich auch die Schraube im Tankboden herausdrehen und Benzin in ein Gefäß ablassen, aus dem man dann den Tank des Notleidenden versorgt.
Einen Reservekanister sollte jeder Autofahrer besitzen. Praktisch sind Kanister mit Auslauftülle, Kunststoffkanister müssen als zugelassen bezeichnet sein. Vorteil: Sie klappern nicht. Doch nicht alle sind benzinfest und gegen elektrostatische Aufladung sicher – Explosionsgefahr!
Übergelaufener Kraftstoff kann die Lackierung angreifen. Zwar reagieren

Lacke sehr verschieden, aber achten Sie darauf, daß der Tankwart, wenn ihm mal der Zapfhahn ausrutscht oder er zuviel einfüllt, den Kraftstoff gleich wieder vom Lack abwäscht.

Normal oder Super?

Ob ein Motor Normalkraftstoff oder Superkraftstoff benötigt, hängt davon ab, wie hoch er verdichtet ist. Das Verdichtungsverhältnis der Escort-Motoren liegt zwischen 8,0:1 und 9,2:1. Diese Zahlen bedeuten, daß die Zylinderfüllung nach dem Ansaugtakt mit dem Verdichtungshub der Kolben um das 8fache bis 9,2fache zusammengepreßt, komprimiert wird. Je höher dieses Verdichtungsverhältnis, umso stärker ist die Erwärmung des Gemischs, was zur Selbstentzündung im Verbrennungsraum noch vor dem Zündfunken der Zündkerze führen kann, falls der Kraftstoff nicht über die dafür erforderliche Temperaturgrenze (Klopffestigkeit) verfügt.
Das bedeutet, daß die Escort mit einem HC-Motor (HC = high compression = hoch verdichtet) Superkraftstoff haben muß, während sich die LC-Motoren (LC = low compression = niedrig verdichtet) mit Normalkraftstoff begnügen. Welcher Motor in Ihrem Escort steckt, geht aus dem Kraftfahrzeugschein und aus den technischen Daten in Ihrer Betriebsanleitung und in diesem Buch hervor.

ROZ und MOZ

Während nun die Oktanzahl (eine Kennzahl für die Klopffestigkeit) im Bundesgebiet früher für Superkraftstoff bei 98 bis 100 (ROZ) lag, für Normalkraftstoff bei 92 bis 94 (ROZ), hat der Gesetzgeber aus Gründen des Umweltschutzes eine einschneidende Veränderung verfügt. Seit Januar 1976 darf der Bleigehalt des Kraftstoffes 0,15 Gramm je Liter nicht mehr übersteigen, was eine Herabsetzung der Klopffestigkeit bedeutet.
In der Bundesrepublik wurden in der DIN-Norm 51 600 Mindestwerte für die Klopffestigkeit der Kraftstoffe festgelegt. Demnach muß Normalbenzin 91 ROZ bzw. 83 MOZ und Superkraftstoff 98 ROZ bzw. 88 MOZ aufweisen. Die ominösen drei Buchstaben ROZ hinter der Oktanzahl bedeuten „Research-Oktanzahl", die ROZ sind also ein Laborwert. Die MOZ, die „Motoroktanzahl", die der Praxis näher kommt, liegt etwas niedriger.
Die Escort-Motoren sind von dieser Verschlechterung der Klopffestigkeit kaum betroffen, denn die LC-Motoren brauchen kaum mehr als 90 Oktan (ROZ), die HC-Motoren nicht mehr als 97 Oktan (ROZ). Aber immerhin sind die ausnutzbaren Klopffestigkeitsreserven des Kraftstoffes schneller erreicht. Das kann z. B. der mit 9,2:1 verdichtete HC-Motor des Escort GT schon zu spüren bekommen, wenn er einmal hoch belastet wird. Außerdem steigt die Verdichtung der Motoren allgemein, wenn sie älter werden, wenn also die Ablagerungen auf dem Kolbenboden und im Verbrennungsraum den Brennraum verkleinern, wodurch die Verdichtung ansteigt, zwar geringfügig, aber immerhin eventuell schon spürbar, nachdem der Kraftstoff kaum noch Reserven bietet. Im Stadt- und Kurzstreckenbetrieb, bei dem der Kraftstoff weniger gut verbrannt wird als im Langstreckenbetrieb, kann dieser Zustand der Verdichtungserhöhung schneller erreicht sein.

Klingeln und Klopfen?

Das sind zwei Ausdrücke für die gleiche Erscheinung: Normalerweise verbrennt das Kraftstoff-Luft-Gemisch im Zylinder auf Befehl der Zündkerze. Springt an ihren Elektroden der Funken über, entflammt das Gemisch. Es kann so heiß werden – u. a. durch die vorangegangene Verdichtung oder bei mangelhafter Kühlung –, daß es sich, wie schon erwähnt, von selbst entzündet. Dabei entstehen Flammenfronten, nämlich die von der Zündkerze und die durch Eigenzündung ausgelöste, die aufeinander zueilen. Dabei bilden sich örtliche Überhitzungsherde und Druckwellen, die den Motor bis in seine Kurbelwellen- und Pleuellager erschüttern. 5 km Strecke, die unter Klingelerscheinungen zurückgelegt werden, können den Motor mehr verschleißen als etwa 150 km normale Fahrstrecke.

Eine zu geringe ROZ wirkt sich vornehmlich in Beschleunigungsklingeln aus, wenn man also in der Ebene oder an einer Steigung in einem zu hohen Gang das Gaspedal plötzlich voll durchtritt. Das aufmerksame Ohr kann dann ein helles metallisches Ticken vernehmen – die Folge von detonationsartigen Selbstentzündungen, die erhöhte Lagerbelastungen bewirken. Ein unmittelbarer Schaden ist nicht zu befürchten. Auf die Dauer leidet aber die Lebenserwartung des Motors. Außerdem ist Klingeln mit momentanem Leistungsverlust verbunden, leider genau dann, wenn man seine PS beispielsweise beim Überholen voll braucht.

Eine verringerte MOZ ist gefährlicher. Sie führt zum sogenannten Hochgeschwindigkeitsklopfen, richtiger gesagt, zum Hochdrehzahlklopfen (HDK). Es macht sich also bei hohen Drehzahlen bemerkbar, vor allem eben nahe oder bei der Höchstgeschwindigkeit. Gefährlich ist es deswegen, weil man es nicht hören kann. Es wird durch Motor-, Reifen- und Luftgeräusche überdeckt.

Die längere Folge der unerhört harten Verbrennungen (steiler Druckanstieg durch Selbstentzündung wie beim Diesel) bewirkt schnelle und starke Erhitzung des Motors. Die Kolben können fressen, die Zylinderkopfdichtung kann durchbrennen – der Motor geht k. o.

Wer nun einen Escort-Motor unter der Haube hat, der eine Klingelneigung hat oder sie sich im Lauf der Zeit zulegte, der sollte das einmal genauer prüfen: Bei mäßiger Geschwindigkeit Gaspedal durchtreten, nicht herunterschalten. Entpuppt sich das Auto als Klingelbeutel, hat man bei Normalbenzin-Motoren die Möglichkeit, auf eine Mischung Normal/Super oder ganz auf Super auszuweichen.

Wer sich teureres Super sparen möchte, muß schaltfreudiger fahren. Normalbenzin-Motoren sind kaum durch Hochdrehzahlklopfen bedroht.

Superbedürftige Motoren können nicht mehr auf eine klopffestere Sorte umsteigen. Man muß ebenfalls mehr zum Schalthebel greifen. Bei längerer Schnellfahrt ist die Kühlwasser-Temperatur im Auge zu behalten, zumal bei sommerlichen Außentemperaturen, bei Paßfahrten im Urlaub und bei Anhängerbetrieb.

Unüberhörbares Warnzeichen: Der Motor läuft nach Abschalten der Zündung weiter (Nachdieseln).

Typisch ist der schnelle Anstieg der Kühlwassertemperatur; gegebenenfalls verhaltener fahren oder anhalten und den Motor – er muß dabei weiterlaufen – abkühlen lassen.

Fahrten ins Ausland

Früher zählten die Kraftstoffe in der Bundesrepublik zu den klopffestesten. Inzwischen wurde jedoch die Zumischung von Bleitetraäthyl, womit Kraftstoffe klopffester gemacht werden, von Gesetzes wegen zweimal reduziert. In vielen europäischen Ländern sind die Kraftstoffe durch die Erlaubnis höherer „Bleibeimischungen" zumindest genauso klopffest wie bei uns. Nicht ganz ausreichend für die Normalkraftstoff-Motoren ist das Normalbenzin in Griechenland, Italien, Jugoslawien, Österreich, Portugal, Spanien sowie in den Ostblockländern. In diesen Ländern empfiehlt sich zumindest eine Mischung von 50:50 von Normal und Super.

Im Ostblock und teilweise auch in Griechenland, Österreich, Portugal und Spanien ist die dort gebotene Super-Qualität für die HC-Motoren nur knapp ausreichend; es kann zu beträchtlichen Klingelerscheinungen kommen. In diesem Fall kann man den Zündzeitpunkt etwas in Richtung „spät" auf 5° vor OT verstellen. Vorher sollte man allerdings versuchen, ob man nicht durch gemäßigten Umgang mit dem Gaspedal die Klingelei unterbinden kann. Die alten Tricks mit Benzolbeimischung oder Unterlegen einer dickeren Zylinderkopfdichtung gehören in Autofahrers Mottenkiste.

Die Kraftstoffleitung

Sie ist nicht mehr nach alter Väter Sitte aus Metall, sondern aus Kunststoff, was bei dem heutigen Stand der Kunststofftechnik kein Nachteil ist. Außerdem haben Kunststoffleitungen den Vorteil, daß man die aufgesteckten Teilstücke, z. B. am Tank, leichter trennen kann, indem man sie einfach abzieht. Die Kraftstoffleitung verläuft vom Tank ausgehend an der rechten Seite des Unterbodens nach vorn zur Kraftstoffpumpe.

Die Kraftstoffpumpe

Die Kraftstoffpumpe saugt das Benzin vom Tank an und drückt es zum Vergaser hinauf. Es ist eine herkömmliche Membranpumpe, die über einen Exzenter von der Nockenwelle angetrieben wird. Beim Saughub wird die Membrane in ihrem Innern nach unten gezogen. Ihre Aufwärtsbewegung (Druckhub zum Vergaser) erfolgt aber nicht zwangsläufig, sondern durch die Kraft einer Feder. Braucht der Vergaser keinen Kraftstoff (Schwimmernadelventil geschlossen), kommt die Feder kaum noch gegen den Druck in der Leitung an. So wird der Kraftstoffzufluß automatisch dem jeweils nötigen Verbrauch angepaßt.
Die Kraftstoffpumpe sitzt tief im Motorraum, an der rechten Seite des Motorblocks, nur wenig vor dem Ölmeßstab. Sie ist mit zwei Schrauben am Motorblock angeflanscht. Zum Reinigen genügt es jedoch, wenn man den Kraftstoffpumpendeckel abnimmt. Er kann mit einer Schlitzschraube oder mit einer Rändelschraube und Bügel befestigt sein. Darunter liegt ein feinmaschiges Sieb, das evtl. vorhandenen Schmutz aus dem Tank auffangen soll. Das Sieb wird vorsichtig mit dem Finger von seinem Sitz gehoben und mit Benzin ausgewaschen, falls es verschmutzt sein sollte. Bei der Gelegenheit auch die unter dem Sieb liegenden Vertiefungen mit einem sauberen, nicht fasernden Lappen von Benzin leersaugen und reinigen. Hinterher das Sieb so auflegen, daß es der Aussparung entsprechend aufliegt. Wenn möglich, eine neue Deckeldichtung verwenden.
Wie die Kraftstoffpumpe ausgebaut und zerlegt wird, ist im Text zur nebenstehenden Zeichnung beschrieben.

Fingerzeig: *Gelegentlich den Deckel der Benzinpumpe auf festen Sitz prüfen. Falls die Schrauben locker sind, gibt es wegen Druckabfall Motorlauf- und Startschwierigkeiten.*

Kraftstoffpumpendruck prüfen

Das ist Werkstattsache, denn man braucht dazu ein kurzes Schlauchstück, das auf den Kraftstoffeingangsstutzen des Vergasers gesteckt wird, dann ein Metall-T-Stück, das in den Kraftstoffschlauch und ins kurze Schlauchstück auf den Vergaserstutzen kommt. Auf dem dritten Anschluß des T-Stücks sitzt der Schlauch mit Manometer, an dem man die Prüfwerte abliest. Zum Messen wird der Motor mit dem Anlasser durchgedreht oder angelassen. Der Pumpendruck soll 0,07 bis 0,14 atü betragen, beim GT 0,25 bis 0,35 atü. Bei zu starkem Pumpendruck schlägt das Schwimmernadelventil vorzeitig aus.

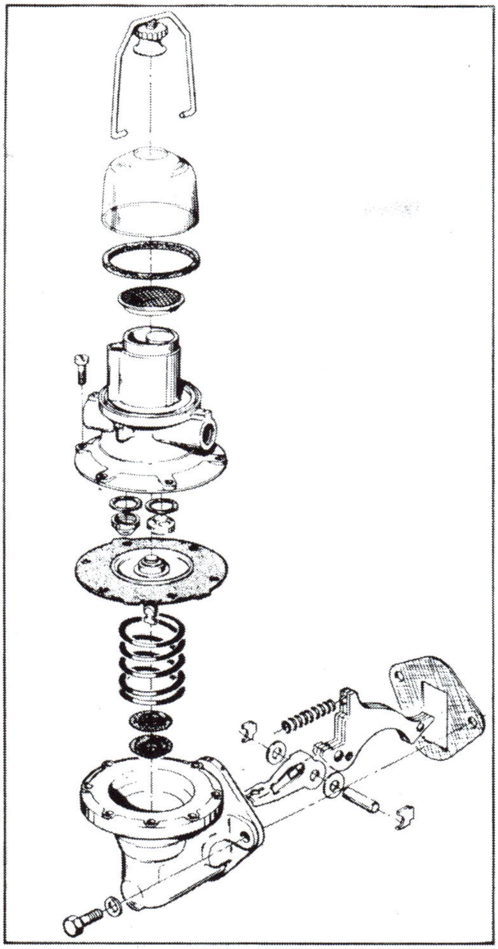

Die Explosionszeichnung zeigt, wie die Teile der Kraftstoffpumpe zusammengehören. Nachstehend die Schilderung, wie die Pumpe ausgebaut und gegebenenfalls zerlegt wird. Der nachstehende Störungsbeistand kann bei der Störungssuche helfen.

Wie bei allen Arbeiten im Motorraum zuerst die Batteriekabel abnehmen. Dann die Kraftstoffleitungen von den Pumpenstutzen abziehen. Die Kraftstoffleitung vom Tank ist nur aufgesteckt und mit einer Gummihülle geschützt, falls sie sehr fest sitzt, kann man einen Flachschraubenzieher zur Hilfe nehmen; mit der flachen Klingenbreitseite hilft man vorsichtig nach. Die Kraftstoffleitung zum Vergaser ist ebenfalls nur aufgesteckt, jedoch mit einer Schlauchschelle gesichert, deren Schlitzschraube man mit dem Schraubenzieher etwas aufdreht. Dann die beiden Schrauben, mit denen die Pumpe auf dem Motorblock befestigt ist, herausdrehen. Pumpe abnehmen. Mit dem Zerlegen beginnt man beim Deckel, mit Schraubenzieher die Schlitzschrauben herausdrehen, Deckel, Dichtung und Sieb abnehmen.

Bevor man mit dem Schraubenzieher die Schlitzschrauben herausdreht, die das Pumpenoberteil auf dem Unterteil halten, sollte man außen einen Kratzer oder Farbstrich anbringen: damit findet man zuverlässig den ursprünglichen Sitz für den Zusammenbau. Auch den Sitz der weiteren Innenteile einschließlich der Membrane sollte man auf diese Weise kennzeichnen. Der Membranzapfen ist im Pumpenunterteil in den Schlitz der Zugstange eingehängt. Membrane in der Mitte gegen den Federdruck nach unten drücken, um 90 Grad drehen und aus der Zugstange aushängen. Jetzt kann man auch Zugkörper und Schlepphebel herausdrehen, wenn man die Schlepphebelachse seitlich herausgedrückt und die kleine Rückzugfeder ausgehängt hat.

Beim Zusammenbau auf die vorher angebrachten Markierungen achten und möglichst neue Dichtung verwenden. Das garantiert festen und dichten Sitz. Arbeiten die Ventile im Pumpenoberteil nicht mehr richtig, muß das ganze Oberteil ausgewechselt werden.

Störungs-beistand

Kraftstoffpumpe

Die Störung	– ihre Ursache	– ihre Abhilfe
A Pumpe fördert nicht oder nicht ausreichend (Prüfung: Zuleitung am Vergaser lösen, Motor bei entferntem Verteiler-finger kurz starten: Kraftstoff tritt nicht oder nur zögernd aus der Leitung)	1 Tank leer	Auftanken
	2 Leitungen zur Pumpe undicht, defekt	Leitungen erneuern, notfalls abdichten
	3 Pumpe undicht a) Schrauben des Pumpenoberteils locker	Schrauben anziehen
	b) Verschluß undicht	Dichtung erneuern
	c) Membrane eingerissen, durchlässig oder nicht geschmeidig	Membrane ersetzen
	4 Ventile im Pumpenoberteil klemmen	Pumpe zerlegen, Ventile gängig machen, oder Ventile der Pumpe auswechseln
	5 Pumpendruck zu schwach	Pumpendruck in Werkstatt prüfen und richtig einstellen
B Zu hoher Verbrauch	1 Pumpe undicht	Siehe A 3
	2 Pumpendruck zu hoch	Pumpendruck in Werkstatt prüfen und richtig einstellen

Führung durch die Gasfabrik

In diesem und im nächsten Kapitel blüht Ihnen nun etwas Theorie. Wenn Sie nicht dafür in Stimmung sind, können Sie diese Seiten zwar überblättern. Bedenken Sie aber, daß man unbedingt wissen muß, was der Vergaser macht, wenn man an seinen Schrauben drehen will. Und am Ende dieses Kapitels werden Sie auch für die Fahrpraxis schlauer sein. Dazu werden wir Ihnen alles so leicht verständlich wie möglich schildern.
Das ist der Zweck des Vergasers: Aus viel Luft und etwas Benzin mischt er einen gasförmigen Nebel, der brennbar ist. Je nach Belastung, Drehzahl und Betriebstemperatur des Motors muß dieses Gemisch nach Menge und Zusammensetzung verschieden sein. Auch diese Regelung übernimmt der Vergaser. Wie er das macht, folgt noch aus den Beschreibungen „Leerlauf", „Normalbetrieb" usw.

Abgas-Gesetze

Ab Oktober 1971 wird aufgrund einer Europa-Regelung der Ausstoß von Kohlenwasserstoff- und Kohlenmonoxyd-Abgasanteilen (CH und CO) begrenzt. Dazu wird jeder Vergaser schon vom Hersteller mit einer fixierten Grundeinstellung für den Leerlauf geliefert. Nachträglich kann nur noch die Menge des für den Leerlauf erforderlichen Kraftstoffgemisches, aber nicht mehr wie früher der Anteil von Luft und Kraftstoff geregelt werden. Durch eine Änderung im Vergaser wird das Leerlaufgemisch an der fest geschlossenen Drosselklappe vorbei in das Saugrohr geführt („Umgemisch-System"). Dadurch wird nicht nur im Leerlauf, sondern auch bei Schiebebetrieb (losgelassenes Gaspedal) der Ausstoß der genannten Giftstoffe begrenzt.
Die entsprechenden Änderungen hierfür haben die Escort-Vergaser aber schon früher bekommen. So sind seit August 1970 in Escort mit 1,1 Liter-Motor die Ford-Vergaser 71 1 W – EB, bei 1,3 Liter-Motoren die Ford-Vergaser 71 1 W – BVA bzw. 71 1 W – BSC und beim 1,3 Liter-GT Weber-Vergaser 71 1 F – HA eingebaut. Von 1968 bis Juli 1970 waren es die Ford-Vergaser C 7 AH-E bzw. C 7 AH-G (Automatic) in den 1,1 Liter-Motoren, in den 1,3 Liter-Motoren die Ford-Vergaser C 7 AH-B bzw. C 7 AH-D, und im GT der Weber-Registervergaser 32 DFE.
Die Ford-Vergaser älterer und neuer Ausführung sind jedoch ebenso wie die Weber-Vergaser-Varianten weitgehend bauartgleich, so daß wir bei der Schilderung die geringfügigen Abweichungen außer acht lassen können. Dieses Kapitel enthält also die Beschreibung von zwei Vergasern, wobei sich jeder Leser die Beschreibung des Vergasers herauspicken kann, der in seinem Wagen steckt. Die Vergaser-Einstelldaten und Düsen-Bestückungen finden Sie am Schluß des Buches im Kapitel „Technische Daten" auf einen Blick zusammengefaßt.
Der Generalimporteur für die italienischen Weber-Vergaser ist die Firma Viktor Günther, 5000 Köln 91, Gießener Straße 93–95.

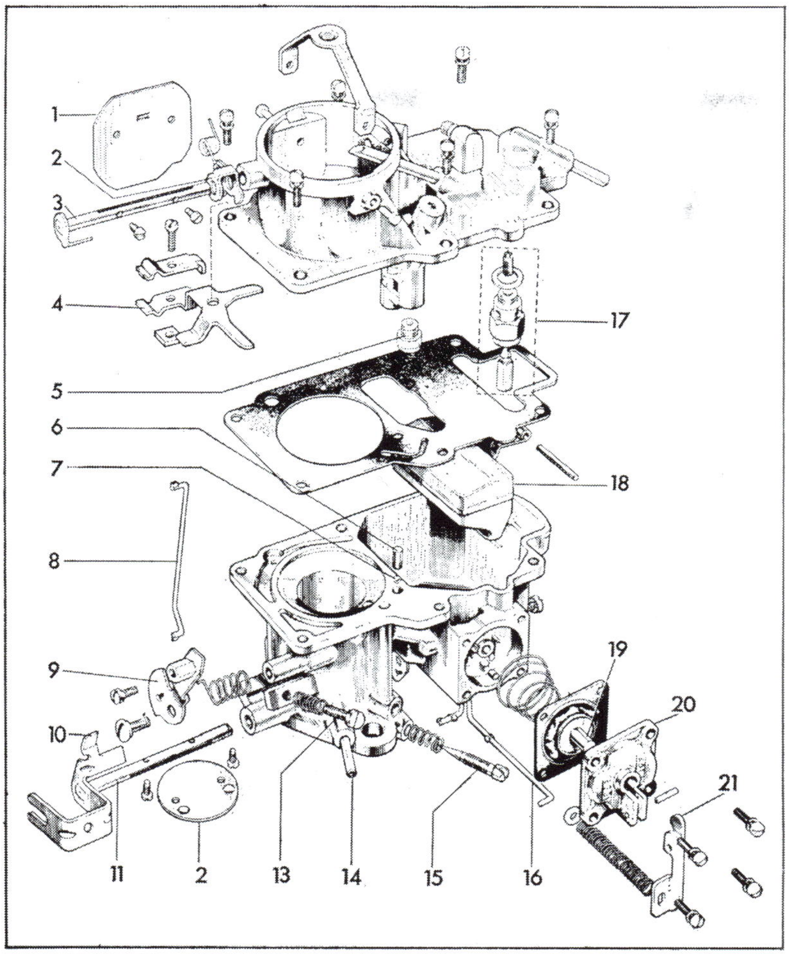

Die Einzelteile des Ford-Vergasers. Die Zahlen bedeuten:
1 – Starterklappe
2 – Anschlaghebel
3 – Starterklappenwelle
4 – Starterzughalter
5 – Hauptdüse
6 – Gewicht
7 – Kugel
8 – Verbindungsgestänge
9 – Exzenterscheibe
10 – Drosselklappenanschlag
11 – Drosselklappenwelle
12 – Drosselklappe
13 – Leerlaufdrehzahl-Einstellschraube
14 – Zündverteiler-Unterdruckanschluß
15 – Leerlaufgemisch-Regulierschraube
16 – Pumpengestänge
17 – Schwimmernadelventil
18 – Schwimmer
19 – Membrankolben
20 – Pumpendeckel
21 – Pumpenhebel

Was und wie?

Die FoMoCo (Ford Motor Company)-Vergaser arbeiten mit einer zusätzlichen Anreicherung im Normal- und Vollastbetrieb, im Leerlauf wird diese Anreicherung abgeschaltet. Damit Sie wissen, wovon bei der Vergaser-Beschreibung die Rede ist, im folgenden einige Vergaserbegriffe:

Hauptdüse: Durch eine genau bemessene Bohrung sorgt sie für gleichbleibenden Abfluß des Benzins aus der Schwimmerkammer (= Vorratskammer).

Leerlaufdüse: Sie liefert dem Leerlaufsystem eine stets gleichbleibende Kraftstoffmenge zur Aufbereitung des Leerlaufgemisches.

Luftkorrekturdüse: Sie führt dem von der Hauptdüse kommenden Kraftstoff mit eine bestimmte Menge Luft zu.

Mischrohr: Es führt Benzin und Luft vorgemischt in den Austrittsarm im Saugkanal.

Lufttrichter: Nicht zu verwechseln mit Luftfilter. Der Lufttrichter sitzt im Saugkanal (Vergaserdurchlaß). Charakteristisch ist seine Einschnürung im Innendurchmesser, wodurch die angesaugte Luft beschleunigt und das Gemisch aus dem Austrittsarm abgesaugt wird.

Beschleunigungspumpe: Mit dieser wird zusätzliches Benzin beim Durchtreten des Gaspedals in den Saugkanal eingespritzt, weshalb man im Stand oder auch beim Fahren nicht unnötig mit dem Gaspedal „spielen" soll.

Ford-Vergaser mit Startautomatik.
Die Zahlen bedeuten:
1 – Starterklappe
2 – Luftansaugkanal
3 – Kraftstoffzufluß (in dem das Sieb liegt)
4 – Leerlaufgemisch-regulierschraube
5 – Leerlaufluft-Anschlagschraube oder Leerlauf-drehzahl-Einstell-schraube
6 – Startautomatik-gehäuse
7 – Vergaseroberteil
8 – Schlauch für Start-automatik-Aufheizung
9 – Beschleuniger-pumpe
10 – Kraftstoff-Wechselfilter

Ford-Vergaser

Wir dürfen als bekannt voraussetzen, daß der Kraftstoff von der Kraftstoffpumpe zum Vergaseroberteil gepumpt wird. Von dort nimmt er über ein Filtersieb seinen Weg zum Schwimmergehäuse. Aber er kann nicht ungehindert in jeder Menge dorthin fließen. Der Zufluß wird durch einen Schwimmer und ein Schwimmernadelventil reguliert. Der Schwimmer ist über einen Bügel an der Schwimmergehäusewand beweglich gelagert. Auf diesem Bügel ruht das untere Ende des Schwimmernadelventils. Mit dem Kraftstoffstand im Schwimmergehäuse steigt der Schwimmer und drückt die Schwimmernadel je nach Kraftstoffstand hinauf in den Zuflußkanal, den das spitze Ende der Schwimmernadel dann ganz oder teilweise verschließt.
Bei ausreichendem Kraftstoffbestand sperrt so das Schwimmernadelventil den Zufluß ab, so daß es im Vergaser nie ein Überlaufen geben kann, wenn diese Teile in Ordnung sind. Die Zuflußregulierung funktioniert praktisch nach dem gleichen Prinzip wie im Wasserkasten eines Spül-WC. Neben dem Schwimmergehäuse befindet sich ein senkrechter Kanal, der Luftansaugkanal. Durch diesen wird Luft angesaugt – oben drauf sitzt das Luftfilter, das den Staub fernhält und die Geräusche dämpft – und tiefer unten mit Benzin vermischt (Fallstrom-Prinzip). Etwa in halber Höhe verengt sich der

Der gleiche Ford-Vergaser von links.
2 – Luftansaugkanal
3 – Kraftstoffzufluß
6 – Startautomatik-gehäuse
11 – Vergaserunterteil
12 – Vergaserflansch auf Ansaug-krümmer

Durchgang. Das ist der sogenannte Lufttrichter. In diesem strömt die Luft schneller, reißt also durch Unterdruckwirkung Kraftstoff mit. Ganz unten im Durchgang sitzt beweglich die Drosselklappe, die Sie mit der Bewegung des Gaspedals öffnen und schließen. Der Weber-Vergaser hat zwei solcher Lufttrichter, ebenso ist natürlich auch die Drosselklappe doppelt vorhanden.

Der Fallstromvergaser besteht aus drei Grundteilen:

■ Dem Vergaser-Unterteil (durch eine Abzweigung des Kühlwassers vorgewärmt, in der Querschnittzeichnung mit „r" bezeichnet.

■ Dem Schwimmergehäuse, das neben den verschiedenen Einstellelementen den Schwimmer, die Beschleunigungspumpe sowie die Rohre für die Kurbelgehäuseentlüftung und die Unterdruckleitung zum Zündverteiler aufweist.

■ Dem Schwimmergehäusedeckel, auf dem der Kraftstoffeintritt von der Benzinpumpe mündet, und der das Schwimmernadelventil, die Starterklappe und den Ausgang des Einspritzrohrs trägt. Wir beginnen mit der Beschreibung der Vergaserfunktion bei dem System, das Sie als erstes betätigen, wenn Sie den Motor anlassen wollen, dem Startsystem.

Der Start

Escort mit mechanischem Getriebe sind mit einem Handstarterzug ausgerüstet. Automatic-Escort mit Startautomatik, wir kommen auf sie noch zu sprechen.

Sie ziehen den Choke-Seilzug am Armaturenbrett und bewirken damit, daß sich die Starterklappe im Vergaseroberteil schließt (Sie können sie oben im Ansaugtrichter sehen, wenn Sie das Luftfilter abgenommen haben). Die Drosselklappe im Vergaserunterteil bleibt geschlossen. Damit haben Sie die Voraussetzungen zum Kaltstart geschaffen.

Wenn Sie nun den Zündschlüssel drehen und den Motor zu den ersten Umdrehungen veranlassen, entsteht durch die ansaugenden Kolben im Motor ein Unterdruck im Vergaser. Dieser Unterdruck wirkt jedoch nur bis zur Drosselklappe, die ja geschlossen ist. Die Sogwirkung reicht aus, um aus der Leerlaufgemisch-Öffnung den Kraftstoff abzusaugen, der nur mit ganz wenig Luft vermischt ist, die oberhalb der Starterklappe über einen ganz feinen Kanal im Luftansaugstutzen angesaugt wird.

Soweit die – sozusagen automatische – Startgemischaufbereitung. Nun müssen Sie selbst nachhelfen. Je nach Außentemperatur und Motorerwärmung müssen Sie den Choke in mehr oder weniger Stufen hineinschieben, jeweils soweit, daß der Motor satt und nicht blubbernd läuft. Sie tun damit nichts

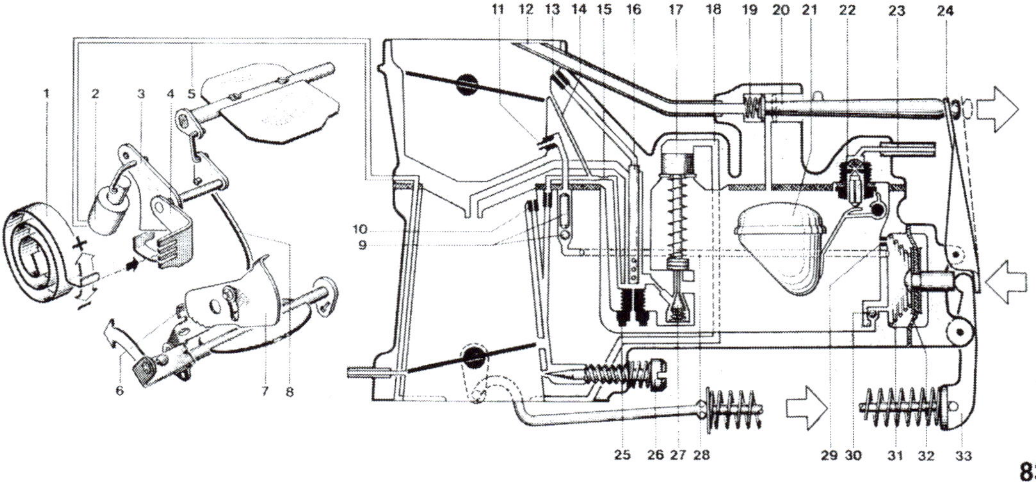

Die Zeichnung vermittelt die Funktionsweise des Ford-Vergasers.
1 – Bimetallfeder der Startautomatik
2 – Unterdruckkolben
3 – Betätigungshebel
4 – Mitnehmerhebel
5 – Unterdruckkanal
6 – Drosselklappenanschlag
7 – Stufenscheibe
8 – Verbindungsstange
Das Leerlaufsystem:
10 – Leerlaufdüse
14 – Leerlaufluftbohrung
15 – Leerlaufbohrung
26 – Leerlaufgemisch-Regulierschraube
Das Hauptsystem:
13 – Luftkorrekturdüse
16 – Mischrohr
25 – Hauptdüse
27 – Vollastanreicherung
17 – Steuerkolben
18 – Unterdruckkanal
Das Pumpensystem:
33 – Pumpenhebel
32 – Membrane
31 – Feder
30 – Kugelventil (Einlaß)
29 – Belüftungsdüse
28 – Pumpenkanal
9 – Kugelventil (Auslaß)
11 – Pumpendüse
Umschaltbare Schwimmergehäuse-Belüftung:
12 – Belüftungsrohr
19 – Druckfeder
20 – Kunststoffstößel
24 – Umschalthebel
Der Kraftstoffzufluß:
23 – Kraftstoffeinlaß
22 – Schwimmernadelventil mit Sieb
21 – Schwimmer

anderes, als die Starterklappe Zug um Zug mehr öffnen, so daß das Kraftstoff/Luft-Gemisch mehr und mehr mit Luft angereichert wird. Denn mit zunehmender Erwärmung kommt der Motor mit einem immer „magereren", also kraftstoffärmeren Gemisch aus. Über das vorher schon erwähnte Gestänge wird natürlich durch die Chokestellung auch die Drosselklappenstellung beeinflußt.

Wenn der Motor nun warm genug und der Choke ganz hineingeschoben ist, steht die Starterklappe in ganz geöffneter und die Drosselklappe in normaler Leerlaufstellung. Damit ist die Starteinrichtung außer Betrieb. Das ist natürlich Theorie. In Wirklichkeit sind Sie schon losgefahren und haben auch das Gaspedal betätigt. In der Fahrpraxis geht also der Startvorgang nahtlos in die anderen Vergaser-Funktionszustände über.

Der Leerlauf

In Leerlaufstellung ist die Drosselklappe ganz geschlossen. Das ist dann der Fall, wenn Sie das Gaspedal nicht berühren. Aus dem Mischrohr wird kein Kraftstoff mehr abgesaugt, weil ja durch die geschlossene Drosselklappe kein Unterdruck mehr im Saugkanal herrscht. Der Motor würde wegen Kraftstoffmangel absterben, wenn der Vergaser kein Leerlaufsystem hätte. Da oberhalb der Drosselklappe keine Sogwirkung ausgeübt wird, muß die Leerlaufversorgung logischerweise unterhalb der Drosselklappe geschehen. Unter der Drosselklappe mündet denn auch die Auslauföffnung für das Leerlaufgemisch, wie schon im Absatz „Der Start" erwähnt.

Der Kraftstoff fließt aus der Schwimmerkammer durch die Hauptdüse zur eingegossenen Leerlaufbohrung, knapp dahinter wird zum ersten Mal dem Kraftstoff Luft zugeführt, und zwar aus dem schon erwähnten feinen Kanal, der oberhalb der Starterklappe mündet. Nun fällt der Kraftstoff nach unten und wird dabei über die Leerlaufluftdüse, deren Öffnung im Lufttrichter sitzt, noch weiter mit Luft angereichert. Die Luft und der Kraftstoff vermischen sich und das Leerlaufgemisch wird durch den Unterdruck unter der Drosselklappe abgesaugt. Kurz vor der Austrittsöffnung ragt in den Leerlaufgemischkanal mit ihrem spitzen Ende die Leerlaufgemisch-Regulierschraube. Je mehr man die Schraube hineindreht, umso enger wird die Durchflußöffnung und umso weniger Leerlaufgemisch bekommt der Motor. Mehr über die Einstellung im nächsten Kapitel „Vergaserpraxis".

Tritt der Fahrer nun aufs Gaspedal, so öffnet sich die Drosselklappe, womit zunächst eine weitere Ausfließöffnung zum Zuge kommt, die sogenannte By-Paß-Bohrung, die oberhalb der Leerlaufgemischbohrung liegt. Es kommt noch mehr Leerlaufgemisch in den Motor. Diese By-Paß-Bohrung hat die Aufgabe, Gemisch für die Übergangsphase von Leerlauf auf Normalbetrieb zu liefern, damit der Motor nicht ruckt, wenn man anfahren oder die Gänge wechseln will.

Normalbetrieb

Tritt der Fahrer auf das Gaspedal, so öffnet sich die Drosselklappe entsprechend der Gaspedalstellung und dementsprechend wird im Lufttrichter der Unterdruck der ansaugenden Kolben wirksam. Der im Normalbetrieb erforderliche Kraftstoff wird von der Hauptdüse geliefert, welche unten an dem in die Schwimmerkammer ragenden Teil des Vergaseroberteils eingeschraubt ist. Die Vormischung mit Luft geschieht im Mischrohr, bevor das Gemisch in den Lufttrichter gerissen und dort fein zerstäubt wird.

Beschleunigung

Selbstverständlich reicht das Versorgungssystem für den Normalbetrieb nicht für alle Betriebsverhältnisse aus. Wenn zum Beispiel der Motor kurzfristig

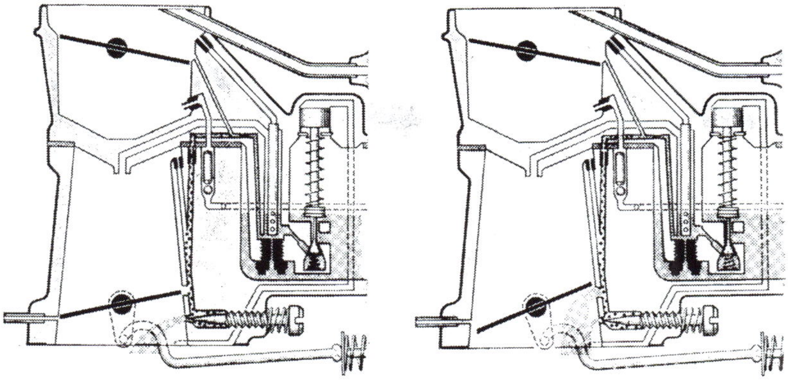

Links das Leerlaufsystem des Ford-Vergasers, das den Text auf der vorhergehenden Seite zum besseren Verständnis verdeutlichen soll. Wie man sieht, mündet das Leerlaufgemisch unterhalb der Drosselklappe in den Ansaugkanal, nachdem zuvor über die Leerlaufluftbohrung Luft zugeführt wurde (siehe auch unten). Die Menge des Leerlaufgemisches wird durch die Leerlaufgemischregulierschraube bemessen. Rechts das Übergangssystem: Gibt man am Pedal Gas, wird die Drosselklappe ein wenig angehoben, so daß zusätzliches Gemisch über die By-Paß-Bohrung abgesaugt werden kann. Dadurch wird das berühmte Loch im Vergaser vermieden.

mehr Kraftstoff braucht, wird das Beschleunigungssystem des Vergasers wirksam. Die Beschleunigungspumpe liegt in einem Pumpengehäuse, das an das Schwimmergehäuse angegossen ist. In Leerlaufstellung und bei geschlossener Drosselklappe wird die Membrane unter der Wirkung einer Feder nach außen geschoben. Dadurch wird der Pumpenraum gefüllt.

Wenn Sie nun das Gaspedal treten, wird die Drosselklappe geöffnet, gleichzeitig aber auch die Pumpenmembrane verschoben, da sie durch ein Gestänge mit der Drosselklappe verbunden ist. Die Membrane spritzt durch die Verschiebung den angesammelten Kraftstoff durch ein Kugelventil und eine kalibrierte Düse in den Lufttrichter, wobei die Geschwindigkeit der Einspritzung durch die Kalibrierung der Düse geregelt wird. Das allerdings birgt wiederum die Gefahr in sich, daß Sie durch einen unruhigen Gasfuß für einen hohen Kraftstoffverbrauch verantwortlich sind, denn bei jeder Gaspedalbewegung wird praktisch bis zu einem Fingerhut voll Kraftstoff eingespritzt – auch dann, wenn es eigentlich nicht notwendig ist.

Unbeherrschte Gaspedalbewegungen zahlen sich demnach nie aus. Die Automatik kann ja zwischen Gut und Böse nicht unterscheiden. Das können nur Sie selbst!

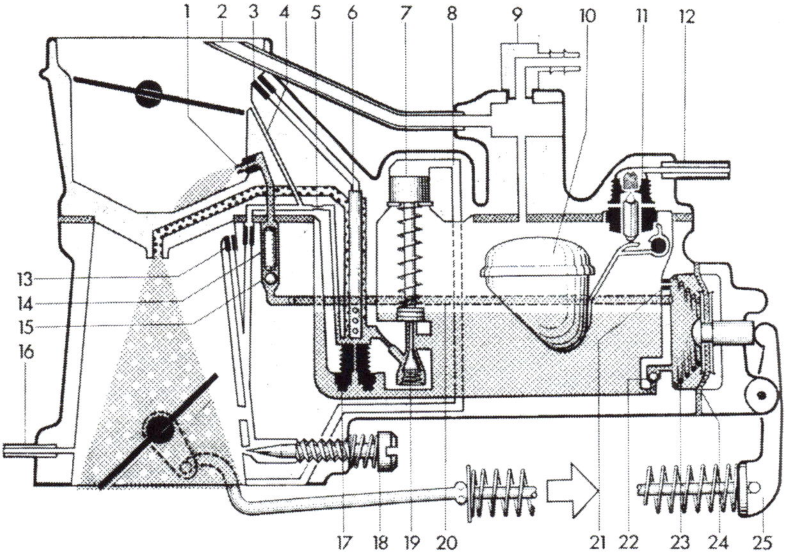

Das Haupt- und Pumpensystem des Ford-Vergasers. Über die Luftkorrekturdüse (3) wird dem Mischrohr (6) Luft zugeführt, über die Hauptdüse (17) der Kraftstoff. Das vorgemischte Kraftstoff-Luft-Gemisch wird in den Ansaugkanal gespritzt.
Die weiteren Zahlen:
19 – Vollastanreicherung
7 – Steuerkolben
8 – Unterdruckkanal
Das Leerlaufsystem:
13 – Leerlaufluftdüse
4 – Leerlaufluftbohrung
5 – Leerlaufbohrung
18 – Leerlaufgemisch-Regulierschraube
Das Pumpensystem:
25 – Pumpenhebel
24 – Membrane
23 – Feder
22 – Kugelventil (Einlaß)
21 – Belüftungsdüse
20 – Pumpenkanal
15 – Kugelventil (Auslaß)
14 – Gewicht
Der Kraftstoffzufluß:
1 – Pumpendüse
10 – Schwimmer
11 – Schwimmernadelventil mit Sieb
12 – Kraftstoffeinlaß

Vollastbetrieb

Das ist die letzte Stufe der Kraftstoffanreicherung im Normal- und Vollastbetrieb. Ihre beweglichen Teile sind zwar neben dem Mischrohr im Vergaseroberteil montiert, ragen jedoch bis tief in die Schwimmerkammer hinab. Bei Leerlaufstellung, also bei geschlossener Drosselklappe, wird die Anreicherung abgeschaltet, und zwar durch Unterdruck. Über einen Unterdruckkanal, der unterhalb der Drosselklappe in den Lufttrichter mündet, wird der Steuerkolben der Vollastanreicherung nach oben gezogen, wodurch der zusätzliche Kraftstoffzufluß zum Mischrohr gesperrt wird.

Die Startautomatik

Dies ist die runde Kapsel hinten am Vergaser. Nur Escort 1,3 Liter mit automatischem Getriebe haben sie eingebaut. Die Startautomatik ist durch zwei dünne Wasserschläuche mit dem Kühlwasserkreislauf des Motors verbunden. Das sich erwärmende Kühlwasser beeinflußt eine temperaturempfindliche Feder, die wiederum für ein langsames Öffnen der Starterklappe sorgt, bis die Startautomatik ausgeschaltet ist. Automatisch ist an dieser Startvorrichtung nur, daß sich die im Vergasereinlaß befindliche Starterklappe, die bekanntlich in geschlossenem Zustand für fetteres Gemisch sorgt, von allein wieder öffnet. Statt von Hand eine Starthilfe zu ziehen, muß man aber jetzt vor dem Start mit dem Fuß das Gaspedal einmal durchtreten, damit die Klappe ausrastet und sich schließt.

Die Explosionszeichnung zeigt die Einzelteile des Weber-Doppelvergasers.
1 – Sieb im Kraftstoffzufluß
2 – Verschlußstopfen
3 – Schwimmernadelventil
4 – Schwimmer
5 – Hauptdüsen
6 – Primär-Drosselklappenwelle
7 – Sekundär-Drosselklappenwelle
8 – Luftkorrekturdüse
9 – Mischrohr
10 – Primär-Lufttrichter
11 – Sekundär-Lufttrichter
12 – Langlochscheibe
13 – Leerlaufdrehzahl-Einstellschraube
14 – Drosselklappenanschlaghebel
15 – Abstandscheibe
16 – Verbindungshebel
17 – Federscheibe
18 – Lagerbüchse
19 – Registerhebel
20 – Dichtplatte
21 – Starterklappenwelle
22 – Verbindungsstange
23 – Pumpen-Auslaßventil
24 – Leerlaufdüse
25 – Leerlaufdüsenhalter
26 – Verbindungshebel
27 – Sekundär-Drosselklappenhebel
28 – Leerlaufgemischregulierschraube
29 – Exzenterhebel
30 – Primär-Drosselklappenhebel

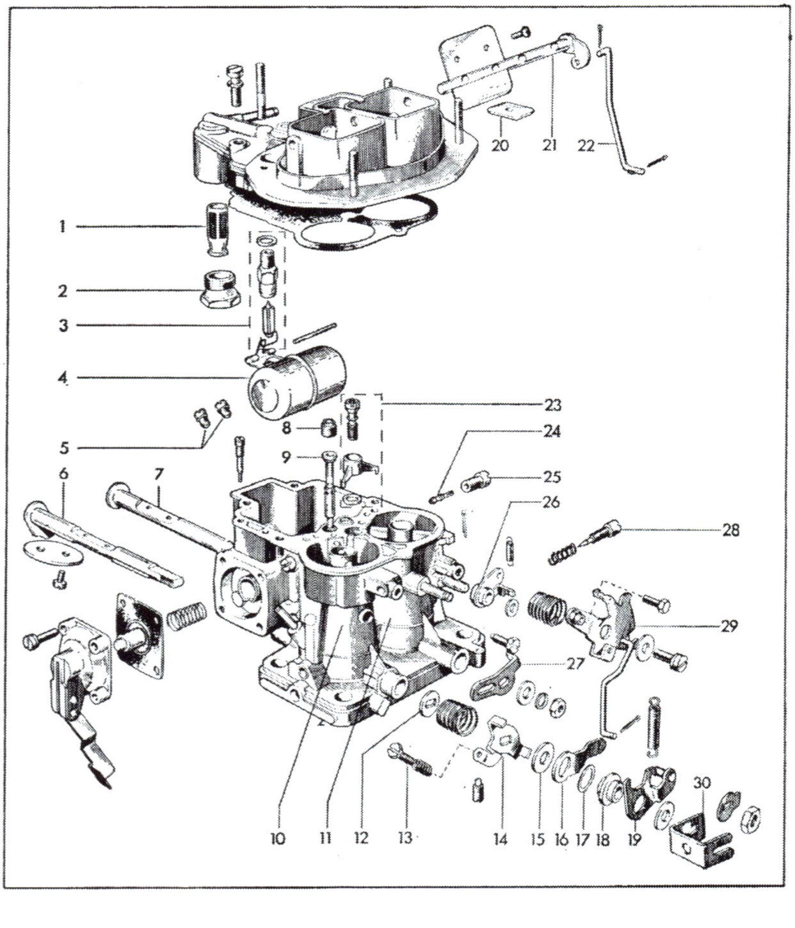

Leerlauf-System

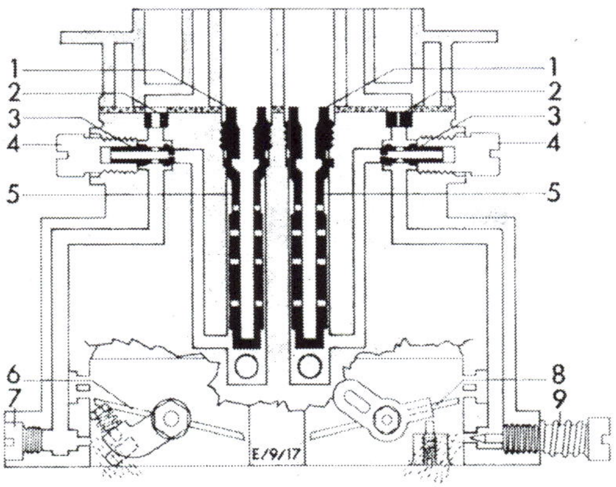

Pumpen-System

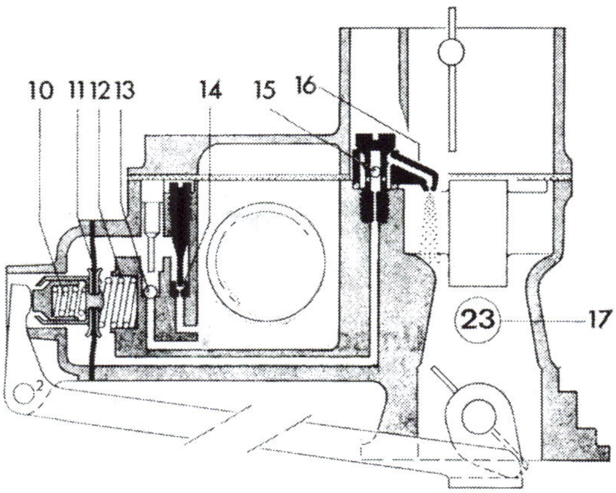

Die Zeichnungen oben verdeutlichen das Leerlaufsystem und das Pumpensystem beim Weber-Vergaser.
Die Zahlen bedeuten:
1 – Luftkorrekturdüsen
2 – Leerlaufluftdüsen
3 – Leerlaufdüsen
4 – Leerlaufdüsenhalter
5 – Mischrohre
6 – Primärdrosselklappe (1. Stufe)
7 – Verschlußschraube
8 – Sekundärdrosselklappe (2. Stufe)
9 – Leerlaufgemisch-Regulierschraube
10 – Pumpenfeder
11 – Membrane
12 – Membranfeder
13 – Kugelventil (Einlaß)
14 – Belüftungsdüse
15 – Kugelventil (Auslaß)
16 – Einspritzrohr
17 – Primärlufttrichter (1. Stufe)
18 – Kraftstoffzufluß

Schwimmergehäusebelüftung

Sie ist ebenfalls wesentlich an der gesetzlich vorgeschriebenen Abgasentgiftung beteiligt. Bei Vergasern mit Choke wird das Schwimmergehäuse von innen und von außen belüftet. An Vergasern mit Startautomatik hingegen ist eine umschaltbare Schwimmergehäuse-Belüftung eingebaut. Diese Belüftung ist von der Drosselklappenstellung abhängig und muß so eingestellt sein, daß im Leerlauf die Außenbelüftung ein- und die Innenbelüftung ausgeschaltet ist.

Weber-Doppelvergaser

Eine ganz andere Sorte Vergaser sorgt im Escort GT für die Zubereitung der Kraftstoff/Luft-Mischung. Die größere Leistung des GT-Motors erforderte auch eine kompliziertere Stufungsmöglichkeit der Gemischzufuhr und eine bessere Füllung der Zylinder, eben für die höhere Leistungsausbeute. Die Funktion des Weber-Doppelvergasers ist praktisch die gleiche wie die des Ford-Vergasers, auch wenn der Kraftstoff etwas andere Wege nimmt, zum Teil bedingt dadurch, daß zwei Lufttrichter gleichzeitig versorgt werden müssen. Deshalb ist es zum besseren Verständnis der Vergaserfunktion gut, wenn Sie die ausführliche Beschreibung des Ford-Vergasers mit zu Rate ziehen.
Die Schwimmerkammer haben beide Vergaserstufen gemeinsam. Dann trennen sich die Wege jedoch. Die erste Stufe, das Primär-System, ist ausgerüstet mit

- Leerlaufdüse
- Hauptdüse
- Luftkorrekturdüse
- Mischrohr
- Beschleunigerpumpen-Auslaßventil
- 23er-Lufttrichter

Die zweite Stufe, das Sekundär System, ist ausgerüstet mit

- Leerlaufdüse
- Hauptdüse
- Luftkorrekturdüse
- Mischrohr
- Vollastanreicherung
- Leerlaufgemisch-Regulierschraube
- 24er-Lufttrichter

Das Hauptsystem des Weber-Vergasers. Der Kraftstoff wird in den Lufttrichter eingespritzt. Die Zahlen bedeuten:
1 – Luftkorrekturdüse
5 – Mischrohr
18 – Kraftstoffzufluß
19 – Steigkanal zur Vollastanreicherung
20 – Luftdüse zur Vollastanreicherung
21 – Verschlußschraube
22 – Kraftstoffsieb
23 – Schwimmernadelventil
24 – Hauptdüse
25 – Sekundärlufttrichter

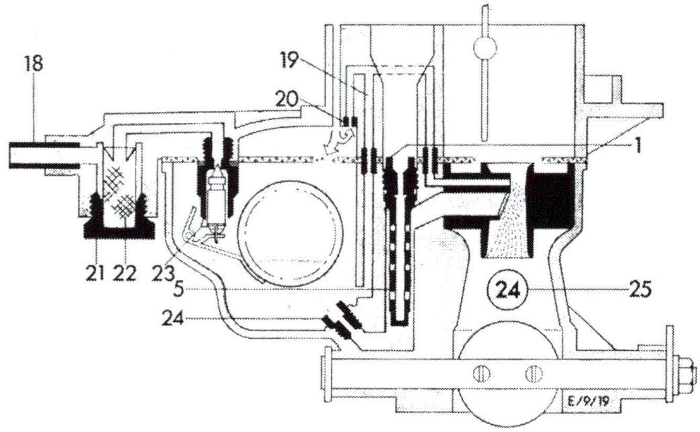

Die Leerlaufdrehzahl-Einstellschraube befindet sich am Anschlaghebel der Primär-Drosselklappenwelle. Das Öffnen der Drosselklappen erfolgt im Registerprinzip, das heißt, daß erst nachdem die Primär-Drosselklappe zu $^3/_4$ geöffnet ist, die Sekundär-Drosselklappe über den Registerhebel betätigt wird. Die beiden Stufen sind also praktisch hintereinandergeschaltet. Beide Klappen erreichen jedoch gemeinsam die Vollaststellung. Die Beschleunigerpumpe steht nur mit dem Primärsystem und die Vollastanreicherung nur mit dem Sekundär-System in Verbindung. Im Leerlaufbereich arbeiten beide Systeme gleich, wobei die Leerlaufgemischregulierung nur am Sekundär-System eingestellt wird. Mit dem Starterzug werden über Exzenter- und Zwischenhebel beide Starterklappen (halbautomatisch) betätigt.

Wichtig: Beide Systeme (Primär und Sekundär) enthalten je einen kompletten Düsensatz, welcher jedoch unterschiedlich kalibriert ist. Deshalb Düsen nur nach der Aufstellung, wie sie im Kapitel „Technische Daten" zu finden ist, einsetzen.

Zur Funktion des Registervergasers, siehe unsere Schemazeichnungen, aus denen der Fluß von Kraftstoff und Luft klar hervorgeht.

Der richtige Dreh

Die Möglichkeiten, an der Vergasereinstellung zu manipulieren, sind durch die neuen Vergaser, die eine bessere Abgasentgiftung bewirken sollen, erheblich eingeschränkt worden – wir sagten es schon im Kapitel „Vergaser-Beschreibung". Trotzdem wollen wir versuchen, eventuell vorhandenen übergroßen Respekt vor der Gasfabrik abzubauen, denn am Vergaser gibt es über die Einstellung hinaus noch manches zu pflegen. Und es lohnt sich auch, mit dem Vergaser etwas vertraut zu sein. Man kann es brauchen, wenn man einmal in eine Notlage kommen sollte.

Nehmen Sie in einer müßigen Stunde das Luftfilter ab und schauen sich den Vergaser genauer an. Im Motorraum sieht man den Vergaser besser als auf dem besten Foto. Drehen Sie einmal die Leerlaufgemischschraube etwas nach rechts. Was passiert? Der Motor läuft langsamer. Sie haben den Leerlaufgemischzufluß etwas verringert. Nun drehen Sie die Schraube wieder um den genau gleichen Betrag zurück, denn es war sozusagen nur ein Ermutigungshandgriff.

Noch ein Ermutigungshandgriff: Den Drosselklappenhebel ansehen. Es ist der Hebel, der sich bewegt, wenn Sie das Gaspedal treten. Und so, wie er sich beim Gasgeben bewegt, bewegen Sie ihn nun mit der Hand. Der Motor nimmt Gas an und dreht schneller – Sie haben mit der Hand Gas gegeben! Eine Rückzugfeder holt die Drosselklappe wieder in die geschlossene Stellung zurück. Bei Störungen kann man auf diese Weise den Motorlauf prüfen. Aber den Motor nicht zu stark hochjagen!

Natürlich soll man nicht unnötig am Vergaser experimentieren. Tricks mit einem anderen Lufttrichter, Ändern der Düsenbestückung usw., erfordern die Hand des Fachmanns. Aber den Vergaser reinigen, pflegen und Störungen beseitigen ist mit etwas Sorgfalt und Einführung durchaus möglich.

Der Einfachheit halber – und weil es gewissermaßen zum Vergaser gehört – behandeln wir in diesem Kapitel auch die Pflege des Luftfilters. Doch zunächst zu einigen Besonderheiten der Vergaserpraxis, die für den Fahrbetrieb wissenswert sind.

Richtiges Starten

Das Startgemisch muß kraftstoffreich sein, weil bei kaltem Motor nicht soviel Kraftstoff vergast und deswegen ein „fetteres" Startgemisch verlangt wird als bei warmem Motor. Deshalb muß der Fahrer die Starthilfe, auch Choke genannt, ziehen, bevor er den Anlasser betätigt. Am Escort mit Startautomatik tritt man das Gaspedal ein- oder zweimal voll bis zum Anschlag durch, dadurch wird die Starterklappe entriegelt, so daß sie sich schließen kann. Es ist aber sowohl bei der Handstarthilfe wie bei der Startautomatik falsch, während des Anlaßvorganges mit dem Gaspedal zu pumpen. Dadurch öffnet man nämlich die Drosselklappe und die richtige Dosierung des Kaltstartgemischs wird gestört.

Bald nach dem Anspringen beim Kaltstart kann man den Starterzug etwa bis zur Hälfte hineinschieben, aber man spart darüber hinaus Benzin, wenn man möglichst bald nach dem Kaltstart die Starthilfe stufenweise so weit hineinschiebt, daß der Motor gerade noch „rund" läuft.

Wie lange die Starthilfe gezogen bleiben muß, hängt ganz von der Außentemperatur und der Betriebswärme des Motors ab. Außerdem erfordert die Dosierung der Starthilfe eine gewisse Übung. Im winterlichen Kurzstreckenbetrieb wird man die Starthilfe länger brauchen als wenn man gleich nach dem Kaltstart auf die Autobahn geht. Aber keinesfalls den noch kalten Motor in den Gängen oder durch Spitzengeschwindigkeit vorschnell auf hohe Drehzahlen bringen. Das sollten Sie erst tun, wenn das Kühlmittelthermometer normale Betriebstemperatur anzeigt.

Beim Starten mit warmem Motor kann – entgegen üblichen Gepflogenheiten – ebenfalls der Starterzug gezogen werden. Aber der Motor reagiert empfindlicher auf die Starterzugstellung. Man braucht den Zug nicht immer ganz zu ziehen. Und wenn der Motor angesprungen ist, gleich den Zug wieder hineindrücken. Wenn der heiße Motor durch gezogenen Starterzug beim Start „ersoffen" ist:

Starterzug ganz hineinschieben, Gaspedal ganz durchtreten und Anlasser einige Male betätigen. Durch die ganz geöffnete Drosselklappe wird wegen geringen Unterdrucks wenig Kraftstoff angesaugt, dafür aber Luft, welche die Zylinder reinigend durchbläst.

Das Durchtreten des Gaspedals ist wichtig, wenn man einen warm- oder heißgefahrenen Motor wieder anlassen will. Aber nicht mit dem Gaspedal beim Anlaßvorgang pumpen. Sonst ertränkt man den Motor und die nassen Zündkerzen liefern nicht mehr den zündenden Funken. Wenn der Motor auch nach beharrlichem Durchtreten des Gaspedals nicht mehr startet, muß man wohl oder übel die Kerzen herausschrauben und trocknen.

Richtiges Starten noch einmal zusammengefaßt:

- Bei kaltem Motor: Starterzug ganz herausziehen. Danach Gaspedal erst berühren, wenn der Motor angesprungen ist.
- Bei warmem Motor oder hoher Außentemperatur: Starterzug teilweise ziehen, aber gleich wieder hineinschieben.
- Bei heißem Motor: Starterzug nicht ziehen, Gaspedal halb bis ganz durchtreten, nicht pumpen.

Richtiges Abstellen

Es gibt Fahrer, die noch einmal kurz und kräftig Gas geben, bevor sie die Zündung abstellen. Sie meinen, das wäre besser für das spätere Wieder-

Blick in den Luftansaugstutzen bei abgenommenem Luftfilter. Die Starterklappe soll ganz geschlossen sein, wenn der Choke voll gezogen ist, oder bei Escort-Motoren mit Startautomatik, wenn bei kaltem Motor das Gaspedal ein- bis zweimal durchgetreten wurde. Ist die Starterklappe einen Spalt weit geöffnet, bekommt der Motor nicht das optimal erwünschte fette Kraftstoff-Luft-Gemisch für den Kaltstart.

Der Schraubenzieher ist zum Einstellen des Leerlaufs an der Leerlaufgemisch-Regulierschraube angesetzt. Rechtsdrehung bedeutet, daß die Schraube in die Ausflußöffnung hineingedreht, der Ausfluß des Leerlaufgemischs in den Ansaugstutzen also verringert wird. Volles Hineindrehen der Schraube darf nicht mit Gewalt geschehen, weil sonst eventuell die Schraube oder die Ausflußöffnung beschädigt werden.

starten. Es steht jedoch immer nur ein Zylinder auf Verdichtung, außerdem ist diese Methode schädlich. Das auf solche Art noch im letzten Moment von den Zylindern eingeatmete Kraftstoff/Luft-Gemisch verbrennt nicht mehr, denn die Zündung war ja ausgeschaltet worden. Der Benzinnebel verdünnt nun den Ölfilm an den Zylinderwänden. Beim nächsten Kaltstart würde eine gute Ölschicht sehr nützlich für die Anfangsschmierung und deshalb verschleißmindernd sein.

Ferner: Benzin kann in die Kurbelwanne sickern und dort das Öl verdünnen. Und: Bei vorwiegendem Kurzstreckenbetrieb, wobei der Motor oft nicht genügend warm wird, bilden sich leichter saure Verbrennungsrückstände (schweflige Säuren). Diese greifen dann die ungeschützten Zylinderwände leichter an. Das ist Verschleiß über Nacht – Abnutzung im Stillen.

Leerlaufdrehzahl und CO-Gehalt einstellen

Pflegearbeit Nr. 22

Selbst wenn der Leerlauf richtig eingestellt wurde, wird mit der Zeit eine Nachregulierung notwendig. Die Gaspedal-Rückholfeder kann etwas erlahmen. Auch die Luftbeschaffenheit, auf die der Vergaser anspricht (Außentemperatur, Luftfeuchtigkeit), ist zu jeder Jahreszeit verschieden. Durch fettere Wintereinstellung kann man eventuell die Startfreudigkeit erhöhen.

Aber nicht umsonst haben wir diese Pflegearbeit, die alle 10000 km stattfinden soll, im Inspektionsplan mit einem W gekennzeichnet. Denn nur eine Werkstatt kann mit dem CO-Testgerät den Leerlauf auf die niedrigen gesetzlich geforderten Abgasanteile einstellen. Die alte Einstellungsmethode nach Gehör, die wir nachstehend schildern, kann nur geduldet werden, um aus einer Notlage wieder flottzukommen. Danach sollte man aber möglichst zur Feineinstellung eine Werkstatt anlaufen. Sonst bekommt man Ärger beim TÜV.

Richtig eingestellter Leerlauf ist aber nicht nur wegen Abgasentgiftung und Umweltschutz wichtig, sondern wegen seines Einflusses auf den Verbrauch bis zu mittleren Drehzahlen von Bedeutung. Stimmt der Leerlauf nicht, so kann sich daraus ein Mehrverbrauch von 0,5 bis 1 Liter je 100 km ergeben. Zu hoher Leerlauf ist auch deswegen von Nachteil: Wenn Sie während des Fahrens Gas wegnehmen, bremst der Motor nicht so stark, da er noch zuviel Kraftstoff zur Verbrennung erhält. Der Unterschied zu richtig eingestelltem Leerlauf ist beträchtlich.

Was und wie reguliert wird

Erforderlich sind ein Schraubenzieher und ein gutes Gehör, günstig der Drehzahlmesser beim GT, wenn er auch nicht so genau anzeigt wie das Werkstatt-Prüfgerät. Denn die Leerlaufdrehzahl soll bei Ford-Vergasern um 800 U/min liegen, bei Weber-Vergasern um 700 U/min.

Bei der Leerlaufeinstellung wird die Drehzahl des Motors im Leerlauf reguliert und die Menge der Kraftstoff-Zuteilung beim Leerlauf (abmagern bzw. fetter einstellen).

■ Die Drehzahl des Motors wird durch Verstellen der Leerlauf-Anschlagschraube dosiert = geringfügiges Öffnen und Schließen der Drosselklappe. Wo, wie bei neueren Ford-Vergasern der Fall, diese Schraube fixiert ist, kann man den Drosselklappenanschlag, auf den diese Schraube beim Gasgeben aufschlägt, um kleine Beträge mit einer Zange entsprechend nachbiegen.

■ Die Gemischmenge wird durch Hinein- oder Herausdrehen der Leerlaufgemisch-Regulierschraube dosiert. (Die Schraube darf nicht ganz hineingedreht werden, zumindest nicht mit Gewalt, weil sonst ihre Spitze oder die Kanalöffnung im Vergaser beschädigt wird).

Bevor man an die Arbeit geht: Der Motor muß betriebswarm sein. Deshalb vorher warmfahren oder nach einer Fahrt einstellen. Denn vom Standlauf wird der Motor nicht so warm wie nötig. Der Motor muß ohne Starthilfe im Leerlauf drehen. Das Luftfilter soll man nicht abnehmen, auch wenn die Zugänglichkeit unter dem breiten Luftfilter nicht die beste ist, weil sonst unter anderen Bedingungen eingestellt wird, als sie der Motor nach Anbau des Luftfilters hat.

1. Handgriff: Motor im Stand laufen lassen, Leerlauf-Einstellschraube mit dem Schraubenzieher so weit herausdrehen oder Drosselklappenanschlag nachbiegen (Drosselklappe schließen), bis der Motor gerade noch rund läuft.
2. Handgriff: Durch Drehen der Leerlaufgemisch-Regulierschraube etwas nach links oder rechts eine Dosierung von Kraftstoff und Luft finden, die für diese Drosselklappenstellung den gleichmäßigsten Leerlauf ergibt.
3. Handgriff: Leerlauf-Einstellschraube, wenn möglich, noch etwas herausdrehen oder Drosselklappenanschlag nachbiegen, und zwar bis zur niedrigsten gleichmäßigen Leerlaufdrehzahl. Wenn der Leerlauf vorher sehr hoch eingestellt war, kann jetzt noch einmal Nachregulieren an der Leerlaufgemisch-Regulierschraube und zum Schluß an der Leerlauf-Einstellschraube bzw. dem Drosselklappenanschlag nötig sein.

Diese Handgriffe gelten sinngemäß auch für die Weber-Vergaser, bei denen die Leerlaufgemischschraube nur auf die zweite Stufe (Sekundär-System) wirkt. Natürlich ist hier Voraussetzung, daß die Grundeinstellung, besonders des Gestänges, das beide Systeme verbindet, einwandfrei stimmt.

Die hier geschilderte Einstellmethode weicht, wie Praktiker wissen, etwas von der sonst üblichen ab, bei welcher zunächst die Leerlaufdrehzahl etwas erhöht wird. Doch mit dieser Methode wird geringster Kraftstoffverbrauch erreicht. Es kann sein, daß das Verdrehen der Leerlaufgemisch-Regulierschraube ohne Einfluß auf die Leerlaufdrehzahl bleibt. Ursache: Das Leerlaufsystem ist verstopft. Wenn der Leerlauf zu fett ist, treten schwärzliche Auspuffgase aus dem Auspuff aus. Bleibt der Motor im Leerlauf stehen: die federbelastete Gemischschraube kann verlorengegangen sein oder der Leerlauf ist hoffnungslos verstellt.

Eine andere Möglichkeit: Bei Ford-Vergasern ist die Leerlaufbohrung verstopft. Manchmal hilft kräftiges Gasgeben, andernfalls Vergaser zerlegen und mit Preßluft durchblasen. Bei Weber-Vergasern können die Leerlaufdüsen (je eine in jeder Stufe) herausgedreht und gereinigt werden.

Ändern der Vergasereinstellung

Die vom Werk festgelegte Vergaser-Abstimmung ist, wie bereits erwähnt, in bezug auf Düsenbestückung, Lufttrichter und Funktion seiner verschiedenen Systeme im Zusammenwirken mit dem Vergaser-Produzenten erst nach langwieriger Feinarbeit gefunden worden. Das ist bei jedem Vergaser so, denn es gilt, den besten Kompromiß zwischen höchster Leistung und geringstem Verbrauch zu finden. Deswegen rät man offiziell von jeder Änderung der Einstellung ab. Man wird nämlich kaum einen besseren Kompromiß finden.
Man darf von der Einstellungsänderung keine nennenswerte Leistungssteigerung erwarten. Dazu wäre größerer Aufwand erforderlich, der Erfolg immerhin fraglich und keinesfalls rentabel. Besonders die Motorlebensdauer würde darunter leiden. Ford hat bei den FoMoCo-Vergasern unerwünschten Veränderungen dadurch weitgehend vorgebeugt, daß die Düsen fest eingegossen sind und nicht ausgewechselt werden können.
Ein nicht fachgerechtes Auswechseln von Düsen könnte außerdem Gefahren bergen. Es hat Leute gegeben, die partout durch eine kleinere Hauptdüse weniger Kraftstoff verbrauchen wollten. Das solcherart abgemagerte Gemisch führte prompt wegen zu heiß werdendem Motor (bei zu magerem Gemisch weniger Innenkühlung) zu einem hübschen Kolbenklemmer oder zu durchgebrannten Ventilen.

Abgasmessung beim TÜV

Zur alle zwei Jahre fälligen TÜV-Überprüfung gehört auch die Kontrolle des Abgases auf den giftigen CO-Anteil. Während anfangs nur die seit Juli 1969 gebauten Fahrzeuge zu dieser Kontrolle herangezogen wurden, müssen seit 1976 auch ältere Modelle sich dieser Prüfung unterziehen. Grundsätzlich brauchen Sie die CO-Messung nicht zu fürchten – auch ein älterer Motor, der richtig eingestellt ist, überschreitet die geforderten Werte nicht.
Zur Messung beim TÜV sollte der Motor möglichst warmgefahren sein, beim kalten Motor ist das Gemisch fetter und der CO-Anteil zwangsläufig höher. Lassen Sie den Motor auch nicht in der Warteschlange beim TÜV lange im Leerlauf tukkern, damit wird weiter der CO-Anteil erhöht. Falls Sie normalerweise nur Kurzstrecken fahren (Auspuffrohr innen rußig schwarz), sollten Sie vor der Fahrt zum TÜV etwa 100 km in zügigem Tempo abspulen, damit der Rußansatz zum Auspuff hinausgeblasen wird. Ist dann das Abgas immer noch zu CO-haltig (4,5% zuzüglich 1% Meßtoleranz sind zulässig), erst Zündkerzen-Elektrodenabstand, Schließwinkel und Zündeinstellung prüfen, Ventilspiel kontrollieren und als letztes, falls noch erforderlich, am Vergaser drehen. Ein „versuchsweises" Verstellen des Vergasers hilft kaum weiter. Aber auch der Einbau von irgendwelchen Zusatzgeräten („Abgasentgifter") ist keinesfalls notwendig oder ratsam.

Kraftstoffleitungsfilter erneuern

Pflegearbeit Nr. 48

Um möglichst allen Schmutz aus dem Vergaser fernzuhalten, ist außer dem Siebeinsatz in der Kraftstoffpumpe in die Kraftstoffleitung zwischen Pumpe und Vergaser ein Leitungsfilter eingesetzt. Der helle Kunststoffkörper kann aber nicht geöffnet und gereinigt werden, sondern man muß ihn laut Inspektionsplan alle 20000 km erneuern. Der Filterkörper, den man sich beim Ford-Händler besorgen muß, ist in die Schlauchenden lediglich eingesteckt. Aber Vorsicht beim Auswechseln bei heißem Motor: Brandgefahr durch aus den Leitungen laufenden Kraftstoff!

Kraftstoffilter reinigen

An den Weber-Vergasern ist am Kraftstoffzulauf knapp hinter dem Schlauchanschlußstutzen ein Siebeinsatz vorhanden, der nach unten hängt, und den der Kraftstoff durchfließen muß, bevor er in die Schwimmerkammer strömen kann. Man kann den Siebeinsatz nach unten herausnehmen, wenn man den nach unten ragenden Verschlußstopfen mit dem Gabelschlüssel herausdreht. Man sollte etwa alle 10 000 bis 20 000 km nach ihm sehen. Sind Verschmutzungen vorhanden, wird das Sieb mit Kraftstoff ausgewaschen und mit trockenem Atem ausgeblasen. Beim Hantieren das zarte Siebchen möglichst nicht deformieren.

Fingerzeig: *Gelegentliches Ablassen des Kraftstoffs aus dem Tank entfernt den Schmutz vom Tankboden. Dazu ist der Stopfen an der Tankunterseite herauszudrehen und ein ausreichend großes Gefäß unterzustellen. Beim Eingießen den Kraftstoff durch ein engmaschiges Tuch filtern, das jedoch nicht fasern darf und sauber sein muß.*

Vergaser-befestigungen nachziehen

Der Wartungsplan sieht diese Pflegemaßnahme eigentlich nicht vor. Aber wir finden die vorbeugende Pflegearbeit angebracht, um Schwierigkeiten im Fahrbetrieb auszuschließen.
Es sollen alle Schrauben am Vergaser, die Schrauben des Vergaseroberteils sowie die Schrauben, die den Vergaser auf dem Ansaugkrümmer halten, nachgezogen werden, um Austreten von Kraftstoff aus dem Vergaser und Eintreten von „falscher Luft“ zu verhindern. Wenn diese zwischen Vergaser und Ansaugrohr angesaugt wird, stimmt die Vergasereinstellung nicht mehr. Aber die Schrauben nicht so anknallen, daß die Metallteile verzogen oder die Dichtungen gequetscht werden. Auch darunter leidet die Dichtigkeit.

Startautomatik prüfen

Zunächst handelt es sich um eine Sichtprüfung, die Sie hin und wieder vornehmen sollten. Wenn man bei kaltem Motor das Gaspedal ganz durchtritt, muß die Stufenscheibe der Startautomatik am Vergaser ganz herunterfallen. Das beweist, daß alle Teile, einschließlich der Starterklappenwelle, die erforderliche Leichtgängigkeit haben. Wenn Sie zur Gegenkontrolle das Luftfilter abnehmen und in den Vergaser blicken, muß die Starterklappe ganz geschlossen sein. Bei Schwergängigkeit müssen die beweglichen Teile der Startautomatik, einschließlich Starterklappenwelle, mit Benzin gereinigt und leicht eingeölt werden.
Funktioniert die Startautomatik trotz Leichtgängigkeit der Teile nicht richtig, so muß sie ausgetauscht oder neu eingestellt werden, was man besser der Werkstatt überläßt, welche die dafür nötigen Instrumente hat, u. a. ein Thermometer, das bis mindestens 60° C reicht. Immerhin einige Hinweise: Voraussetzung für die Einstellung des Bimetallfedergehäuses ist, daß die Markierung auf dem Gehäuse und die mittlere Markierung auf dem Starterkörper genau übereinstimmen. Bei dieser Einstellung soll die Starterklappe bei einer Kühlmitteltemperatur von 55 bis 60° C senkrecht stehen, wenn der Motor vorher kalt war.
Ist die Starterklappe trotz Übereinstimmung der Marken früher oder später als im angegebenen Temperaturbereich offen, so müssen die drei Klemmschrauben gelöst und das Gehäuse der Bimetallfeder entsprechend verdreht werden (Drehen des Gehäuses im Uhrzeigersinn = Starterklappe öffnet später). Eine zusätzliche Verstellmöglichkeit ist durch Lagern der Bimetallfeder im oberen (später) oder im unteren (früher) Schlitz des Mitnehmerhebels möglich.
Ist nach diesen Maßnahmen immer noch keine befriedigende Funktion der Startautomatik erreicht, dann müssen die Starterklappe, die Stufenscheibe und die Drosselklappe in dieser Reihenfolge neu eingestellt werden: Werkstattsache.

Vergaser aus- und einbauen

Die Arbeitsreihenfolge gilt für Ford- und für Weber-Vergaser. Luftfilter mit Schlauch abnehmen, Kraftstoffleitung und Unterdruckschlauch vom Vergaser trennen. Dann wird die Betätigungswelle vom Drosselklappenhebel gelöst und der Starterzug abgenommen. Zum Schluß Befestigungsmuttern am Vergaserflansch samt Federringen abmontieren und den Vergaser samt Dichtung vom Ansaugkrümmerstutzen abheben.
Beim Einbau eine neue Flanschdichtung verwenden und beim Montieren des Starterzugs die Hülle am Starterzughalter und den Seilzug bei völlig eingeschobener Starthilfe und offener Starterklappe an der Exzenterscheibe festklemmen.

Vergaser zerlegen

Das Zerlegen des Vergasers bietet keinerlei Schwierigkeiten. Es kommt lediglich darauf an, kein Teil zu verlieren. Deshalb alle Teile in der Reihenfolge des Ausbaus auf einer sauberen Arbeitsplatte ablegen. Das erleichtert besonders den späteren Zusammenbau. Außerdem können Sie im Kapitel „Vergaser-Beschreibung" an der Explosionszeichnung nachsehen, in welche Teile z. B. der Weber-Register-Vergaser zerlegt werden kann und wie die Teile zusammengehören.

Fingerzeig: *Bei Ford-Vergasern beim Ausschütten des im Schwimmergehäuse befindlichen Kraftstoffs Kugel und Gewicht der Beschleunigerpumpe auffangen. Beim Zusammenbau beachten: Falls Schwimmernadel ausgeschlagen ist, muß das komplette Schwimmernadelventil erneuert werden.*

Vergaser zusammenbauen

Man beginnt mit dem Zusammenbau beim Einführen der Drosselklappenwelle. Kleinen Hebel so auf die Drosselklappenwelle setzen, daß die 0-Markierung auf dem Hebel nach außen zeigt. Hebel mit Schraube und Federscheibe festziehen. Drosselklappe so in den Schlitz der Welle einführen, daß im geschlossenen Zustand die Einkerbungen in der Drosselklappe nach unten weisen, Schrauben einsetzen und erst bei völlig geschlossener Drosselklappe festziehen, daran anschließend ist zu prüfen, ob sich die Welle leichtgängig bewegt.
Die Schrauben der Starterklappe werden ebenfalls bei geschlossener Klappe festgezogen, und wieder prüft man die Leichtgängigkeit der Welle, ehe man das Verbindungsgestänge mit der geraden Seite in den Anschlaghebel einhängt. Zur Kontrolle der Schwimmereinstellung „oben" den Vergaserdeckel senkrecht halten, so daß der Schwimmer nach unten hängt und der Anschlag gerade an der federbelasteten Kugel der Schwimmernadel anliegt, das heißt, das Schwimmernadelventil wird geschlossen, ohne daß die Kugel eingedrückt wird. Dann Deckeldichtung auflegen, jetzt muß der Abstand von der Dichtung des Vergaseroberteils bis zum äußersten unteren Punkt des Schwimmers 28,5 bis 29 mm betragen, im andern Fall muß der Bügel, der den Schwimmer hält, etwas nachgebogen werden.
Hält man das Vergaseroberteil waagrecht, muß das Maß von der Dichtfläche bis zur Schwimmerunterseite 35 bis 35,5 mm betragen. Hat man den Schwimmerabstand geprüft, muß die Exzenterscheibe mit Drehfeder aufgesetzt und mit der Spezialschraube (Drehpunkt der Scheibe) festgeschraubt werden. Dann Kugel und Gewicht in den Beschleunigerpumpenkanal einsetzen. Vergaserdeckel aufsetzen und etwas hochhalten, Verbindungsgestänge in die Exzenterscheibe einhängen und durch Vorspannen der Drehfeder die Exzenterscheibe in Normallage bringen. Jetzt das Oberteil richtig

aufsetzen und eine Schraube eindrehen. Dann kontrollieren, ob sich die Starterklappe, durch Betätigen der Exzenterscheibe, leicht öffnen und schließen läßt.
Hält man diese Arbeitsreihenfolge nicht ein, so kann es zum Blockieren der Starterklappe kommen. In diesem Fall die Exzenterscheibe nicht mit Gewalt betätigen, sondern den Vergaserdeckel wieder etwas anheben.

Starterklappe einstellen

Dazu wird die Starthilfe im Armaturenbrett bis zum Anschlag herausgezogen. Jetzt wird im Vergaser die Starterklappe bis zum spürbaren Widerstand durch Eindrücken geöffnet. Dann muß zwischen Starterklappenkante und Rand des Ansaugkanals ein bestimmter Luftspalt sein, der bei den verschiedenen Ford-Vergasern unterschiedlich groß sein muß. Beim Vergaser C 7 AH-E und C 7 AH-B = 3,6 bis 4,1 mm, beim Vergaser C 7 AH-G (Startautomatik) = 2,1 bis 2,5 mm und beim Vergaser C 7 AH-D (Startautomatik) = 3,3 bis 3,8 mm. Das Maß kann mit einem Bohrer oder Stift dieser Dicke gemessen werden.

Weber-Vergaser zusammenbauen

Auch hier wieder eine Kurzfassung mit einigen wichtigen Anhaltspunkten. Man beginnt beim Zusammenbau mit dem Einführen der Primär- und Sekundär-Drosselklappenwelle. Drosselklappen so einsetzen, daß im geschlossenen Zustand die Schrauben von unten eingesetzt werden müssen und die Zahl 78° auf den Klappen nach unten und zueinander zeigen. Schrauben bei geschlossenen Klappen festziehen. Leichtgängigkeit der Wellen prüfen. Die Schrauben der Klappen werden von oben etwas verstemmt. Zwischenhebel zur Starterklappenwelle auf seine Achse schieben, Scheibe aufsetzen und mit neuem Splint sichern. Beim Aufsetzen von Exzenterhebel und Drehfeder die Drehfeder so verspannen, daß sich der abgewinkelte Schenkel in der kleinen Bohrung des Gehäuses und der gekröpfte Schenkel unter dem abgewinkelten Hebelende abstützt, Schraube mit Scheibe und Federring festziehen, beide Hebel mit der kleinen Feder verbinden.
Wichtig: Die Starteinrichtung (Exzenterhebel mit Starterzuganschluß und Verbindungshebel zur Starterklappenwelle) muß sich über den Starterzuganschluß mühelos gegen den Federdruck betätigen lassen, wobei sich der Verbindungshebel zur Starterklappenwelle durch die kleine Feder in gleicher Richtung bewegt.
Jetzt beim weiteren Zusammenbau Primärdrosselklappenwelle komplettieren, was unter Zuhilfenahme der Explosionszeichnung wie auch die weiteren Arbeitsgänge, z. B. Einsetzen der Mischrohre, Düsen etc. wenig Schwierigkeiten bietet.
Nach Einbau des Schwimmernadelventils werden wieder die Schwimmeranschläge in den oberen und unteren Bewegungsendpunkten gemessen: Zur Kontrolle der Schwimmereinstellung „oben“ den Vergaserdeckel senkrecht halten, so daß der Anschlag gerade an der federbelasteten Kugel anliegt, ohne sie einzudrücken. Die Dichtung des Vergaseroberteils auflegen. Jetzt muß der Abstand von der Dichtung bis zum obersten Punkt des Schwimmers 7 mm betragen. Zur Messung des Anschlags „unten“ kippt man das Oberteil etwas ab, um den Schwimmer zu seinem unteren Endpunkt zu bringen. Das Maß von der Dichtfläche bis zur Schwimmeroberkante muß jetzt 15 mm betragen. Stimmen die Maße nicht, sind die Abstände durch geringfügiges Verbiegen des Schwimmerbügels zu korrigieren.
Die Leerlaufgemisch-Regulierschraube dreht man mit aufgeschobener Feder bis zur Anlage ein und nimmt sie anschließend wieder um eineinhalb Um-

drehungen zurück. Zum Schluß die Anschlagschraube des Sekundär-Drosselklappenhebels von unten so einstellen, daß die Sekundär-Drosselklappe 0,04 mm geöffnet ist. Dieses Maß kann mit der Fühlerblattlehre an der Seite der Übergangsbohrungen gemessen werden. Diese Einstellung hat großen Einfluß auf den Leerlauf des Motors und muß korrekt ausgeführt werden!

Vergaser reinigen

Nach längerer Betriebszeit kann es nicht schaden, in der Gasfabrik einmal sauberzumachen. In Düsen, Bohrungen und in der Schwimmerkammer können sich trotz sauberer Kraftstofflieferung Fremdstoffe in feiner Form festgesetzt haben, oder die Schwimmernadel kann in ihrem Ventilsitz ausgeschlagen sein. Das Schwimmernadelventil sollte nur als Ganzes ausgewechselt werden. Zur Pflege ist es nötig, den Vergaser zu zerlegen (Schilderung weiter oben in diesem Kapitel).
Zur inneren Reinigung des Vergasers eignet sich z. B. „Turco Carb" von der Firma Turco-Chemie, 2000 Hamburg, Rossausweg 50. 1 kg Turco Carb (ca. $^3/_4$ Liter) kostet 3,65 DM. Das Reinigungsmittel muß allerdings in der Werkstatt oder im Fachhandel abgefüllt werden, da der Hersteller nur größere Mengen abgibt. Turco Carb wird in einen offenen Behälter geschüttet, so hoch, daß das ganze Vergasergehäuse von der Flüssigkeit bedeckt ist, die Teile 10 Minuten darin liegen lassen, nach Herausnehmen mit Wasser oder Benzin reinigen, gut trocknen. Die Teile sehen aus wie neu! Natürlich sind vorher Teile wie Dichtungen etc., von den Metallteilen zu entfernen, da sie von Turco Carb zerfressen würden. Empfehlenswert ganz allgemein bei der Reinigung des Vergasers:

- Sämtliche Vergaserteile auf sauberem Tuch ablegen.
- Düsen und Bohrungen mit mäßigem Preßluftdruck ausblasen, auch Handpumpe ist geeignet. Düsen können notfalls auch mit dem Mund durchgeblasen werden. Keinesfalls mit Draht oder Nadeln reinigen. Verstopfungen entfernt man mit steifen Borsten einer Bürste. Düsen sind aus weichem Metall (Messing), daher auch nicht mit dem Schlüssel zu fest anknallen.
- Drosselklappenwelle auf zu großes Spiel untersuchen, wodurch Nebenluft eindringen kann, die Start und Leerlauf verschlechtert.
- Leerlaufgemisch-Regulierschraube darf keine verbogene oder abgebrochene Spitze aufweisen. Sonst auswechseln.
- Dichtung zwischen Vergaserdeckel und Gehäuse sollte erneuert werden. Überhaupt bei jeder Demontage die jeweiligen Papier- oder Korkdichtungen erneuern. Notbehelf: dünnen Karton auflegen, mit Daumen Konturen der Dichtfläche in den Karton drücken und diese Behelfs-Dichtung genau ausschneiden. Karton mit Alleskleber „imprägnieren". Schrauben stramm anziehen.

Luftfilter reinigen und Patrone erneuern

Pflegearbeiten Nr. 41 und Nr. 47

Alle Escort haben Trockenfilter. Das heißt, in ihrem Innern steckt eine kreisförmige Papierfilterpatrone, die alle 10000 km gereinigt und alle 20000 km erneuert werden muß. Den Luftfilterdeckel vorsichtig mit dem Flachschraubenzieher abhebeln, da die Dichtung auf dem Deckel festgebacken sein kann und durch Gewalteinwirkung zerstört werden könnte. Beim Aufsetzen des Deckels legt man am besten die Dichtung vorher in den Deckel ein, da sie sonst leicht verkantet. Dann Deckel und Dichtung zusammen auf das Luftfilterunterteil setzen und festschrauben.
Den Filtereinsatz kann man auf zweierlei Art reinigen:

- Ausklopfen. Und zwar geschieht das von innen her, denn der angesaugte

Der Luftfiltereinsatz soll alle 10000 km gereinigt werden. Er kann nach dem Abschrauben des Luftfilterdeckels herausgenommen werden. Man kann den Einsatz auch auswaschen, jedoch muß er dann gründlich getrocknet werden, denn feuchtes Papier läßt weniger Luft durch, die richtige Luftmenge ist aber wichtig, sonst kommt die Motorabstimmung durcheinander.

Schmutz sitzt ja im wesentlichen außen in den Falten. Die betreffende Partie nach unten halten, damit der Schmutz herausfallen kann und mit den Fingerspitzen innen gegen den Faltbalg klopfen. Dabei den Einsatz immer weiter drehen.

■ Obwohl der Filterbalg aus Papier besteht, kann man ihn auch waschen. Dazu wird er in klarem Wasser hin und her geschwenkt. Allerdings dauert es selbst auf der Heizung eine geraume Zeit, bis das Papier wieder trocken ist. Aber der Balg muß trocken sein, bevor man ihn wieder einsetzt!

Die Reinigung sollte man nicht mehr als ein- bis zweimal an einem Einsatz vornehmen. Besser ist es jedoch, wenn Sie Ihrem Escort gleich alle 20000 km einen neuen Einsatz spendieren, besonders wenn Sie viel auf staubigen Landstraßen fahren, auf längeren Urlaubsfahrten in Länder mit bekannt staubigen Straßen lohnt sich sogar die Mitnahme eines Reserve-Einsatzes. Denn man soll sich nichts vormachen: So sauber wie ein neuer kann der gereinigte Einsatz kaum mehr werden. Aber die regelmäßige Reinigung bzw. der Austausch ist aus folgenden Gründen wichtig:

Die Durchlässigkeit des Filterpapiers ist genau auf den Luftbedarf des jeweiligen Motors abgestimmt. Ein verstopfter (oder feuchter) Filter läßt weniger Luft passieren. Dadurch sinkt die Motorleistung, weil das Kraftstoff/Luft-Gemisch zu fett wird. Unter ungünstigen Umständen holt sich der Motor die Luft, die er braucht, auch mit Gewalt durch vorhandene Ritzen und Fugen. Diese – schlecht gefilterte – Luft kann Schmutz in den Motor bringen und dort vorzeitigen Verschleiß verursachen.

Luftfilter verstellen

Diese Arbeit wird zweimal im Jahr fällig: Im Herbst, je nach Außentemperatur im September/Oktober, und im späten Frühjahr. Allerdings nicht beim GT, der ganzjährig mit der gleichen Luftfilterstellung gefahren wird. Das ist zu tun: Der gebogene Ansaugschnorchel, auf dem der Pfeil aufgeprägt ist, läßt sich verdrehen. Entweder auf das Wort Winter auf dem Filterstutzen, wo er dann die schnell erwärmte Luft über dem Auspuffkrümmer ansaugt, oder auf das Wort Sommer, wo er dann nach vorn steht und die kühle Luft bekommt, die von vorn in den Motorraum kommt.

Luftfilter ausbauen

Das Luftfilter ist mit drei 10 mm-Schrauben am Ansaugkrümmer und Ventildeckel befestigt. Diese muß man herausdrehen, dann kann man das Filtergehäuse vom Vergaser heben. Bem Wiederaufsetzen besonders gut auf richtigen Sitz der Dichtung zwischen Filter und Vergaser achten, bei gequetschter Dichtung kann falsche Luft angesaugt werden, welche die Motorabstimmung stören kann.

Die verwendeten Luftfilter-Typen tragen im Ford Motorcraft-Zubehörprogramm folgende Ersatzteilnummern: Escort 1100/1300 bis 1970 = EFA 11, ab 1970 = EFA 48, Escort GT, Sport = EFA 49.

Störungsbeistand
Vergaser

Die Störung	– ihre Ursache	– ihre Abhilfe
A Kraftstoffverbrauch zu hoch	1 Undichte oder verzogene Flanschdichtung	Nachprüfen, eventuell auswechseln
	2 Undichter Schwimmer (Luftblasen nach Eintauchen in heißem Wasser?)	Auswechseln
	3 Schwimmernadelventil schließt nicht (augeschlagen oder Fremdkörper im Ventil?)	Säubern, evtl. auswechseln (bei wiederholtem Ausschlagen Kraftstoffpumpendruck kontrollieren und berichtigen)
	4 Düsen stimmen nicht	Herausschrauben, eingeschlagene Bezeichnungen mit Technischen Daten vergleichen. Eventuell korrigieren
	5 Leerlauf-Gemisch zu fett	Gemisch-Regulierschraube etwas hineindrehen, aber Leerlauf muß einwandfrei bleiben
	6 Leerlaufdüse locker (nur Weber-Vergaser)	Kontrollieren, evtl. anziehen
	7 Leerlauf zu hoch	Einstellen
B Motor springt nicht an (siehe auch Kapitel Zündanlage und vordere Buchklappe)	1 Zündung nicht einwandfrei	Kontrollieren
	2 Tank leer	Auftanken
	3 Kraftstoffweg im Vergaser nicht in Ordnung, Prüfen: Zuleitung am Vergaser lösen und Motor mit dem Anlasser durchdrehen, ob Kraftstoff gefördert wird. (Tritt kein Kraftstoff aus, siehe Kraftstoffpumpe)	
	a) Leerlaufdüse oder Hauptdüse verstopft	Herausschrauben (nur Weber), reinigen (siehe Schnittzeichnung)
	b) Bohrungen oder Kanäle im Vergaser verstopft	Vergaser zerlegen, reinigen
	c) Vergaser läuft über (Motor ersoffen durch zuviel Gasgeben oder Schwimmer klemmt oder undicht)	Gegen Schwimmergehäuse klopfen- eventuell Vergaserdeckel abnehmen, Schwimmer überprüfen, evtl. erneuern

Die Störung	— ihre Ursache	— ihre Abhilfe
C Leerlauf ungleichmäßig, Motor bleibt stehen	1 Leerlauf zu fett oder zu mager	Richtig einstellen lassen
	2 Leerlaufsystem verstopft (Verstellen der Gemischschraube hat keinen Einfluß auf Drehzahl)	Leerlaufdüse (Weber-Vergaser) herausnehmen, reinigen Ford-Vergaser: Leerlaufsystem durchblasen. Leerlauf einstellen
D Motor bleibt bei höheren Drehzahlen stehen, wenn langsam Gas gegeben wird	1 Vergasergestänge schwergängig, klemmt	Gängig machen
	2 Hauptdüse verstopft	Ausbauen, reinigen
E Ungleichmäßiger Lauf und Auspuff-Rußen im Leerlauf, Kerzen verrußen, deswegen Zündaussetzer	1 Zu hoher Druck auf dem Schwimmernadelventil	Kraftstoffpumpendruck prüfen lassen
	2 Schwimmernadelventil schließt nicht	Ventil prüfen, eventuell erneuern
	3 Schwimmer undicht oder klemmt	Auswechseln, bzw. gängig machen
F Ungleichmäßiger Lauf bei Vollgas. Aussetzer, Patschen, Leistung fällt ab	Nicht ausreichende Kraftstoff-Zufuhr	Hauptdüse reinigen Siebe in Vergaser (Weber) und Benzinpumpe reinigen. Leitungsfilter austauschen, Schwimmernadelventil reinigen, Kraftstoffpumpe und ihren Druck kontrollieren lassen, Vergaser, Kraftstoffleitungen auf Dichtigkeit überprüfen
G Schlechte Übergänge beim Gasgeben	1 Beschleunigungssystem arbeitet nicht	Luftfilter abnehmen prüfen, ob eingespritzt wird, wenn Gasgestänge betätigt wird
	▪ Pumpenkanal oder Einspritzrohr verstopft	Reinigen
	▪ Membrane bzw. Pumpenkolben defekt (Vergaser patscht bei plötzlichem Gasgeben)	Auswechseln
	2 Leerlauf falsch eingestellt	Richtig einstellen
H Vergaser patscht	1 Leerlauf zu mager eingestellt	Regulierschraube etwas herausdrehen. Leerlauf muß aber einwandfrei bleiben
	2 Undichtigkeit an Auspuffflansch oder Vergaserunterseite	Flansch erneuern, Dichtung erneuern, Vergaserunterteil planschleifen oder erneuern
	3 Loch im Auspuff	Auspuff austauschen

Strom-Silo

Im Batteriegehäuse Ihres Escort befinden sich 6 Zellen eingebaut. Jede dieser Zellen hat ungefähr 2 Volt Spannung, das ergibt eine Batteriespannung von 12 Volt. Daran sind alle Stromverbraucher, vom Frontscheinwerfer bis zum Schlußlicht, angepaßt. Bei der Ersatzbeschaffung ist deshalb darauf zu achten, daß nur auf 12 Volt ausgelegte Aggregate oder Lampen eingebaut werden.

Was die Batterie leistet

Irgendwo auf einer Batterieseite finden Sie außer dem Markennamen und der fabrikinternen Typ-Kennzeichnung die Bezeichnung 12 V/44 Ah oder 12 V/55 Ah beim Escort mit Automatic-Getriebe, wenn die Batterie noch serienmäßig ist. Der erste Teil dieser Zahl gibt die bereits erwähnte Stromspannung von 12 Volt an. Dahinter wird die Batteriekapazität angegeben, die in Ampere-Stunden gemessen wird, abgekürzt Ah. Die Batterie hat also eine Kapazität von 44 oder 55 Ah. Zur praktischen Feststellung der Kapazität wird sie bei einer Temperatur von +27° C geprüft. Die 44 Ah-Batterie muß dabei nach der Normvorschrift 20 Stunden lang einen Strom von 2 Ampere abgeben.

Das setzt allerdings eine vollgeladene Batterie in einwandfreiem Zustand voraus. In der Praxis ist jedoch eine Batterie selten ganz geladen. In bester Kondition ist sie eigentlich nur bei sommerlicher Temperatur nach einer ausgesprochenen Autobahn-Langstreckenfahrt. Man rechnet daher nur mit etwa zwei Drittel der angegebenen Batteriekapazität (etwa 27 Ah), was praxis-

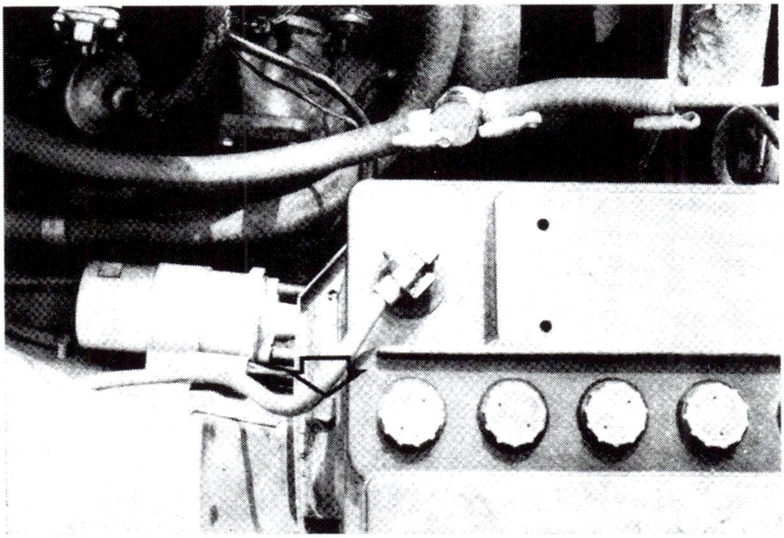

Wenn Sie die Motorhaube öffnen, sehen Sie gleich links vor sich die Batterie. Es ist eine 12 Volt-Batterie, erkennbar an den sechs Zellen (ein Schraubstopfen je Zelle) mit je 2 Volt. Das Zeichen + (Plus) bezieht sich auf den Kabelanschluß links, das Zeichen – (Minus) auf das Kabel rechts (im Foto nicht sichtbar), das elektrisch zur Masse geschaltet ist. Der Pfeil weist auf die Schraube am Batteriefuß, die herausgedreht werden muß, wenn man die Batterie ausbauen will.

näher ist. Man soll sich keinen Illusionen hingeben. Wie lange sich die einzelnen Stromverbraucher aus der Batterie ernähren können, haben wir in der nachstehenden Tabelle zusammengefaßt.

Batteriebelastung durch Stromverbraucher

Verbraucher	Leistungsbedarf in Watt ca.	Stromstärke bei 12 Volt in Ampere	Brenndauer in Stunden bei voller Batteriekapazität (theoretisch) 44 Ah	bei 2/3 der Batteriekapazität (praktisch) 29 Ah
Fernlicht, Standlicht, Kennzeichenleuchte, Rücklicht, Instrumentenbeleuchtung zus.	125 W	10,41 A	4,3 Std.	2,78 Std.
wie oben, jedoch Abblendlicht statt Fernlicht und Fernlichtkontrolle	115 W	9,58 A	4,5 Std.	3,27 Std.
wie oben, aber nur Standlicht statt Scheinwerfern	35 W	2,91 A	15,1 Std.	9,96 Std.
Parklicht	2 W 4 W	0,16 A 0,33 A	275 Std. 133 Std.	181,2 Std. 87,8 Std.
Nebellampen	70 W	5,83 A	7,53 Std.	4,97 Std.
Transistorradio	15 W *	1,25 A	35,2 Std.	23 Std.

* Leistungsbedarf für Radio ist nur Anhaltswert.

Noch stärker belastet wird die Batterie durch den Anlasser. Er frißt am Motor 90 bis 130 A, und zwar bei +20° C Außentemperatur. Durch diese Gefräßigkeit des Anlassers sinkt die Batteriespannung sehr schnell auf etwa 10 oder im Winter sogar auf 8,5 Volt ab. Diese niedrige Spannung ist jedoch bereits eingeplant, der Anlasser ist darauf eingerichtet.

Der Strombedarf des Anlassers ist bei warmem Öl in Motor und Getriebe geringer, denn der Motor läßt sich leichter durchdrehen als bei kaltem, steifem Öl. Je tiefer die Temperaturen sinken, um so höher wird demnach der Strombedarf des Anlassers. Das ist ungünstig, denn bei kalten Temperaturen ist die Leistungskraft der Batterie ohnehin schon geringer. Darauf kommen wir noch zu sprechen.

Ein Blick auf die Tabelle gibt auch die Erklärung, warum nach nächtlichen Verkehrsstockungen auf der Autobahn bei manchen Wagen die Batterie leer ist und der Motor nicht anspringen will. Die Lichtmaschine lädt zwar normalerweise auch bei niedrigen Drehzahlen die Batterie noch auf, aber bei eingeschalteten Scheinwerfern, womöglich noch mit Halogenscheinwerfern, eingeschaltetem Radio und im Winter mit Heizgebläse, reicht die Stromerzeugung nicht immer auch noch fürs Nachladen der Batterie. Sie können den Strombedarf der Verbraucher selbst errechnen: Wattzahl des oder der Verbraucher geteilt durch die Voltzahl der Batterie (12) = Ampere. Etwa zwei Drittel der Ah-Zahl der Batterie (27 Ah) geteilt durch Ampere = Brenndauer bzw. Entnahmezeit in Stunden.

Richtiges Starten

Im Grund ist es gleich, ob man nach dem Einschalten der Zündung den Anlasser ohne Pause eine gewisse Zeit drehen läßt, oder ob man dem Anlasser Erholungspausen zwischendurch gönnt. Allerdings kann man bei einzelnen

Wagen feststellen, daß der Motor mit dem Abschalten der Zündung gerade noch mit der letzten Umdrehung kommt. Insofern lohnt sich der Versuch des Intervallstarts.

Temperatur beeinflußt die Kapazität

Wie bereits angedeutet, hat die Außentemperatur erheblichen Einfluß auf die Leistungsfähigkeit der Batterie. Angenommen, eine tadellos geladene Batterie gibt bei + 27° C – das ist die Normaltemperatur – ihre volle Leistung ab, dann zeigt sich folgende Leistungsabhängigkeit von der Temperatur:

Temperatur in °C	Kapazität der 44 Ah-Batterie	Kapazität der 55 Ah-Batterie	Verhältnis zur Nennkapazität
+ 30	44,76 Ah	57,2 Ah	104 %
+ 27	44 Ah	55,0 Ah	100 %
+ 20	42,24 Ah	52,8 Ah	96 %
+ 10	38,28 Ah	47,85 Ah	87 %
0	31,68 Ah	39,6 Ah	72 %
— 10	25,08 Ah	31,35 Ah	57 %
— 20	18,48 Ah	23,1 Ah	42 %

Bei –20° C besitzt die Batterie also nicht einmal mehr die Hälfte ihrer Leistungskraft. Deshalb ist es vorteilhaft, vor sehr kalten Nächten die Batterie auszubauen und sie in der Wohnung in die Nähe der Heizung zu stellen, wenn man den Wagen nicht in eine Garage stellen kann. Der Batterieausbau geht mit wenigen Handgriffen vor sich. Wer dies einmal versucht und festgestellt hat, wie leicht der Motor daraufhin am nächsten Morgen anspringt, wird sich diese Mühe vor wirklich kalten Nächten gerne machen, besonders wenn die Batterie ohnehin nicht mehr die jüngste ist.

Säurestand der Batterie prüfen

Pflegearbeit Nr. 13

Für die Säurestandprüfung schreibt Ford vor, man solle alle 10 000 km prüfen. Wir sind jedoch der Meinung, daß dies öfter geschehen sollte. Und zwar unabhängig von den gefahrenen Kilometern etwa einmal im Monat. Im Sommer öfter als im Winter, denn bei heißen Außentemperaturen verdunstet das Wasser der Batterieflüssigkeit schneller als bei kalten. Diese Prüfung ist im Interesse der Batterielebensdauer außerordentlich wichtig.

Zwar haben die Batteriehersteller in den letzten Jahren die Verdunstungsneigung der Batterie etwas verringern können, doch vernachlässigen darf man diese Erscheinung nicht. Die Batterieflüssigkeit soll etwa 10 bis 15 mm über den Plattenstegen stehen. Wer sich das rechte Augenmaß dafür nicht zutraut, kann mit Pappstreifen wie auf dem Foto oder mit einem sauberen Holzstab den Stand über den Platten abmessen. Zur Erleichterung der Messung sitzen bei den meisten Batterien Kunststoffkörbchen in den Zellenöffnungen. Ihr offener Boden reicht gerade in die vorschriftsmäßige Höhe über den Plattenstegen. Die Säure soll also genau bis zu ihrem offenen Boden stehen.
Es können sich jedoch Blasen bilden, die falschen Flüssigkeitsstand vortäuschen. Deshalb die Körbchen anheben und wieder hinablassen. Da nur der Wasseranteil der Batterieflüssigkeit verdunstet, darf auch nur Wasser nachgefüllt werden, und zwar destilliertes Wasser, das in der Drogerie für wenig Geld zu kaufen ist.

Fingerzeige: *Zum Messen des Säurestands dürfen Sie auf keinen Fall einen Schraubenzieher oder sonst etwas Metallisches nehmen. Das könnte durch winzige Metallabriebe bereits Kurzschluß in den Batteriezellen geben. Aus dem gleichen Grund darf man auch keine Blechbüchse zum Einfüllen des destillierten Wassers verwenden. Dafür gibt es praktische Spritzflaschen, mit denen man gezielt in die Einfüllöffnungen spritzen kann.*

Leitungswasser hat in der Batterie nichts zu suchen. Es ist nicht chemisch rein genug.

Falls einmal Batteriesäure ausgelaufen sein sollte, weil die Batterie gekantet oder gar kopf stand, hilft am besten die Fachwerkstatt, denn in diesem Fall muß eine fachmännisch gemischte Batterieflüssigkeit eingefüllt werden.

Batteriesäure ist ein Teufelsding. Selbst in ziemlicher Verdünnung, also etwa beim Abwaschen von Oxydkristallen von der Batterie oder ihrem Standblech, frißt es erstaunlich große Löcher in die Kleidung, obwohl man das erst nach einiger Zeit feststellen kann, wenn der Stoff brüchig wird. Deshalb muß jeder Spritzer auf der Kleidung sofort mit einer überschwemmenden Sodalösung behandelt werden. Wasser allein tut es nicht. Für den gleichen Zweck hat der Batteriehersteller Varta die Sprühdose Neutralon auf den Markt gebracht. Vorsorge ist allerdings noch billiger: Bevor man an die Batterie herangeht, bindet man sich eine lange Kunststoff-Folie (als Verpackungsmaterial oft Abfall) als Serviette vor den Bauch.

In eine entleerte Batterie kein destilliertes Wasser einfüllen, um den Säurestand zu berichtigen. Wird diese Batterie später geladen, kann die Flüssigkeit überlaufen.

Nie Batterieflüssigkeit absaugen denn das korrekte Mischungsverhältnis müßte durch reine Schwefelsäure wieder hergestellt werden, was schwierig ist. Zuviel eingefülltes Wasser kann man allerdings wieder aus der Batterie herausgasen, indem man sie längere Zeit überlädt.

Batterieanschlüsse reinigen und einfetten

Pflegearbeit Nr. 38

Auch diese Pflegearbeit soll alle 10000 km ausgeführt werden. Sie beugt der Oxydation der Pole vor und erleichtert den Ausbau der Batterie. Den Schmutz und die Oxydkristalle, auch von der Batterieoberfläche, bürstet man mit einer Wurzelbürste und klarem Wasser ab, reibt die Pole und Kabelschuhe mit einem Lappen blank und trocken. Hartnäckige Oxydation kann man mit feinem Schleifpapier (nicht mit dem Messer) entfernen, Pole aber nicht hohl schleifen, sonst wird der Stromfluß beeinträchtigt. Zum Schluß werden die Polköpfe und Anschlußklemmen mit Polfett (z. B. Bosch-Säurefett Ft 40 v1, Tube mit 75 Gramm zu –,75 DM) eingerieben und die Klemmen festgezogen. Regelmäßiges Säubern mit Wasser und Bürste tut's aber auch.

Zeigen sich auf der Batterie oder auf dem Blech unter ihr Säurekristalle, dann ist die Batterie „übergekocht". Entweder wurde zu viel destilliertes Wasser nachgefüllt oder der Regler der Lichtmaschine, der dafür zu sorgen hat, daß die Batterie nicht zu heftig nachgeladen wird, ist defekt. Geringfügiger weißer Niederschlag ist allerdings kein Anlaß zur Besorgnis.

Auch dieser Niederschlag wird mit klarem Wasser und Bürste entfernt. Bei der Gelegenheit sollte man die Batteriekabel auf festen Sitz überprüfen und gegebenenfalls nachziehen. Lockere Batteriekabel erhöhen den Übergangswiderstand, man hat also weniger Energie zur Verfügung. Löst sich ein Kabel während der Fahrt, wird die Batterie von der Lichtmaschine nicht mehr nachgeladen und man steht unter Umständen beim nächsten Start ohne Strom da.

Ladezustand der Batterie prüfen

Pflegearbeit Nr. 14

Solange die Batterie den Anlasser flott durchdreht und die Scheinwerfer beim plötzlichen Gasgeben nicht merkbar heller aufstrahlen – das ist das Zeichen, daß die Batterie irgendwie „müde“ ist – braucht man außer dem Säurestand vorerst nichts zu prüfen. Den Ladezustand wie vorgeschrieben jedoch alle 10 000 km zu prüfen, kann auf keinen Fall ein Fehler sein.

Bei ungünstigem Fahrbetrieb, etwa weil der Escort als Zweitwagen immer nur kurze Strecken zum Einkaufen gefahren wird, trifft man häufig auf vorzeitige Entleerung der Batterie, ohne daß die Batterie deshalb defekt sein müßte. Der Grund ist einfach der, daß die Lichtmaschine im Kürzest-Strekkenbetrieb gar keine Zeit hat, die Batterie aufzuladen. In solchen Fällen sollte man die Ladezustandprüfung in kürzeren Abständen regelmäßig durchführen, wenn man nicht überraschend ohne Startenergie dastehen will.

Nun zur Prüfung selbst:

Die Flüssigkeit in entladenen Batterien, die beinahe nur aus Wasser besteht, hat natürlich ein niedrigeres spezifisches Gewicht als die Schwefelsäure in der geladenen Batterie. So kann man durch Messen des spezifischen Gewichts der Flüssigkeit (spezifisches Gewicht von reinem Wasser = 1), feststellen, inwieweit die Batterie noch geladen ist.

Für das Messen des spezifischen Gewichts, der Säuredichte, gibt es spezielle Säuremesser. In einem sogenannten Säureheber befindet sich ein Schwimmer. Man saugt nur eine bestimmte Menge ab, damit der Schwimmer in dem Heber schwimmen kann. Am Schwimmer läßt sich dann das spezifische Gewicht der Batteriesäure ablesen.

Batterie voll geladen	=	spez. Gewicht 1,285 kg/Liter
Batterie halb geladen	=	spez. Gewicht 1,21 kg/Liter
Batterie entladen	=	spez. Gewicht 1,14 kg/Liter

Anmerkung: Die Messung ist auf + 20° C bezogen. Je 14° C Temperaturunterschied ändern das spezifische Gewicht um 0,01 kg/Liter.

Es muß noch kein schlimmes Zeichen sein, wenn alle 6 Zellen eine gleichmäßig niedrige Säuredichte zeigen. Dann kann es, wenn die Batterie noch nicht zu alt ist, mit einem Nachladen der Batterie getan sein. Bedenklich wird es jedoch, wenn eine einzelne Zelle entladen ist. Dann muß man in der Fachwerkstatt nachprüfen lassen, ob die Batterie noch brauchbar ist.

Fingerzeig: *Eine chemisch gealterte, sulfatierte Batterie kann man durch Cobalt-MG der Fa. Walter Neuber, 581 Witten, Postfach 2004, wieder verjüngen. Nach der Cobalt-Kur hält die Batterie oft noch jahrelang. Besonders bei*

Stark verbrauchte Batterien erkennt man unter anderem daran, daß sie die Plattenblöcke in den Zellen hochdrücken und die Vergußmasse hochgewölbt wird. Dann wird es höchste Zeit, eine neue Batterie zu kaufen. Im Bild eine sehr stark entladene Batterie, deren Flüssigkeit in einer kalten Winternacht gefror und das Gehäuse sprengte. Da der Riß auf der Oberfläche liegt, kann keine Batterieflüssigkeit auslaufen; nach einer Neuladung konnte die Batterie noch einige Zeit weiterbenutzt werden.

vorwiegendem Kurzstreckenbetrieb empfehlenswert. Bei der Zusatzmenge genau an die Herstellerangabe halten. Mechanisch defekte Batterien kann allerdings auch Cobalt-MG nicht mehr retten. Es hat sich herausgestellt, daß die Batterie nach der Cobalt-Kur schneller als normal Wasser verliert, man muß also den Flüssigkeitsstand häufiger prüfen.

Batterie ausbauen

Die Batterie hat man sofort vor den Augen, wenn man die Motorhaube öffnet. Das erleichtert die Pflege und den Ausbau. Dazu nehmen Sie zuerst das Minuskabel ab (Zeichen „–“ neben dem Pol auf dem Gehäuse oder auf dem Anschlußstück), nachdem Sie die Sechskantschraube mit dem 14 mm-Schlüssel gelöst haben. Dadurch werden beim weiteren Ausbau Kurzschlußfunken vermieden. Dann das Pluskabel (Zeichen „+“) auf die gleiche Weise abnehmen. Sitzen die Polschuhe der Anschlußkabel auf den Polköpfen fest, keine Gewalt anwenden, nicht mit einem Schraubenzieher aufbiegen, sonst kann ein Polkopf abbrechen, eine Polklemme reißen oder das Batteriegehäuse springen. Stattdessen mit einem Pinsel heißes Wasser auf die Polköpfe streichen, das löst die Oxydkristalle und das verhärtete Altfett. Noch besser wirkt heiße Sodalösung.
Sind die Batteriekabel abgenommen, löst man die Sechskantmutter am Batteriegehäusefuß, die die Batterie auf dem Standplatz festhält. Darauf kann die Batterie herausgehoben werden.

Fingerzeig: *Bei Ersatzbatterie kann es vorkommen, daß die Plus- und Minuszeichen fehlen. Da muß man besonders darauf achten, daß die Batterie nicht verkehrtherum eingebaut wird. Lassen Sie vom Fachmann die Polung testen, wenn Sie unsicher sind.*

Lohnt sich ein Kleinlader?

Die Batterie besitzt die unschöne Angewohnheit, sich auch im unbenutzten Zustand zu entladen. Im Winter geht die Selbstentladung etwas langsamer als im Sommer vor sich. Sie beträgt pro Tag ½ bis 1% der Nennkapazität. Eine vollgeladene Batterie kann also in 80 Tagen leer sein. Da sie im entladenen Zustand Schaden leiden, müssen Batterien stillgelegter Fahrzeuge ausgebaut und etwa jeden Monat nachgeladen werden. Oder man gibt sie bei einer Auto-Elektrik-Werkstatt in „Pension“.
Die Batterie kann selbst dann entleert werden, wenn der Wagen ständig im Betrieb ist. Im Kolonnen- und Stadtverkehr wird, wie schon erwähnt, der Batterie durch zu viele eingeschaltete Verbraucher manchmal mehr Strom entnommen, als die Lichtmaschine auf den kurzen Fahrtstrecken nachladen kann. Besonders bei vorwiegendem Kurzstreckenbetrieb lohnt sich daher ein Kleinladegerät (ab 40 DM), um den Ladezustand auf möglichst konstanter Höhe zu halten. Denn nichts verkürzt die Batteriedauer mehr als Tiefentladung, womöglich noch über einen längeren Zeitraum hinweg. Im Lauf von drei bis vier Jahren dürfte sich der Kleinlader bei solch ungünstigen Betriebsverhältnissen amortisiert haben.

Anleitung zum Laden

Der Anfangs-Ladestrom soll 10 Prozent der Batterie-Kapazität nicht übersteigen. Das sind bei einer 40-Ah-Batterie etwa 4 Ampere, 6 Ampere sind schon hoch. Mit zunehmender Batterie-Spannung muß dann die Ladestrom-Spannung bis auf null zurückgehen, wenn die Batterie vollgeladen ist. Die Temperatur der Batterie darf beim Laden 40° C nicht übersteigen; wenn sie höher steigt, muß das Laden unterbrochen werden. Das Laden der Batterie ist beendet, wenn eine Zellenspannung von je 2,6 bis 2,7 Volt erreicht ist und

Dieser Autola-Kleinlader kann auf 12 Volt umgeschaltet werden, diese Spannung braucht man für die Escort-Batterie. Auf den Krokodilklemmen des Laders sind die Zeichen + und – eingestanzt; sie werden an den betreffenden Polköpfen der Batterie festgeklemmt.
Auf der Skala des Laders wird angezeigt, wieviel Strom die Batterie aufnimmt.
Je höher der Zeiger steigt, um so stärker war die Batterie entladen.

innerhalb von 2 Stunden die Säuredichte nicht mehr ansteigt. Bis zur Dichtemessung einige Zeit verstreichen lassen, damit die Säureballungen Zeit haben, sich in der Flüssigkeit zu verteilen.
Das alles braucht man bei einem gekauften Kleinlader nicht zu beachten. Man schließt ihn einfach an und läßt ihn beliebig lange an der Batterie angeschlossen. Denn er regelt automatisch den Ladestrom im Verhältnis zum Ladezustand der Batterie. Man sollte lediglich die Zellenstopfen herausschrauben, um das Entweichen des beim Laden auftretenden Gases zu erleichtern.
Ausnahme: Bei stark entladener Batterie kann es vorkommen, daß die Überlastungssicherung, die jeder Kleinlader hat, in der ersten Ladeperiode ein- oder zweimal herausspringt. In diesem Zeitraum muß der Kleinlader überwacht und der Überlastungsschalter wie bei einem Haushalts-Sicherungsautomaten wieder eingedrückt werden. Allerdings muß man mit dem Eindrücken etwas warten, bis die Abkühlung erfolgt ist, sonst springt die Sicherung gleich wieder heraus.

Schadet die Schnelladung?

Das Laden der Batterie mit dem Kleinlader dauert im allgemeinen mehr als 10 Stunden. Es geht durch Schnelladen schneller. Allerdings ist dies eine Roßkur, die nur gesunde Batterien überstehen. Wenn sich eine einwandfreie Batterie beispielsweise über Nacht durch einen versehentlich eingeschalteten Stromverbraucher entladen hat, kann sie ohne weiteres an einem Schnellladegerät wieder „aufgeputscht" werden. Den Rest der Ladung besorgt dann die Lichtmaschine. Aber zur Regel sollte man dieses Verfahren nicht machen. Fabrikneue Batterien dürfen auf gar keinen Fall an den Schnellader gehängt werden. Viele Batteriehersteller laden heute ihre Batterien trocken vor. Bei der Inbetriebnahme wird noch Batteriesäure eingefüllt und nach kurzer Wartezeit kann der Motor mit dieser Batterie gestartet werden. Allerdings muß sich sogleich eine längere Fahrt anschließen, damit die Lichtmaschine die Batterie aufladen kann.

Starten bei leerer Batterie

Am elegantesten ist es ohne Zweifel, wenn man den Wagen an einem Berg anrollen lassen kann: dann 2. oder 3. Gang einlegen, Zündung einschalten und die Kupplung kommen lassen. Ebenso einfach ist das Starten mit Starthilfekabeln, sofern sie einen genügend großen Querschnitt und starke Anschlußklemmen haben. Ein hilfsbereiter Autofahrer muß so dicht an den startunwilligen Escort heranfahren, daß sich mit den etwa 2,5 m langen Kabeln eine Verbindung zwischen den Batterien herstellen läßt. Zuerst werden die Pluspole und anschließend die Minuspole verbunden. Dann gibt der hilfreiche Fahrer bei seinem Wagen Gas, damit dessen Lichtmaschine kräftig Strom spendet, während Sie Ihren unwilligen Escort-Motor auf Trab bringen. Beim Abnehmen der Starthilfekabel zuerst die Verbindung zwischen den Minuspolen trennen.

Anschieben und Anschleppen

Mit Hilfe von zwei kräftigen Leuten (ein Mann allein wird es kaum schaffen) läßt sich der Ford Escort ohne große Schwierigkeiten anschieben. Allerdings muß die Zündanlage in guter Verfassung sein. Zündung einschalten, 1. Gang einlegen (im 2. oder 3. Gang wird die notwendige Drehzahl beim Anschieben nicht erreicht!), Kupplung durchgetreten halten. Wagen anschieben lassen, bis er in Schwung ist, dann die Kupplung schnell kommen lassen. Das Auto macht einen Hopser, wobei der Motor plötzlich schnell genug durchgedreht wird und die Lichtmaschine genügend Strom für die Zündfunken erzeugt. Springt der Motor an, sofort Kupplung treten und Gas geben. Zum Anschleppen die Zündung einschalten, 2. Gang einlegen und Kupplung durchtreten. Der Zugwagen muß langsam anfahren und das Schleppseil allmählich straff ziehen. Bei etwa 15 km/h die Kupplung langsam kommen lassen, dabei rechte Hand an die Handbremse. Ist der Motor angesprungen, Kupplung treten und Gas geben, Handbremse sanft ziehen (Sie haben nur zwei Beine und können nicht auch noch die Fußbremse treten), damit Sie dem Vordermann nicht ins Hinterteil fahren und dem Schleppfahrer Hupsignal geben. Jetzt Gang heraus, Kupplung loslassen, aber immer noch etwas Gas geben und mit der Handbremse zusammen mit dem Schleppwagen langsam abbremsen.

Kauf einer neuen Batterie

Bei einem gewissen Alter – etwa 3 Jahre im Durchschnitt – hilft alles Nachladen nicht mehr viel. Dann muß man eben seinem Auto eine neue Batterie spendieren. Lassen Sie sich auch von den Versprechungen der Batteriewundermittelhersteller, die der Batterie für teures Geld ein langes Leben verheißen, nicht zum Kauf verlocken. Es ist eine zusätzliche Geldausgabe, die sich nicht lohnt. Wir haben bisher nur ein einziges Mittel angetroffen, mit dem wir eine chemisch defekte, also sulfatierte Batterie noch einmal aufmuntern konnten, daß sie den Winterbetrieb und noch einige Zeit länger ohne Schwächeanzeichen durchstand. Es heißt: Cobalt-MG (Vertrieb: Walter Neuber, 581 Witten, Jahnstraße 13).

Fingerzeig: *Statt der serienmäßigen 44 Ah-Batterie paßt auch die 55 Ah-Batterie des Automatic-Escort und des GT auf den Standplatz. Sie bietet größere Stromreserven, kostet allerdings rund 25 DM mehr als die serien mäßige.*

Motoren am Motor

Sie müssen schon zweimal hinsehen, wenn Sie die Lichtmaschine im Motorraum Ihres Escort entdecken wollen. Sie sitzt nämlich versteckt unter dem Kühlwasserschlauch an der linken Motorseite – in Fahrtrichtung gesehen. Weiterer Anhaltspunkt zum Auffinden: Sie wird von einem Keilriemen angetrieben, der auch den Ventilator an der Stirnseite des Motors in Bewegung versetzt. Damit berühren wir den einzigen Punkt, der für die Lichtmaschine im Escort-Pflegeplan aufgeführt ist. Weil diese Kontroll- bzw. Einstellarbeit nicht nur für die Stromversorgung, sondern auch für die Kühlung Ihres Escort wichtig ist, stellen wir sie an den Anfang dieses Kapitels.
Übrigens: Ab Ende 1972 gab es für den Escort die leistungsfähigere Drehstromlichtmaschine gegen Aufpreis in Verbindung mit der heizbaren Heckscheibe. Was bei diesem Aggregat zu beachten ist, schildern wir ebenfalls in diesem Kapitel und im Kapitel „Batterie".

Keilriemenspannung prüfen, evtl. spannen

Pflegearbeit Nr. 20

Gebraucht werden: Daumen, Gefühl und evtl. ein Gabelschlüssel SW 13. Die Spannung des Keilriemens wird in der Mitte zwischen den Riemenscheiben von Ventilator und Lichtmaschine geprüft. Man drückt den Riemen mit dem Daumen mit etwas Kraft nach unten, am besten probiert man es anfangs mehrmals, bis man das richtige Gefühl für den nötigen Kraftaufwand bekommen hat. Dann muß sich der Riemen um etwa 13 mm eindrücken lassen. Auf einen Millimeter hin oder her kommt es natürlich nicht an, aber man muß beachten: Ist der Riemen zu straff gespannt, verschleißt er vorzeitig, liegt der Riemen zu schlaff über den Scheiben, kann er seine Aufgaben nicht richtig erfüllen, worunter Stromversorgung und Motorkühlung leiden.
Das Spannen des Keilriemens: Hinter der Lichtmaschinen-Riemenscheibe sehen Sie eine schräg aufragende Schiene mit einem Schlitz. Daran ist die Lichtmaschine aufgehängt. Man löst die Festhalteschraube, die durch

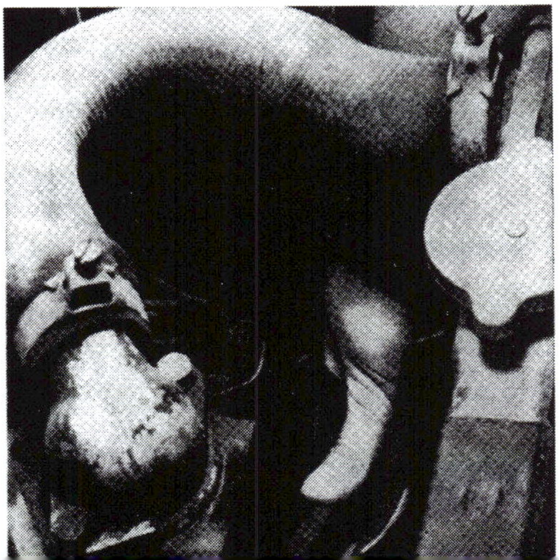

Der Daumen drückt den Keilriemen in der Mitte zwischen den Riemenscheiben ein. Bei mäßigem Daumendruck soll sich der Riemen etwa 13 mm eindrücken lassen. Läßt sich der Riemen stärker eindrücken, liegt er zu schlaff um die Scheiben und muß an der Schiebeschiene der Lichtmaschine nachgespannt werden.

Der Gabelschlüssel ist an der oberen Befestigungsschraube der Lichtmaschine angesetzt. Diese Schraube muß leicht gelockert werden, wenn man den Keilriemen spannen will. Läßt sich die Lichtmaschine so nicht auf der Schiene verschieben, muß auch die untere Lichtmaschinenbefestigung leicht gelöst werden. Im Vordergrund die Lichtmaschinenanschlüsse, die bei Montagearbeiten keinesfalls vertauscht werden dürfen, denn sonst wird die Lichtmaschine beschädigt.

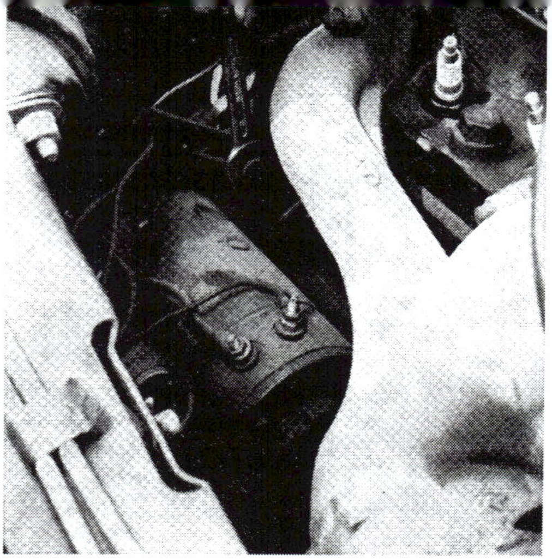

den Schlitz gesteckt ist, mit einem Gabelschlüssel SW 13 ein wenig, und kann so die Lichtmaschine bewegen. Zieht man sie nach außen, spannt man den Riemen, drückt man sie nach innen, wird der Riemen entspannt. Beim Anziehen der Festhalteschraube darauf achten, daß die Lichtmaschine in der gewünschten Stellung bleibt. Keilriemenspannung prüfen. Gegebenenfalls die Einstellung wiederholen. Falls sich die Lichtmaschine nach Lösen der oberen Befestigung in der Schiene nicht bewegen läßt, muß auch die untere Lichtmaschinen-Befestigung etwas gelockert werden.

Fingerzeig: *Ein gerissener Keilriemen kommt heutzutage relativ selten vor, deshalb gehört ein Ersatzriemen kaum noch zur Bordausrüstung. Wenn der Riemen doch einmal reißen sollte: Notlösung kann ein Nylon- oder Perlonstrumpf der Begleiterin sein, um die nächste Werkstatt anlaufen zu können. Der Strumpf oder die Strümpfe werden mit aller Kraft – sie reißen nicht! – langgezogen, so daß sie sich später nur mehr wenig längen können, und über die Riemenscheiben gelegt und festgeknotet. Enden abschneiden, nach einigen Kilometern Fahrt evtl. nachspannen. Auf jeden Fall Ladekontrolle und Kühlwasserthermometer scharf im Auge behalten!*

Die Lichtmaschine

Leider hat sich Ford bisher nicht entschließen können, den Escort-Modellen eine der modernen Drehstromlichtmaschinen zu spendieren, die hohen Drehzahlen gut angepaßt sind und schon bei sehr niedrigen Motordrehzahlen Strom für das Bordnetz und die Batterie liefern. Es gibt sie auch nicht gegen Aufpreis.
In die Escort ist die bauartältere Gleichstrom-Lichtmaschine eingebaut, auch Gleichstrom-Nebenschluß-Generatur genannt. Trotz des Namens Lichtmaschine liefert dieser Hilfsmotor kein Licht, sondern elektrischen Gleichstrom. Die Übersetzung Kurbelwelle/Lichtmaschine beträgt 1:1,8, was bedeutet, daß die Lichtmaschine fast doppelt so schnell wie der Motor dreht. Ab einer Motordrehzahl von 1000 U/min beginnt die Lichtmaschine zu laden, also nur wenig über den eingestellten Leerlaufdrehzahlen, was natürlich für die Fahrpraxis wichtig ist: Bei Standzeiten im Leerlauf vor Ampeln, in Staus und Schleichkolonnen, kann es sein, daß das Bordnetz aus der Batterie zehrt. Dauern Stauhalte z. B. länger, empfiehlt es sich, entbehrliche Verbraucher abzuschalten, um die Batterie zu schonen, bei Schleichfahrt schaltet man besser einen niedrigen Gang ein, in dem der Motor bei gleicher Geschwindigkeit höher dreht als in einem größeren Gang, und mit dem

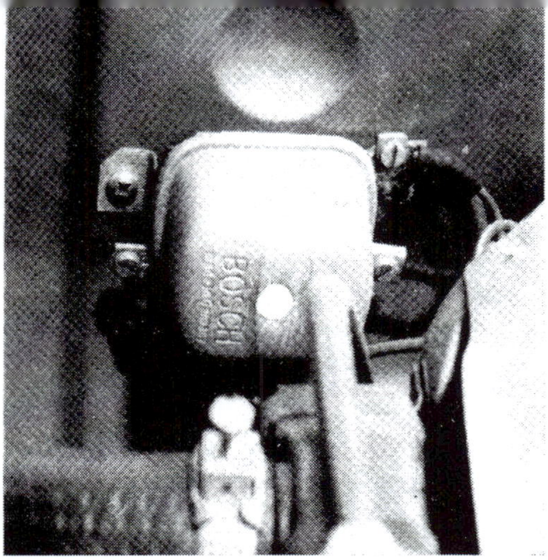

Der Lichtmaschinenregler, ein viereckiges Aluminiumgehäuse, ist an der linken Motorraum-Seitenwand vorn neben dem Kühler festgeschraubt. Die Buchstaben der Klemmen sind auf den Anschlußstücken eingeprägt: z. B. links unten B+, rechts oben D+/61.

Motor natürlich auch die Lichtmaschine. Um diese Probleme etwas zu mildern, kann man beim Neukauf daran denken, statt der normalen 44 Ah-Batterie die 55 Ah-Batterie des GT einzubauen. Sie kostet allerdings rund 175 DM statt 150 DM.

Drehstromlichtmaschine

Neben der hohen Betriebssicherheit besteht der Vorteil der Drehstromlichtmaschine vor allem darin, daß sie im Gegensatz zur Gleichstromlichtmaschine sehr hohe Drehzahlen verkraftet und dementsprechend mehr Strom schon bei niedrigen Drehzahlen liefern kann; deshalb die Verbindung als Zubehörpaket mit der heizbaren Heckscheibe, deren Stromverbrauch die Gleichstromlichtmaschinen-Leistung besonders bei niedrigen Drehzahlen überfordern würde.

Auch die Drehstromlichtmaschine liefert Gleichstrom. Aber die Aufgabe des Kollektors, auf dem die verschleißfreudigen Kohlen schleifen, haben bei ihr sogenannte Halbleiter-Elemente übernommen, die Dioden, die den dreiphasigen Wechselstrom, den diese Lichtmaschine erzeugt, in Gleichstrom umwandeln. Diese Dioden sind wartungsfrei, aber sehr temperaturempfindlich und empfindlich gegen Spannungsspitzen. Deshalb müssen im Umgang mit der Drehstromlichtmaschine einige Punkte berücksichtigt werden, wenn man das Aggregat nicht zerstören will:

- Niemals die Kabel des Spannungsreglers verwechseln.
- Niemals die Erregerklemme der Drehstromlichtmaschine, des Reglers oder ein Verbindungskabel an Masse legen.
- Niemals Regler oder Batterie abklemmen, während die Drehstromlichtmaschine angetrieben wird.
- Niemals die Drehstromlichtmaschine ausbauen, ohne vorher die Batterie abzuklemmen.

Der Regler

Da die Lichtmaschine über den Keilriemen mit der Kurbelwelle des Motors verbunden ist, ändert sie ihre Drehzahl mit der Motordrehzahl. Und die Lichtmaschine liefert umso mehr Strom, je schneller sie dreht. Das darf aber nicht sein, denn die Stromverbraucher und die Batterie vertragen zu hohe und vor allem schwankende Stromspannungen schlecht.

Deshalb ist zwischen Lichtmaschine und Bordnetz ein Regler elektrisch dazwischengeschaltet. Der viereckige Reglerkasten ist leicht zu finden, er hängt an der Seitenwand in der linken vorderen Motorraumecke. Der Regler hat dafür zu sorgen,

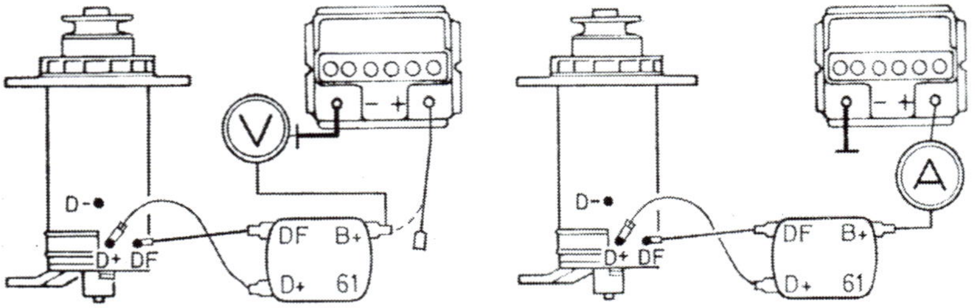

Lichtmaschine und Regler auf der Prüfbank. Links wird die Regulierspannung ohne Belastung geprüft. Dazu wird am Regler das Kabel an B+ abgenommen, stattdessen ein Voltmeter zwischen B+ und Batterie – gelegt. Drehzahlmesser anschließen und Motor anlassen. Drehzahl langsam steigern, bis der Zeiger des Voltmeters ruckartig von 0 auf ca. 12 bis 14 Volt springt: Rückstromschalter richtig geschlossen. Drehzahl weiter steigern, bis bei etwa 3000 U/min. Kurbelwelle eine Reglerspannung von 13,9 bis 14,7 Volt angezeigt wird. Der Rückstromschalter arbeitet richtig, wenn der Zeiger des Voltmeters kurz vor Erreichen der Leerlaufdrehzahl von 12 auf 0 Volt zurückspringt. Keine Spannung: Klemmen D+/61 am Regler auf Spannung prüfen. Sind sie spannungslos, ebenso die Klemme D+ der Lichtmaschine, so erregt die Lichtmaschine nicht. Anschlußklemme D+ und B+ am Regler mit einem kurzen Kabel bei laufendem Motor kurzzeitig überbrücken, wodurch die Feldwicklung erregt und richtig polarisiert wird. Im rechten Bild wird der Lade- und Rückstrom geprüft. Motor anlassen, am Regler B+ abklemmen und Amperemeter anschließen. Drehzahl erhöhen, bis der Zeiger des Amperemeters nicht mehr steigt. Drehzahl erhöhen und langsam auf Leerlaufdrehzahl zurückgehen. Dabei wandert der Zeiger des Amperemeters über Null in den Entladebereich. Der Wert vor dem Zurückgehen des Zeigers auf Null ist der Rückstrom.

- daß die Spannung im Bordnetz unabhängig von der Motordrehzahl gleichmäßig bleibt,
- daß die Lichtmaschine erst dann mit der Batterie zusammengeschaltet wird, wenn ihre Spannung mit der Batteriespannung übereinstimmt oder darüberliegt,
- daß die Lichtmaschine von der Batterie abgeschaltet wird, wenn ihre Spannung unter die Batteriespannung absinkt.

Fingerzeig: *Vielleicht wundern Sie sich, daß bei Lichtmaschine und Regler immer von 14 Volt Spannung gesprochen wird, während sonst immer vom 12 Volt-Bordnetz die Rede ist. Es handelt sich aber nicht um einen Druckfehler, sondern die 14 Volt sind die erhöhte Betriebsspannung, um trotz dem sogenannten Spannungsverlust auf die 12 Volt-Nennspannung zu kommen. Auch die Batterie hat, wenn sie voll geladen ist, eine Zellenspannung von etwa 2,6 Volt, zusammen also 15 Volt Spannung.*

Regler prüfen

Ist der Reglerschalter defekt, was sich in krassen Fällen an überkochender oder ständig entladener Batterie, am Nicht-Verlöschen der Ladekontrolllampe bei höherer Motordrehzahl bemerkbar machen kann (auch andere Folgen sind möglich), sind Reparaturversuche zwecklos und können zu Schäden im Bordnetz führen. Schon das Öffnen des Schaltergehäuses, das Abschleifen der Kontakte und das Beiseitedrücken der beweglichen Teile können zu Veränderungen der Grundeinstellung führen, so daß der Regler ganz anders schaltet als er soll. Eine Überprüfung des Reglers ist demnach eine Sache einer Ford- oder Bosch-Werkstatt. Selbstverständlich sollte man vorher die Anschlußklemmen des Reglers überprüfen und nachsehen, ob kein Kabel wackelt oder gebrochen ist. Aber das ist so ziemlich alles, was man ohne Werkstatthilfe tun kann.

Regler auswechseln

Der Regler wird heutzutage kaum noch repariert. Bei Mängeln tauscht man den defekten Regler gegen einen neuen aus. Das ist angesichts der teuren Arbeitsstunden und der geringeren Reparaturanfälligkeit des Neuteils im Endeffekt billiger.

Einen defekten Regler kann man natürlich selbst auswechseln. Zuerst die Batteriekabel abnehmen, dann die beiden Befestigungsschrauben des Reglers herausdrehen. Jetzt kann man an der Reglerunterseite die Klemmenbezeichnungen sehen. Die Reglerkabel einzeln abnehmen und gleich mit Klebefähnchen kennzeichnen, durch Verwechslung beim Wiederanschluß wird die Lichtmaschine zerstört! Dann kann man den Regler austauschen.

Fingerzeig: *Nur Regler der vorgesehenen Typenbezeichnung einbauen. Ein ähnlich aussehender, aber anders bezeichneter Regler kann durch andere Abstimmung zu Schäden führen.*

Wenn die Lichtmaschinenleistung unbefriedigend ist, also die Ladekontrolle zu lange bei hoher Drehzahl brennt und die Batterie nicht genügend nachgeladen wird (der Fehler kann allerdings auch am Reglerschalter liegen), wird es Zeit, einmal nach der Lichtmaschine zu sehen. Ob dies gerade bei km-Stand 50 000 notwendig wird oder noch 10 000 km zugelegt werden können, kommt auf die hauptsächlichen Betriebsverhältnisse an. Hohe Stromforderungen durch zahlreiche Verbraucher und Zusatzlampen lassen nämlich die Kohlebürsten der Lichtmaschine schneller verschleißen. Da kann die Nachschau schon nach 30 000 km fällig werden. Diese Kohlebürsten sind kleine Kohlestückchen mit einem angelöteten kurzen Drahtendchen, die den in der Lichtmaschine entwickelten Strom vom Kollektor – das ist das geriffelte Teil am Ende des Lichtmaschinenankers – „abzufegen" und weiter zu leiten haben.

Wartung der Gleichstrom-Lichtmaschine

Die eigene Kontrolle rentiert sich gerade bei der Gleichstrom-Lichtmaschine durchaus, wenn man keine grundsätzliche Furcht vor der Elektrik hat. Denn gar zu gerne bauen Werkstätten, Gott sei's geklagt, eine Austausch-Lichtmaschine ein (kostet so um die 90 DM), wo es noch eine ganze Zeitlang mit einem Satz neuer Kohlebürsten (kostet knapp 3 DM) gegangen wäre. Wartet man allerdings mit der Kontrolle zu lange, dann können sich die Kohlebürsten bis auf ihren Metallsockel abgerieben haben, und diese reißen natürlich in den Kollektor böse Rillen, die tatsächlich ein Abdrehen des Kollektors unausweichlich machen. Zum Nachprüfen muß die Lichtmaschine ausgebaut werden.

Lichtmaschine aus- und einbauen

Zuerst das Minuskabel der Batterie abnehmen, um Kurzschlüsse beim Weiterarbeiten im Motorraum zu vermeiden. Jetzt klemmen Sie die Kabel von den Anschlüssen D+, DF und D– an der Lichtmaschine ab. Die 3 Befestigungsmuttern der Lichtmaschine lösen, oben an der Schiene, unten an dem Lagerbock, und die Lichtmaschine nach unten drücken. Keilriemen abnehmen. Jetzt die Befestigungsmuttern vollends abschrauben und die Lichtmaschine herausnehmen.

Zum Wiedereinbau – wir schildern ihn hier, um die Arbeitsabläufe zusammengefaßt zu haben – die Lichtmaschine zunächst wieder mit den Befestigungsbolzen in ihre Befestigungspunkte hängen, dann den Keilriemen auf die Scheiben legen und mit der Lichtmaschine spannen. In dieser Stellung die Befestigungsmuttern endgültig festziehen und die Kabel anschließen.

Die Kohlebürsten sitzen auf dem hinteren Abschlußdeckel (Lagerschild) der Lichtmaschine. Vor diesem Lagerschild ist ein Staubschutzband aus Blech um das Lichtmaschinengehäuse gelegt. Das muß zuerst abgenommen werden. Dann werden zwei Schaulöcher frei, unter welchen insgesamt zwei Kohlebürsten, von einer Spiralfeder in einer Führungsbüchse gehalten, sitzen. Liegt die Spiralfeder auf der Hülse auf, ist die betreffende Bürste so weit abgenutzt, daß sie ersetzt werden muß. Bürstenfeder vorsichtig abheben – nicht mit Gewalt, sonst wird Federspannung verändert und die neue Kohlebürste liegt nicht richtig auf –, Kohlebürste aus der Führungshülse ziehen. Anschlußlitze abschrauben. Auch wenn nur eine Kohlebürste unbrauchbar oder beschädigt ist, müssen doch beide ersetzt werden.

Nicht am Kollektor feilen!

Bei dieser Gelegenheit wird auch der Kollektor nachgesehen und gereinigt. (Das ist das „quergestreifte" verdickte Teil der Lichtmaschinenwelle, auf dem die Kohlebürsten laufen.) Der Kollektor muß gleichmäßig glatt und frei von

Staub, Schmutz oder Öl sein. Der Kollektor wird mit einem in Benzin getauchten und um einen Stock gewickelten sauberen Lappen rundum abgerieben. Für diese Arbeit braucht die Lichtmaschine nicht auseinander genommen werden. Läßt sich der Kollektor dadurch nicht reinigen und zeigt Rillen oder Schmorstellen, muß die Lichtmaschine in die Werkstatt.
Versuchen Sie auf keinen Fall, Schmorstellen mit Schmirgelleinen oder Feile selbst blank zu reiben. Das geht auf jeden Fall schief, denn auch die dem Auge nicht sichtbaren, dabei unvermeidbar entstehenden Unebenheiten bringen bei den sehr hohen Drehzahlen der Lichtmaschine später die Kohlebürsten zum Springen, zum „Feuern" sagt der Autoelektriker, weil zwischen Kollektor und abspringenden Kohlebürsten ständig starke Funken überspringen. Das ergibt baldigen Totalschaden der Lichtmaschine und bis dahin dürftige Stromabgabe.
Ist der Kollektor stark verschmort oder sind Rillen darin eingefräst, ist zwar noch keine Austauschlichtmaschine notwendig, aber der Kollektor muß von der Fachwerkstatt auf der Drehbank sorgfältig abgedreht werden. Das ist keine Heimwerkerarbeit, sondern Sache der Werkstatt.

Lichtmaschine prüfen

Wie die ausgebaute Lichtmaschine weiter zerlegt wird, ergibt sich von selbst, wenn man das Spannband und das Lagerschild am hinteren Ende der Lichtmaschine abgeschraubt und abgenommen hat. Bei Verdacht auf Defekt kann man die Lichtmaschine verschiedenen Prüfungen unterwerfen. Die Ankerprüfung sollte man der Werkstatt überlassen, denn dazu ist ein Ankerprüfgerät erforderlich. Jedoch kann man auf Masseschluß ohne weiteres prüfen, wenn man eine 220 V-Prüflampe besitzt oder anfertigt: Die Prüfspitzen der Prüflampe werden an Ankerwelle oder Gehäuse und an den Kollektor gehalten. Ist die Isolation defekt, so leuchtet die Lampe auf und der Anker muß ausgetauscht werden.
Unterbrechungen und lose oder ausgelötete Anschlußklemmen werden ebenfalls mit der Prüflampe festgestellt. Die beiden Prüfspitzen werden an die Klemmen DF und D+ gelegt, die Prüflampe muß aufleuchten. Tut sie das nicht, so sind die Erregerwicklungen bzw. Anschlußklemmen einzeln zu prüfen. Unterbrechung beseitigen. Liegt die Unterbrechung innerhalb einer Wicklung, so muß diese erneuert werden.
Die Erregerwicklungen können auf Windungsschluß und Durchgang auch mit einer 12 Volt-Batterie unter Zwischenschaltung eines Amperemeters geprüft werden. Die Erregerwicklungen werden einzeln an den Wicklungsenden abgegriffen und die beiden Werte (6 bis 8 Amp.) miteinander verglichen. Beträgt der Unterschied mehr als 0,25 Amp., so liegt ein Windungsschluß vor. Die Stromaufnahme der beiden Wicklungen, an den Anschlußklemmen DF und D+ gemessen, beträgt 3 bis 4 Ampere.
Wicklungen und Anschlußklemmen kann man mit der Prüflampe auf Masseschluß prüfen. Dazu werden die Prüfspitzen mit dem Gehäuse und den Anschlußklemmen verbunden; die Prüflampe darf jetzt nicht aufleuchten.
Zur Prüfung der Kohlebürsten werden die Prüfspitzen der Prüflampe mit der Pluskohlebürste und dem Kollektorlagerschild verbunden. Die Prüflampe darf nicht aufleuchten.

Fingerzeig: *Die Kohlebürsten dürfen in den Führungen nicht klemmen, gebrochen, ausgelötet oder zu weit abgenutzt sein. Auch die Federkraft, die die Kolben andrückt, muß stimmen, das ist jedoch mit eigenen Mitteln nicht zu prüfen.*

Natürlich gibt es noch weitere Prüfmethoden für Lichtmaschine und Reglerschalter, jedoch sind dafür zum Teil umfangreiche Prüfvorrichtungen erforderlich, deren Kosten sich für den Privatgebrauch nicht lohnen.

Was sagt die rote Ladekontrollampe

Diese Kontrollampe soll aufleuchten, wenn die Zündung eingeschaltet und verlöschen, wenn der Motor nach dem Anlassen beschleunigt wird. Das Erlöschen der Lampe beweist, daß die Lichtmaschine selbst Strom erzeugt, sie besagt jedoch nicht, daß die Batterie bereits geladen wird. Sie sagt auch nichts über den Ladezustand der Batterie, es sei denn, das Rotlicht flackert beim mühsamen Durchdrehen des Anlassers beim Start, weil die Batterie nahezu entladen ist, was auch während der Fahrt vorkommen kann, wenn bei schwacher Batterie zu viele Verbraucher eingeschaltet sind.
Wenn Sie sich einmal den Schaltplan in der hinteren Buchklappe betrachten, können Sie erkennen, daß die Ladekontrollampe einerseits Strom erhält, wenn das Lenkschloß eingeschaltet wird. Mit dem anderen Kabelanschluß hängt die Ladekontrolle an Klemme D+/61 des Reglerschalters, zusammen mit dem Pluskabel der Lichtmaschine. Steht die Lichtmaschine oder dreht sie nur wenig, dann hat dieses Pluskabel der Lichtmaschine keinen oder nur wenig „Plus"-Strom, ist praktisch also „Minus", so daß die rote Ladekontrolle, die ja von der Batterie über das Lenkschloß „Plus" erhält, brennt. Liefert die Lichtmaschine aber genügend Strom, liegt an beiden Kabelenden der Ladekontrolle „Plus", sie kann also wegen Mangel an „Minus" nicht mehr brennen.

Fahren ohne Lichtmaschine

Wenn unterwegs die Ladekontrollampe bei flott laufendem Motor aufleuchtet oder nach dem Starten nicht verlöschen will, sieht man natürlich zunächst einmal nach, ob der Keilriemen überhaupt noch da ist und, wenn vorhanden, die notwendige Spannung hat. Falls der Keilriemen in Ordnung ist und auch keine wackelnden Kabelanschlüsse zu finden sind, müßte man auf kürzestem Weg in die Werkstatt, um Lichtmaschine und Regler durchmessen und nach dem Fehler suchen zu lassen. Nachts oder am Sonntag wird man jedoch kaum so schnell eine Werkstatt finden.
Darf man weiterfahren, auch wenn die rote Ladekontrollampe darauf hinweist, daß die Lichtmaschine keinen Strom abgibt? Ja, man darf weiterfahren, wenn nicht durch einen gerissenen Keilriemen auch die Wasserpumpe ausfällt. Es kommt nur darauf an, wie gut die Batterie geladen ist, denn sie muß jetzt als Stellvertreter für die Lichtmaschine einspringen. Sie kann das auch ganz gut, wie die Tabelle im Kapitel „Batterie" zeigt. Die Zündspule des Ford hat zusammen mit dem Vorwiderstand bei sehr niederen Motor-Drehzahlen einen Verbrauch von etwa 30 Watt, der bei mittleren Drehzahlen auf 25 Watt und bei hohen Drehzahlen auf 20 Watt abfällt.
Theoretisch müßte das bei vollgeladener Batterie für 21 Stunden reichen. Da die Zündspule aber einen Mindeststrom zum Aufbau eines brauchbaren Zündfunkens benötigt und die Batterie im praktischen Betrieb kaum ganz aufgeladen ist, kann man vielleicht mit 10 Stunden rechnen. Dabei verlängert ein Trick diese Zeit noch: Die Zündspule des Escort ist ohne Vorwiderstand auf etwa 9,5 Volt ausgelegt. Bei abfallender Batterie-Spannung nach einigen Stunden – erkennbar an trüben Scheinwerfern bei ganz kurzer Beleuchtungsprobe – kann man die Vorwiderstandsleitung abklemmen, um die volle restliche Batteriespannung der Zündspule zugute kommen zu lassen. Das darf aber nicht sogleich geschehen, sonst stirbt die Zündspule an der Überspannung. Im Winter ist durch die geringere Leistungskraft der Batterie bei Frost

eine wesentlich kürzere Zeit einzusetzen, zumal hier auch noch früher oder später Licht eingeschaltet werden muß, das wesentlich mehr Strom als die Zündspule frißt. Es kann trotzdem zur Heimfahrt genügen, wenn

- die Fahrt nicht unterbrochen wird (der Anlasser braucht zum Wiederstarten des Motors besonders viel Strom),
- kein Radio und kein Heizgebläse eingeschaltet wird,
- der Scheibenwischer nicht in Aktion tritt,
- nachts nur Abblend- oder (wenn zulässig) Standlicht eingeschaltet ist,
- nicht gehupt wird,
- und die Lichtmaschine elektrisch „abgehängt" wird, um Batterie-Entladung durch Kurzschluß zu vermeiden.

Um Lichtmaschine und Reglerschalter (der ja auch defekt sein kann) vom Bordnetz zu trennen, sind die beiden Kabel an Klemme D+/61 zu lösen, voneinander zu trennen da das dünnere blaue Kabel 61 zur Ladekontrolle Batteriestrom erhält) und einzeln gut zu isolieren, notfalls mit trockenem Zeitungspapier. Muß unterwegs die Fahrt unterbrochen werden, dann sollte der Wagen möglichst am oberen Ende einer abschüssigen Straße stehen bleiben, damit man zum Wieder-Starten nicht den Anlasser braucht, sondern anrollen kann.

Störungsbeistand

Lichtmaschine und Regler

Nachstehend ein Störungsfahrplan, wie er sich im Ford-Service bewährt hat:

Die Störung	— ihre Ursache	— ihre Abhilfe
1. Batterie wird nicht oder nicht genügend geladen	Bürsten liegen nicht richtig am Kollektor an, klemmen in den Führungen, sind abgenutzt, gebrochen, verölt oder verschmutzt	Bürsten nachsehen, reinigen bzw. auswechseln
	Druckfedern ausgeglüht	Druckfedern erneuern
	Kollektor verschmutzt oder verölt	Kollektor reinigen
	Kollektor abgenutzt	Kollektor überdrehen
	Leitung zwischen Batterie und Anlasser oder Masseleitung schadhaft	Leitungen ausbessern oder erneuern, Anschlüsse festziehen
	Batterie schadhaft	Batterie in Fachwerkstatt nachsehen lassen
	Unterbrechung, Masse- oder Windungsschluß in der Lichtmaschine	Maschine instand setzen
	Reglerschalter schadhaft	Reglerschalter austauschen
	Keilriemen zu locker	Keilriemen nachspannen
2. Ladekontrolllampe brennt nicht bei Stillstand des Motors und eingeschalteter Zündung	Anzeigelampe durchgebrannt	Neue Lampe einsetzen
	Batterie entladen	Batterie aufladen
	Batterie schadhaft	Batterie in Fachwerkstatt nachsehen lassen
	Leitung für Ladekontrollampe oder Batteriekabel lose oder schadhaft	Leitungen ausbessern oder austauschen, Anschlüsse festziehen
	Reglerschalter schadhaft	Reglerschalter austauschen
3. Ladekontrolllampe erlischt bei höherer Drehzahl nicht (glimmt)	Leitung für Ladekontrollampe hat Masseschluß	Leitung ausbessern oder austauschen
	Reglerschalter schadhaft	Reglerschalter austauschen
	Lose oder oxydierte Anschlüsse bzw. Steckverbindungen in den Stromkreisen 30 und 61	Anschlüsse und Steckverbindungen in Ordnung bringen.

Die Störung	— ihre Ursache	— ihre Abhilfe
4. Ladekontroll-lampe flackert	Keilriemen zu locker	Keilriemen nachspannen
5. Reglerschalter schadhaft (Schalter-kontakte verschmort)	Batterie falsch angeschlossen Kurzschluß außerhalb des Reglers	Batterie polrichtig anschließen, Reglerschalter austauschen Kurzschluß beseitigen, Regler austauschen

Der Anlasser

Wie im Kapitel „Die Batterie“ bereits beschrieben, stellt der Anlasser die größten Ansprüche an den elektrischen Haushalt. Er braucht so viel Strom, daß die Batterie damit jeweils nur kurze Zeit beansprucht werden kann.
Der Anlasser liegt rechts vom Motorblock tief unten im Motorraum. Sein Vorderteil schaut nach hinten, wo Motor- und Getriebegehäuse zusammengeflanscht sind. Der Anlasser hat einen elektromagnetischen Anlaßschalter, der die elektrischen Anschlüsse trägt und über das Zündschloß betätigt wird. Darauf schiebt sich das Anlasserritzel (kleines Zahnrad mit 11 Zähnen) nach hinten auf das Schwungrad, das am Außenumfang 132 Zähne trägt – eine sehr große Übersetzung, wie man zugeben muß, und sie erklärt, warum der Anlasser ein solcher Kraftprotz sein muß. Dreht man das Zündschloß auf „Start“, so bekommt der Anlasser Strom zugeführt und dreht den Motor am Schwungrad durch. Er kann das aber nur kurze Zeit, weshalb es falsch wäre, den Anlasser für einen Anlaßvorgang übertrieben lange drehen zu lassen. Dabei kann er an Hitzeentwicklung zugrundegehen. Und auch die Batterie hält das nicht allzulange aus. Das übliche Starten in kürzeren Intervallen ist also schon aus Rücksicht auf den Anlasser gerechtfertigt.

Anlasser pflegen

Der Anlasser braucht keine besondere Pflege. Verschleißteile sind die Kohlebürsten und der Kollektor. Zur Prüfung von Kohlen und Kollektor muß man die Schutzkappe am hinteren Anlasserende abnehmen, wozu der Anlasser ausgebaut werden muß. Wenn Sie ein weiteres tun wollen, so können Sie hin und wieder mal die Kabelanschlüsse am Magnetschalter reinigen und auf festen Sitz prüfen.

Mögliche Störungen

Sie sind heutzutage ziemlich selten. Wenn der Anlasser beim Drehen des Zündschlüssels nicht anläuft, zunächst einmal die Kabel an der Batterie und am Magnetschalter des Anlassers auf festen, sauberen Sitz prüfen. Sind sie verschmutzt, korrodiert, gebrochen oder lose, dann blankschaben, festziehen oder ersetzen. In zweiter Linie kommt ein defekter Magnetschalter in Frage. Besonders in warmem Zustand können manchmal die Kontakte kleben. Manchmal hilft ein kräftiger Schlag mit dem Hammerstiel auf den Magnetschalter, um die Kontakte zu lösen. Kommt es jedoch öfter vor, bringt nur der Austausch des Magnetschalters dauerhafte Abhilfe. Dritte Störungsmöglichkeit sind abgenützte Kohlen: erneuern. Wenn das alles nichts hilft, kann nur die Werkstatt weiterhelfen. Wenn sich das Anlasserritzel nach angesprungenem Motor nicht zurückziehen will (das Anlassergeräusch ist unüberhörbar), dann sofort abschalten, da sonst der Anlasser ruiniert wird. Das Ritzel zurückzuschlagen versuchen, evtl. hat es sich aber auch nur verklemmt und beim zweiten Startversuch ist alles in Ordnung. Weitere mögliche Ursache: defektes Zündanlaßschloß. Auch hier kann meist nur die Werkstatt weiterhelfen.

Anlasser ausbauen

Das ist eine einfache Angelegenheit. Man klemmt das Minuskabel der Batterie ab und bockt den Vorderwagen hoch oder fährt den Wagen auf eine Rampe, da man von unten arbeiten muß. Kabel am Magnetschalter abklemmen. Anlasser-Befestigungsschrauben herausdrehen und den Anlasser herausheben.

Vor dem Wiedereinbau ist zu prüfen, ob das Anlasserritzel übermäßigen Verschleiß zeigt. Wenn ja, sollte es ersetzt werden. Bei noch geringer Kilometerleistung des Wagens wäre auch nach der Ursache für den frühen Verschleiß zu forschen. Braucht nichts erneuert zu werden, dann das Ritzel und die Anlageflächen des Anlassers reinigen, den Anlasser einsetzen, anschrauben und die Kabel anschließen. Auch zum Austausch des Magnetschalters muß der Anlasser ausgebaut werden.

Nachstehend wieder ein Ford-Störungsfahrplan.

Störungsbeistand
Anlasser

Die Störung	— ihre Ursache	— ihre Abhilfe
1. Beim Einschalten dreht sich der Anker nicht oder zu langsam	Batterie entladen	Batterie aufladen und überprüfen
	Batterieklemmen lose oder oxydiert, Masseverbindung schlecht	Klemmen festziehen, Pole und Klemmen reinigen und mit Säureschutzfett einfetten
	Anlasserklemmen oder Bürsten haben Masseschluß	Masseschluß beseitigen
	Kohlebürsten liegen nicht auf dem Kollektor auf, klemmen in ihren Führungen, sind abgenutzt, gebrochen, verölt oder verschmutzt	Kohlebürsten nachsehen, reinigen oder auswechseln Führungen prüfen
	Kollektor abgenutzt	Kollektor überdrehen und aussägen
	Magnetschalter beschädigt	Magnetschalter auswechseln
	Spannungsabfall in den Leitungen zu groß, Leitungen beschädigt, Leitungsanschlüsse locker	Anlasserleitungen und Anschlüsse überprüfen
2. Anker dreht sich, Ritzel spurt aber nicht ein	Ritzel verschmutzt	Ritzel reinigen
	Ritzel oder Zahnkranz beschädigt	Grat abfeilen
3. Beim Einschalten dreht sich der Anker bis das Ritzel kraftschlüssig einspurt, bleibt aber dann stehen.	Batterie ungenügend geladen	Batterie aufladen
	Kohlebürsten ungenügend	Kohlebürsten nachsehen, reinigen oder auswechseln
	Druckfeder ausgeglüht	Druckfeder erneuern
	Magnetschalter nicht in Ordnung	Magnetschalter auswechseln
	Spannungsabfall in den Leitungen zu groß	Leitungen und deren Anschlüsse überprüfen
4. Anker läuft weiter, nachdem der Schalter losgelassen wurde	Anlaßschalter schaltet nicht ab. Magnetschalter klebt	Sofort Anlasserkabel an Batterie oder Anlasser lösen, Magnetschalter austauschen
5. Ritzel spurt nach Anspringen des Motors nicht aus	Ritzel oder Schwungradverzahnung stark beschädigt oder verschmutzt, Rückzugfeder lahm oder gebrochen	Grat sorgfältig entfernen und reinigen; Rückzugfeder erneuern

Kabel und Klemmen

Was dem Wanderer die Landkarte, ist dem Elektriker der Kabelverlegungsplan, kurz Schaltplan genannt. An ihm orientiert er sich, wenn er einen Fehler suchen oder ein Instrument einbauen muß, um nur zwei Beispiele zu nennen. Dem normalen Autofahrer dagegen erscheint wohl nichts unheimlicher, als das Gewirr bunter Leitungen, die in scheinbar unübersichtlichen Bahnen laufen. Für ihn wird die Sache auch nicht einfacher dadurch, daß die einzelnen Kabel im Motorraum zu dicken Strängen zusammengefaßt sind, so daß dort eigentlich alles sehr aufgeräumt aussieht, von Gewirr kann man so eigentlich nur beim Blick auf den Schaltplan sprechen.

Wegweiser für den Stromverlauf

Doch es gibt auch für das elektrische Bordnetz Ihres Escort Wegweiser, die Ihre diesbezüglichen Bemühungen in die kürzeste Richtung führen können. Es sind dies:

- Die unterschiedlichen Farben der elektrischen Leitungen. Bei mehrfarbigen Kabelbezeichnungen im Schaltplan bedeutet die erste Abkürzung immer die Kabelgrundfarbe, die zweite bzw. dritte die Kennfarbe.
- Die bei allen deutschen Wagen einheitlichen Klemmenbezeichnungen für die verschiedenen Anschlüsse, siehe letzte Textseite mit den Schaltplanerläuterungen. Wobei hinzuzufügen ist, daß eine Klemme, in diesem Sinn gebraucht, kein Gegenstand ist, sondern eine Anschlußbezeichnung.
- Der Schaltplan. Sie finden ihn in der hinteren Buchklappe; in ihm sind die Kabelfarben im wesentlichen gleich wie bei den Kabeln in Ihrem Escort.

Wenn Sie unter diesen Voraussetzungen den farbigen Schaltplan unvoreingenommen studieren, werden Sie schnell hinter die vermeintlichen Geheimnisse kommen, so daß Sie nur noch zwei wichtige Werkzeuge brauchen: Die angeborene Intelligenz und eine 12 V-Prüflampe, die Sie bei einer eventuellen Fehlersuche an den richtigen Stellen ansetzen müssen.
Dazu müssen Sie wissen, daß im Gegensatz zu den üblichen elektrotechnischen Gepflogenheiten zu einem Stromverbraucher, Schalter oder Relais häufig nur ein Kabel führt. Das andere, das Massekabel, hat man aus Gründen der Vereinfachung meist gespart. Damit trotzdem Strom fließen kann – man braucht ja zwei Pole –, zieht man die Metallteile der Karosserie, des Motors oder Fahrgestells als sogenannten Masseleiter heran – ebenso genial wie billig. Für den Elektrikbastler bedeutet diese Kenntnis vor allem, daß er bei einer Fehlersuche oder Bastelarbeit immer auch auf einwandfreien Massekontakt achten muß. An diesem hapert es oft, denn Schmutz, Staub, Oxydation unterbinden nicht selten den erwünschten guten Stromfluß.

Wo liegen die Kabel?

Beim Escort ist Ford in der Kabelverlegung noch einen Schritt weiter gegangen als bisher üblich. Man hat die wesentlichen Kabel zu vier Strängen zusammengefaßt, die in Mehrfachsteckern enden. Diese sind so gestaltet, daß nur eine Möglichkeit des richtigen Zusammensteckens übrigbleibt. Man kann also keine Leitungen vertauschen, indem man versehentlich den Stekker verkehrt einschiebt.

Der Hauptkabelstrang aus dem Motorraum verschwindet in der linken oberen Ecke in den Innenraum. Das Gegenstück im Innenraum ist einer der erwähnten Mehrfachstecker. Sie finden den hellgrauen Kunststoffkörper im linken Ablagefach unter dem Armaturenbrett. Sicherlich haben Sie sich auch schon gefragt, warum vom Sicherungskasten im Motorraum nur Leitungen zu den Verbrauchern wegführen und keine hinein. Des Rätsels Lösung sind ebenfalls Mehrfachstecker, die im Ablagefach durch die Rückwand des Sicherungskasten gesteckt sind.

Der Kabelstrang für die Stromversorgung des Hecks verschwindet im linken vorderen Fußraum oben hinter der Verkleidung, führt am Wagenboden zwischen Fahrersitz und Fahrertür nach hinten und ist unter dem Rücksitz in den Gepäckraum geführt. Diesem Weg folgt man auch am besten, wenn man ein Kabel für einen zusätzlichen Verbraucher, etwa eine Nebelschlußleuchte, benötigt. Dazu müssen die Fußraumseitenverkleidung und der Fußbodenbelag abgeschraubt werden.

Braucht man vorn ein Zusatzkabel, wird man wohl fast immer die Trennwand zum Motorraum durchbohren müssen, da man entweder ein Zusatzkabel zum Verbraucher oder zum Schalter am Armaturenbrett braucht. Man kann dann auch den Sicherungskasten umgehen, indem man in das Zusatzkabel einfach eine sogenannte „fliegende Sicherung“ einsetzt. Den Durchbruch durch die Trennwand muß man entweder mit einer Gummimuffe oder mit Dichtmasse abdichten, damit kein Wasser in den Innenraum eindringen kann. Und jedes Kabel sorgfältig mit Kabelschellen verlegen, damit es nicht im Motorraum herumhängt. Man kann das Zusatzkabel auch am Hauptkabelstrang entlang verlegen; es wird an diesem mit Isolier- oder Klebeband angeheftet.

Die Kabelstärken

Je nach Stromstärke und der Stromspannung, die den einzelnen Stromverbraucher erreichen soll, wurde die Dicke, also der Querschnitt, jedes einzelnen Leitungsdrahtes gewählt. Zieht man bei seiner Elektrobastelei ein zu dünnes Kabel ein, wird der Widerstand zu groß. Die Stromversorgung durch Batterie und Lichtmaschine würde darunter leiden. Ein zu langes Kabel hat wiederum Spannungsabfall zur Folge, d. h. statt der 12 Volt, die Lichtmaschine und Batterie abgeben, kommen am betreffenden Stromverbraucher nur 8 oder 10 Volt an. Die 12 Volt Spannung, die ein Stromverbraucher benötigt, sollten ihn auch erreichen. So wurde als Regel festgesetzt, daß der Spannungsabfall bis zu einem Stromverbraucher bei einer 12 Volt-Anlage nicht höher als 0,4 Volt sein sollte.

Nach den festgesetzten Normen beträgt die zuverlässige, erwärmungsbedingte Belastbarkeit der elektrischen Leitungen im Auto bei Dauerstrom 8 bis 10 A je 1 mm^2 Nennquerschnitt des betreffenden Kabels. Wird der Querschnitt eines Ersatzkabels oder eines Kabels, an dem man einen weiteren Stromverbraucher anschließen will, zu knapp gewählt, kann sich das Kabel zu stark erhitzen. Als Norm hat man deshalb festgesetzt:

■ für besonders geringe Stromstärken
bei Kontrollämpchen, Instrumentenbeleuchtung usw. 0,50 mm^2 Querschnitt

■ für Parklicht, Bremslicht
und ähnliche anspruchslose Stromverbraucher 0,75 mm^2 Querschnitt

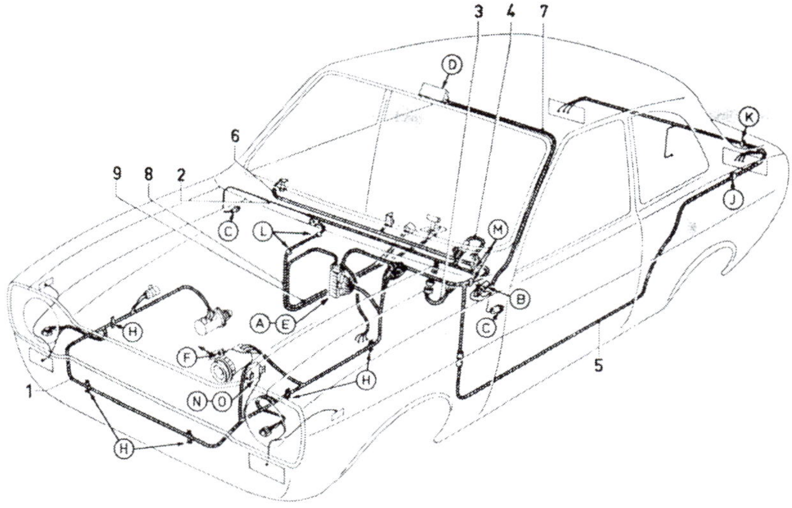

So sind die elektrischen Leitungen im Escort verlegt, nützlich zu wissen für den Fall, daß Sie einmal ein Kabel nachziehen oder einen einzelnen Kabelstrang ersetzen müssen. Die einzelnen Kabelstränge kann man nämlich im Ersatzteillager der Ford-Händler kaufen.

- für Dauerstrom bis etwa 4 Ampere, Blinker usw. — 1,00 mm² Querschnitt
- für Dauerstrom bis etwa 6 Ampere, Einzelleitung für Scheinwerfer, Signalhorn usw. — 1,50 mm² Querschnitt
- für Dauerstrom bis etwa 12 Ampere, Scheinwerfersammelleitungen usw. — 2,50 mm² Querschnitt
- für hohe Ströme zwischen Zündanlaß-Schalter – Anlasser – Lichtmaschine — 4,00 bis 8,00 mm² Querschnitt
- für Anlasserkabel zur Batterie — 10,00 bis 35,0 mm² Querschnitt

Spannungsabfall wächst mit dem Alter

Der Spannungsabfall in den Leitungen bleibt nicht ein für allemal der gleiche. Er wächst mit dem Alter des Wagens. Daran sind jedoch nicht die Leitungen an sich als vielmehr die Kontakte der Schalter, die Anschlüsse an den einzelnen elektrischen Aggregaten und die Steckverbindungen der Kabel untereinander schuld. Es ist ein ganz natürlicher Vorgang, daß sich die einstmals blanken Kontaktstellen allmählich mit Metalloxyd und Schmutz überziehen. Wenn sich dann noch die Kabelverbindungen lockern, kann durch den hohen Widerstand nur noch ein Teil des Stromes weiterfließen oder er kann durch Verbindung zur „Masse" teilweise nutzlos versickern. Allein ein Spannungsabfall von 10 Prozent bis zu den Lampen bewirkt immerhin etwa 25 Prozent Einbuße an Leuchtkraft der Scheinwerfer.
Deshalb lohnt es sich, bei Arbeiten an der elektrischen Anlage vor dem Wiederzusammenbau der Einzelteile alle erreichbaren Kontakte, Steckverbindungen usw. blank zu schaben, allen Schmutz drumherum wegzuwischen und die Kabelverbindungen auf festen Sitz zu prüfen.

Fingerzeig: *Gereinigte Kontakt- oder Anschlußstellen kann man vor vorzeitigem Verschmutzen und vor Feuchtigkeitseinflüssen schützen, indem man sie mit einem Isoliersprühmittel, z. B. Aral Intact, besprüht. Das legt eine isolierende Schicht über die blanken Stellen.*
Man kann die einzelnen Kabelstränge als Ersatz kaufen, wenn durch Verschmoren, Alterung oder Unfall die Erneuerung eines ganzen Kabelstranges angebracht ist.

Haushaltskabel nicht brauchbar

Die schwarze oder bunte Kunststoffumhüllung der im Kraftfahrzeug verwendeten Kabel ist benzin-, öl- und scheuerfest. Normales Haushaltskabel

So präsentiert sich die Sicherungsdose an der Motorraum-Trennwand. Dort müssen Sie nachsehen, ob eine Sicherung durchgebrannt ist, wenn einzelne Verbraucher ausfallen. Unter den Sicherungs-Nummern die Klemmennummern, die Sie im Schaltplan in der hinteren Buchklappe wiederfinden.

Sicherung Nr.	angeschlossene Stromverbraucher
1 (30)	Innenleuchte, Zigarettenanzünder, Warnblinkanlage, Zeituhr
2 (58)	Standlicht links, Schlußlicht links, Kennzeichen-Beleuchtung, Gepäckraumleuchte
3 (58)	Standlicht rechts, Schlußlicht rechts, Instrumentenbeleuchtung
4 (56a)	Fernlicht
5 (56b)	Abblendlicht
6 (15/54)	Bremslicht, Rückfahrscheinwerfer, Heizgebläse, Blinklicht
7 (15/54)	Wischermotor, Kraftstoffanzeige

Alle Sicherungen im Sicherungskasten haben eine Stärke von 8 Ampere. Wurde ein Radio eingebaut, wird eine fliegende Sicherung mit einer Stärke von 2 Ampere mittelträge verwendet.

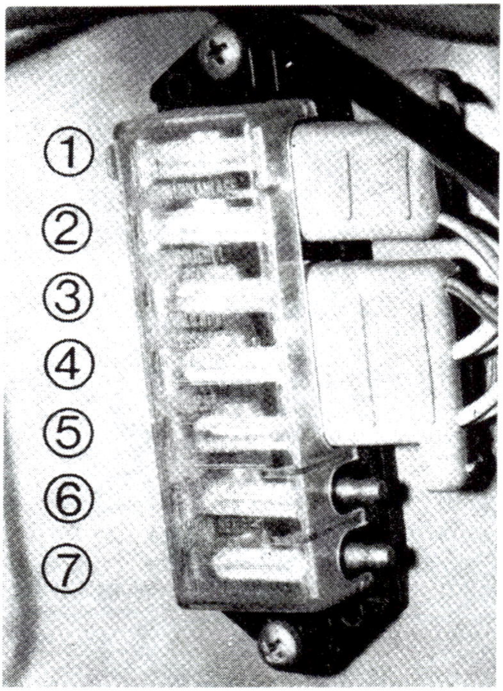

hat also im Auto keinen Bestand. Wenn zusätzlich Stromverbraucher angeschlossen oder einzelne Kabelstücke erneuert werden sollen, muß das richtige Kabel, möglichst auch in der genormten Farbe zum besseren Wiedererkennen, in der Ford-Vertretung oder in einer Kraftfahrzeug-Elektrik-Werkstatt gekauft werden.

Die Sicherungen

An der Motorraum-Trennwand hängt senkrecht der Sicherungskasten mit dem durchsichtigen Plastikdeckel. Auf ihm ist eingeprägt, welche Stromverbraucher Ihres Escort an der jeweiligen Sicherung liegen. Die Sicherungen haben durchzuschmelzen, wenn in den abgesicherten Stromkreisen Kurzschluß oder Überlastung auftritt. Diese Selbstzerstörung der Sicherung ist der Schutz davor, daß ein Kabel zu schmoren beginnt oder ein Verbraucher zerstört wird. Auch ab welcher Stromstärke die Sicherung schmelzen muß, ist durch die Bauart festgelegt. Aus diesem Grund darf eine durchgebrannte Sicherung niemals durch einen Draht, Nagel oder durch Stanniolpapier „geflickt" werden, wenn man nicht einen Autobrand riskieren will. Das wäre auch am völlig falschen Ende gespart, schließlich kostet eine neue Sicherung nur ein paar Pfennige.
Nicht durch Sicherungen überwacht sind die Schaltungen zwischen Batterie, Lichtmaschine, Anlasser und Zündschloß. Falls der Motor einmal nicht anspringen will, hat es demnach keinen Sinn, die Schuld an einer defekten Sicherung zu suchen.
Wichtig: Verändern Sie nichts an der serienmäßigen Absicherung, indem Sie einen zusätzlichen Verbraucher, wie z. B. Nebelscheinwerfer, an eine Sicherung legen und den früher dort angeschlossenen Verbraucher an eine der übrigen Sicherungen klemmen, denn manche Sicherungskreise sind gesetzlich vorgeschrieben. So dürfen beispielsweise die hinteren Schlußleuchten nicht an einer gemeinsamen Sicherung liegen.

Wenn eine Sicherung durchbrennt, so liegt meist ein dauernder oder zeitweiliger Kurzschluß vor, sofern die betreffende Sicherung nicht dadurch überlastet wurde, daß man einen zusätzlichen Verbraucher angeschlossen hat. Wird die durchgebrannte Sicherung durch eine neue ersetzt, und brennt diese sofort oder nach einiger Zeit wieder durch. Um das zu vermeiden, muß also zuerst der Kurzschluß in der Leitung oder im Verbraucher gesucht werden, was häufig eine zeitraubende Angelegenheit ist.
Gelegentlich kommt es auch vor, daß sich zwischen den Federbügeln des Sicherungshalters und den Anschlußkappen der Sicherung eine Oxydschicht gebildet hat, die den Stromdurchgang behindert. Ein gänzlicher Ausfall des hier angeschlossenen Verbrauchers ist aber selten die Folge der Oxydation, meist wird nur seine Leistungsfähigkeit herabgesetzt. Abhilfe: Sicherung mit Daumen und Zeigefinger in der Halterung hin- und herdrehen. Dabei die Bügel mit der anderen Hand etwas zusammendrücken. Sicherung herausnehmen, Bügel etwas zusammendrücken und Sicherung wieder einsetzen.
Fällt ein Verbraucher aus, braucht man nicht sofort die Sicherungen zu kontrollieren. An manchen Sicherungen hängen mehrere Verbraucher, so daß es genügt, einen dieser Verbraucher einzuschalten, der bei ausgefallener Sicherung auch nicht funktioniert. Dazu muß man aber wissen, welche Verbraucher an welcher Sicherung hängen, siehe Foto mit Bildtext auf Seite 122. Diese Aufstellung kann Ihnen vielleicht ersparen, daß Sie bei strömendem Regen aussteigen müssen, um nach den Sicherungen zu schauen.

Kunstgewitter

Der Motor Ihres Escort wird, wie es bei Vergasermotoren üblich ist, durch Batteriezündung zum Leben erweckt. Sie wird gebraucht, um das Kraftstoff/Luft-Gemisch im Brennraum zu entzünden. Der zündende Funke springt an der Zündkerze über. Aber vorher muß die Spannung auf über 10 000 Volt hochtransformiert werden, denn die schlichten 12 Volt aus der Batterie bzw. der Lichtmaschine genügen ja nicht, um gegen den Druck des zusammengepreßten Gemischs im Brennraum an der Kerze einen so kräftigen Funken überspringen zu lassen, wie er dort notwendig ist.

Etwas Funken-Theorie

Die Ampere (Stromstärke) spielen in diesem Zusammenhang keine große Rolle, denn ein Funke springt zwischen zwei Polen nur durch hohe Spannung, aber nicht durch hohe Stromstärke über. (Wer beim Basteln schon einmal einen elektrischen Schlag an der Zündanlage erwischt hat, kann bestätigen, daß nicht viel Kraft dahinter sitzt.) Ferner muß der Zeitpunkt gesteuert werden, wann der Zündfunke an den Kerzen-Elektroden überzuspringen hat. Das besorgen in wohl abgestimmtem Rhythmus die Zündspule, der Verteiler und der Unterbrecher.

Damit hätten wir folgende Bestandteile der Zündanlage:

- Batterie oder Lichtmaschine
- Zündspule
- Unterbrecher
- Verteiler
- Zündkabel
- Zündkerzen

Nur indirekt mit der Zündung zu tun hat, trotz des Namens, das Zündschloß. Es ist die Schaltstation, durch die Sie mit dem Zündschlüssel den Elektronenfluß in Bewegung setzen können. Das Zündschloß bekommt Strom über die Klemme 30 direkt von der Batterie, schickt diesen weiter an den Anlaß-Magnetschalter, der den Motor zum Start durchdreht, leitet gleichzeitig Strom an die oben aufgezählte Zündanlage für die ersten Zündungen weiter, damit der Motor anspringen kann. Auf das Schloß mit der Doppelfunktion kommen wir noch zu sprechen.

Wie der Zündfunke entsteht

Elektrischer Strom kann nur in einem geschlossenen Stromkreis fließen. Auf das Auto übertragen heißt das, daß vom Pluspol der Batterie oder Lichtmaschine ein Strom zum Verbraucher und durch diesen zur „Masse" der Fahrzeugkarosserie fließt, von wo er wieder zum Minuspol der Batterie gelangt. (Eigentlich „fließen" die Elektronen umgekehrt, von Minus nach Plus, aber das wußte man noch nicht, als man diese Bezeichnungen schuf, weshalb wir bei den vertrauten Bezeichnungen bleiben.)

Die Zündanlage hat einen doppelten Stromkreis oder sagen wir, es sind zwei Stromkreise ineinander verschlungen: der Primär-Stromkreis und der Sekundär-Stromkreis.

Fangen wir beim ersten Stromkreis, dem Primärstromkreis, an: Der Strom mit

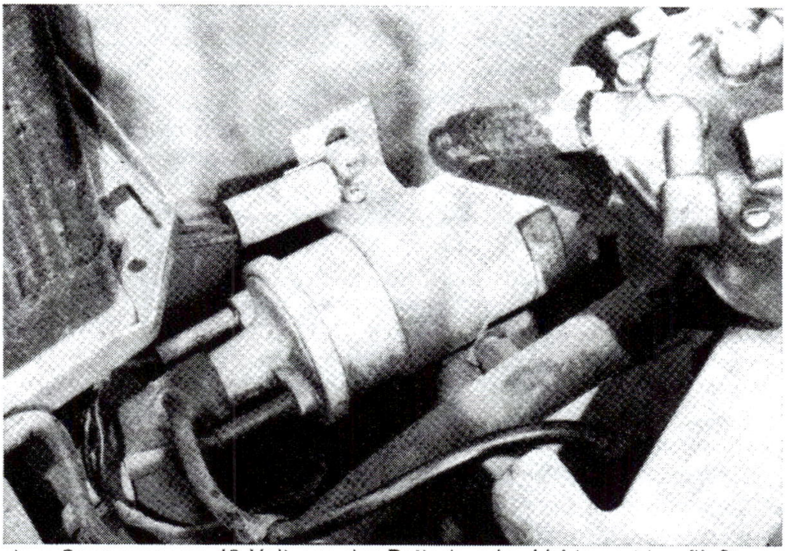

Die Zündspule liegt an der rechten Motorraum-Seitenwand hinter der Batterie. Das dicke Mittelkabel (4) leitet den hochgespannten Zündstrom zur Mitte des Verteilerdeckels.
Das dünne Kabel unten (1) führt den Primärstrom zum Unterbrecher.
Am oberen Anschluß (Klemme 15) sind die Kabel 15 (zum Zündschloß) und 16 (Widerstandsleitung zum Anlasser) angeschlossen.

einer Spannung von 12 Volt aus der Batterie oder Lichtmaschine fließt vom Pluspol der Batterie (+) über das Zündschloß, weiter zum Unterbrecher, der den Zündstrom an Masse weiterleitet, solange er geschlossen ist. Damit wäre der Primärstromkreis geschlossen.
In der dicken Drahtwicklung der Zündspule entsteht dabei ein magnetisches Feld, das durch einen Eisenkern in der Mitte noch verstärkt wird. Wenn nun der Unterbrecher den Primärstromkreis unterbricht, fällt das Magnetfeld um die Primärwicklung der Zündspule schlagartig zusammen. Dabei entsteht – durch sogenannte Induktion – in der Sekundärwicklung der Zündspule, die aus vielen Lagen dünnen Drahts besteht, ein plötzlicher Spannungsanstieg von weit über 10 000 Volt.
Dieser Stromstoß wird von der Zündspule über eine Zündleitung in das Obergeschoß des Verteilers an den sich drehenden Verteilerläufer geschickt, von dort über die Zündkabel an die Zündkerzen-Elektroden weitergeleitet, wo der hochgespannte Zündstrom als Zündfunken überspringt. Und dieser entzündet das Gemisch im Brennraum. Der Funke springt wieder an Masse über – an die Masse-Elektrode der Kerze –, so daß auch dieser Sekundärstromkreis geschlossen ist, denn die Zündspulen-Sekundärwicklung ist ja über die Primärwicklung mit der Plusseite der Batterie oder der Lichtmaschine verbunden. Wie der Stromverlauf in der Praxis aussieht, kann man leicht im Schaltplan verfolgen.

Die Zündspule

Der zylindrische Aluminiumkörper ist schräg unter der Batterie gegen den rechten Radkasten geschraubt. Zu der Zündspule führt das mittlere der fünf dicken schwarzen Zündkabel des Verteilers. An der Zündspule ist nichts zu warten und nichts zu reparieren. Wenn die Zündspule nicht mehr funktioniert, muß sie ausgetauscht werden.

Die Kabelanschlüsse der Zündspule

Die beiden dünnen Kabel der Zündspule liegen an den Enden der Primärwicklung in der Zündspule. Wie schon erwähnt, bekommt die Zündanlage von der Schaltstation Zündschloß den Strom zugeschickt, wenn Sie den Zündschlüssel auf III drehen. Das geschieht über das dünne schwarzgelbe Kabel, das an der Zündspulenklemme 15 endet. Über das andere dünne

Kabel mit schwarzgrüner Farbe, unterbricht der Unterbrecher den Stromfluß in der Primärwicklung, so daß in der Sekundärwicklung der Strom durch Induktion hochtransformiert werden kann. Dieser hochgespannte Strom wird über das bereits erwähnte dicke schwarze Zündkabel zur Mitte des Verteilerdeckels weitergeleitet, die dazugehörigen Anschlüsse in Zündspule und Verteiler tragen laut Normung die Bezeichnung Klemme 4.
Wir wollen auch das zweite dünne, schwarzgelbe Kabel nicht vergessen, das aus dem Kabel 15 abzweigt: das ist Nr. 16, das zur entsprechenden Anlasserklemme führt. Damit hat es seine besondere Bewandtnis. Das Kabel 16 tritt nämlich während des Startvorgangs in Aktion, um das Kabel 15, das als Vorwiderstandsleitung ausgebildet, zu umgehen. Für die Erklärung dieser Tatsache müssen wir etwas ausholen.

Der Vorwiderstand

Schon in früheren Zeiten kannte man den Zündspulen-Vorwiderstand, verwendet wurde er vorwiegend, um den Primärstrom der Zündspule zu begrenzen und dadurch die Zündspule bei zwar eingeschalteter Zündung, aber stehendem Motor ruhestromsicher zu machen. Damit hat die neuerdings verstärkte Anwendung des Vorwiderstands jedoch weniger zu tun. Man will vielmehr heutzutage einen günstigeren Verlauf der Zündspannung über den ganzen Drehzahlbereich erreichen.
Dazu hält man die Betriebsspannung moderner Zündspulen bewußt niedrig, legt sie bei einer 12 Volt-Anlage also niedriger aus, etwa auf 8 Volt. So kann man die Windungszahl der Primärwicklung in der Zündspule verringern. Beim Unterbrechen des Stroms durch den Unterbrecher erhält man eine geringere Gegenspannung (Selbstinduktionsspannung), was einen rascheren Anstieg und deshalb einen flacheren Verlauf der Sekundärspannung über den ganzen Drehzahlbereich zur Folge hat. Das ist besonders bei hochdrehenden Motoren erwünscht, die eine hohe Funkenzahl je Zeiteinheit benötigen.
Im Fahrbetrieb dürfen natürlich bei einer so ausgelegten Zündspule nicht die vollen 12 Volt der Bordspannung auf die Zündspule treffen. Sie würde dadurch vorzeitig verschlissen. Deshalb hat man das Kabel 15 als Vorwiderstandsleitung ausgelegt, von ihr wird die Differenz zwischen den 12 Volt Bordspannung und den erwähnten ca. 8 Volt Zündspulen-Betriebsspannung aufgenommen. Fürs Starten braucht man jedoch den vollen Saft aus der Batterie. Deshalb hat man parallel zum Kabel 15 das Kabel 16 gelegt, das vom Anlasser direkt zur Zündspule geht. Während des Startvorgangs bekommt die Zündspule also die volle Bordspannung zur Entwicklung eines kräftigen Zündfunkens, weil das Kabel 16 die Vorwiderstandsleitung 15 schlicht umgeht.

Zündspule und Vorwiderstand prüfen

Mangelhafte oder gar nicht vorhandene Zündfunken können unwahrscheinlich viele Ursachen haben. Für eine Ford-Werkstatt und vor allem für einen Bosch-Dienst ist es kein Problem, mit ihren Meßgeräten eine schlappe Zündspule zu erkennen, auch Zündaussetzer bei hohen Drehzahlen lassen sich auf der „Prüfbank" feststellen, was für den Heimwerker nicht möglich ist. Aber es gibt einige behelfsmäßige Prüfmethoden:

■ Zuerst prüfen, ob aus der Zündspule überhaupt hochgespannter Zündstrom durch das dicke Hauptzündkabel „herauskommt". Dazu Hauptzündkabel aus der Mittelbuchse des Verteilers ziehen. Motor (ohne Gasgeben) von Helfer starten lassen und blankes Hauptzündkabelende auf etwa 10 mm gegen Motorblockmetall halten. Springen kräftige Funken über, ist es wahrscheinlich nicht die Zündspule (sie kann aber bei hohen Drehzahlen dennoch aussetzen). War

diese Hochspannungsprüfung unbefriedigend, müssen Sie feststellen, ob die Kontakte der Zündspule und des Vorwiderstandkabels überhaupt Strom erhalten. Am besten eignet sich dazu eine selbstgebastelte Behelfsprüflampe (an eine alte Scheinwerferlampe mit noch einem intakten Glühfaden zwei entsprechend lange Kabel andrillen oder festlöten). Deren Eigenverbrauch von mindestens 40 Watt gibt durch unterschiedlich helles Leuchten auch den Hinweis, ob Vorwiderstand oder Zündspulenwiderstand richtig funktionieren oder durch Kurzschluß überbrückt sind. Noch genauer ist ein parallel zur Behelfsprüflampe geschaltetes Voltmeter. Weniger geeignet ist eine gewöhnliche Elektrik-Prüflampe, denn deren geringer Eigenverbrauch zeigt nur, ob überhaupt Strom fließt, sagt aber nichts über die Widerstandswirkung.
Als Vorbereitung zur Prüfung an Klemme 1 der Zündspule das Kabel zum Unterbrecher lösen, damit der Strom über die Unterbrecherkontakte unterbrochen ist und durch die Behelfsprüflampe fließen muß.

- Zündung einschalten: Lade- und Öldruckkontrolle müssen brennen.
- Ein Ende des Prüflampenkabels (und Plus-Klemme des Voltmeters) an den außenliegenden Kontakt des Vorwiderstandskabels drücken, das andere Ende (und Minus-Klemme des Voltmeters) an „Masse": Die Lampe muß hell brennen, das Voltmeter zeigt etwa 11,5 Volt.
- Die gleiche Prüfung an Klemme 15/+ der Zündspule. Die Lampe brennt etwas trüber, das Voltmeter zeigt etwa 8,5 Volt. Brennt nichts, ist das Vorwiderstandskabel unterbrochen. Brennt es so hell wie am Außenkontakt, ist das Vorwiderstandskabel durch Kurzschluß überbrückt.
- Gleiche Prüfung an Klemme 1/- der Zündspule: Die Behelfsprüflampe brennt sehr trübe (Voltmeter zeigt etwa 5 Volt). Brennt nichts, ist die Primärwicklung der Zündspule unterbrochen. Brennt es zu hell, Kurzschlußüberbrückung in der Zündspule. In beiden Fällen neue Zündspule einbauen.
- Sind die Leucht- (und Meß-) Ergebnisse gut, gibt es aber trotzdem keinen guten Zündfunken, kann die Sekundär-(Hochspannungs-) Wicklung der Zündspule defekt sein. Oder es liegt am Kondensator (siehe Seite 134).

Der Unterbrecher

Er sitzt im „Zwischengeschoß" des Verteilers auf der Unterbrecherplatte und ist gegen Masse isoliert. Durch sein Abheben bestimmt er den Zündzeitpunkt. Entsprechend den vier Zylindern des Escort-Reihenmotors hat die Verteilerwelle dort, wo das Fiberstück des Unterbrecherhammers anliegt, vier Nocken, die den Unterbrecherhammer pro Umdrehung der Verteilerwelle viermal zum Abheben zwingen.
Es werden also vier Funken erzeugt, die der Verteilerläufer, der über der Unterbrecherplatte kreist, in der richtigen Reihenfolge demjenigen Zylinder zuleitet, der gerade Kraftstoff und Luft verdichtet. Die beste Leistung hat der Motor, wenn der Druck des brennenden Kraftstoff/Luft-Gemischs unmittelbar nach Beginn der Abwärtsbewegung des Kolbens am größten ist. Da aber das Gemisch stets eine gleichbleibende Zeit zum vollen Entflammen braucht – es ist zwar nur eine 1/3000 Sekunde, aber das spielt bei den mittleren Kolbengeschwindigkeiten der Escort-Motoren (siehe technische Daten) schon eine Rolle –, muß mit steigender Drehzahl der Zündzeitpunkt immer früher gelegt werden. Dafür sorgt der Fliehkraftversteller. Doch:

- Wird der Zündzeitpunkt zu früh gelegt, so schlägt das entflammende Gemisch dem noch aufwärtsstrebenden Kolben entgegen. Das führt zu Leistungsverlust, rauhem Motorlauf und erhöhter Lagerbelastung.
- Bei zu wenig Frühzündung verpufft die Verbrennungsenergie hinter dem abwärts eilenden Kolben und der Motor verliert an Leistung.

Die Zeichnung zeigt die Einzelteile des Verteilers, in dem auch der Unterbrecher und die Zündverstellung untergebracht sind. Die Details sind in der Reihenfolge gezeichnet wie sie zusammengebaut sind. Das ist eine wichtige Hilfe für den Fall, daß Sie den Verteiler einmal zerlegen müssen. Die Zahlen bedeuten: 1 – Verteilerläufer, 2 – Schmierfilz, 3 – Sicherung, 4 – Nocken, 5 – Primärfeder, 6 – Fliehgewichte, 7 – Verteilerwelle, 8 – Verschlußstopfen, 9 – Sekundärfeder, 10 – Kabel 1, 11 – Anschlag, 12 – Unterdruckdose, 13 – Scheibe, 14 – Vakuumanschlag, 15 – Vakuumfeder, 16 – Verteilerkappe, 17 – Kondensator, 18 – Kontaktsatz, 19 – Verstellplatte, 20 – Grundplatte.

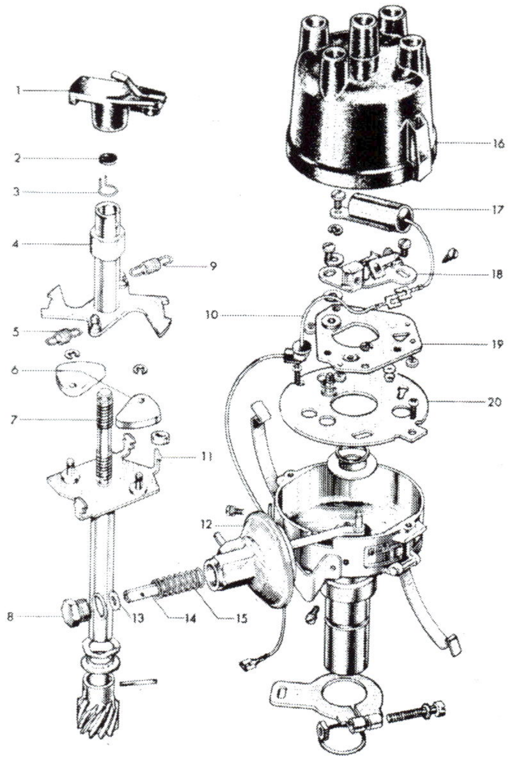

Die Zündverstellung

Für die Verbrennung des im Verbrennungsraum zusammengepreßten Kraftstoff/Luft-Gemischs ist eine gewisse Zeit erforderlich. Die beste Motorleistung wird erreicht, wenn die Verbrennung beendet ist, kurz nachdem der betreffende Kolben seinen oberen Totpunkt erreicht hat. Der Zündzeitpunkt (wir kommen noch darauf) muß entsprechend gewählt werden. Bliebe jedoch der Zündzeitpunkt auch bei Erhöhung der Motordrehzahl unverändert, so würde die Verbrennung wegen der nun höheren Kolbengeschwindigkeit zu spät nach Erreichen des oberen Totpunktes beendet sein. Die Folge wäre, daß Explosion im Brennraum hinter dem abwärts eilenden Kolben herpufft, der Verbrennungsdruck also gering wäre: die Leistung sinkt.

Dieses zu verhindern ist die Aufgabe der Zündverstellung, die den Zündzeitpunkt entsprechend der Motorbelastung und der Zusammensetzung des Kraftstoff/Luft-Gemischs vorverlegen muß. Beim Escort wird die Zündverstellung im Teillastbereich von einer Unterdruckdose übernommen, die außerhalb des Verteilers liegt und über ein federbelastetes Gestänge mit der Unterbrecherplatte im Verteiler verbunden ist. Im Zusammenspiel mit dieser Unterdruckverstellung – der Unterdruck wirkt auf sie über einen Schlauchanschluß vom Vergaser her und nimmt die Unterbrecherplatte um den Betrag mit, den die Feder zuläßt – wird die Zündverstellung, besonders im Vollastbereich, durch die Fliehkraftverstellung ergänzt.

Diese Fliehkraftverstellung ist in der Verteilerunterseite untergebracht und ebenfalls mit der Unterbrecherplatte verbunden. Zwei Gewichte dieser von der Nockenwelle angetriebenen Verstellung fliehen mit zunehmender Motordrehzahl mit immer stärkerer Kraft nach außen, nur gebremst durch genau abgestimmte Federn. Und entsprechend der Federstärke nehmen die Gewichte die Unterbrecherplatte um einen bestimmten Betrag mit – die Zündung wird vorverlegt. Fällt die Drehzahl ab, wird die Zugkraft der Fliehgewichte

– und auch der Unterdruck in der Dose – geringer, und die Unterbrecherplatte und damit der Zündzeitpunkt wandert entsprechend zurück, bis auf seine Grundeinstellung im Leerlauf.
Die Fliehgewichte mit ihren Federn sind ebenso wie die Unterdruckeinstellung mit Feder genau abgestimmt. Deshalb können Eingriffe von unberufener Hand die ganze Zündabstimmung durcheinanderbringen. Die Werkstatt prüft die sogenannten Zündverstellkurven anhand genauer Aufzeichnungen.
Störungen kann man vermuten, wenn bei sonst einwandfreier Zündanlage der Motor sogenannte „Löcher" im Übergang hat (evtl. Unterdruckdose undicht) oder der Motor in höheren Drehzahlbereichen nicht auf Leistung kommt (Federn der Fliehkraftverstellung erlahmt), obgleich der Zündfunke bei leerlaufendem Motor einwandfrei stimmt.

Die Unterbrecherkontakte

An den Kontakten des Unterbrechers, am Hammer und am Amboß, die eine etwa 0,8 mm dünne Auflage von Wolfram-Metall aufweisen, bewirkt Abreißen und Schließen des Stromkreises einen unvermeidlichen Verschleiß durch Abbrand, Verschmoren und Metallwanderung, obwohl gerade Wolfram hart und widerstandsfähig ist.
Durch den Gleichstrom bilden sich am Hammer kleine Krater und am Amboß kleine Höcker, die sich in die Krater einfügen. Das stört am Anfang nicht weiter, macht aber eine genaue Abstandsmessung mit der Fühllehre schlecht möglich. (Man kann dann nur am Rand der Kontakte messen.) Früher nahm man in solchen Fällen eine speziell dafür geschaffene Kontaktfeile und feilte die Kontakte wieder flach. Das ist aber heute nicht mehr empfehlenswert, denn die abgefeilten Metallspäne können Kurzschlüsse verursachen, außerdem ist der Wolfram-Auftrag zu dünn zum Feilen. Deshalb ist es besser, die Kontakte auszutauschen. Kontakte kosten kaum mehr als 4 DM.

Fingerzeig: *Der Escort reagiert mit Startunwilligkeit und Zündstörungen auf verbrauchte Unterbrecherkontakte. Wenn diese Erscheinungen auftreten, zuerst nach den Kontakten sehen. Besser gleich auswechseln (siehe nachstehende Abschnitte). Das wirkt oft Wunder, besonders für den Kaltstart.*

Unterbrecherkontakte prüfen

Pflegearbeit Nr. 21

Wie die Motoreinstellung insgesamt sollen die Unterbrecherkontakte alle 10 000 km oder einmal im Jahr geprüft und gegebenenfalls durch neue ersetzt werden. Es ist aber keine Vorschrift, die Unterbrecherkontakte jedesmal auszutauschen, wie dies manche Werkstätten tun. Ist die Zündanlage in Ordnung, müssen die Kontakte mehr als ein Jahr Fahrbetrieb aushalten.

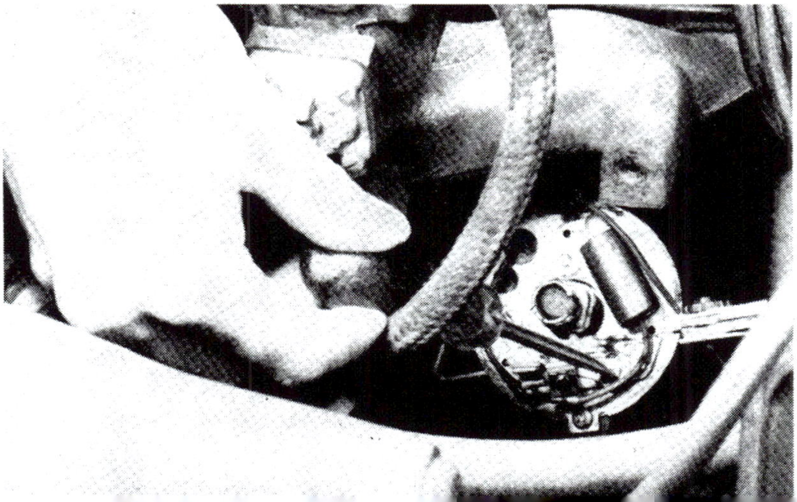

Die Schraube, an der der Schraubenzieher angesetzt ist, muß gelockert werden, wenn man die Unterbrecherkontakte einstellen will. Knapp darüber sieht man die Unterbrecherkontakte, zwischen die das Blatt der Fühlerlehre geschoben ist, um den Kontaktabstand zu messen. Nach Lösen der Schraube wird die Kontaktplatte auf der Grundplatte entsprechend mit einem Schraubenzieher verschoben, bis der richtige Kontaktabstand erreicht ist.

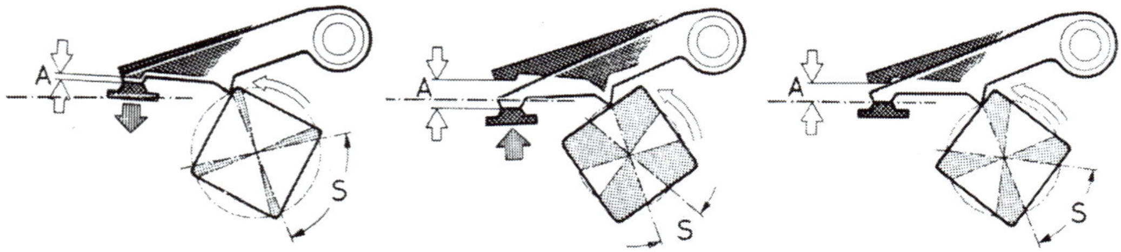

Die Zeichnungen zeigen den Einfluß des Unterbrecher-Kontaktabstandes A auf den Schließwinkel S; links ist der Kontaktabstand A zu klein, deshalb der Schließwinkel S zu groß. Mitte: Kontaktabstand A zu groß, Schließwinkel S zu klein. In der rechten Zeichnung sind sowohl der Kontaktabstand A wie der Schließwinkel richtig.

Zur Prüfung Verteilerdeckel und -läufer abnehmen. Mit Schraubenzieher oder von Hand die Federklammern vom Deckel abstreifen. Dann Verteilerläufer abziehen. (Übrigens ist ein abgezogener Verteilerläufer auch ein zusätzlicher Diebstahlschutz.)

Dann Unterbrecherhammer abheben und die Kontakte ansehen. Eine Taschenlampe verbessert die Sicht. Die Kontakte nicht mit den Fingern berühren! Das Aussehen der Kontakte bedeutet:

- Kontakte silberartig, wie hell poliert: Zündanlage in Ordnung,
- grauer Überzug durch Oxydation: zu kleiner Kontaktabstand oder zu geringer Kontaktdruck,
- verbrannt, blau angelaufen: Kondensator oder Zündspule nicht intakt,
- verkrustet: Öl, Fett oder Schmutz zwischen die Kontakte geraten. Sind die Kontakte verschmutzt oder verkrustet, mit einem scharfkantigen Schraubenzieher oder Taschenmesser den Schmutz vorsichtig abschaben (keine Feile oder Schmirgelleinen dazu verwenden!). Anschließend ein Läppchen um einen dünnen Holzstab wickeln und mit Tetrachlorkohlenstoff (als Fleckenreinigungsmittel in Drogerien bekannt) tränken. Damit die Kontakte abwischen. Kein Benzin, Kontakte sind dagegen empfindlich.

Kontaktabstand prüfen und einstellen

Der richtige Abstand der Unterbrecherkontakte muß mit einer Fühllehre („Spion") gemessen werden.

Der Abstand zwischen Unterbrecherhammer und -amboß soll bei voller Öffnung 0,6 bis 0,65 mm betragen. Vor dem Messen des Kontaktabstandes 3. oder 4. Gang einlegen und Wagen so weit verschieben, bis ein Nocken der Verteilerwelle den Hammer in seine Höchststellung gebracht hat.

Oder man dreht den Motor am Keilriemen mit Unterstützung durch den Kühlventilator so weit durch, z. B. beim Automatic-Escort, bei dem man durch Schieben den Motor nicht durchdrehen kann.

Jetzt schiebt man die Fühlerblattlehre 0,6 mm zwischen die Kontakte. Die Fühlerblattlehre muß sich leicht zwischen den Kontakten herausziehen lassen. Sie darf also nicht klemmen, andererseits aber auch nicht zwischen den Kontakten wackeln. Genaue Prüfung des Kontaktabstands ist jedoch nur bei neuen und ebenen Kontakten möglich. Deshalb wird bei älteren Kontakten die Fühlerlehre nur außen am Rand zwischen die Kontakte gehalten. Stimmt der Abstand von 0,6 mm nicht, muß die Schlitzschraube, die den Unterbrecheramboß festhält, gelöst und der Amboß auf der Grundplatte im gewünschten Sinn verschoben werden. Das macht man am besten mit einem Schraubenzieher, den man in den dafür vorgesehenen Schlitz steckt und leicht verdreht. Schraube wieder festziehen, nachdem der richtige Abstand hergestellt wurde. Danach nochmal den Abstand prüfen.

Schließwinkel einstellen

Teil der Pflegearbeit Nr. 21

Die gut ausgestatteten Werkstätten und die Bosch-Dienste ersparen sich dieses Nachmessen des Kontaktabstandes mit der Fühlerlehre. Stattdessen stellen sie die Kontakte mit Hilfe eines Schließwinkelgerätes ein. Diese Messung ist genauer, weil unebene Kontakte dabei nicht stören können.

Der Schließwinkel besagt, um wieviele Winkelgrade sich die Verteilerwelle vom Schließen der Kontakte bis zum Öffnen weiterdreht. Je näher man die Kontakte aneinanderbringt, um so größer muß der Schließwinkel werden, weil die eingestellten Kontakte länger geschlossen bleiben. Bei größerem Kontaktabstand ist der Schließwinkel dagegen kleiner. Bei alten unebenen Kontakten wird die Werkstatt mit dem Schließwinkel etwas höher gehen. Bei neuen Kontakten wird sie einen etwas niedrigeren Schließwinkel wählen. Bei dieser Prüfung und Einstellung wird der Verteiler über den Motor durch den Anlasser gedreht: Werkstattsache, da Prüfgerät für den Privatmann zu teuer und somit unrentabel, weshalb wir im Pflegeplan ein W vor die Arbeit gesetzt haben. Der Schließwinkel ist für alle Escort-Modelle auf 39° ± 1° bzw. 43% ± 1% festgelegt.

Unterbrecherkontakte auswechseln

Wenn die Kontakte verbraucht sind, müssen sie durch neue ersetzt werden. Man soll das besser zu früh als zu spät tun, wenn man Ärger vermeiden will. Ausgewechselt wird sowohl der Hammer als auch der Amboß. Sind die alten Kontakte verschmort oder blau angelaufen, sollte unbedingt die Ursache dafür gesucht werden. Sonst sehen die neuen bald wieder so aus.
Zum Auswechseln das Kabel 1 und das Kondensatorkabel vom Kontaktsatz lösen und die beiden Schlitzschrauben, die den Kontaktsatz halten, herausdrehen. Jetzt kann man Hammer und Amboß herausheben. Vor dem Neueinbau möglichst die Nockenbahn der Verteilerwelle reinigen und leicht einfetten.
Beim Einbau darauf achten, daß der Kontaktsatz mit dem Drehpunkt so in die Bohrung der Verstellplatte eingesetzt wird, daß die gesamte Fläche des Kontaktsatzes auf der Verstellplatte aufliegt. Die Schlitzschrauben leicht anziehen, Kabel anschließen und Lagerzapfen des Unterbrecherhebels etwas einfetten. Zum Schluß die Unterbrecherkontakte einstellen, wie oben geschildert.

Zündzeitpunkt einstellen

Teil der Pflegearbeit Nr. 21

Bei jeder Motoreinstellung (alle 10000 km oder einmal im Halbjahr) bei Neueinstellen oder Auswechseln der Unterbrecherkontakte, nach dem Zusammenbau des Motors oder dem Aus- und Wiedereinbau des Zündverteilers, muß der Zündzeitpunkt neu eingestellt werden. Der Zündzeitpunkt muß im Interesse einer guten Motorleistung und des sparsamen Kraftstoffverbrauchs genau eingestellt werden. Man braucht jedoch gelegentlich der Inspektion die Zündeinstellung zunächst nur überprüfen und sie nachstellen, falls erforderlich.
Ford sagt, daß eine genaue Einstellung der Zündung nur in der Werkstatt möglich ist, weil nicht nur die Grundeinstellung der Zündanlage sondern auch deren Verstellung durch Fliehkraft und Unterdruck geprüft wird. Dafür hat nur die Werkstatt die Spezialgeräte und die Verstellkurven. Außerdem stellt die Werkstatt den Zündzeitpunkt mit der Stroskoplampe ein, die mit Lichtblitzen arbeitet. Dabei läuft der Motor, so daß auch die Lagerspiele im Verteiler, Unterbrecher und Motor berücksichtigt werden, was natürlich ein genaueres Einstellen ermöglicht.
Wir schildern hier nur die Zündeinstellung bei stehendem Motor und mit 12 Volt-Prüflampe, denn man kann schon mal in die Verlegenheit kommen, ohne Werkstatthilfe den ganzen Verteiler oder auch nur die Unterbrecherkontakte wechseln zu müssen. Dann kann man durchaus eine Grundeinstellung in eigener Regie vornehmen und den Zündzeitpunkt später in der Werkstatt prüfen und wenn nötig nachregulieren lassen.
Wenn Sie zwischen den Riemenscheiben von Ventilator und Lichtmaschine

in den Motorraum hinabblicken, sehen Sie hinter der Kurbelwellen-Riemenscheibe eine viereckige Erhebung auf dem Motorgehäuse, darauf stehen die vier Markierungen 12°, 8°, 4° und TDC (top dead center = oberer Totpunkt). Bis September 1970 waren es nur drei Markierungen: 10°, 8° und 6°. Seit September 1970 werden alle Escort-Motoren einheitlich auf 6° Vorzündung eingestellt, vor September 1970 auf 10°, nur der 1100 S-Motor mit 45 PS auf 6° vor OT. Die 10°-Marke ist deshalb vorhanden, weil die neuen Motorgehäuse bzw. Stirnraddeckel auch für ältere Service-Motoren verwendet werden, die 8°-Marke gilt nur für den 900 ccm-Motor, der aber in Deutschland nicht angeboten wird.

Zum Einstellen des Zündzeitpunkts nehmen Sie nun den Verteilerdeckel ab (an der Motorseite mit Schraubenzieher abdrücken) und drehen den Motor so weit durch, bis unten im Motorraum die für den jeweiligen Motor richtige Markierung auf dem Stirnraddeckel mit der Markierung auf der Kurbelwellenriemenscheibe übereinstimmt. Bei Motoren bis September 1970 muß die Pfeilspitze der Markierung genau in die Spitze der Kerbe auf der Riemenscheibe zeigen, bei Motoren ab September 1970 ist die Kerbe auf der Riemenscheibe halbrund, in die die Markierung weisen muß. Jetzt muß auch der Verteilerläufer oben auf der Verteilerwelle auf die Mitte des zylinderförmigen Kondensators zeigen, der auf der Unterbrechergrundplatte sitzt. Schließen Sie die 12 Volt-Prüflampe an: ein Kabel an die Klemme 1 der Zündspule anschließen (am besten am Verteiler selbst), wobei das Kabel angeschlossen bleibt. Das andere Prüflampenkabel wird an Masse, also an den Motorblock gelegt.

Zündung einschalten: Bei Übereinstimmung der Markierung auf dem Stirnraddeckel mit der Riemenscheibenmarkierung und Verteilerläufer auf Kondensatormitte, muß die Prüflampe aufleuchten, falls die Unterbrecherkontakte geöffnet sind. Nun die Schlitzschraube des Halteflansches, der den Verteiler auf dem Motor fixiert, gerade so weit lösen, daß der Verteiler etwas verdreht werden kann. Fassen Sie das Verteilergehäuse und verdrehen Sie es ein wenig nach links, bis die Unterbrecherkontakte schließen und die Prüflampe verlöscht.

Um zusätzliches Lagerspiel auszuschalten, drücken Sie die Verteilerwelle mit dem aufgesetzten Läufer nach links bis zum Anschlag und lassen wieder los. Jetzt drehen Sie das Verteilergehäuse langsam nach rechts, im Uhrzeigersinn, bis die Prüflampe gerade aufleuchtet. Das ist der Öffnungsbeginn der Unterbrecherkontakte. In dieser Stellung muß die Klemmschraube des Halteflansches am Verteilerfuß fest angezogen werden.

Zündung ausschalten, Prüflampe abziehen und Verteilerkappe sorgfältig wieder aufsetzen (an der Motorseite Federklemme mit Hilfe des Schraubenziehers andrücken). Die Verteilerkappe muß genau senkrecht auf den Verteiler aufgesetzt werden, um Undichtigkeiten zu vermeiden. Für die richtige Stellung hat der Verteiler eine Arretierung, die man spürt, wenn man die Kappe beim Aufsetzen etwas hin- und herdreht.

Fingerzeig: *Wenn Sie beim Verschieben des Wagens oder beim Durchdrehen des Motors die Markierung auf der Kurbelwellenriemenscheibe über die entsprechende Markierung auf dem Stirnraddeckel hinausgedreht haben, drehen Sie erst ein gutes Stück zurück und unternehmen einen neuen Anlauf, um die Markierungen in Deckung zu bringen. Damit schalten Sie das immer vorhandene Spiel im Verteilerantrieb aus, andernfalls würde die Einstellung des Zündzeitpunkts nicht stimmen. Ebenso verfährt man, wenn*

Die Verteilerkappe abgenommen. Das Reinigen des Verteilers, kann man selbst übernehmen. Es geht im wesentlichen darum, die Verteilerkappe innen und außen sauber und trocken zu halten, damit über Schmutz und Feuchtigkeit keine Strombrücken entstehen können. Solche Brücken kann man in fortgeschrittenem Zustand auch sehen, und zwar als haarfeine Schmutzlinien. Hat man mit diesem Problem mehrmals zu kämpfen, so wechselt man die Kappe besser gleich aus als sie ständig mit dem Lappen auszureiben oder mit einem sogenannten Isolierspray auszusprühen.

beim Verdrehen des Verteilergehäuses der Aufleuchtzeitpunkt der Prüflampe überschritten wurde.

Der Zündverteiler

Obwohl man im Sprachgebrauch das ganze Aggregat, das auch den Unterbrecher, den Unterdruck- und den Fliehkraftversteller umfaßt, Verteiler nennt, besteht der eigentliche Zündverteiler nur aus Verteilerläufer und -deckel (siehe auch die Zeichnung auf Seite 128).
Angetrieben wird der Zündverteiler über eine kurze Welle, deren Zahnrad mit einem Zahnrad auf der Nockenwelle kämmt. Auf dem oberen Ende der Welle sitzt der Verteilerläufer, der übrigens serienmäßig mit 5000 Ohm entstört ist. Der Läufer hat eine Metallnase, die in geringem Abstand an den Kontakten der Hochspannungsanschlüsse im Verteilerdeckel vorbeidreht. Der Verteilerläufer hat nun nichts anderes zu tun, als den im richtigen Zündzeitpunkt produzierten hochgespannten Stromstoß an die Zündkerzen weiterzuleiten. Den Stromstoß bekommt er über den Mittelanschluß im Verteilerdeckel von der Zündspule geschickt, und von der Metallnase springt der Funke zu dem in der Drehrichtung des Läufers nächsten Kerzen-Hochspannungsanschluß.

Zündverteiler reinigen und prüfen

Wie der Zündverteiler geschmiert wird, haben wir im Kapitel „Schmieren aller Teile" geschildert. Bisweilen sollte der Verteiler aber auch gereinigt und geprüft werden, da es von seiner einwandfreien Funktion abhängt, ob der Motor einwandfrei läuft und seine volle Leistung abgibt, siehe Foto.

So sieht die Verteilerkappe von innen aus. Zur Pflege gehört auch die Prüfung, ob die Kontaktkohle in der Mitte, die den Zündstrom an den Verteilerläufer weiterleitet, noch glatt und glänzend ist und ob sie leicht und ohne zu klemmen federnd beweglich ist. Prüfen Sie auch die Zündkabel auf der Kappe auf festen Sitz, indem Sie die Kabel herausziehen und wieder hineinstecken. Die Kontaktstellen an den Kabelenden müssen sauber sein, dürfen keine Oxydationsstellen aufweisen. Die Gummiabdeckungen an den Kabeln dürfen nicht brüchig oder schwammig sein, sonst kann sich Feuchtigkeit einschleichen. Verschlissene Teile der Zündanlage besser gleich auswechseln, als sich lange mit einem mühsam anspringenden und fehlerhaft laufenden Motor herumärgern.

Die Prüfung des Verteilers, abgesehen von den oben erwähnten Kontrollen, ist dagegen Sache der Werkstatt. Sie prüft dabei unter anderem die einwandfreie Zündverstellung durch Fliehgewichte und Unterdruckdose nach genauen Kurvenblättern. Zwar kann man auch selbst provisorisch durch Saugen am Anschlußstutzen prüfen, ob die Unterdruckdose noch dicht ist. Dazu muß aber der Verteiler ausgebaut werden.

Zündverteiler ausbauen

Verteilerkappe abnehmen und das dünne Kabel von der Zündspule abziehen, ebenso die Unterdruckleitung an der Unterdruckdose. Den Motor soweit durchdrehen oder Wagen bei eingelegtem 4. Gang verschieben, bis der Verteilerläufer zum Kondensator zeigt und die Kerbe auf der Kurbelwellen-Riemenscheibe der 6°-Marke (zwischen 4° und 8°) auf dem Stirnraddeckel genau gegenübersteht. Diese Stellung erleichtert den Wiedereinbau. Jetzt wird die Klemmschraube am Verteilerfuß mit dem Schraubenzieher gelöst, das Verteilergehäuse etwas nach links gedreht, damit die Schraube der Halteplatte am Motorblock zugänglich wird. Schraube der Halteplatte herausdrehen und den Zündverteiler herausziehen.

Zum Einbau die Verteilerwelle drehen, bis der Verteilerläufer zwischen Kondensator-Halteschraube und Kondensator weist. Den Verteiler so in Einbaulage halten, daß die Zugstange der Unterdruckdose parallel zum Motorblock steht. In dieser Stellung wird die Verteilerwelle in den Motorblock eingeführt. Verteilergehäuse etwas nach links drehen, damit die Schraube der Verteilerhalteplatte eingesetzt und festgezogen werden kann. Dann das Verteilergehäuse wieder ein wenig nach rechts drehen, bis die Zugstange der Unterdruckdose wieder parallel zum Motorblock steht, in dieser Stellung die Schlitzschraube des Halteflansches soweit anziehen, daß der Verteiler noch bewegt werden kann. Jetzt müssen der Zündzeitpunkt, der Unterbrecherkontaktabstand und der Leerlauf des Vergasers eingestellt werden.

Der Kondensator

Der Kondensator ist der kleine Metallzylinder, der im Verteiler auf die Unterbrechergrundplatte geschraubt ist. Die zylindrische Hülse ist elektrisch über den Unterbrecher mit der Minusklemme der Zündspule verbunden. Der Kondensator muß die Funkenbildung am Unterbrecher, der im folgenden Absatz beschrieben wird, unterdrücken. Dadurch wird ein schnelles Zusammenbrechen des Magnetfeldes in der Zündspule gefördert, denn je schneller das Magnetfeld zusammenbricht, umso höher wird die Spannung im Sekundärstromkreis und umso kräftiger der Zündfunke. Außerdem verhindert der Kondensator vorzeitiges Verbrennen der Unterbrecherkontakte.

Kondensator prüfen

Ein schwacher Zündfunke muß also nicht unbedingt von einer defekten Zündspule herrühren. Der Übeltäter kann auch der Kondensator sein, der ja über die Minusklemme mit der Spule verbunden ist. Die genaue Prüfung auf „Durchschlag", also auf Kurzschluß und mangelndes Speicherungsvermögen, ist nur in der Fachwerkstatt möglich. Wenn der Kondensator allerdings total ausgefallen ist, läßt sich das auch bei abgenommenem Verteilerdeckel und -läufer an überspringenden starken Funken zwischen den Unterbrecherkontakten erkennen. Dazu muß man den Motor mit dem Anlasser durchdrehen.

Auch völliger Kurzschluß des Kondensators zur Masse ist bei voll geöffneten Unterbrecherkontakten an einer Prüflampe erkennbar, die zwischen Minusklemme der Zündspule (an sie ist das dünne Kabel zum Verteiler geklemmt) und das von dieser Klemme abgezogene Kabel geschaltet wird. Da die Unterbrecherkontakte geöffnet sind, besteht bei eingeschalteter Zündung kein

legaler Weg des Batteriestroms zur Masse, die Prüflampe darf also nicht aufleuchten.
Fließt jedoch über einen Kurzschluß im Kondensator der Strom zur Masse, leuchtet die Prüflampe auf. Auch bei stark verschmorten Unterbrecherkontakten, die noch nicht lange in Betrieb sind, besteht der Verdacht, daß der Kondensator „feuert". Aber langes Prüfen des Kondensators rentiert sich kaum. Man wechselt ihn bei Verdacht aus, denn er ist nicht teuer.

Fingerzeige: *Damit keine Kriechströme und Strombrücken entstehen, alle Teile der Zündanlage sauber und trocken halten. Besonders nach der Wagenwäsche darauf achten.*
Die vielfach angebotenen sogenannten Zündverstärker sind trotz großer Versprechungen bisher den Beweis ihrer Nützlichkeit schuldig geblieben. Anders ist es dagegen mit den Transistor- und Hochleistungs-Kondensator-Zündungen. Doch stehen ihre Vorteile, nämlich höhere Lebensdauer der Unterbrecherkontakte, kräftiger Zündfunken bei hohen Drehzahlen und besserer Kaltstart, für den Escort nicht im angemessenen Verhältnis zum Anschaffungspreis.

Das Lenk-Zünd-Anlaßschloß

Das kombinierte Lenk-Zünd-Anlaß-Schloß sitzt links an der Lenksäule. Das Zündschloß, ein einfacher Schalter, ist in der Kombination mit dem Lenkschloß die Schaltstation, wir sagten es schon am Anfang des Kapitels, den Strom aus der Batterie mit dem Motor zu verbinden (wie das Lenkschloß ausgebaut wird: siehe nächste Seite). Fürs bessere Verständnis, was der Schalter tut, wenn Sie den Zündschlüssel drehen, ein Blick auf die Schaltstellung. In Stellung

0: ist die Zündung ausgeschaltet, die Lenkung nach Abziehen des Zündschlüssels und Drehen des Lenkrads verriegelt.
I: Die Lenkung ist entriegelt, die Zündung bleibt aber ausgeschaltet, jedoch kann das Radio in Betrieb gesetzt werden.
II. Zündung und Anschlüsse sind für den Fahrbetrieb eingeschaltet.
III. Hier rastet der Schlüssel nicht ein, vielmehr muß man ihn gegen leichten Federdruck bis zum Anschlag nach rechts drehen. Solange der Schlüssel in dieser Stellung festgehalten wird, bekommt der Anlaß-Magnetschalter am Anlasser Strom und der Anlasser kann den Motor durchdrehen. Losgelassen, geht der Schlüssel auf Stellung II zurück, den Normalzustand, in dem der Strom fließen kann.

Fingerzeige: *Der Zündschlüssel darf bei stehendem Motor niemals längere Zeit auf der Stellung II bleiben, da sonst die Zündspule überhitzt werden kann.*
Der Escort-Motor ist mit einer Anlaß-Wiederholsperre ausgestattet, die verhindert, daß man neuerlich in den bereits laufenden oder sich vom letzten Anlaßvorgang noch drehenden Motor hineinstartet, was zu Beschädigungen des Anlasserritzels oder des Schwungrad-Zahnkranzes führen könnte. Zur Wiederholung des Anlaßvorgangs muß man erst die Zündung ausschalten, also auf Stellung I gehen.
Notieren Sie sich die Nummer Ihrer Escort-Schlüssel. Im Service-Scheckheft, das den Wagen die ganze Lebensdauer über begleitet, hat Ford extra dafür zwei Kästchen vorgesehen. Falls Ihnen einer davon verlorengeht, können Sie ihn kurzfristig bei jedem Schlüsseldienst besorgen, wenn Sie die Nummer angeben können.

Störungen im Zündschloß

Gesetzt den Fall, Sie haben mit Unterstützung des Störungsfahrplans in der vorderen Buchklappe herausgefunden, daß der Motor wegen einer Störung im Zündschloß nicht anspringen will, so kontrollieren Sie zunächst, ob das dicke rote Kabel 30 überhaupt Strom an die Klemme des Zündschlosses liefert. Das ist am Zündschloß selbst nicht einfach, weil die Kabel unter der Abdeckung verschwinden, und auch an der Steckverbindung vor dem Zündschloß braucht man wegen der besonderen Konstruktion des Steckers Hilfsmittel. Entweder man prüft mit der Prüflampe, ob dort Strom ankommt, oder man verbindet mit zwei Schraubenziehern die Klemmen 30 und 50 (das schwarzweiße Kabel führt zum Anlasser).

Liegt der Defekt am Zündschloß, muß im Augenblick des Antippens der Anlasser anrucken. Dabei kann es allerdings einen Funkenregen geben; Sie sollten die Schraubenzieher unbedingt am isolierten Ende anfassen, damit Sie keinen elektrischen Schlag bekommen. Auf diese Weise können Sie auch den Anlasser starten und losfahren, wenn das Lenkschloß entriegelt werden kann. Das Verfahren ist allerdings nur für den Notfall zu empfehlen, weil beim Kurzschließen der Kontakte immer Metall verschmort. Deshalb sollten Sie in einem solchen Fall unverzüglich zur nächsten Ford-Werkstatt fahren, wo das Zündschloß ausgetauscht oder repariert werden kann.

Sagt der Anlasser keinen Ton, wenn man die Kabel 30 und 50 in Verbindung bringt, kann der Fehler in mangelhaften Anschlüssen im Verlauf der Kabel oder an einem defekten Magnetschalter des Anlassers liegen. Anschlüsse und guten Kontakt der Sicherungen überprüfen. Bevor man den Wagen anschiebt, auch versuchen, den Magnetschalter des Anlassers durch einen Schlag mit dem Schraubenzieherheft oder dem Hammerstiel wieder zum Funktionieren zu bringen. Manchmal hilft diese Maßnahme, manchmal auch Abwarten, bis der Motor abgekühlt ist. Sollte der Fehler am Magnetschalter liegen, bringt nur der Austausch restlose Abhilfe.

Fingerzeig: *Wenn der Zündschlüssel im Schloß abgebrochen ist, kann man den Schlüsselbart manchmal herausholen, wenn man ein flaches Laubsägeblatt am Schlüsselrest entlang ins Schloß schiebt und das Sägeblatt langsam herauszieht. Die Sägezähne wirken als Widerhaken, die sich an Unebenheiten festhalten.*

Lenkschloß ausbauen

Bei Defekten am Zündteil wie am Verriegelungsteil des Zündschlosses wird höchst selten repariert, sondern das Kombischloß wird ausgewechselt. Deshalb hat es wenig Sinn, dies selbst zu tun. Man spart kaum etwas dabei. Außerdem hat man, wenn die Werkstatt den Tausch ausführt, die Gewißheit, daß die Verriegelung ordnungsgemäß funktioniert und man nicht plötzlich von einer blockierten Lenkung überrascht wird. Für den Notfall sei jedoch hier der Arbeitsablauf kurz geschildert:

Batterie-Minuskabel abnehmen, Polster auf der Lenkradnabe abhebeln, Lenkradmutter herausschrauben. Dann das Lenkrad abnehmen, vorher die Position der Lenkradnabe auf der Lenkspindel mit einem Kratzer oder einem Lackstrich markieren. Lenksäulenverkleidung abbauen, die Kabelsteckverbindung zum Lenkzündschloß trennen. Zum Schluß die beiden Abreißschrauben im Lenkschloß ankörnen und ausbohren.

Der Einbau vollzieht sich in umgekehrter Reihenfolge. Zunächst das Lenkzündschloß mit dem Riegel in die Schloßbüchse auf der Lenkspindel einsetzen und mit den beiden Abreißschrauben festziehen, Schraubenköpfe abscheren. Jetzt Mehrfachstecker zusammenstecken, Lenksäulenverkleidung

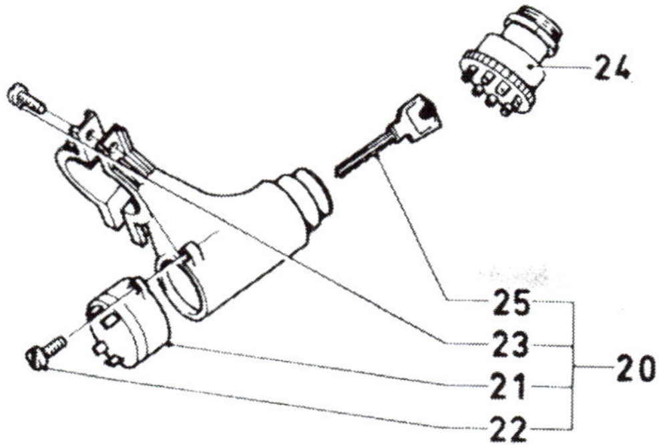

Damit Sie wissen, wovon in dem Absatz »Lenkschloß ausbauen« die Rede ist, hier die Einzelteile des Lenkschlosses. Die Einzelteile der Lenksäule siehe im Kapitel »Vorder-, Hinterachse und Lenkung«. Die Zahlen bedeuten: 24 – Lenkschloß, 21 – Kontaktplatte, 22 – Sechskantschraube, 23 – Abreißschraube 5/16", 25 – Schlüssel.

anbauen, Lenkrad in der alten Position aufsetzen und festschrauben, Nabenpolster aufdrücken und Batteriekabel anschließen.

Die Zündkabel

Um in der Zündanlage einige Entstörkondensatoren einsparen zu können, sind in die Ford-Fahrzeuge Widerstandszündkabel eingebaut, die den gleichen Zweck, nämlich Radio- und Fernsehstörungen zu vermeiden, erfüllen sollen. Das sind Kabel, die statt einer glatten Metall-Litze aus Kupfer in der Mitte Nylonfäden mit Graphitpulver haben. Nach Ford-Vorschrift sollen diese Zündkabel pro Meter 30000 Ohm Widerstand leisten. Manchmal bestehen solche Widerstandszündkabel auch aus gedrilltem dünnem Draht, der nicht ganz so störanfällig wie die viel Ärger bereitenden Zündkabel mit „graphitierter Kunststoffseele" ist.
Der Ärger: Diese Widerstandszündkabel sind empfindlich gegen Zerren, Knikken oder Brüchigwerden. Dadurch kann der Widerstand bis zu Zündaussetzern gesteigert werden, ohne daß dies dem Kabel so ohne weiteres anzusehen ist. Sie müssen erst die Werkstatt und ihr Ohmmeter bemühen, um diese Kabel bei Verdacht auf Durchgang und richtigen Widerstand prüfen zu lassen. Noch ärgerlicher: In spröde gewordene Zündkabel dieser Art kann sich Feuchtigkeit und Schmutz absetzen, der den Zündfunken wegen des hohen Kabelwiderstandes gern zur Masse ableitet, wenn das Zündkabel irgendwo Metall berührt. Aber bei der Messung auf der Werkbank ist davon nichts zu erkennen, weil keine „Masse" zur Zündfunkenableitung in der Nähe ist.
Deshalb ein guter Rat: Defektes oder sprödes Kabel dieser Art nicht mehr durch gleichartiges Ford-Zündkabel ersetzen, sondern durch ganz normales Kupferlitzen-Zündkabel (als Meterware auch preiswerter) und dazu Entstörstecker in das Kabelende auf der Zündkerzenseite eindrehen.

Fingerzeig: *Bei unregelmäßigem Motorlauf zuerst am Verteilerkopf und an den Zündkerzen durch Andrücken mit drehender Bewegung feststellen, ob sie*

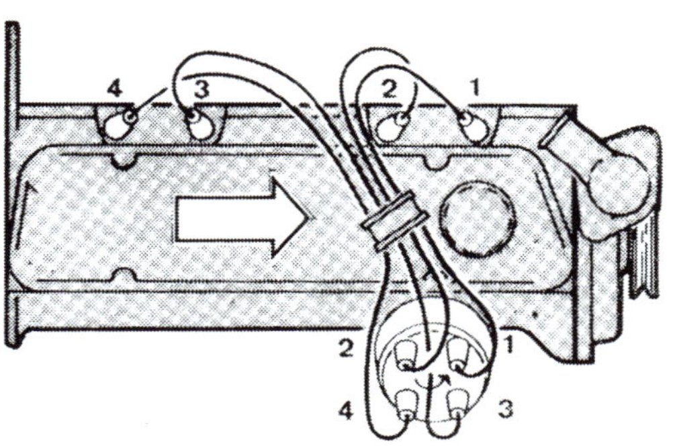

Auf dieser Zeichnung sehen Sie, wie die Zündkabel vom Verteilerdeckel zu den Zündkerzen führen. Der Pfeil zeigt die Fahrtrichtung des Wagens an: rechts ist also vorn.

Für den Fall, daß Sie einmal den ganzen Zündkabelsatz ausgebaut haben oder ihn auswechseln müssen: Bei den serienmäßigen Escort-Zündkabelsätzen, wie man sie allerdings nur im Ford-Ersatzteillager kaufen kann, sind die Kabelumhüllungen irgendwo im Verlauf der Leitung mit den Zahlen 1 bis 4 (Foto) versehen, so daß man gleich weiß, zu welchem Zylinder das betreffende Kabel führen und auf welche Zündkerze es aufgesteckt werden muß. Unter Zuhilfenahme der Zeichnung auf der vorhergehenden Seite können so keine Verwechslungen vorkommen.

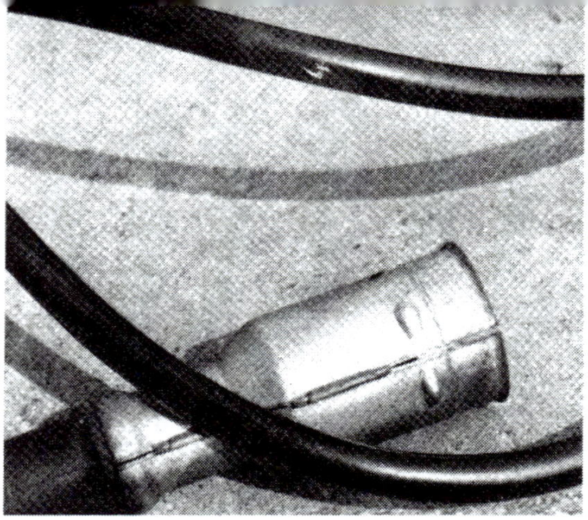

auch wirklich fest und dicht sitzen. Denn durch Wärmedehnung und Motorrukkeln können die Zündkabel mehr oder weniger aus ihren Anschlußbuchsen im Verteilerkopf oder von den Mittelstutzen der Zündkerzen rutschen.

Die Zündkerzen

Die Zündkerze ist die letzte Station der Zündanlage. Eine fehlerhafte Kerze macht alle gute Vorarbeit der Zündanlage, einen starken Zündfunken zustande zu bringen, wirkungslos. Andererseits können Zündkerzen 30 000 km und mehr halten, vorausgesetzt, die Zündanlage ist in Ordnung und die Elektroden werden rechtzeitig nachgestellt. Dementsprechend gibt Ford auch keinen Zeitpunkt fürs Auswechseln der Zündkerzen mehr an, sondern verlangt alle 10 000 km die Einstellung der Zündkerzen-Elektroden. Das ist praxisgerechter und gestattet in den gleichen Zeiträumen die Prüfung der Zündkerzen. Dann kann man jeweils entscheiden, ob jetzt der Zeitpunkt für den Kerzenwechsel herangekommen ist, schließlich sind es immerhin zusätzliche rund 13 DM, die man für einen Satz neuer Kerzen bezahlen muß.

Elektroden prüfen und einstellen
Pflegearbeit Nr. 35

Gebraucht wird: Zündkerzenschlüssel, Fühlerlehre 0,6 mm. Bei natürlichem Verschleiß durch Abbrand erweitert sich der Elektrodenabstand, so daß es dem Zündfunken schließlich nicht immer möglich ist, unter dem Kompressionsdruck von der Mittelelektrode zur Masseelektrode überzuspringen. Deshalb muß der Elektrodenabstand gemessen und im Bedarfsfall nachgestellt werden.

Die Prüfung wird alle 10 000 km vorgenommen. Man zieht die Zündkabel von den Kerzen ab und schraubt die Zündkerzen heraus. Dann schiebt man das 0,6 mm-Blatt der Fühlerlehre zwischen Mittelelektrode und die darübergebogene Außenelektrode. Das Blatt soll leicht zwischen beiden hindurchgleiten. Der Abstand darf 0,6 bis 0,7 mm betragen. Ist der Luftspalt weiter, muß die Außenelektrode nachgebogen werden, bis der Abstand stimmt. Im Sommer kann man ohne weiteres auf einen Abstand von 0,7 mm gehen, für leichteren Start ist es im Winter besser, wenn man bei 0,6 mm bleibt.

Die wirkliche Tauglichkeitsprüfung kann jedoch nur die Werkstatt vornehmen. Sie setzt die Kerzen in das Zündkerzen-Prüfgerät ein. In diesem Gerät wird die Kerze unter einem Druck von ca. 8 atü geprüft, denn die Funkenbildung ist in der freien Luft wesentlich leichter als bei vollem Kompressionsdruck im Zylinder. Deshalb sagt eine herausgeschraubte, auf den Stecker gesteckte und gegen Masse gehaltene Kerze auch nichts darüber aus, ob sie den dabei gezeigten schönen Funkenüberschlag auch im Brenn-

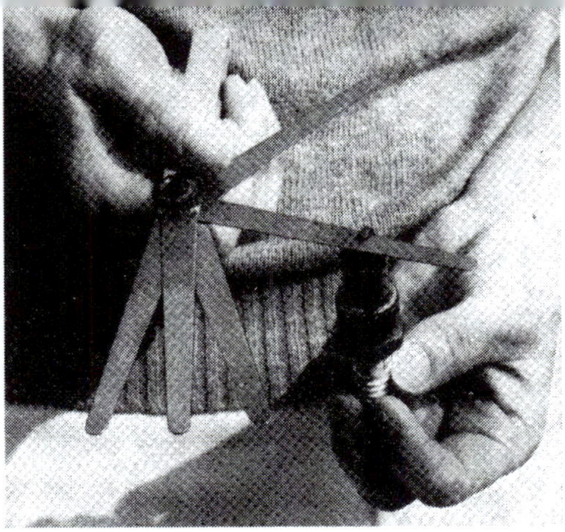

Das Blatt der Fühlerlehre ist hier zwischen die Zündkerzenelektroden geschoben. Ist der Abstand zu eng, schiebt man eine Messerklinge zwischen die Elektroden und biegt sie etwas auf. Ist der Abstand zu weit, klopft man sanft auf die Außenelektrode. Ganz fachmännisch ist das allerdings nicht, denn der Werkstattman benutzt dazu ein Nachbiegewerkzeug, das der Laie aber im Normalfall nicht besitzt.

raum zustande bringt. Das ist also nur eine behelfsmäßige Prüfung, z. B. bei einer Störungssuche unterwegs.
Zumeist sind die Zündkerzen-Prüfgeräte mit einem Sandstrahlgebläse zur Zündkerzenreinigung kombiniert. Dies ist unter den Reinigungsverfahren das kleinste Übel. Übel immerhin deshalb, weil der scharfe Sandstrahl den Speckstein, das Isoliermaterial der Zündkerze, angreift und dadurch später Verschmutzung mit Strombrückenbildung Vorschub leistet. Auf der unbestrahlten Porzellanoberfläche des Specksteins setzt sich dagegen weniger Schmutz an. Noch unvorteilhafter sind Reinigungsversuche mit dem Taschenmesser oder der Drahtbürste. Man sollte sie nur vorsichtig anwenden, wenn sich durch Verbrennungsrückstände, beispielsweise bei hochverbleitem Benzin, zwischen den Elektroden der Zündkerze eine Strombrücke mit Kurzschlußwirkung gebildet hat, die unterwegs beseitigt werden muß.

Das Zündkerzengesicht

Aus dem Aussehen und der Färbung der Zündkerzenelektroden kann man gewisse Rückschlüsse ziehen.

- mittelbraun = Gute Vergasereinstellung, Zündkerzen arbeiten richtig.
- schwarz = Vergaser zu fett eingestellt oder Zündkerze ist im Betrieb durch vorwiegende Kurzstreckenfahrt zu kalt. Zündkerze mit nächstniedrigem Wärmewert probieren, wenn Vergasereinstellung stimmt.
- hellgrau = Vergaser zu mager eingestellt.
- silbrig = Zündkerze wird zu heiß, evtl. durch scharfe Langstreckenfahrten: Zündkerze mit nächsthöherem Wärmewert probieren. Oder Zündung zu früh eingestellt.
- verölt = Zündkerze setzt aus oder Kolbenringe undicht.

Zündkerzen, die nicht die richtige mittelgraue oder mittelbraune Farbe zeigen, braucht man nicht gleich wegzuwerfen. Schon um den Fehler einkreisen zu helfen, der aus dem „unschönen" Zündkerzengesicht zu vermuten ist, sollten die Zündkerzen, wie oben beschrieben, gereinigt und im Prüfgerät unter Druck beobachtet werden. Wenn sie sich dort als brauchbar erweisen, kann man sie weiter einbauen (vielleicht untereinander austauschen), und nach kurzer Zeit wieder prüfen. Zeigen die gleichen Zylinder das (vorher notierte) gleiche Ergebnis, ist dort ein lokaler Fehler zu vermuten, zeigen die gleichen Zündkerzen (im anderen Zylinder) dasselbe fehlerhafte Gesicht, haben sie wahrscheinlich doch einen im Prüfgerät nicht erkennbaren Fehler oder sind im Wärmewert nicht richtig gewählt.

Richtiger Wärmewert

Ob eine Zündkerze ihre Pflicht richtig erfüllen kann, ist nicht zuletzt von ihrem sogenannten „Wärmewert" abhängig. Da die verschiedenen Kraftfahrzeugmotoren sehr unterschiedliche Temperaturen in ihren Verbrennungsräumen entwickeln, kann man nicht jede Zündkerze in jeden Motor einsetzen. Diese Eigenschaft wird durch den Wärmewert gekennzeichnet, der bei deutschen Standard-Zündkerzen einheitlich angegeben wird, z. B. 175 oder 225. Je höher diese Zahl ist, um so mehr Hitze kann die Zündkerze vertragen, d. h. ableiten, um selbst nicht zu heiß zu werden. Bei „kälter" arbeitenden Motoren darf man aber auch keinen zu hohen Wärmewert wählen, denn dann wird von der Zündkerze zu viel Wärme abgeleitet und sie hat nicht ihre günstige Betriebstemperatur.

Diesen Wärmewert geben allerdings nur die deutschen Kerzenhersteller Bosch und Beru an. Bei ausländischen Zündkerzen und den Motorcraft-Zündkerzen von Ford fehlt dieser Hinweis. Ford schreibt für alle Escort-Modelle ohnehin die gleiche Zündkerze vor: Motorcraft (früher Autolite) AG 22. Diese Kerze wird deswegen von Ford „vorgeschrieben", weil sie in eigenen Werken in den USA hergestellt wurde. Auf Grund des amerikanischen Kartell-Gesetzes ist das aber nicht mehr zulässig und Ford mußte diese Fertigung aufgeben. Man kann also unbeschadet auch andere Kerzenfabrikate verwenden. Für solchen Fall hier die Aufstellung der vergleichbaren Zündkerzen:

Beru 175/14/3 A	KLG FE 75
Bosch 175 T 30 [1])	Marchal GT 34/5 H
Champion N–9 Y	Marelli CW 7 LP
Eyquem 75 LS	Motorcraft AG 22

[1]) ab Baujahr Januar 1972: 175 TR 30

Fingerzeige: *Bei heißem Motorblock niemals kalte Zündkerzen zu fest einschrauben. Nach Abkühlen des Motors oder Erwärmung der Zündkerze sitzt diese wie eingenietet.*

Das Zündkerzengewinde darf vor dem Einbau keinesfalls geölt werden, um es besser gängig zu machen. Öl würde verkohlen und die Zündkerze festbacken. Statt dessen von einem Bleistift Graphit auf das Gewinde schaben. Zündkerze läßt sich später spielend leicht herausschrauben.

Die richtige Zündkerze für die Escort-Motoren ist in langen Versuchsreihen ermittelt worden. Gibt das Kerzengesicht zu Besorgnis Anlaß, dann nicht einfach eine Kerze mit anderem Wärmewert einschrauben, sondern erst einmal nachforschen, ob die Motoreinstellung stimmt.

Zündkerzen grundsätzlich mit der Hand einschrauben und erst zuletzt den Zündkerzenschlüssel ansetzen. Die Hand ist feinfühliger als das Werkzeug, so daß ein schiefes Ansetzen der Kerzen in das Kerzengewinde vermieden wird.

Sehmannsgarn

Sind Sie ganz sicher, daß die Festbeleuchtung Ihres Escort ganz in Ordnung ist? Daß Sie in der Dunkelheit nicht „einäugig" durch die Landschaft fahren? Gutes und vollständiges Licht ist bei Nacht und Nebel, bei Regen und Schneetreiben lebenswichtig – für Sie selbst und für die anderen. Schließlich wollen Sie nicht nur sehen, sondern auch gesehen werden. Regelmäßige Beleuchtungskontrolle ist deshalb angebracht.

Ersatzlampen

Die Lampenhersteller gestehen den Glühlampen im Wagen wegen der Schüttelei keine große Brenndauer zu: Dem Fernlichtfaden der Zweifadenlampe im Frontscheinwerfer durchschnittlich nur etwa 75 Stunden Brenndauer, dem Abblendfaden etwa 150 Brennstunden (Haushalts-Glühbirnen etwa 1000 Stunden). Da man aber nie weiß, wo einen die 151. Brennstunde antrifft, ist es besser, vorzusorgen und immer einen Satz Lampen in einem gepolsterten Kästchen sortiert mitzuführen. Bei den fast viermal so teuren Halogenlampen (ca. 20 DM) ist die Lebensdauer nur etwa halb so lang.
Es spart Ärger und Zeitverlust, wenn man bei Beanstandung durch die Polizei die Ersatzlampen bei der Hand hat. Die Polizei soll in diesem Fall nicht einschreiten. Denn bei einem so vorsorglichen Autofahrer ist es nach gerichtlicher Meinung durchaus glaubwürdig, daß die Lampe „gerade eben" durchgebrannt ist. Dafür kann kein Fahrer etwas. Ein Ersatzlampenkästchen kann man leicht selbst basteln. Die Lampen besorgt man sich im Ford-Ersatzteillager oder an gutsortierten Tankstellen.

Welche Lampe wo einsetzen?

Art der Lampe	Scheinwerfer	Blinkleuchten vorn	Blinkleuchten hinten	Bremsleuchten, Schlußleuchten hinten	Rückfahrleuchten	Kennzeichenleuchten	Begrenzungsleuchten vorn	Kofferraum-Leuchte	Kontroll-Leuchten	Kontroll-Leuchten GT	Instrumentenleuchten	Deckenleuchte
Anzahl	2	2	2	2	2	2	2	1	4	3	2	1
Form	Kugel								Glassockel			
Watt	45/40	21	21	21/5	21	5	5	5	2,2	2,2	2,2	6
Preis ca. DM	6,–	1,50	1,50	2,30	1,50	–,70	–,70	–,70	–,65	–,65	–,65	–,75

Scheinwerfereinstellung prüfen

Pflegearbeit Nr. 8

Am einfachsten geschieht das in einer Werkstatt oder größeren Tankstelle mit dem optischen Einstellgerät. Das kostet kaum mehr als 1 bis 2 DM, die Prozedur ist sowieso viel unkomplizierter als die Selbstkontrolle und -einstellung vor der Wand. Das müssen Sie dabei tun: Sie brauchen mindestens 9

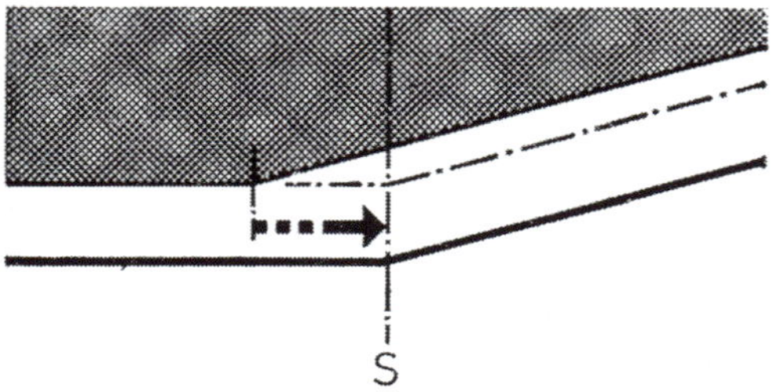

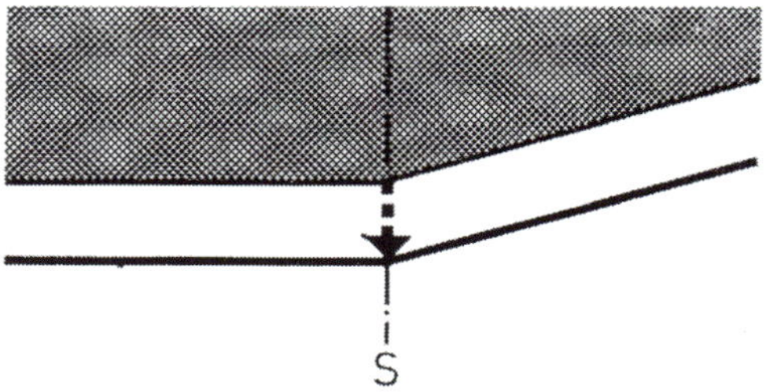

Von den Scheinwerfern sind für die Einstellung folgende Maße abzunehmen: Abstand Scheinwerfermitte zum Boden, Abstand der beiden Scheinwerfer voneinander. Nun verlängert man die Fahrzeuglängsachse an die Wand und mißt von dieser Mittelachse den halbierten Abstand der Scheinwerfer untereinander nach rechts und links. 5 cm unter der waagrechten Linie, die den Abstand vom Boden zur Scheinwerfermitte angibt, zieht man eine weitere waagrechte Linie. Dort wo sich die senkrechten und die untere waagrechte Linie kreuzen, ziehen Sie die Striche etwas deutlicher aus. Wie der Hauptstrahl der Scheinwerfer verlaufen muß, zeigen die Zeichnungen.

Meter vollkommen ebener und horizontaler Fläche mit einer senkrechten Wand als Abschluß. Die Scheinwerfer sollen 5 Meter vor der Wand stehen, wobei der Wagen genau im rechten Winkel zur Wand stehen muß. Die Scheinwerfer sollen bei vorgeschriebenem Reifendruck, Reserverad und möglichst vollem Tank eingestellt werden. Nähere Angaben siehe Bildtext.

Scheinwerfer auf Abblendlicht schalten. (Wie man an die Einstellschrauben herankommt, ist im Absatz „Scheinwerferlampen auwechseln" beschrieben.) Wo die Einstellschrauben sitzen, zeigt das Foto unten. Die Hell-Dunkel-Grenze muß im Winkel von 15° nach rechts oben abknicken. Die Scheinwerfer dabei besser einzeln einstellen, den anderen Scheinwerfer dazu mit einem großen Putzlappen oder einem Sack abdecken.

Zur Prüfung der Scheinwerfer gehört natürlich auch die Kontrolle der Leuchtstärke. Die Lampen mit der kürzesten Lebensdauer sind die Zweifadenlampen der Frontscheinwerfer und die Halogenlampen. Nicht etwa, weil diese am teuersten sind und die Hersteller und Händler am meisten daran verdienen, sondern weil die Glühfäden dieser Lampen mit der höchstmöglichen Temperatur glühen. Je höher nämlich die Temperatur eines Glühfadens ist, um so heller ist das ausgestrahlte Licht, und das ist gerade bei den Scheinwerfern sehr wichtig. Bei hoher Glühfadentemperatur verdampft der Glühfaden aber auch stärker und ist früher ausgebrannt. Der verdampfte Belag schlägt sich als schwarzer Belag innen am Lampenkolben nieder und schränkt den Lichtaustritt ein. Deshalb ist es keine Verschwendung, wenn man die Zweifadenlampen schon vor Ende ihrer Brenndauer auswechselt; der Lichtgewinn gegenüber einer angeschwärzten Lampe wirkt überzeugend.

Der Finger zeigt auf den Drahtbügel beim Rechteckscheinwerfer, der ausgehängt werden muß, wenn man den Scheinwerferkörper ausbauen will. Die Pfeile deuten auf die Verstellschrauben für die Scheinwerfereinstellung hin:
S = Seitenverstellung,
H = Höhenverstellung.

Bei den Zweifadenlampen kommen natürlich auch andere Ausfallursachen als ein durchgebrannter Glühfaden vor, sogenannte

- Luftzieher, kenntlich an gelblich oder bläulich angelaufenem Kolben,
- Kaltschweißstellen, kenntlich daran, daß sich die Glühfäden an den Fadenträgern gelöst haben,
- spröde Glühfäden, wobei die Glühfäden kurz hinter der Anschweißstelle am Fadenträger abbrechen.

Bei diesen Schäden handelt es sich um Garantiefälle, und man kann Lampen mit derartigen Defekten dort umtauschen, wo man sie gekauft hat.

Die weniger beanspruchten Glühlampen der Blink-, Brems-, Schlußleuchten usw. überstehen zum größten Teil die Lebensdauer des Escort. Trotzdem sollte man gelegentlich kontrollieren, ob der Glaskolben geschwärzt ist oder ob die Reflektoren bzw. die Leuchtengehäuse-Innenseiten verschmutzt sind. Beides bringt Einbußen an Leuchtkraft: Lampen ersetzen, Reflektoren und Gehäuse reinigen.

Außerdem sollte sich der Fahrer vor Antritt jeder Fahrt überzeugen, daß die Beleuchtungs- und Signallampen einwandfrei funktionieren – aber wer tut das schon, besonders wenn er allein ist. Bei Dunkelheit kann es der Fahrer auch allein kontrollieren, auch die Funktion der Bremsleuchten, wenn er den Wagen einmal von vorn und dann mit dem Heck gegen eine Wand stellt.

Scheinwerferlampen auswechseln

Wie vernünftig Ford bei der Entwicklung des Escort gedacht hat, ist lobenswert, doch das Einstellen der Scheinwerfer, der Ein- und Ausbau des Scheinwerferkörpers und das Auswechseln der Scheinwerferlampe ist modischen Gesichtspunkten geopfert worden. Denn um an die Scheinwerfer heranzukommen, muß jeweils der Kühlergrill, der sogenannte Hundeknochen abmontiert werden. Er ist mit neun Blechschrauben sozusagen „angenäht“.

Wenn Sie nur das Abblendlicht einstellen wollen, genügt es, den Kühlergrill mit dem Kreuzschlitzschraubenzieher abzumontieren. Dann sehen Sie am Rundscheinwerfer oben und rechts – in Fahrtrichtung gesehen – zwei Schlitzschrauben, beim Rechteckscheinwerfer sind es seitlich zwei. Die Schlitzschraube oben ist jeweils für die Höheneinstellung, die seitliche(n) Schraube(n) für die Seitenkorrektur.

Das Auswechseln der Lampen geschieht bei Rund- und Rechteckscheinwerfern auf gleiche Weise: Ist der Scheinwerferkörper nach vorn herausgekippt, hebelt man die Federklammer, die die Glühlampenfassung im Reflektor arretiert, mit dem Schraubenzieher ab und zieht die Zweifadenlampe mit Fassung nach hinten heraus. Jetzt haben Sie die Lampe mit Fassung in der Hand. Drücken Sie die Lampe in die Fassung hinein und drehen Sie die Lampe gleichzeitig nach links, so drehen Sie die Lampe aus dem Renkverschluß und können sie aus der Fassung ziehen.

Für den Ausbau des Scheinwerferkörpers, das heißt auch für den Lampenwechsel, müssen Sie weitergehen. Beim Rundscheinwerfer müssen Sie die drei Kreuzschlitzschrauben herausdrehen, beim Rechteckscheinwerfer die Federklammer unten aushaken, um den Scheinwerferkörper herauskippen zu können. Dabei sollten Sie die Stellung der Einstellschrauben nicht verändern. Das Auswechseln der Lampen geschieht jetzt bei beiden Reflektorbauarten gleich: siehe Bildtext Seite 143.
Beim Auspacken und Einstecken der neuen Zweifadenlampe sollten Sie den Glaskolben der Lampe nicht mit bloßen Fingern berühren, denn auf den Fingern befinden sich immer Fettspuren, die beim späteren Brennen der Lampen unter Hitzeeinwirkung verdampfen und den Scheinwerfer-Reflektoren zusetzen. Nehmen Sie zum Einsetzen der Lampen besser einen Lappen, ein Tempotaschentuch oder die Verpackung selbst. Die Lampe selbst kann nur auf eine Art in die Fassung eingesetzt werden, und zwar so, daß das Abdeckblech des Abblendfadens nach unten weist. Dafür hat der Lampensockel eine Führungsnase, die mit der Kerbe im Lampensockel übereinstimmen muß.
Der weitere Einbau des Scheinwerferkörpers geschieht in umgekehrter Reihenfolge des Ausbaus, wobei Sie darauf achten müssen, daß der Scheinwerferkörper richtig in die beiden seitlichen Verriegelungen eingeführt wird. Wenn der ganze Scheinwerfereinsatz erneuert wurde, was bei eventuellem Erblinden des Reflektors nötig wird, müssen die Scheinwerfer neu eingestellt werden.

Standlichtlampen auswechseln

Die Standlichtlampen müssen immer mitbrennen, wenn die Scheinwerfer eingeschaltet sind. So dienen sie als Notbeleuchtung, wenn der Fernlicht- oder Abblendfaden eines Frontscheinwerfers ausgefallen ist. Ein entgegenkommender Verkehrsteilnehmer kann dann ihren Escort nicht für ein Motorrad halten. Die Standlichtlampen stecken bei Ihrem Escort im Reflektor des Hauptscheinwerfers. Um an sie heranzukommen, muß also wieder der Kühlergrill abgeschraubt werden, siehe vorigen Absatz. Ebenso muß der Scheinwerferkörper herausgekippt werden, dann kann man die Fassung der Standlichtlampe nach hinten herausziehen. Auch die Standlichtlampe sitzt in einem Renkverschluß: Lampe andrücken und nach links drehen und aus der Fassung heben. Beim Einbau gilt wiederum: Lampe nicht mit bloßen Fingern anfassen. Die richtige Lampensorte können Sie der Lampentabelle entnehmen.

Blinkleuchten vorn

Gehäuse mit dem Kreuzschlitzschraubenzieher abmontieren. Die Lampe sitzt mit Renkverschluß in ihrer Fassung: andrücken, nach links drehen und aus der Fassung heben. Beim Wiederanbau des Gehäuses auf richtigen Sitz der Dichtung und des Gehäuses achten, sonst dringt bei längerer Regenfahrt Nässe ein und zerstört den Reflektor. Ein erblindeter Reflektor liefert jedoch geringere Lichtstärke und nichts ist wichtiger, als daß Ihre Signale deutlich bei anderen Verkehrsteilnehmern ankommen. Deshalb ist es auch durchaus angebracht, daß Sie zwischendurch ins Blinkgehäuse schauen und den Reflektor gelegentlich reinigen oder erneuern.

Schluß-, Brems- und Blinkleuchte

Wie aus dem Stichwort hervorgeht, sind Schluß-, Brems- und Blinkleuchte in einem Gehäuse vereinigt. Fällt eine der Lampen aus, muß die ganze Einheit ausgebaut werden, um die betreffende Lampe auswechseln zu können. Der Lampenträger ist vom Gepäckraum aus zugänglich. Wenn also an der linken Heckkombination gearbeitet werden muß, ist zuerst das Reserverad heraus-

zunehmen. Innen dreht man die Rändelschraube ab, außen kommt man nach Herausnahme des Reserverads an die Sechskantschraube und die Blechschraube. Rechts dreht man die Sechskantschraube heraus und kann dann die Abdeckung abnehmen. Danach kann man die Lampenfassungen nach hinten herausnehmen und die betreffende Lampe aus dem Renkverschluß drehen.
Vor dem Wiederanbau ist – besonders bei älteren Baujahren – der Zustand des Einfaßgummis zu prüfen. Rissige Dichtgummis sollte man erneuern, da sonst die gewünschte Dichtigkeit nicht gewährleistet ist. Lampenträger einsetzen, an der rechten Schlußleuchte Klemmbügel und Mutter aufschrauben, dann erst Lampenträger in die Einbaulage bringen, Lampenfassungen einsetzen und die Beleuchtung einschalten, bevor man den Lampenträger festschraubt.

Fingerzeige: *Die Blinkleuchten vorn und hinten müssen unbedingt die vorgeschriebenen 21 Watt haben. Eine Lampe mit anderen Daten verändert den Rhythmus der Blinker.*
Wenn eine Blinklampe ausgefallen ist – man merkt es am doppelt so schnellen oder ausbleibenden Aufleuchten der Blinkerkontrollampe –, nicht gleich eine neue Lampe einsetzen. Zunächst bei eingeschalteter Zündung und eingeschaltetem Blinklicht prüfen, ob nicht Korrosion oder mangelnder Kontakt die Ursache für das Versagen ist: Lampe in ihrer Fassung bewegen, Fassung notfalls etwas nachbiegen.

Innenleuchte

Die Abdeckung der Innenleuchte ist nicht mit Schrauben befestigt. Vielmehr schiebt man einen flachen Schraubenzieher oder eine Taschenmesserklinge zwischen Dachhimmel und Leuchtengehäuse und hebelt durch Verkanten die Fassung nach unten. So kann man den kompletten Leuchtkörper aus dem Dachhimmel herausnehmen. Klemmen Sie das Batterie-Minuskabel ab. Dann drücken Sie die Federbügel der Lampenhalterung nach außen und können die Lampe herausnehmen.

Kennzeichenleuchten

Hinter der hinteren Stoßstange sind deren zwei vorhanden. Die Lampen sitzen unter Plexiglaskuppeln. Diese Kuppeln sind von oben mit einem Flachschraubenzieher abzuschrauben, dann kann man die Kuppeln abheben und die Lampen, die ebenfalls in einem Renkverschluß sitzen, andrücken, nach links drehen und aus den Fassungen heben. Muß man den ganzen Lampenträger abmontieren, so dreht man die Kreuzschlitzschrauben von der Karosserie ab, nachdem man wegen Kurzschlüssen das Batterie-Minuskabel abgeklemmt und die Kabelanschlüsse der Kennzeichenbeleuchtung getrennt hat.

Kontrolleuchten und Instrumentenbeleuchtung

Bei Ausfall einzelner Kontroll- und Instrumentenbeleuchtungslampen werden zeitraubende Nebenarbeiten fällig, denn man muß das Kombiinstrument ausbauen, siehe dazu Kapitel „Arbeiten im Innenraum". Dann kann man die Lampen nach hinten aus ihren Fassungen ziehen.

Rückfahrscheinwerfer

Der Escort XL und GT haben serienmäßig zwei Rückfahrscheinwerfer, die unter der Heckleuchtengruppe gegen die Rückwand geschraubt sind. Zum Auswechseln der Lampen dreht man die jeweils zwei Kreuzschlitzschrauben heraus, die das Gehäuse auf dem Leuchtenkörper halten. Die Lampen sitzen in einem Renkverschluß wie auch beispielsweise die Blinkleuchten. Muß man den gesamten

Leuchtenkörper auswechseln, kommt man im Gepäckraum an die Sechskant-Halteschrauben.

Zusätzliche Nebelscheinwerfer

Nebellampen sollen möglichst tief montiert werden, denn nur so können sie den meist nicht ganz auf dem Boden liegenden Nebel „unterwandern". Darum gehören Nebelscheiwerfer unter die Stoßstange. Im Gegensatz zu vielfacher Meinung sind sie dort keineswegs steinschlaggefährdet. Genügend große runde Scheinwerfer würden dort allerdings zu tief herunterhängen, und da sowieso wegen der angestrebten Breitstrahlerwirkung rechteckige Scheinwerfer vernünftiger sind, hat man also zwei Gründe, unter der Stoßstange rechteckige Nebellampen zu montieren. Nehmen Sie solche mit einer Lichtaustrittsöffnung von wenigstens 140 mm Breite für Halogenlampen der Ausführung H 1 oder H 3. Ferner müssen die Nebellampen unter der Stoßstange ausdrücklich für „hängenden Anbau" (Wasserablauf gegenüber dem Montagezapfen) eingerichtet oder der betreffende Scheinwerfersatz muß entsprechend ummontierbar sein.
Guten Einbausätzen von Hella oder Bosch sind Schaltskizzen beigefügt. Montieren Sie das unbedingt notwendige Schaltrelais neben dem Sicherungskasten. So haben Sie auf kurzem Weg Stromzufuhr von Klemme 30 (Eingangsseite der Sicherung Nr. 1) für den „Arbeitsstrom". In diese Leitung sollten Sie eine Hülsensicherung („ fliegende Sicherung") einbauen. Der „Schaltstrom" für das Relais wird an Klemme 56 a von Sicherung Nr. 4 angeschlossen, denn nach Gesetz dürfen Nebellampen nicht zusammen mit dem Fernlicht brennen. Andererseits aber für sich allein zusammen mit dem Standlicht, sofern die Scheinwerfer nicht mehr als 40 cm vom Außenrand des Fahrzeugs montiert sind. Dann hängt der Schalter im Armaturenbrett an einer Klemme 58, also an der Sicherung Nr. 2 oder 3.

Halogenlicht

Nachdem die sogenannte H 4-Lampe, eine Zweifaden-Halogenlampe für Fern- und Abblendlicht, zugelassen ist, erhebt sich die Frage, ob man seine serienmäßigen Scheinwerfer auf dieses neue Licht umrüsten soll. Halogenlicht ist zweifellos heller als das herkömmliche Lichtsystem. Aber bedenken Sie: Der Wunsch nach besserem Licht entspringt vorwiegend der Unzufriedenheit mit dem normalen Abblendlicht – Fernlicht können Sie bei der heutigen Verkehrsdichte ohnehin nur selten einschalten.
Die gesetzlichen Abblendgrenzen blieben aber bisher unverändert. So erreichen Sie durch das Halogen-Abblendlicht keineswegs größere Sichtweite bei abgeblendeten Scheinwerfern, höchstens bessere Ausleuchtung des zugelassenen Sektors. Als Nachteil des helleren Lichts erkaufen Sie sich aber den Nachteil der Verpflichtung, noch mehr als bisher auf die richtige Scheinwerfereinstellung achten zum müssen.
Immerhin gibt es bereits einen Umrüstsatz, der statt der serienmäßigen Scheinwerfer in den Escort eingebaut werden kann. Er stammt von der Firma Hella, Westfälische Metallwarenfabriken, Lippstadt. Für Escort ab Januar 1969 trägt er die Bestellnummer 1 AG 112 588-81, für Escort Sport, GT und XL ab Januar 1969 bzw. ab August 1971 heißt die Bestellnummer 1 AF 112 587-81. In den Umrüstsätzen sind jeweils zwei Scheinwerfereinsätze und zwei Halogen-H 4-Lampen enthalten. Standlichtlampen werden weiterverwendet.

Kontaktpflege

Ihre verkehrsteilnehmenden Zeitgenossen können leider nicht gedankenlesen. Deshalb müssen Sie Signaleinrichtungen an Ihrem Auto haben, die Ihren Vorhaben optischen oder akustischen Ausdruck geben. Sie dienen gewissermaßen der Kontaktpflege zur Umwelt. Und wenn Sie nicht der Leidtragende sein wollen, müssen Sie sich um die Signaleinrichtungen an Ihrem Auto kümmern.

Elektrische Anlage prüfen

Da die Funktion der Signaleinrichtungen am Escort von der intakten elektrischen Anlage abhängt, haben wir diese Prüfung an den Anfang des Kapitels gestellt. Wenn Sie einäugig, also nur mit einem brennenden Scheinwerfer, oder mit nur einem aufleuchtenden Bremslicht durch die Gegend chauffieren, machen Sie sich strafbar.
Damit sagt der Gesetzgeber ganz klar, daß Sie sich eigentlich vor Antritt jeder Fahrt von der Funktion Ihrer Signaleinrichtungen, also auch von der Funktion der elektrischen Anlage überzeugen müßten. Aber wer tut das schon? Ein routinierter Fahrer registriert im Unterbewußtsein, wenn irgend etwas nicht stimmt, dennoch sollten Sie gelegentlich bewußt alle Schalter bedienen und um den Wagen gehen, ob alles in Ordnung ist. Da können Sie sehen, ob die Stand- und Schlußlichter brennen, ob die Blinker funktionieren, vom Fahrersitz aus, ob die Wischer wedeln, das Gebläse rauscht usw. Die Scheinwerfer können Sie in Fahrt an einem Vordermann ausprobieren, oder an einer Hauswand; dort können Sie auch das Aufleuchten der Bremslichter kontrollieren, wenn Sie keinen Helfer parat haben, der nach dem Treten aufs Bremspedal nach den Leuchten schaut.

Die Blinkanlage

Die Blinkanlage Ihres Escort, die Sie betätigen, wenn Sie die Fahrtrichtung ändern, eine Fahrspur wechseln oder überholen wollen, besteht aus dem Blinkerschalter an der Lenksäule, den beiden vorderen und hinteren Blinkleuchten, der grünen Blinkerkontrolleuchte im Armaturenbrett und dem Blinkgeber. Dieser zylindrische Aluminiumkörper sitzt über dem linken Ablagefach hinter dem Armaturenbrett und ist gegen die linke Außenwand geschraubt. Die Blinkanlage ist gleichzeitig Warnblinkanlage.
Aber während die Warnblinkanlage – über einen separaten Schalter eingeschaltet – ständig unter Strom steht, funktioniert die Blinkanlage erst nach Einschalten der Zündung mit dem Zündschlüssel. Strom erhält die Blinkanlage über ein schwarzes Kabel von der Sicherung Nr. 6 zur Klemme 49 des Blinkgebers. Von dort fließt er, vom Blinkgeber in gleichen Takten unterbrochen, über ein schwarzweißes Kabel an den Blinkerschalter an der linken Seite der Lenksäule, dessen Hebel den Strom je nach Schaltung weiterleitet: auf Klemme R – von dort über ein schwarzweißes Kabel zu den rechtsseitigen Blinkleuchten – oder Klemme L – von dort über ein schwarzgrünes Kabel zu den linksseitigen Blinkleuchten. Die Blinkerkontroll-

Das Horn wird zugänglich, nachdem man den Kühlergrill abgeschraubt hat. Die Kombizange – ein kleiner Schlüssel wäre besser – ist an der Vierkantschraube angesetzt, an der man den Schwingungsbereich der Hornmembrane verstellen kann. Man braucht einen Helfer, der auf die Huptaste drückt, während man die Schraube vorsichtig um Bruchteile eines Millimeters verdreht. Dabei sollten Sie möglichst keinem Nachbarn auf die Nerven fallen, der Sie wegen Ruhestörung verklagen könnte.

lampe ist mit beiden Schaltungen verbunden, so daß sie im gleichen Rhythmus mit den Blinklampen aufleuchtet.
Wichtig: Die Funktion von Blinkrelais und Blinklampen steht in einem engen Zusammenhang. Deshalb ist beim Austausch defekter Blinklampen genau darauf zu achten, daß eine Lampe der gleichen Wattzahl eingesetzt wird. Durch eine Lampe falscher Wattzahl wird im einfachsten Fall der Blinkrhythmus gestört. Wahrscheinlicher sind jedoch Störungen und vorzeitiger Verschleiß.
Wie man an die Anschlüsse des Blinkerschalters herankommt, ist im Kapitel „Instrumente und Geräte" beschrieben.

Fingerzeige: *Leuchtet nach Betätigen des Blinkerschalters die Kontrolllampe nicht oder blitzt nur kurz auf und bleibt dann dunkel, oder ist der Schaltrhythmus des Blinkrelais doppelt so schnell als normal, so ist auf der betreffenden Wagenseite eine Blinklampe durch Defekt oder mangelnden Massekontakt (prüfen, in der Fassung bewegen) ausgefallen.*
Manchmal bewirkt leichtes Klopfen mit den Fingerknöcheln auf das Relais, daß es seinen Betrieb wieder aufnimmt.

Das Signalhorn
Pflegearbeit Nr. 3

Tippt man außen auf das Ende des Kombischalterhebels links am Lenkgehäuse, so ertönt das Horn, allerdings nur, wenn die Zündung eingeschaltet ist. Das Horn liegt hinter dem Kühlergrill, damit die Schallwellen auch recht stark nach vorn abstrahlen und gehört werden. Zu sehen ist das runde Horn durch den Kühergrill, nach dessen Abnahme es auch zugänglich wird, rechts vom linken Frontscheinwerfer.
Im Horn wird durch den Hebeldruck über einen elektrischen Anschluß ein Elektromagnet in Verbindung mit einem Unterbrecher in Schwingungen gebracht. Diese werden auf die Hornmembrane übertragen und als Ton wirksam. Ein eingebauter Kondensator dämpft die Funkenbildung zwischen den Unterbrecherkontakten, so daß diese geschont werden und so erheblich länger leben als z. B. die Unterbrecherkontakte der Zündanlage. Das müssen sie auch, denn im Horn gibt es eigentlich nichts zu reparieren. Wenn das Horn durch Feuchtigkeiteinfluß korrodiert, verstimmt klingt oder nur noch mühsam krächzt, bleibt meist nur der Austausch. Vorher kann man noch versuchen, den Schwingungsbereich der Membrane zu verstellen. Dafür ist die kleine Vierkantschraube an der Horn-Rückseite da.

Die Lichthupe

Die Lichthupe ist auf die Fernlichtfäden der Frontscheinwerfer geschaltet. Sie leuchtet auf, wenn man den Hebel des Kombischalters zum Lenkradkranz hin anzieht. Allerdings funktioniert die Lichthupe nur bei eingeschalteter Zündung, während man die Frontscheinwerfer über den separaten Lichtschalter auch bei ausgeschalteter Zündung einschalten kann. Funktioniert die Lichthupe nicht, obwohl die Scheinwerfer bei eingedrücktem Schalter und eingeschalteter Zündung brennen, dann ist der Fehler im Kombischalter selbst zu suchen. Oder in der besonderen Stromführung ab den Klemmen 56/56a/56b des Kombischalters, wenn vom Kombischalter aus bei eingeschalteter Zündung die Umschaltung von Fern- auf Abblendlicht – oder umgekehrt – nicht klappt.
Unser Schaltplan in der hinteren Buchklappe kann Ihnen bei der Suche helfen. Man kann sich mit der Fehlersuche allerdings Zeit lassen, denn die Lichthupe ist ja gesetzlich nicht vorgeschrieben und im Straßenverkehr auch nicht unbedingt notwendig.

Das Bremslicht

Leider wird dem Fahrer die einwandfreie Funktion der Bremsleuchten nicht angezeigt, obwohl sie doch im Verkehr ein wichtiges Warnsignal sind. Der Fahrer muß deshalb bei eingeschalteter Zündung und getretenem Bremspedal mit einem Helfer oder vor einer hellen Wand möglichst oft auf umständliche Art prüfen.
Wenn nur ein Bremslicht brennt, ist höchstwahrscheinlich die andere Lampe defekt oder hat mangelnden Massekontakt. Kontakt herstellen oder Lampe sofort austauschen. Wenn beide Lampen nicht brennen, muß man suchen. Zuerst nach der Sicherung Nr. 6 sehen oder kontrollieren, ob auch die Blinker oder das Heizgebläse, die ebenfalls an dieser Sicherung hängen, noch funktionieren. Sehen Sie jedoch zuallererst nach, ob die Zündung eingeschaltet ist, denn bei ausgeschalteter Zündung steht diese Sicherung nicht unter Strom. Wenn beide Bremsleuchten nicht arbeiten, obwohl die Sicherung intakt ist, prüft man zunächst mit einer Prüflampe, ob bei eingeschalteter Zündung an einer Klemme des Bremslichtschalters am Hauptzylinder Spannung liegt. Die andere Klemme kann nur dann Strom führen, wenn das Bremspedal getreten wird.
Auf diese Weise kann man herausfinden, ob der Fehler im Bremslichtschalter oder in den Kontakten oder Leitungen liegt. Falls man die Kontakte der beiden schwarzroten Kabel reinigen muß, ist es einerlei, welches Kabel an welchen Stecker kommt, denn der Bremslichtschalter hat nur die Aufgabe, bei Kontaktschluß den Strom zu den Bremslichtern weiterzuführen.

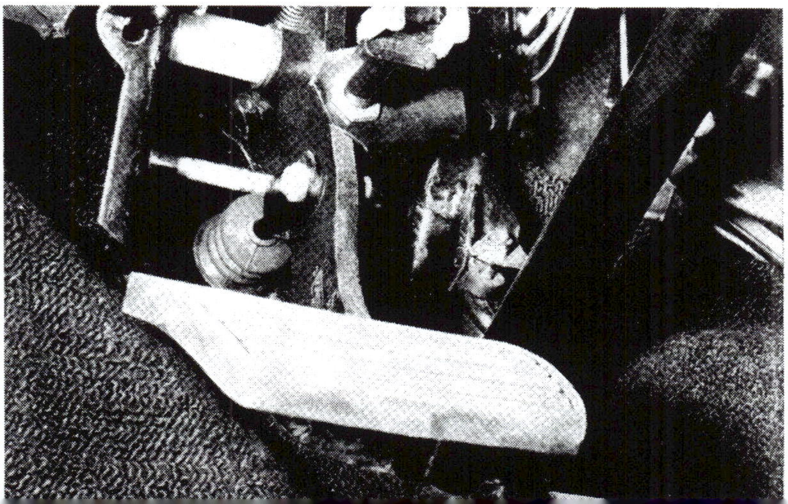

Das breite Bremspedal gehört zu einem Automatic-Escort. Auf dem Pedalhebel liegt – auch beim Bremspedal des Normal-Escort – der Bremslichtschalter auf, oben im Foto zu sehen. Tritt man aufs Pedal, wandert der Kontaktstift aus dem Schalter heraus und schließt im Schalter die Kontakte, die die Bremsleuchten aufleuchten lassen. Stellt sich bei der im Text geschilderten Fehlersuche heraus, daß der Fehler im Bremslichtschalter direkt liegt, muß dieser ausgewechselt werden, denn am Schalter gibt es nichts zu reparieren. Zum Auswechseln wird der Schalter einfach von seiner Halteplatte abgeschraubt, nachdem man vorher die Kabel abgezogen hat.

Stets zu Diensten

Kein Fahrer kann auf sie verzichten. Man muß Bescheid wissen, was im Auto vor sich geht – und was nicht. Mancher hätte gern mehr Instrumente; dieses Bedürfnis stillt die Zubehörindustrie, z. B. VDO, durch ein reichhaltiges Angebot. Beim Escort GT, der mit zusätzlichem Drehzahlmesser ausgerüstet ist, bleiben schon weniger Wünsche offen. Manchem ist jedoch das Vorhandene schon zuviel, so daß er die Beobachtung vernachlässigt und sich dann vielleicht wundert, daß er mit leergefahrenem Tank liegenbleibt.

Tachometer

Man hat ihn direkt vor Augen. Wie genau der Tachometer anzeigt und wie man ihn eicht, haben wir im Kapitel „Prüfen ohne Werkzeug" geschildert. Zu seiner Funktion hier nur soviel: Der Antrieb des Tachometers erfolgt über die flexible Tachowelle, die mit ihrem einen Ende kurz vor dem Kardanwellengelenk in den „Hals" des Getriebegehäuses mündet und dort mit einem verschraubten Zwischenstück befestigt ist. Am Tachometer wird die Welle von einem Kunststoffstück gehalten. Um den Tacho ausbauen zu können, muß das Kombiinstrument abmontiert werden, siehe betreffenden Absatz in diesem Kapitel.

Zwar wird der Tacho nicht direkt elektrisch betrieben, doch beruht seine Wirkungsweise auf elektrischen Wirbelströmen, die durch die Drehung eines von der Tachowelle angetriebenen Ringmagneten erzeugt werden. Diese Wirbelströme versuchen, die Tachonadel in gleicher Drehrichtung mitzunehmen. Das Kilometerzählwerk ist direkt durch eine kleine Welle an den Tachowellenanschluß angeschlossen.

Die Tachometerwelle ist wartungsfrei. Wenn jedoch die Tachowelle leises Ticken von sich gibt oder sich die Tachonadel ruckweise bewegt, kann es nichts schaden, die Tachowelle am Getriebe loszuschrauben und sie mit ein wenig Fett zu versorgen. Das Fett steigt dann automatisch hoch. Ist die Welle gebrochen, wird sie ausgetauscht. Beim Einbau vorsichtig verlegen. Wird sie geknickt, ist die Ursache für vorzeitigen Wellenbruch geschaffen.

Die Kraftstoffanzeige

Der Kraftstoffstand wird auf einer Skala im Armaturenbrett angezeigt. Je nach Tankfüllung soll der Zeiger auf der Skala zwischen „Voll" und „Leer" anzeigen. Durch einen roten Bereich wird man im Escort vorgewarnt, daß das Benzin zur Neige geht. Wenn jedoch der Zeiger auf Null steht, sollen noch etwa 2 bis 3 Liter im Tank sein, die für die Fahrt zur nächsten Tankstelle ausreichen müssen. Erfahrungsgemäß zeigen die Kraftstoffanzeiger aber nur selten genau an, bzw. sie sind in manchen Bereichen sehr genau, in anderen wieder nicht.

Es ist nun wichtig zu wissen, wie der Zeiger im Endbereich stimmt und ob man sich auch wirklich darauf verlassen kann, daß noch die 2 oder 3 Liter im Tank sind. Das sollte man einmal nachprüfen, indem man den Tank restlos

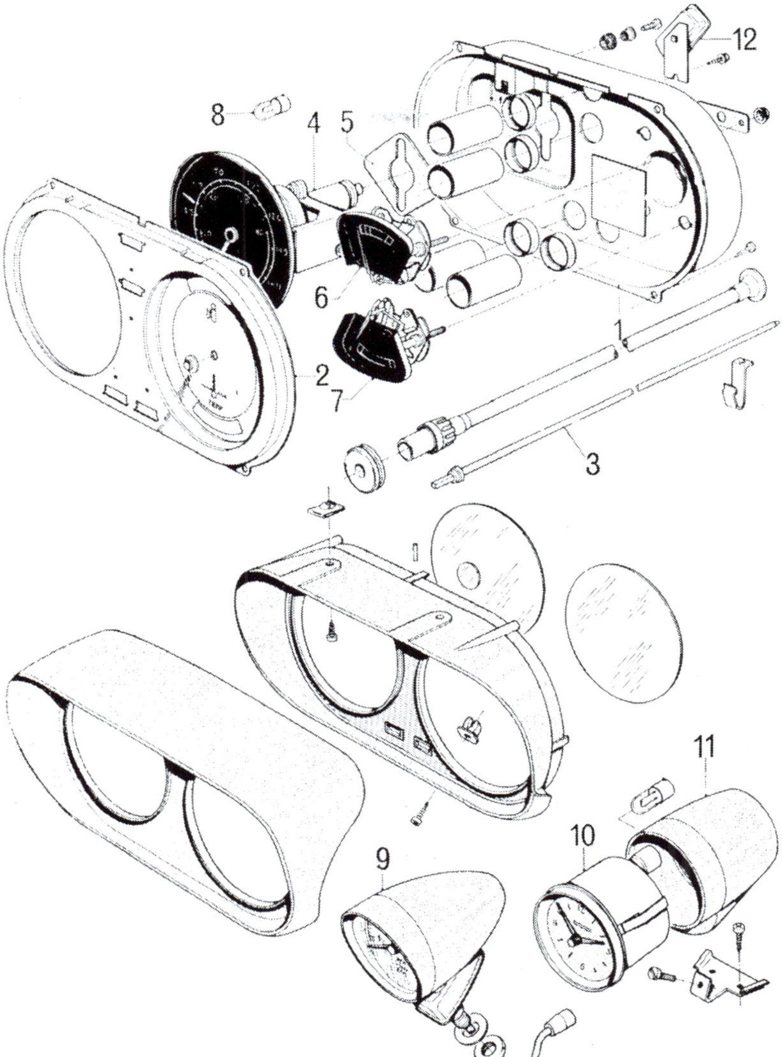

Wie das Kombiinstrument des Escort ausgebaut wird, ist auf Seite 154 beschrieben. Die Explosionszeichnung zeigt, wie die Teile zusammengehören. Die Zahlen bedeuten:

1 – Gehäuse des Kombiinstruments,
2 – Abdeckung,
3 – Tachowelle,
4 – Aufnahme für Tachowelle,
5 – Spezialscheibe,
6 – Kraftstoffanzeigeinstrument,
7 – Kühlwasser-temperatur-Anzeigeinstrument,
8 – Lampe zu Skalenbeleuchtung,
9 – Anbau-Drehzahlmesser,
10 – Zeituhr,
11 – Zeituhr-Gehäuse,
12 – Spannungskonstanthalter.

leerfährt, bis der Wagen stehenbleibt. Nehmen Sie aber dazu unbedingt einen Reservekanister mit, denn Sie können bestraft werden, wenn Sie z. B. auf der Autobahn mit leergefahrenem Tank ein Verkehrshindernis und damit eine Unfallquelle bilden.

Prüfung und Funktion

Ob Meßuhr und Geber (er sitzt im Tank) richtig arbeiten, ist am Zeigerausschlag auf der Anzeigenskala bei leerem und bei vollem Tank ohne weiteres zu erkennen. Wenn die Zeigerausschläge nicht stimmen oder die Meßuhr nicht anzeigt, dann zuerst die Kabelsteckverbindungen überprüfen. Sie können lose oder korrodiert sein. Besonders die Geberanschlüsse am Tank rosten, wenn man sie nicht gelegentlich reinigt. Ist an den Anschlüssen nichts zu finden, müssen nacheinander Meßuhr und Geber überprüft werden. (Wie der Geber ausgebaut wird, ist im Kapitel „Kraftstoffleitungen" beschrieben.) Prüfen kann jedoch nur die Werkstatt, wenn nicht gleichartige Instrumententeile zum gegenseitigen Vergleich zur Verfügung stehen.

Wenn die Kraftstoffuhr überhaupt nichts anzeigt, sollte man zuerst nachprüfen, ob eine Sicherung durchgebrannt ist. Dazu braucht man nicht unbedingt im Sicherungskasten nachzusehen. Man kann auch die Scheibenwischer einschalten, denn über den Wischermotor ist die Kraftstoffuhr mit der Sicherung Nr. 7 verbunden. Funktionieren auch die Wischer nicht, ist wahrscheinlich die Sicherung defekt.

Das Kühlwasserthermometer

Dieses Gerät gibt genauen Aufschluß über die Temperaturverhältnisse im Kühlkreislauf und damit über das Wohlbefinden des Motors. Das Temperaturanzeigegerät ist recht zuverlässig. Wenn es fehlerhaft anzeigt, z. B. nach längerer schneller Fahrt eine Untertemperatur, dann sollten zuerst die Kabelanschlüsse und der Thermoschalter überprüft werden, bevor man sich dem Anzeigegerät selbst widmet, wozu der Armaturenträger abgebaut werden muß.

Man sollte sich aber bei allzu genauer Beobachtung der Kühltemperaturanzeige nicht von jeder Bewegung der Nadel beunruhigen lassen. Denn zunächst steigt der Zeiger nach dem Kaltstart mit einiger Verzögerung gegenüber der wirklich im Kühlkreislauf herrschenden Temperatur hoch. Meist bleibt er dann im Anfang des Mittelbereichs stehen. Aber wenn nach schneller Fahrt eine Verkehrsstockung kommt, kann es durchaus sein, daß der Zeiger bis zum Anfang des roten Feldes wandert und dort einige Zeit verharrt, bis der Kühlerventilator die Kühlwassertemperatur heruntergekühlt hat. Nur wenn bei normaler Fahrt der Zeiger ins rote Feld wandert oder der Zeiger bei Schleichfahrt nach schneller Fahrt im roten Feld bleibt, ist anzuhalten und nach den Ursachen zu forschen.

Die Temperaturanzeige arbeitet elektrisch. Dazu sitzt im Thermostatgehäuse im Motorraum der Thermofühler, der entsprechend den Temperaturen seiner Umgebung seinen elektrischen Widerstand ändert. Über das rot-weiße Kabel erhält der Thermofühler Plus-Strom, der zuvor über den Spannungskonstanthalter und die Sicherung Nr. 6 geflossen ist. Das Temperaturanzeigegerät mißt also in Wirklichkeit nicht die Wärmegrade des Kühlmittels, sondern den dadurch veränderten elektrischen Widerstand des Thermofühlers. Zeigt das Instrument nicht an, obwohl die ebenfalls an Sicherung Nr. 6 angeschlossenen Verbraucher in Ordnung sind, muß der Fehler entweder in der Kabelführung, im Anzeigegerät oder am defekten Thermofühler liegen.

Am Thermofühler gibt es nichts zu reparieren, er wird in diesem Falle ausgetauscht. Man braucht ihn nur mit dem Gabelschlüssel (SW 13) herauszudrehen, nachdem man das Kabel abgezogen und einen Teil des Kühlmittels abgelassen hat. Zum Ausbau des Anzeigegeräts muß das Kombiinstrument ausgebaut werden.

Die Ladekontrolleuchte

Die rote Lampe unterrichtet den Fahrer von der ordnungsgemäßen Arbeitsweise der Lichtmaschine. Es ist aber keine echte Kontrolle darüber, ob die Batterie von der Lichtmaschine geladen wird, sondern sie sagt nur, daß die Lichtmaschine selbst genügend Strom liefert, um die Zündung bedienen zu können. Auf der einen Seite ist die Ladekontrollampe durch ein blaues Kabel mit Klemme 61 des Reglerschalters der Lichtmaschine verbunden, auf der anderen Seite erhält sie Plus-Strom zusammen mit der Kraftstoff- und Kühlmittelanzeige.

Arbeitet die Lichtmaschine nicht oder nur schwach, dann hat Klemme 61 keinen Plus-Strom, sondern wirkt als Masse, so daß die Ladekontrolle brennt. Sind zuviele Verbraucher eingeschaltet, so daß die Lichtmaschinenleistung nur knapp ausreicht, kann man bei Nachtfahrt das Lämpchen glühen sehen: kein Anlaß zur Besorgnis. Hat Klemme 61 ebenfalls Plus-Strom durch die Leistung der Lichtmaschine, liegt an beiden Klemmen der Ladekontrolleuchte Plus-Strom, so daß sie nicht brennen kann. Brennt die Ladekontrolle nicht, obgleich sich der Motor starten läßt, kann die Sicherung Nr. 6 defekt sein. Brennt nur die Ladekontrolle beim Einschalten der Zündung nicht, liegt es am durchgebrannten Lämpchen oder am blauen Kabel zum Regler.

Das Voltmeter

Dieses Gerät besitzen nur Escort GT und Sport in einem Einzelinstrument links vom Tachometer; in der Betriebsanleitung wird es als Batterie-Kontrolle bezeichnet. Das Voltmeter gibt Aufschluß über die Bordspannung und über den Ladezustand der Batterie. Damit der Strom fließen kann, erhält das Gerät auf der einen Seite über das schwarzgelbe Kabel 54 Plus-Strom und ist über die Befestigung zur Masse geschaltet.

Um beurteilen zu können, was das Voltmeter anzeigt, muß man die Schwankungen der Bordnetzspannung in Betracht ziehen. Im Kapitel „Die Batterie" kann man nachlesen, daß die Batteriezellen durchaus nicht immer ihre vorgeschriebene Spannung von 2 Volt pro Zelle (6 x 2 = 12 Volt) haben und auch nicht haben müssen. Deshalb ist es auch nicht besorgniserregend, wenn der Zeiger des Voltmeters bei eingeschalteter Zündung, aber noch nicht gestartetem Motor, im grünen Feld stehenbleibt. Es ist nur das Zeichen dafür, daß die Batterie nicht ganz vollgeladen und deshalb die Bordnetzspannung niedrig ist. Auch bei niedrigen Leerlaufdrehzahlen ist die Zeigerstellung noch nicht wichtig. Erst bei erhöhter Drehzahl soll der Zeiger ins Mittelfeld wandern, was besagt, daß die Lichtmaschine die Stromerzeugung aufgenommen hat und die Bordnetzspannung auf der richtigen Höhe hält. Falls nicht zuviel Verbraucher eingeschaltet sind, wird die Batterie geladen.

Bleibt jedoch der Zeiger des Voltmeters auch bei erhöhten Drehzahlen im linken roten Feld stehen, ist Anlaß zur Vorsicht gegeben – aber durchaus nicht zur Besorgnis. Sie können noch bis zur nächsten Ford-Werkstatt fahren, vorausgesetzt, die Batterie ist noch genügend geladen, um die Zündanlage versorgen zu können, denn die Zündanlage läuft nur mit Batteriestrom. In der Werkstatt muß dann der Regler oder die Lichtmaschine überprüft werden. Vielleicht ist auch nur der Keilriemen locker und rutscht durch.

Die Öldruckkontrolle

Beim Normal-Escort ist zur Kontrolle des Öldrucks die hellorangene Leuchte links von der Ladekontrolle vorhanden, bei GT und Sport gibt es eigens dafür ein Anzeigeinstrument mit Skala und Zeiger.

Die Öldruckkontrollampe ist über das blau-grüne Kabel mit dem Öldruckschalter verbunden, der an der rechten Motorseite über die Ölpumpe in den Motorblock geschraubt ist. Die Öldruckkontrolleuchte erhält den Plus-Strom gleichzeitig mit der Kraftstoffanzeige. Über den Druckschalter wird sie bei ungenügendem bzw. nicht vorhandenem Öldruck an Masse gelegt. Da sie bei korrektem Öldruck während des Motorlaufs ohnehin nicht brennt, kann man ihren Ausfall nur bei stehendem Motor feststellen. Sicherung Nr. 6 überprüfen, ebenso den richtigen Sitz der Kabelstecker.

Die Öldruckanzeige des GT und des Sport weicht von diesem System ab. Hier ist das Anzeigeinstrument durch eine Druckleitung mit dem Motor verbunden. Das Instrument zeigt den Öldruck in kg/cm² (atü) an.

Blinker-Kontrolleuchte

Die grüne Blinker-Kontrolle soll das richtige Arbeiten der Blinkleuchten anzeigen. Sie ist über ein schwarz-grünes (rechte Seite) und ein schwarz-

weißes (linke Seite) Kabel mit dem Blinkerschalter verbunden. Leuchtet sie nicht im Rhythmus der Blinkleuchten auf, obwohl diese einwandfrei arbeiten, so kann sie ausgefallen sein, die Stecker am Blinkgeber können nicht richtig sitzen oder korrodiert sein, die Verbindungsleitungen können unterbrochen sein und schließlich kann der Kontrollanker im Blinkgeber defekt sein.
Leuchtet die Lampe beim Einschalten der Blinker auf und fällt dann in einen sehr schnellen Rhythmus, ist wahrscheinlich eine Blinklampe an der betreffenden Wagenseite durchgebrannt. Es kann allerdings auch nur der Kontakt in einer Lampenfassung korrodiert oder sonstwie verlorengegangen sein. Manchmal hilft es dann, wenn man Fassung oder Kontakt nachbiegt oder die Lampenfassung reinigt.

Fernlicht-Kontrolle

Die blaue Fernlichtkontrolle muß dem Fahrer das eingeschaltete Fernlicht anzeigen. Leuchtet sie bei eingeschaltetem Fernlicht oder beim Anziehen der Lichthupe nicht auf, so kann sie selbst defekt sein oder die Verbindungsleitung zum Lichtschalter ist unterbrochen.

Der Spannungskonstanthalter

Wenn Sie sich die Darstellung des Kombiinstruments auf dem Schaltplan in der hinteren Buchklappe ansehen, werden Sie feststellen, daß die Plus-Strom-Zuführungen zu den Instrumenten im Armaturenbrett über einen Knotenpunkt, den Spannungskonstanthalter, laufen, abgesichert durch die Sicherung Nr. 6 bei eingeschalteter Zündung. Daher muß die Sicherung 6 in Ordnung sein, wenn diese Instrumente funktionieren sollen.
Dieser Spannungskonstanthalter, der an der Rückseite des Kombiinstruments sitzt, gleicht die natürlichen Spannungsschwankungen im Bordnetz von Batterie und Lichtmaschine aus. Die angeschlossenen Instrumente und Lämpchen erhalten so stets die gleiche Spannung. Wäre dies nicht der Fall, so würden beispielsweise die Kraftstoffanzeige und das Kühlmittel-Fernthermometer je nach Batterie- und Lichtmaschinenspannung zuviel oder zuwenig anzeigen.
Zum Auswechseln des Spannungskonstanthalters muß das Kombiinstrument ausgebaut werden, dann kann man ihn abschrauben. Tip für die Prüfung: Masse nur über das Gehäuse geben!

Kombiinstrument ausbauen

Unter Kombiinstrument ist nichts anderes zu verstehen als die Instrumenteneinheit im Armaturenbrett, auf der die Anzeigeinstrumente und Kontrollleuchten versammelt sind. Das Kombiinstrument muß ausgebaut werden, wenn man Instrumente oder Lämpchen auswechseln oder an der Rückseite der Geräte arbeiten will. Die Zeichnung am Kapitelanfang kann dabei helfen.
Vor dem Ausbau des Kombiinstruments ist das Minuskabel von der Batterie abzunehmen, um Kurzschlüsse zu vermeiden. Dann wird die Tachowelle abgetrennt, wobei man den Verriegelungsring aus Kunststoff seitwärts drücken muß, um den Haltestift zu entlasten. Zu diesem Arbeitsvorgang muß man sich tief in den vorderen Fußraum begeben, um hinter das Armaturenbrett sehen zu können. Jetzt kann man die Kreuzschlitzschrauben herausdrehen, die das Instrument auf dem Armaturenbrett halten und das Instrument herausheben. Will man das Kombiinstrument ganz ausbauen, müssen natürlich alle Kabelanschlüsse getrennt werden. Für das Auswechseln von Kontrolllampen, des Spannungskonstanthalters oder eines Instruments ist das natürlich nicht nötig, sondern man nimmt nur die betreffenden Kabel ab.
Die Instrumente sind mit Kreuzschlitzschrauben an der Rückseite des Kombiinstruments festgeschraubt. Wenn man sie herausgedreht hat, kann man die

Instrumente samt Dichtungen oder Isolierplatten und Gläsern abnehmen. Für den Wiedereinbau das Kombiinstrument zunächst in Einbaulage bringen und die abgenommenen Kabel aufstecken, Instrument einsetzen, Minuskabel auf der Batterie anbringen und die Funktion der Anzeigegeräte und Lampen prüfen. Dann kann man das Instrument festschrauben und die Tachowelle anschließen.

Blinkerschalter ausbauen

Wie bei allen Arbeiten an der Bordelektrik zuerst das Batterie-Minuskabel abnehmen, um Kurzschlüsse zu vermeiden. Dann: Unterhalb der Lenksäulenverkleidung die Kabelsteckverbindung trennen, das Polster auf der Lenkradnabe abheben, die Lenkradmutter abschrauben, vorher die Lenkradstellung mit Fettstift oder Kratzer markieren. Jetzt schraubt man den oberen Teil der Lenksäulenverkleidung ab (2 Kreuzschlitzschrauben) und kann dann den Blinkerschalter von der Lenksäule abschrauben. Der Einbau geschieht in umgekehrter Reihenfolge des Ausbaus.

Lichtschalter ausbauen

Dazu muß zunächst das Licht ausgeschaltet, der Schalter also oben eingedrückt sein. Man schiebt einen flachen Schraubenzieher oder eine Messerklinge zwischen Schalterrahmen und Armaturenbrett und hebt den Schalter an. Dann die Taste unten eindrücken und den Schalter aus dem Armaturenbrett herausnehmen.

Türschalter ausbauen

Wenn Sie die Vordertüren öffnen, sehen Sie an den vorderen Türpfosten, an denen die Türen befestigt sind, je einen Druckknopfschalter. Diese Schalter werden durchs Öffnen der Türen betätigt; wenn sie in Ordnung sind, schließen sich beim öffnen der Tür die Kontakte und die Innenleuchte brennt. Zum Ausbau eines Türschalters hebt man die abdichtende Gummikappe ab und zieht den Schalter heraus.

Scheibenwischer ausbauen

Drückt man den Wippschalter mit dem Wischersymbol, beginnen die Scheibenwischer auf der Frontscheibe hin und her zu wedeln. Bringen die Scheibenwischer kein einwandfrei sauberes Blickfeld mehr zustande, kommen mehrere Fehlerquellen in Betracht: Fett auf der Scheibe (mit Sidol oder

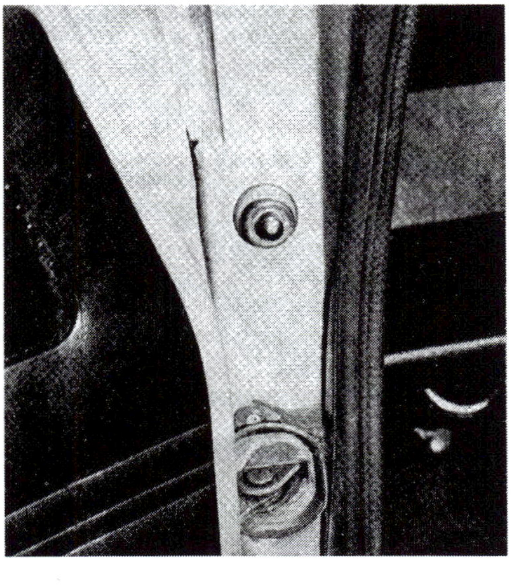

Die Türkontaktschalter sitzen an den Schmalseiten der vorderen Türholme. Wenn die Vordertüren geöffnet werden, wird der Knopf herausgedrückt und im Schalter schließen sich die Kontakte, so daß die Innenleuchte brennt. Zum Ausbau des Schalters muß man die Gummidichtung mit einem flachen Schraubenzieher abheben, dann kann man den Schalter herausziehen und überprüfen.

Wischerblätter, Wischerarme, dazu Wischerantrieb und Wischermotor auf einen Blick – falls Sie einmal in die Verlegenheit kommen, alles oder einzelne Teile zerlegen zu müssen. Die Zahlen bedeuten:
1 – Halteplatte,
2 – Tandemlager links und rechts (3),
5 – Wischermotor,
7 – kurze,
8 – lange Verbindungsstange,
22/23 – Wischerarme,
24/25 – Wischerblätter,
26 – Wischergummi.

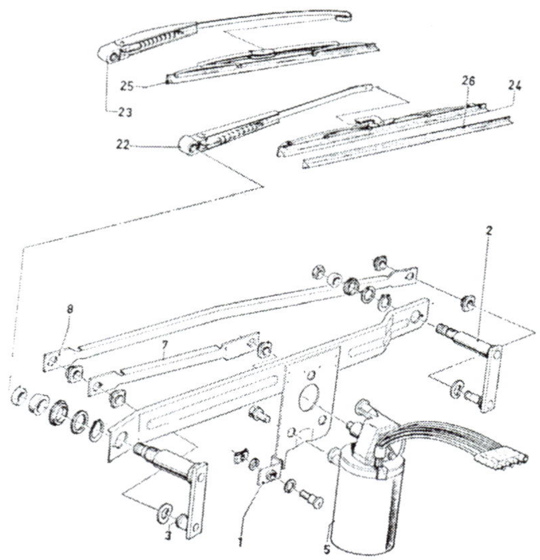

Antisilikonpaste reinigen), Anpreßdruck ungenügend (Feder oder Wischerarm nachbiegen oder austauschen), Wischerblätter abgenützt oder brüchig (die Wischerblätter sollten wenigstens in jedem Jahr ausgewechselt werden).

Zustand der Wischerblätter prüfen
Pflegearbeit Nr. 4

Dazu braucht man kein Handwerkzeug, nur zwei geschickte Hände. Das Wischerblatt ist nämlich nur auf das Endstück des Wischerarms aufgeschoben und wird von einer Blattfeder gehalten. Es genügt, wenn Sie die Feder des Wischerblatts zum Wischerarm hin drücken. Damit hebt der Haltenocken ab und Sie können durch Ziehen das Blatt vom Arm abziehen. Billiger ist es jedoch, das Gummiblatt allein zu wechseln. Man zieht es mit Gefühl und leichter Nachhilfe aus den Haltenasen der Andruckbügel. Das Einfädeln des neuen Blatts erfordert etwas Geduld.

Die Prüfung darf sich aber nicht nur auf die Wischergummis beschränken. Wichtig ist auch die richtige Einstellung der Wischer. Die Wischerblätter dürfen an ihren Umkehrpunkten und in der Endablage nicht an den Rahmen der Frontscheibe stoßen, sonst sind Schäden am Wischermotor die Folge. Stimmt die Einstellung nicht, dann die Wischerarme abklappen, von den Wischerachsen ziehen (sie sind nur leicht durch Federklammern gesichert) und um den nötigen Winkel verdreht wieder aufsetzen. Wischer probelaufen lassen, dazu Windschutzscheibe mit Wasser benetzen, damit die Gummis nicht trocken laufen und auf der Scheibe schmirgeln.

Fingerzeig: *Die Wischerblätter sollen gelegentlich der Wagenwäsche gereinigt werden, denn an ihnen setzen sich die Fett- und Schmutzrückstände von der Windschutzscheibe ab. Man reibt die Wischergummis am besten mit einer festen Nylonbürste (Nagelbürste) und einer starken Waschmittellösung oder mit Brennspiritus ab. Benzin ist keinesfalls geeignet, der Gummi wird dadurch unbrauchbar. Abtropfendes Reinigungsmittel so schnell wie möglich vom Lack abspülen.*

Im Zubehörhandel werden sogenannte Wisch-Wasch-Kopplungen und Intervallschalter für die Scheibenwaschanlage angeboten. Sie stellen eine wesentliche Bedienungsvereinfachung dar. Einbauanleitungen liegen den Bausätzen bei; wenn nicht, solche speziell für den Escort anfordern.

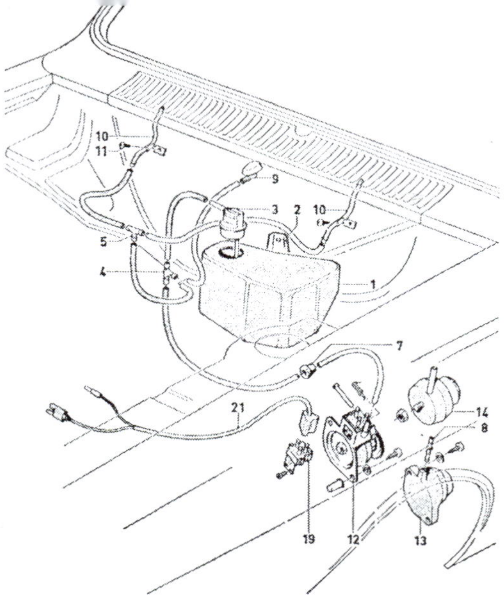

Die Einzelteile der Scheibenwaschanlage, und zwar sowohl mit der Gummibalg-Fußpumpe wie auch mit der elektrischen Fußpumpe mit Wischerschalter.
Die Zahlen bedeuten:
1 – Wasserbehälter,
2 – Halter des Wasserbehälters,
3 – Deckel mit Schlauch,
4 – T-Stück mit Ventil,
5 – T-Stück ohne Ventil,
7 – Gummitülle,
8 – Anschlußstück Pumpe,
9/10 – Düsen,
12 – Fußpumpe mit Wischerschalter,
13/14 – Fußpumpe, unterschiedliche Ausführungen,
19 – Schalter,
21 – Leitung zum Wischermotor.

Wischerschalter ausbauen

Der Ausbau geschieht gleich wie der des Lichtschalters. Jedoch muß vorher das Kombiinstrument herausgehoben werden, damit man dort durch die Öffnung die Steckverbindung zum Scheibenwischerschalter abziehen kann.

Wischerachsen und Wischermotor ausbauen

Das Wischergestänge und die Wischerachsen sind wartungsfrei. Man muß daran nichts pflegen. Die Wischerachse bekommt im Werk ihr Fett, das im Normalfall für die Dauerschmierung ausreicht. Trotzdem kann es hin und wieder vorkommen, daß eine Wischerachse festfrißt oder die Kugelgelenke ausschlagen. Dann muß man die Achsen ausbauen. Da Wischerantrieb und Scheibenwischermotor zusammengebaut sind, schildern wir alles in einem Arbeitsgang.

Wischerarme abziehen, darunter von beiden Tandemlagern die Muttern, Distanzscheiben und Dichtscheiben abnehmen. Dann im Innenraum die unteren der 3 Halteschrauben der Heizungsabdeckung lösen und die Abdeckung oben aus den Paßstiften herausziehen. Vario-Air-Düsen zur Windschutzscheibe hin und die Warmluftschläuche herausnehmen. Kabelsteckverbindung am Wischermotor abziehen und die Wischeranlage vorsichtig herausnehmen. Muß der Motor ausgewechselt werden, dann diesen jetzt von der Halteschiene und vom Kurbelarm abschrauben.

Beim Wiedereinbau den Wischermotor an der Halteschiene befestigen und den Kurbelarm aufsetzen, wobei man die Keilnut beachten muß. Jetzt wird die Wischeranlage provisorisch an eine Stromquelle (Batterie) angeschlossen und probeweise in Betrieb gesetzt. Funktioniert alles richtig, geschieht der Einbau in umgekehrter Reihenfolge des Ausbaus. Zum Schluß werden die Wischerarme in Ruhelage montiert, wobei darauf zu achten ist, daß die Wischerblätter in der Endlage nicht am Fensterrahmen anschlagen.

Scheibenwaschanlage füllen

Pflegearbeit Nr. 12

Der Scheibenwascherbehälter sitzt im Motorraum auf einer Ausbuchtung der Trennwand. An dem durchsichtigen Behälter kann man auf einen Blick feststellen, wieviel Flüssigkeit noch verfügbar ist. Er sitzt hoch oben im Motorraum, ist also leicht aufzufüllen. Sie sollten unbedingt immer regelmäßig nach dem Flüssigkeitsstand sehen, denn wenn Sie bei Regenwetter die Frontscheibe vollgespritzt bekommen und haben kein Wasser mehr für die Rei-

nigung, ist die kritische Situation schnell da, die zu einem Unfall führen kann. Aus dem gleichen Grund sollten Sie auch ab dem Spätherbst, wenn Gefriertemperaturen zu befürchten sind, Gefrierschutzmittel dem Waschwasser beimischen. Diese werden an jeder Tankstelle angeboten.
Die Qualität der Frostschutzmittel ist weitgehend gleich gut oder schlecht – wie man will. Wichtiger ist für tiefen Frost die richtige Mischung. Zum ersten darf man Frostschutzmittel nicht einfach so in den Waschbehälter zum Wasser gießen, sondern muß die Mischung in einem Gefäß vormischen, bevor man sie einfüllt. Denn sonst besteht die Gefahr, daß sich Wasser und Zusatzmittel nicht einwandfrei vermischen und die Waschanlage doch teilweise einfriert. Zum anderen muß man wissen, daß die Frostschutzmittel bei Außentemperaturen unter minus 15° C selbst gefrieren können. Mit zunehmendem Frost muß man also dem Wasser immer höhere Frostschutzmittelanteile zumischen. Hier durch sparsameren Zusatzmittelanteil Geld sparen zu wollen, wäre also völlig falsch. Bei sehr tiefen Außentemperaturen um minus 15° C ist es sogar besser, wenn man dem Wasser ca. 75 % Spiritusanteil zumischt oder nur das reine Frostschutzmittel einfüllt. Denn sonst kann das Wasser an den Düsen immer noch gefrieren.
Wir würden aber nicht nur im Winter ein Zusatzmittel zum Waschwasser geben, sondern im Sommer auch ein sogenanntes Reinigungsmittel. Man bekommt damit die Frontscheibe klarer als mit reinem Wasser und außerdem entfernt man damit leichter Schmutz und die Reste toter Insekten, die auf der Frontscheibe zerplatzen.

Scheibenwascher

Im vorderen Fußraum links sitzt der Gummibalg, auf den man mit dem linken Fuß tritt, wenn man Wasser auf der Scheibe haben will. Die Scheibenwaschanlage im Escort ist eine robuste Druckpumpenanlage, die eigentlich nur durch Verstopfen oder Einfrieren Kummer bereiten kann.
Da sich im Flüssigkeitsbehälter im Lauf der Zeit immer Rückstände ablagern, ist es ratsam, den Behälter zur Vorbeugung gegen Verstopfen der Anlage hin und wieder zu reinigen und auszuspülen. Bei Verdacht, daß die Verstopfung im Verteiler vor den Austrittsdüsen liegt, muß das Windlaufblech ausgebaut werden, damit man dort an die Wasserschläuche herankommen kann. Sind jedoch nur die Düsen verstopft oder zugefroren, genügt es evtl., mit einer dünnen Nadel die Austrittsöffnungen zu reinigen.
Um den Gummiknopf liegt ein Blechring, der über elektrische Kabel mit dem Wischermotor verbunden ist, so daß immer, wenn Sie den Wascherknopf betätigen, auch die Wischer übers Glas wedeln. Tun sie das eines Tages nicht mehr, müssen die Kabelanschlüsse und der Kabelverlauf auf Unterbrechungen kontrolliert werden.

Fingerzeig: *Trifft der Wasserstrahl nicht den richtigen Sektor auf der Frontscheibe, muß man die Düsen verstellen. Das geschieht, indem man durch die Aussparungen in den Kühlluftschlitzen die Düsenröhrchen mit einem Schraubenzieher entsprechend leicht verbiegt.*

Heizungsschalter ausbauen

Die Zierblende, in der die Heizungshebel laufen, vorsichtig abhebeln. Dann die Heizungsabdeckung lösen (Kreuzschlitzschraubenzieher) und den oberen Teil herunterziehen. Die Bowdenzüge ab Heizkörpergehäuse abtrennen: Federklammern abheben und mit Hilfe des Schraubenziehers den Drahtzug aus dem Gelenk herausdrücken. Jetzt kann man den Bedienungsschalter abschrauben und herausnehmen, siehe auch Kapitel „Kühlung und Heizung".

Vor dem Einbau ist die leichte Beweglichkeit der beiden Luftklappen im Heizkörpergehäuse sowie der beiden Bowdenzüge zu überprüfen. Falls nötig, schadhafte Bowdenzüge auswechseln. Bedienungsschalter einsetzen, festschrauben, Zierblende aufdrücken. Die Bowdenzüge am Heizkörpergehäuse anschließen.
Tip: Die Wirksamkeit der Heizung ist von der richtigen Einstellung der Bowdenzüge abhängig. Deshalb die Hebel am Bedienungsschalter nicht in der Endstellung, sondern ca. 2 mm vor dem Anschlag festhalten, wenn die Bowdenzüge am Heizkörpergehäuse arretiert werden.
Weitere Arbeitsfolge: Luftsperrklappe am Heizkörpergehäuse schließen (Linksdrehung), Bowdenzug anschließen. Temperatur-Regulierklappe am Heizkörpergehäuse in die Sperrstellung (Rechtsdrehung) drücken, in dieser Position Bowdenzug anschließen. Zum Schluß Heizungsabdeckung montieren.

Zigaretten-anzünder

Er zählt zu den Annehmlichkeiten, die Ford allen Escorts serienmäßig spendiert hat. Der Zigarettenanzünder ist durch die Sicherung Nr. 1 abgesichert, denn durch die Verschmutzung mit Tabak und Asche ist erhöhte Kurzschlußgefahr gegeben. Bei Störungen zuerst im Sicherungskasten nachsehen.

Drehzahlmesser

Dieses Prunkstück im GT- und Sport-Armaturenbrett zeigt an, wieviel Umdrehungen pro Minute die Kurbelwelle im jeweiligen Gang und bei der jeweiligen Geschwindigkeit dreht. Man weiß so zu jeder Zeit, wie der Motor beansprucht wird. Renn- und Sportfahrer fahren praktisch nur nach dem Drehzahlmesser, weil man so in jedem Gang näher an die zulässige Drehzahlgrenze herangehen kann, ohne dem Motor zu schaden. Bei 6500 U/min fängt auf der Anzeigeskala der rote Bereich an, der mahnen soll, daß man jetzt kritisch hohe Drehzahlen erreicht, wenn man nicht schaltet oder mit dem Gas nicht etwas zurückgeht. Kurzzeitiges Fahren in diesen Drehzahlbereichen schadet aber dem Motor noch nicht, vielmehr kann man diese Drehzahlen als Reserve einsetzen, wenn man überholen oder die Gänge beim Beschleunigen scharf ausfahren will. Bis zum Endpunkt der Drehzahlmesserskala (7000 U/min) darf man keinesfalls gehen.
Der Drehzahlmesser funktioniert praktisch wie ein Tachometer. In einer Drahtspule wird ein Strom induziert, der den Zeiger des Drehzahlmessers umso stärker verstellt, je höher die Drehzahl steigt. Es ist ein elektronischer Drehzahlmesser. Er ist mit der Zündung verbunden und zählt gewissermaßen die Zahl der in einer bestimmten Zeiteinheit erfolgten Zündungen im Motor.

Steckdose

Sie ist für vielerlei Zwecke verwendbar. Eine Reparaturlampe, ein entsprechend ausgelegter Rasierapparat oder ein Zigarettenanzünder können dort angeschlossen werden. Sogar die Batterie kann man über die Steckdose nachladen, indem man den Pluspol des Laders mit einem Stecker versieht. Aber Kabel von der Batterie abklemmen, sonst kann der Lichtmaschinen-Regler Schaden nehmen. Genormte Steckdosen und Stecker gibt es im Zubehörhandel. Der Steckdoseneinbau ist einfach: An passender Stelle ein Loch bohren, Steckdose einschrauben. Der Plusanschluß der Steckdose muß an eine Klemme gelegt werden, die ständig Strom führt, siehe Schaltplan.

Heizbare Heckscheibe

Als Ursachen für eine nicht funktionierende Heizscheibe kommen infrage: Durchgebrannte Sicherung, defekter Schalter, unterbrochene Zuleitung oder Schäden an den aufgedampften Heizfäden. Für letzteren Defekt gibt es Reparatursets der Sekurit Glas Union GmbH, 5 Köln, Heumarkt 13.

Die richtige Verbindung

Achten Sie einmal darauf, wie oft Sie beim Fahren die Kupplung treten. Auf Landstraßen oder der Autobahn mag es noch angehen, aber im Stadtverkehr bekommt die Kupplung pausenlos Fußtritte verabreicht. Es ist erstaunlich, wie klaglos die Kupplung diese Strapazen durchhält. Aber obwohl der Kupplungsvorgang meist reibungslos vonstatten geht, kann man auf Reibung nicht verzichten, denn Reibung gehört bei der Kupplung zum System.

Wie die Kupplung arbeitet

Alle Escort haben die gleiche Kupplung: eine „Einscheiben-Trockenkupplung". Die Ausnahme bildet der Escort mit Automaticgetriebe; die Automatic hat einen hydraulischen Drehmomentwandler, siehe Seite 164.

Die Kupplung hat eine wichtige Aufgabe: Sie soll den laufenden Motor vom Schaltgetriebe trennen, wenn ein anderer Gang geschaltet werden muß. Oder zum Anfahren. Zu diesem Zweck sitzt die Kupplung zwischen Motor und Getriebe. Sie muß aber für ihre Trennungsaufgabe einesteils mit dem Motor und andererseits mit dem Getriebe verbunden sein. Die Schwungscheibe, in deren äußeren Zahnkranz das Anlasserritzel eingreift, um den Motor anzuwerfen, ist fest mit der Kurbelwelle im Motor verbunden. Auf der anderen Seite ist die Kupplungsscheibe, die einen bremsbelagähnlichen Belag aufgenietet trägt, längs verschiebbar mit der Getriebehauptwelle verbunden. Auf diese Kupplungsscheibe drückt die federbelastete Membranplatte, wodurch die Kupplungsscheibe gegen die vom Motor angetriebene Schwungscheibe gepreßt und von dieser mitgenommen wird.

Die Druckplatte (Tellerfederprinzip) ist übrigens eine Besonderheit der Escort gegenüber üblichen Trockenkupplungen mit federbelasteter Druckplatte, besonders geeignet für Motoren mit hoher Drehzahl. Sie gestattet ruckfreies Kuppeln und schmale Bauweise.

Läßt man das Kupplungspedal unberührt, so liegt die Kupplungsscheibe an der Motorschwungscheibe an. Kuppelt man nun durch Treten des Pedals aus, so wird die Pedalkraft über einen Seilzug auf den Kupplungshebel (auch Kupplungsausrückschwinge genannt) übertragen, dessen Ende man in einem Ausschnitt am Getriebegehäuse seitlich vorn sehen kann, wenn man die Gummistaubkappe abnimmt. Der Hebel schwenkt und drückt das Drucklager auf der Welle nach vorn gegen die zur Mitte ragenden Finger der Druckplatte, die Finger werden dadurch nach vorn gedrückt, der Außenteil der Druckplatte wird um die Lagerpunkte nach hinten gezogen, die Kupplungsscheibe zwischen Druckplatte und Motorschwungscheibe läuft frei: es ist ausgekuppelt.

Sobald der Pedaldruck nachläßt, wird die Druckplatte wieder angedrückt, damit auch die Kupplungsscheibe ans Schwungrad, und die Verbindung Motor/Getriebe ist wieder hergestellt.

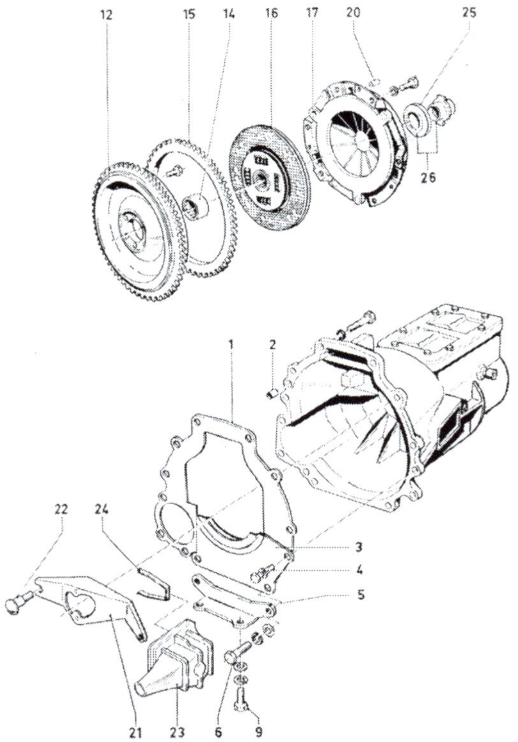

Hier sehen Sie die wichtigsten Teile der Escort-Trockenkupplung. Die Zahlen bedeuten:

1 – Zwischenplatte,
2 – Führungshülse der Verbindung Zylinderblock am Kupplungsgehäuse,
3 – Kupplungsgehäusedeckel,
4 – Sechskantschraube,
5 – Haltewinkel (Motorölwanne),
6 – Sechskantschraube 5/16",
9 – Sechskantschraube 5/16",
12 – Schwungscheibe,
14 – Nadellager,
15 – Zahnkranz,
16 – Kupplungsscheibe,
17 – Kupplungsdruckplatte,
20 – Führungsstift,
21 – Ausrückhebel,
22 – Bolzen,
23 – Staubmanschette,
24 – Formfeder.

Fingerzeig: *Entsprechend der unterschiedlichen Beanspruchung haben Escort mit 1,1 Liter-Motor und 1,3 Liter-Motor unterschiedlich große Kupplungsscheiben und -druckplatten. Bei den ersteren haben die Scheiben einen Durchmesser von 165 mm, bei den letzteren von 190 mm.*

Was kann der Fahrer tun?

Um an die vorhergehende Beschreibung anzuknüpfen: Hält man das Kupplungspedal mitten im Kupplungsweg fest, erreicht man das berüchtigte „Schleifen". Das ist eine Unsitte, besonders der sogenannten Kupplungsfahrer, die sich vor dem Einbiegen in eine andere Straße oder beim Überfahren einer Kreuzung um das Schalten herummogeln, indem sie die Kupplung so lange treten, bis sie wieder Gas geben. Auch die Fahrer, die mit eingelegtem Gang und schleifender Kupplung vor der Ampel auf Grün warten, zählen dazu. Resultat: Die Kupplung ist weder ganz getrennt noch hat sie vollen Kraftschluß, d. h. die schleifenden Kupplungsflächen reiben unter Hitzeentwicklung aufeinander. Das ergibt vorzeitigen Verschleiß. Und zwar nicht nur an der Kupplung, sondern auch im Getriebe, mit dem sie in engem Zusammenhang steht. Umso mehr ist auf einwandfreie Funktion der Kupplung zu achten.

Kavalierstart

Eine recht wirksame Methode, die Beläge frühzeitig zu verschleißen, ist auch das Anfahren mit zu hoher Motordrehzahl, landläufig als Kavalierstart bekannt. Technisch gesehen bekommt man tatsächlich vom Halt weg eine größere Anfangsbeschleunigung, wenn man mit höherer Drehzahl und länger schleifender Kupplung anfährt. Sinnvoll ist das aber in keiner Weise, allenfalls bei bewußt sportlicher Fahrweise.
Der stärkere Verschleiß rührt von der höheren Reibungswärme her, die sich

dann bildet. Diese Wärme entsteht bis zu einem gewissen Grade immer bei Aus- und Einkuppeln, denn der Belag schleift ja stets, bevor die Kupplung faßt. Er schleift auf der einen Seite gegen die Reibfläche des Schwungrades, auf der anderen Seite gegen die Druckplatte.

Schalten ohne kuppeln?

Das ist nötig, wenn die Kupplungsübertragung defekt ist. Das Herausnehmen eines Ganges, ohne vorher auszukuppeln, ist kein Problem, sofern kein Gas gegeben wird (schiebender Wagen) und die Motordrehzahl nicht zu hoch ist. Manche Leute erleichtern sich dadurch das Stadtfahren.
Zum „kupplungsfreien" Anfahren muß zunächst der erste Gang eingelegt werden. Dann Anlasser betätigen, und mit Rucken und Holpern wird sich der Wagen in Bewegung setzen. Das Herz wird Ihnen im Leibe brechen. Aber Sie wollen ja zur nächsten Werkstatt fahren. „Alte Hasen" schaffen es allerdings, während der Fahrt mit viel Gefühl das Getriebe auch ohne Kupplung zu schalten. Der Trick ist dabei, nach kleiner Schaltpause im Leerlauf den nächsten Gang genau in jenem Augenblick einzuschalten, wenn antreibende und angetriebene Welle im Getriebe gleiche Drehzahl haben, sich also ohne Widerstand miteinander verbinden lassen.

Kupplungs-Unarten

Zwei Unarten kann sich eine Kupplung im Laufe ihrer Betriebszeit aneignen: Sie fängt an durchzurutschen, oder sie trennt nicht mehr richtig („sie bleibt nicht mehr stehen"). In den einfach gelagerten Fällen liegt es an nicht einwandfreiem Kupplungsspiel. Das läßt sich selbst überprüfen und gegebenenfalls korrigieren.

Rutschende Kupplung

Durchrutschen – bei zu kleinem Kupplungsspiel – bedeutet, daß die Kupplung bei hoher Motorbelastung nicht mehr „faßt", also nicht mehr einwandfrei verbindet. Es läßt sich feststellen, wenn man nach Wechsel vom 1. in den 2. Gang und schnellem Einkuppeln bei gleichzeitig kräftigem Gasgeben den Motor aufheulen hört, ohne daß der Wagen beschleunigt. Die Kupplungsscheibe muß dann durch die Werkstatt ausgewechselt werden. Gleichzeitig ist die Abdichtung vom Motor oder vom Getriebe her zu überprüfen. (Verölte Kupplungsscheibe kommt aber nur selten vor.)
Bis zu einem gewissen Grad läßt sich der fortschreitende Kupplungsbelag-Verschleiß durch Nachstellen ausgleichen.

Kupplung trennt nicht

Wenn eine Kupplung nicht richtig trennt, dann kratzt oder kracht es beim Schalten. Um festzustellen, daß es nicht am Getriebe liegt, müssen Sie die Probe mit einem nichtsynchronisierten Gang machen. Den haben Sie auch an Ihrem vollsynchronisierten Escort: Es ist der Rückwärtsgang. Lassen Sie den Motor laufen, kuppeln Sie aus, warten Sie etwa eine Sekunde und legen Sie den Rückwärtsgang ein. Kratzt es, trennt die Kupplung nicht sauber. Es kann auch daran liegen, daß das Kupplungsspiel zu groß ist.
Dann gibt es noch die Kriechprobe. Der Wagen darf sich bei eingelegtem ersten Gang, laufendem Motor, ganz durchgetretenem Kupplungspedal und gelöster Handbremse nicht in Bewegung setzen. Er darf nicht kriechen. Voraussetzung: ebene Straße. Tut er es doch, trennt die Kupplung nicht einwandfrei. Das Kupplungsspiel ist zu groß.

Was ist Kupplungsspiel?

Es bedeutet Abstand innerhalb der Teile der Kupplungsübertragung bei nicht betätigtem Kupplungspedal. Dieses Spiel muß sein. Ist das Spiel zu klein, steht die Druckplatte ständig unter einem gewissen Druck, der den

Verschleiß fördert. Auch ist der Anpreßdruck für die Kupplungsscheibe unter Umständen nicht mehr groß genug, sie könnte rutschen.
Ist das Spiel zu groß, geht etwas vom normalen „Kupplungsweg" verloren, d. h. die Kupplung wird beim Niederdrücken des Pedals nicht ganz zum Trennen gebracht. Besonders gefährlich ist nicht korrekt eingestelltes Kupplungsspiel auch für das Getriebe (Synchronisierung) beim Schalten.
Die übliche Entwicklung geht dahin, daß mit fortschreitender Abnutzung des Kupplungsbelags das Spiel kleiner wird (umgekehrt wie beim Bremsbelag!). Man möchte es eigentlich umgekehrt annehmen. Aber es verhält sich so: Durch die dünner werdende Kupplungsscheibe wandert auch die federbelastete Druckplatte nach. Das Ausrücklager wird aber durch die Feder entgegengesetzt gedrückt, was das Spiel verkleinert. Zu Reparaturen an der Kupplung muß man leider das Getriebe ausbauen: Werkstattsache.

Kupplungspedalspiel prüfen und einstellen

Pflegearbeit Nr. 24

Die Kontroll- bzw. Einstellarbeit wird alle 10000 km fällig. Das Kupplungsspiel wird von unten her eingestellt, dazu vorher den Vorderwagen anheben oder auf Rampen fahren. Bei Escort bis Januar 1969 befinden sich die Einstellschrauben im Motorraum unmittelbar vor dem Durchgang des Seilzugs durch die Trennwand in den Innenraum. Bei Escort ab Januar 1969 sind die Einstellschrauben am Getriebestützbock zu finden, wo der Seilzug zur Ausrückschwinge geht. Zum Einstellen des Seilzugs zieht der Helfer das Kupplungspedal bis zum Pedalanschlag hoch, dann muß zwischen der Einstellmutter und der Abstützbüchse an der Trennwand bzw. am Getriebegehäuse ein Abstand von 3 bis 4 mm vorhanden sein. Stimmt das Spiel nicht, wird die Kontermutter gelöst und die Einstellmutter entsprechend verdreht. Kontermutter zum Schluß wieder festziehen.
Zum Schluß kann man die Kupplungsfunktion prüfen. Man läßt den Motor in leicht erhöhtem Leerlauf drehen und legt bei voll durchgetretenem Pedal den unsynchronisierten Rückwärtsgang ein. Dabei darf kein Krachen oder Kratzen hörbar sein.
Schadhafte Kupplungsdruckplatten werden nicht repariert, sondern ersetzt. Das ist im Endeffekt billiger. Bei Kupplungsreparaturen ist allerdings Selbsthilfe kaum sinnvoll, weil dazu das Getriebe mit ausgebaut werden muß, was mit Werkstattmitteln schneller und reibungsloser geht.

Kupplungsseilzug auswechseln

Wagen aufbocken oder anheben, wenn man keine Montagegrube zur Verfügung hat. Dann hängt man am Kupplungspedal im Fußraum die Rückzugsfeder aus, hebelt die Sicherungsklammer am Pedal ab und zieht den Auf-

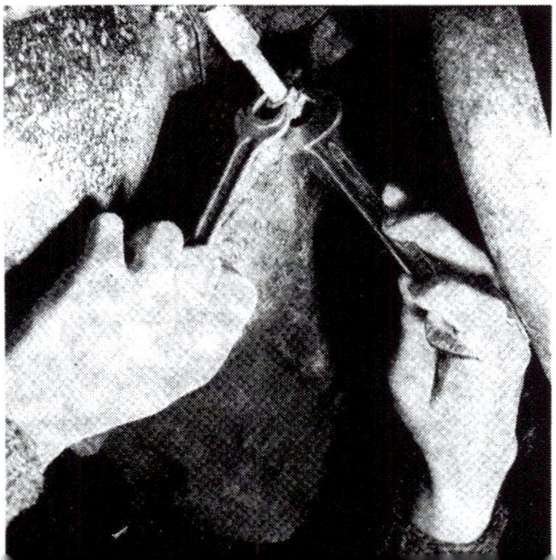

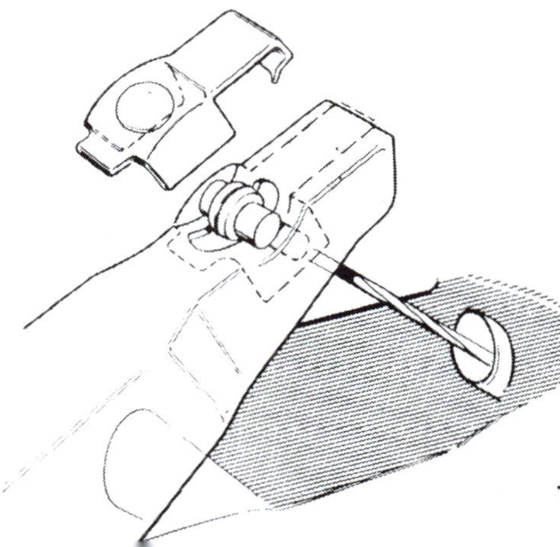

Im Foto links wird das Kupplungsspiel am Ausrückhebel eingestellt, genaue Schilderung im Text. Die Zeichnung rechts zeigt die Aufhängung des Kupplungsseilzugs am Kupplungspedal.

hängungsbolzen aus dem Seilzugauge. Jetzt geht es unterm Motor weiter: Staubmanschette, die die Kupplungs-Ausrückschwinge am Kupplungsgehäuse des Getriebes links vorn schützt, abheben, an der Schwinge den Seilzug aushängen und entfernen. Der neue Seilzug wird vom Motorraum aus durch die Öffnung in der Spritzwand in den Fußraum zum Pedal geschoben. Dann Bolzen und Seilzugauge mit Fett bestreichen, bevor man den Bolzen des Zugs am Pedal befestigt. Sicherungsklammer aufdrücken. Das andere Ende des Seilzugs ebenfalls einfetten, bevor man es durch die Bohrung ins Kupplungsgehäuse schiebt und an der Ausrückschwinge einhängt.
Jetzt kann man die Staubmanschette aufsetzen und am Pedal die Rückzugsfeder einhängen. Zum Schluß die Kupplung einstellen. Als Fett nimmt man am besten ein Langzeitschmierfett, z. B. Antiquietschpaste von Liqui Moly, die Ford-Spezifikation: GES-C-M1C 75A.

Der Drehmomentwandler

Statt der mechanischen Trockenkupplung beim normalen Viergang-Schaltgetriebe hat der Automatic-Escort einen sogenannten hydraulischen Drehmomentwandler eingebaut. In einem flüssigkeitsgefüllten Gehäuse sind ein Turbinenrad, ein freilaufendes Leitrad und ein Pumpenrad untergebracht. Der Motor treibt das Pumpenrad an, das dazwischenliegende freilaufende Leitrad lenkt die Flüssigkeit im Gehäuse. Wird nun Gas gegeben und damit die Leerlaufdrehzahl überschritten, so nimmt die Flüssigkeit das gegenüberliegende, mit dem Getriebe verbundene Turbinenrad mit, wodurch ein stufenloses Anfahren ermöglicht wird. Da der Drehmomentwandler zugleich der Anfahrgang ist, hat die Automatic nur Dreigangschaltung. Mehr darüber im Kapitel „Getriebe".

Störungsbeistand
Kupplung

Die Störung	— ihre Ursache	— ihre Abhilfe
A Kupplung rupft	1 Druckplatte oder Schwungrad riefig, zu stark abgenutzt	Auswechseln
	2 Kupplungsscheibe hat Schlag	Korrigieren oder auswechseln
	3 Verschmierte Kupplungsscheibe	Auswechseln, Abdichtungen an Motor und Getriebe prüfen
B Kupplung trennt nicht	1 Zu großes Kupplungsspiel	Korrigieren
	2 Kupplungsscheibe hat Schlag	Richten oder auswechseln
	3 Beläge gerissen	Scheibe auswechseln
C Kupplung rutscht (zu früher Verschleiß)	1 Kupplungsspiel zu gering (Beläge zu stark abgenutzt)	Korrigieren Scheibe auswechseln
	2 Kupplungsscheibe verschmiert	Scheibe auswechseln

Die Zähne zeigen

Dieses Kapitel dient mehr der technischen Information für den Fahrbetrieb. Denn Getriebe, Kardanwelle (bei 1,3 Liter seit August 1969 zweiteilig) und Differential sind Bauteile, die mit sehr genauen Toleranzen hergestellt und zusammengepaßt sind. Deshalb sind alle Arbeiten an diesen Teilen, die im Lauf des Escort-Lebens verschlissen wurden, reine Werkstattsache. Allenfalls bleibt die Kontrolle des Ölstandes in Getriebe und Differential, die wir im Kapitel „Schmieren aller Teile" erläutert haben, und die Prüfung auf Dichtigkeit.

Dichtigkeit von Getriebe und Hinterachse prüfen

Pflegearbeit Nr. 27

Hier handelt es sich um eine Sichtprüfung. Man schaut das Getriebe an: Ist es ölfeucht? Besonderes Augenmerk sollte der Stelle gelten, wo Getriebe und Motor, sowie Getriebe und Getriebehals zusammengeflanscht sind. Bei Leckstellen ist der Schmutz schwarz verfärbt. Wenn man nicht sicher ist, ob das Öl vom Motor durch den Fahrtwind hierhergetrieben wurde, sollte man das Getriebe reinigen und dann nach einigen Fahrkilometern wieder nachschauen. Dasselbe gilt für das Differential; das ist das kugelförmige Gehäuse hinten, von dem die Antriebswellen zu den Hinterrädern führen.

Fingerzeig: *Wenn Sie am Boden auf dem Standplatz oder an den Gehäusen von Getriebe und Differential Ölspuren finden, machen Sie den Fingertest: Reiben Sie das Öl zwischen Daumen und Zeigefinger. Verreibt es sich so wie Wasser, ist es Bremsflüssigkeit. Ist es relativ dünnflüssig, aber schmierig, dann ist es wahrscheinlich Motoröl. Ist es aber zähhaftend und dickflüssig (dazu nicht gerade angenehm riechend), dann handelt es sich um Getriebeöl aus dem Getriebe oder dem Differential.*

Hinterradantrieb

Der Escort hat einen ganz konventionellen Hinterradantrieb. Im Gegensatz zu einem Frontantriebswagen bedeutet das aber, daß die Pferdestärken, die vorn unter der Motorhaube entwickelt werden, zu den Hinterrädern gebracht werden müssen. Das geschieht über die Kupplung, über das Getriebe und die Kardanwelle zum Differential, wo die Antriebskraft gewissermaßen um die Ecke auf die Hinterräder gelenkt wird. Da die schnelldrehende Kardanwelle wegen der Bodenfreiheit nicht nach unten hängen darf, ist sie in der Bodenplattform untergebracht. Deswegen ist der Kardantunnel im Innenraum vorhanden, der zwischen den Sitzen nach hinten verläuft.

Die Kardanwelle ist also das Verbindungsstück zwischen Getriebe und Differential, und da sie beim kompakten Escort recht kurz gehalten werden konnte, gab es mit ihr auch noch keine Schwierigkeiten, was Lebensdauer und Geräuschentwicklung anbelangt. Zu pflegen gibt es an dieser Welle ohnehin nichts, weshalb Sie sie schlicht vergessen können, höchstens als Teil des Antriebs im Gedächtnis behalten müssen.

Das Schaltgetriebe

Das Schaltgetriebe des Escort ist ein Vollsynchrongetriebe und deshalb ohne Zwischengas oder Zwischenkuppeln schaltbar. Nur der Rückwärtsgang ist unsynchronisiert. Der Wagen muß stehen, bevor der Rückwärtsgang eingelegt wird.

Die Gangräder in einem solchen Synchrongetriebe sitzen auf der Getriebehauptwelle, in ständigem Eingriff mit den Zahnrädern der darunterliegenden Welle. Das Verhältnis der Zähnezahl innerhalb der verschiedenen Zahnradpaare ergibt das Übersetzungsverhältnis in den Gängen. Synchronisierung bedeutet – vereinfacht ausgedrückt – die Tatsache, daß ein Zahnradpaar erst dann miteinander läuft, wenn beide Zahnräder gleich schnell (synchron) drehen.

Mit je einem Zahnrad des betreffenden Ganges ist seitlich eine kleine konusförmige Reibungskupplung verbunden. Beim Schalten wird über einen „Synchronring" durch diese „Synchronisierung" das Zahnrad abgebremst (beim Aufwärtsschalten) oder beschleunigt (beim Abwärtsschalten), bis Gleichlauf mit dem Zahnrad auf der anderen Getriebewelle erfolgt ist.

Deshalb sollte man beim Schalten den Schalthebel nicht mit Gewalt in kürzester Frist durchreißen, sondern dem Getriebe den nötigen Sekundenbruchteil zur Drehzahl-Anpassung der Zahnräder lassen. Das schont das Getriebe und erhöht die Lebensdauer, besonders bei noch kaltem Motor und steifem Getriebeöl.

Fingerzeige: *Das GT-Getriebe hat gegenüber dem Standardgetriebe mit Rücksicht auf die höhere Leistung und zugunsten einer besseren Beschleunigung eine eng gehaltene Übersetzungsabstufung, weshalb die Teile untereinander nicht austauschbar sind.*

Schont man mit Zwischengas das Getriebe? Es hat nur dann eine mildernde Wirkung (auch auf den Kupplungsbelag), wenn bei hohen Drehzahlen heruntergeschaltet wird (Notfälle, sportliches Fahren). Könner schalten damit schneller. Auch bei kaltem und steifem Getriebeöl wirkt es schonend.

Weil das Synchronisieren auf Reibung beruht, sind fremde Ölzusätze für das Getriebeöl nicht angebracht. Diese Zusätze sollen meistens die Reibung herabsetzen, was genau entgegengesetzt dem Prinzip der Synchronisation ist. Andererseits können durch Ölzusätze die Synchronringe verkleben, was ebenfalls die Leistungsfähigkeit der Synchronisation beeinträchtigt.

Beim Parken auf ebener Straße ist es günstiger, nur die Handbremse anzuziehen. Ist ein Gang eingelegt, und fährt jemand auf Ihren Wagen, kann auch das Getriebe beschädigt werden.

Bleibt man im Schnee oder Morast stecken, ist es schädlich für die Zahnräder im Differential, wenn man ein Hinterrad zu lange im Stand durchdrehen läßt. Pause einlegen, bzw. Versuch früh genug abbrechen.

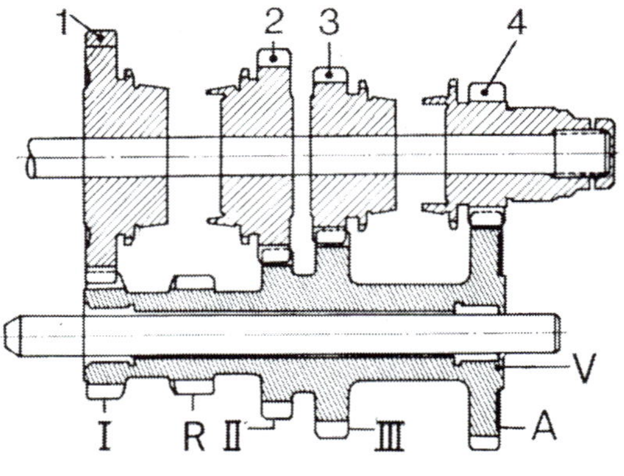

Das Getriebe des Escort im Schema. Auf der Getriebehauptwelle oben laufen die Zahnräder für den 1., 2. und 3. Gang, sowie das Antriebsrad A. Auf der unteren Welle sitzt der Vorgelegezahnblock V mit den Zahnrädern für die Gänge, die mit den oberen Zahnrädern im Eingriff stehen und je nach eingelegtem Gang für die richtige Übersetzung sorgen.

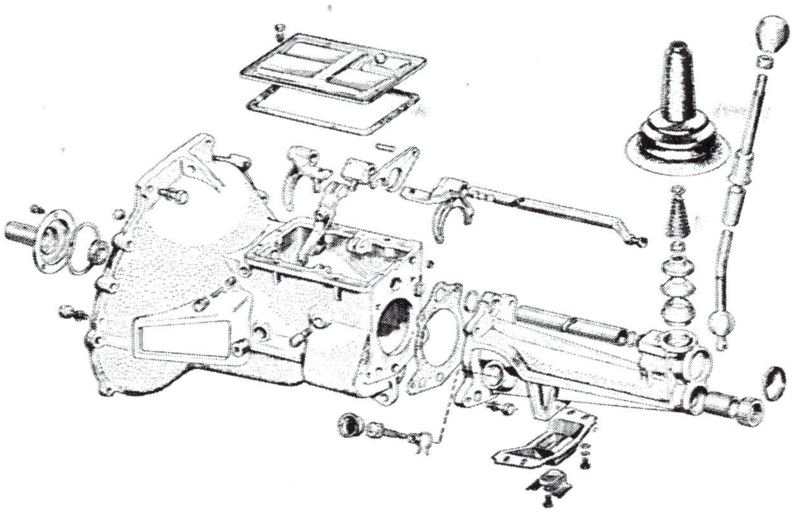

Dieses Bild zeigt die richtige Einbaulage der Teile des Schaltmechanismus und wie der Getriebehals am Getriebegehäuse festgeflanscht ist.

Das Automatik-Getriebe

Auch hier erfolgt die Übersetzungsänderung durch Zusammenschalten verschiedener Gangradpaare. Aber das geschieht beim automatischen Getriebe nicht durch manuellen Eingriff mit dem Schalthebel, sondern unter Betätigung von Kupplungen und Bremsbändern durch das hydraulische Steuersystem. (Das vordere Bremsband wird seit Herbst 1970 automatisch nachgestellt.)
Was Sie beim Automatic-Escort tun können, ist lediglich die Fahrstufe wählen: P = Parken, R = Rückwärtsgang, N = Neutral, D = 1., 2. und 3. Gang. Damit das Getriebe, etwa beim Beschleunigen, Überholen oder Bergabfahren, nicht zu früh hochschaltet, können Sie die Fahrstufe D noch begrenzen, indem Sie Fahrstufe 2 oder 1 wählen, dann wird nur der 1. oder nur der 1. und 2. Gang geschaltet. Sie müssen in diesem Fall aber aufpassen, daß Sie den Motor in diesen Gängen nicht überdrehen.
Aus dieser Schilderung geht schon hervor, daß das Automatic-Getriebe nur drei Fahrstufen hat. Denn dem Getriebe vorgeschaltet ist der Drehmomentwandler, der gleichzeitig den Anfahr- oder ersten Gang darstellt. Dieser Drehmomentwandler übernimmt die Rolle der Kupplung zum Motor automatisch, weshalb Sie im Automatic-Escort kein Kupplungspedal bedienen müssen, das linke Bein hat Urlaub. Der Drehmomentwandler, der ebenso wie das Steuersystem von einer Zahnradpumpe mit Öl versorgt wird, ist ein ölgefülltes Gehäuse, in dem drei Räder laufen: ein motorgetriebenes Schaufelrad, das das Öl in Bewegung versetzt, ein getriebeverbundenes Schaufelrad, das von der Ölströmung mitgenommen wird, dazwischen ein Leitrad, welches das Öl in die richtige Richtung lenkt.

Wichtige Punkte

Obwohl die Schaltautomatik dem Fahrer viel Arbeit abnimmt, sollte man sie nicht völlig vernachlässigen und gelegentlich etwas mitdenken. Daher sollten Sie die folgenden Punkte bedenken:
Der Ölstand sollte immer korrekt sein, siehe Kapitel „Schmieren aller Teile", außerdem muß die vorgeschriebene Flüssigkeit eingefüllt werden.
Die Automatik kann überlastet werden, wenn Sie zum Beispiel an einem Paßaufstieg im Kriechtempo fahren müssen, besonders wenn noch ein Anhänger oder Wohnwagen geschleppt wird. Dann wird das Automatiköl zu heiß und verdunstet. Heißes Automatiköl kann Dichtungen und Lager zerstören. Eine kleine Fahrpause, zumal bei sengener Hitze, wäre angebracht.

Bei Geschwindigkeit über 90 km/h – wir deuteten es schon an – sollten Sie nicht in Fahrstufe 2 gehen, weil Ihre Automatik dann bedenkenlos den Motor überdreht – die Technik denkt ja nicht. Ebenso dürfen Sie natürlich beim Beschleunigen in der Stellung 2 nicht über 90 km/h fahren.
Die Parksperre blockiert die Abtriebswelle. Deshalb darf die Parksperre keinesfalls bei noch rollendem Fahrzeug eingelegt werden.
Zum automatischen Schalten wird Drucköl benötigt. Ohne Drucköl sind die zum Abschalten einer Gangstufe erforderlichen Bremsbänder schlaff, das Fahrzeug kann also nicht angeschleppt werden. Auf eine gesunde, voll geladene Batterie ist also – besonders im Winter – zu achten.
Muß Ihr Automatik-Escort abgeschleppt werden, so darf das nur in der Wählhebelstellung N geschehen. Dabei darf die Abschleppgeschwindigkeit 40 km/h nicht übersteigen und die Strecke nicht länger als 20 Kilometer sein. Andernfalls muß die Antriebsgelenkwelle ausgebaut oder der Wagen hinten hochgehoben werden!
Sollte Ihre Automatik im Winter nach dem Starten sehr hart schalten oder haben Sie Mühe, aus einer steilen Garagenausfahrt zu kommen, liegt das an dickflüssigem Getriebeöl. Mit einem einfachen Trick können Sie Ihre Automatik etwas schneller anwärmen: Sie halten mit der Fußbremse den Wagen und geben Gas – aber kein Vollgas, mehr als 4500 U/min Motordrehzahl dürfen es nicht sein. Nun wird die vom Motor abgegebene Leistung im Wandler in Wärme umgesetzt, wodurch sich das Öl stark erwärmt. Zehn bis fünfzehn Sekunden Gasgeben dürften meist schon genügen. Natürlich muß der Wählhebel in Stellung D stehen.
Einwandfreies Funktionieren des Automatik-Getriebes setzt einwandfreie Einstellung, Funktion und Beschaffenheit von Vergaser und Zündanlage voraus. Auf beides sollte man also stets achten. Wenn die Leerlaufdrehzahl nicht stimmt, bleibt der Motor stehen oder er kriecht im Stand zu stark. Bleibt der Motor während der Fahrt stehen, kann man ihn wieder anlassen.
Weitere Störungen: Rauhes, verzögertes oder gar kein Schalten. In solchen Fällen muß die Werkstatt das Automatik-Getriebe untersuchen und nachregulieren.

Getriebe ausbauen

Obwohl Arbeiten am Getriebe unbedingt in die Werkstatt gehören und zum Zerlegen ohnehin Spezialwerkzeuge gehören, schildern wir hier kurz den Ausbau des Gesamtgetriebes für den Fall, daß Sie einmal in eine Notlage kommen:

Fingerzeig: *Wenn am Escort ab Herbst 1970 das Getriebe ausgebaut werden soll, ist zusätzlich der Motorträger zu lösen. Dadurch wird erreicht, daß das Getriebe weiter abgesenkt werden kann.*

Zum Ausbau des Getriebes zunächst das Minuskabel von der Batterie lösen. Manschette des Handschalthebels anheben und den Sprengring der Federhalterung entfernen. Bei GT-Modellen muß vorher die Mittelkonsole ausgebaut werden. Kugelschalenmutter abschrauben und Schalthebel herausziehen.
Auspuffrohr an Krümmer und Getriebeschalter lösen. Obere Getriebebefestigungsschrauben entfernen. Kupplungsseilzug an der Einstellvorrichtung soweit wie möglich lösen, um die spätere Entfernung des Zuges von der Ausrückschwinge zu erleichtern. Anlasser ausbauen, Staubmanschette zur

Kupplungsausrückschwinge abheben und Seilzug aushängen. Tachowelle abbauen.
Gelenkwellen- und Antriebswellenflansch markieren und trennen. Zwischenlager (bei geteilter Gelenkwelle) abschrauben, Welle komplett aus der Getriebeverlängerung ziehen. Wichtig: Damit nach Entfernen der Gelenkwelle kein Getriebeöl ausläuft, alten Gelenkwellenstummel in die Getriebeverlängerung einschieben oder die Öffnung im Notfall sonstwie abdichten.
Abdeckblech vom Kupplungsgehäuse abschrauben, Befestigungsschrauben des Motorträgers nur etwas lösen, hinteren Querträger abschrauben und das Getriebe vorsichtig absenken. Dann die beiden unteren, noch nicht entfernten Befestigungsschrauben von Getriebe/Motor entfernen und das Getriebe nach hinten herausziehen. Querträger von der Getriebeverlängerung abschrauben.
Vor dem Wiedereinbau ist die Kupplungsscheibe auf zentrischen Sitz zu prüfen. Die Werkstatt benutzt dazu ein Spezialwerkzeug. Dann den hinteren Querträger und Silentblock an die Getriebeverlängerung anschrauben. Sicherstellen, ob die Zwischenplatte am Motor richtig sitzt. Getriebe ansetzen und auf richtigen Eingriff der Antriebswelle achten. Getriebe bis zur Anlage einführen.
Die beiden unteren Befestigungsschrauben zum Kupplungsgehäuse einsetzen und festziehen. Getriebe anheben und Querträger montieren. Befestigungsschrauben von Querträger und Motorträger festziehen. Abdeckblech am Kupplungsgehäuse befestigen und Anlasser einbauen. Jetzt kann man den Gelenkwellenstummel oder die Abdichtung entfernen und die Gelenkwelle mit Zwischenlager komplett einbauen, dabei auf die Übereinstimmung der vorher angebrachten Markierungen achten. Der weitere Einbau geschieht in umgekehrter Reihenfolge des Ausbaues. Sie dürfen lediglich nicht vergessen, die Kupplung neu einzustellen.

Rollender Untersatz

Die unterhaltfreundliche, kostengünstige Konstruktion des Escort zeigt sich nicht zuletzt am Fahrwerk. Wo nicht viel Teile vorhanden sind, wird nicht viel defekt. Zwar gibt es aufwendigere Fahrwerke in dieser Klasse, doch kam es den Engländern, die ja die Grundkonzeption des Escort geschaffen haben, auf einfache Bauweise nach alter Art an, für gute Straßen und gemäßigte Fahrweise.
Dementsprechend gibt es am Fahrwerk des Escort nichts zu pflegen. So hat die unkomplizierte Bauweise durchaus auch ihr Gutes. Nicht alle Arbeiten am Fahrwerk sind schwierig, aber man sollte sie aus Gründen der Fahrsicherheit der Werkstatt überlassen, weshalb wir in diesem Kapitel auf ihre Schilderung verzichten.

Die Vorderachse des Ford Escort. Sie können sehen, wie vom Achsträger einfache Querlenker zu den Vorderrädern führen. Diese Querlenker sind durch einen gebogenen Drehfederstab, den Querstabilisator, verbunden, der für bessere Bodenhaftung der Räder sorgt. An den Achsstummeln angelenkt sind die aufrechtstehenden McPherson-Federbeine. Knapp vor der Vorderachse die Lenkung, außenliegend die Spurstangen. Ganz im Vordergrund die Einzelteile der Trommelbremse.

Federbein-Vorderachse

Vom Achsträger aus profiliertem Stahlblech führen einfache „Querlenker“ (Aufhängungsstreben) zu den Vorderrädern. Für zusätzliche Bodenhaftung der Vorderräder beim Kurvenfahren und auf holpriger Straße sorgt außer den Stoßdämpfern der Querstabilisator, mit dem die beiden Querlenker untereinander verbunden sind.
Der Achsschenkel, also die eigentliche Radachse, sozusagen der Achsstummel, auf dem sich das Rad dreht, ist mit dem Außenrohr des Federbeins verschweißt. Bei Lenkeinschlägen dreht sich das Außenrohr des Federbeins mit. Das Bein ist oben am Radkasten gegen die Karosserie abgestützt, und damit auch das Oberteil der Schraubenfeder, die sich um das Federbein windet. Das untere Ende der Schraubenfeder ist in halber Höhe des Federbeins in einem an dessen Außenrohr angeschweißten Federteller abgestützt. Da die Feder oben fest eingespannt ist, verwindet sie sich beim Radeinschlagen und übt eine willkommene, rückstellende Kraft auf die Lenkung aus.
Die Führung des Rades für die Einfederungs- und Schwenkbewegung übernimmt der Stoßdämpfer mit seinen Teilen: Kolben, Kolbenstange, Kolbenstangenlager und dem inneren Rohr. Übrigens braucht auch die Kolbenstange ihre Zeit zum „Einfahren“, etwa 1000 – 2000 km.
In den Escort werden zwei verschiedene Federbein-Ausführungen eingebaut. Die verstärkte Ausführung unterscheidet sich von der Standard-Ausführung durch die Farbkennzeichnung am Federbeingehäuse. Die 1100/1300-Modelle haben eine rot/braune, die GT-Modelle eine blau/braune Farbe. Den Ausbau sollte man aber wegen dem nötigen Spezialwerkzeug der Werkstatt überlassen.
Die Vorderachswerte wie Sturz, Nachlauf und Spreizung werden bei der Fertigung fest eingestellt und können nicht verändert werden.
Damit Sie aber kennenlernen, wovon die Rede ist, sei hier eine kurze Erklärung gegeben.

Vorspur

Unter Vorspur versteht man die Verringerung des Abstandes der Vorderräder voneinander, vorn gegenüber hinten, so daß sie nicht mehr parallel zur Fahrtrichtung stehen. Die Vorspur wird gemessen als Unterschied des Abstandes der Felgenränder vorn und hinten in Höhe der Radmitte. Durch die Vorspur wird die Flatterneigung der Vorderräder verringert.

Sturz und Nachlauf

Mit Sturz bezeichnet man die leichte Schrägstellung der Räder aus der Senkrechten. Sie stehen unten näher zusammen als oben, was bewirken soll, daß die Räder nicht die Tendenz bekommen sollen, von den Radlagerzapfen abzulaufen.
Der Nachlauf soll dafür sorgen, daß sich jedes Vorderrad nach Kurveneinschlag oder nach Stößen, die das Rad aus der Richtung brachten, von selbst wieder in die Geradeausrichtung einstellt. Das wird bewirkt durch eine leichte Schrägstellung des Achsschenkelträgers gegen die Fahrtrichtung (Effekt wie ein geschlepptes Rad bei kleinen Teewagen). Bei zu kleinem Nachlauf gehen die Räder nicht in Geradeausstellung zurück.

Spreizung

Das ist die Neigung des Achsschenkelbolzens gegenüber einer zur Wagenlängsachse senkrechten Ebene. Durch die Spreizung erreicht man, daß Stöße auf die Räder an einem kleinen Hebelarm angreifen: Der Rollkreishalbmesser (Abstand vom Reifenberührungspunkt bis zum Schnittpunkt der Achse des Achsschenkelbolzens mit der Fahrbahn) wird kleiner.

Die Einzelteile der Escort-Hinterachse einer Radseite. Die Zahlen bedeuten: 1 – Hinterfeder, 2 – Federblatt Nr. 1, 3 – Zwischenlage, 4 – Federschraube, 6 – Federklammer, die es in verschiedenen Weiten gibt, 7 – Federklammer-Zwischenlagen, 8 – Niet, 9 – Halter mit Anschlagpuffer, 10 – Stützbock, 11 – Gummilager (ein- oder zweiteilig), 11a – Gummilager oben, 11b – Gummilager unten, 12 – Gegenplatte, 13 – Federbügel, 15 – Büchse, 19 – Gummibüchse, 20 – Gummibüchse, 21 – Lasche mit Bolzen innen, 22 – Lasche mit Bolzen außen, 25 – Stoßdämpferhalter oben, 31 – Stoßdämpfer, 32 – Gummibüchse, 33 – Distanzhülse, 38 – Anschlagpuffer Hinterachse, 40 – Längslenker, 41 – Büchse.

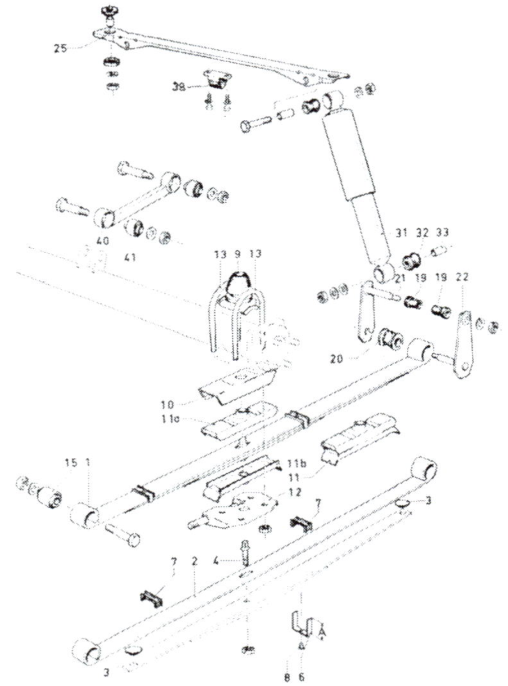

Radaufhängung und -einstellung prüfen
Pflegedienst Nr. 7

Diese Arbeit soll laut Inspektionsplan alle 10 000 km vorgenommen werden. Sie ist Werkstattsache, weil die Werkstatt die zur Prüfung erforderlichen teuren Meßgeräte besitzt. Die Überprüfung der Radeinstellwerte braucht man jedoch nicht unbedingt stur nach Inspektionsplan ausführen zu lassen. Vielmehr können Sie selbst mitbestimmen, wann das nötig ist. Etwa wenn das Fahrverhalten ungenau geworden ist und die Federbeine Ölspuren zeigen, weil Sie irgendwann einmal unsanft gegen einen Bordstein gestoßen sind, oder wenn die Reifen ungleiche Abnutzungsspuren zeigen.
Bevor jedoch die Vorderachswerte geprüft werden können, müssen folgende Punkte kontrolliert und nötigenfalls korrigiert werden:
Richtiger Reifendruck – Felgenschlag – Vorderradlagereinstellung – Querlenker- und Stabilisatorbefestigung – Verschleißprüfung aller Gelenke – richtiger Sitz der Federbein-Schraubfedern.
Eine Korrektur an der Sturz-, Nachlauf- und Spreizungseinstellung ist wie bereits gesagt nicht möglich. Zur Richtigstellung müssen die defekten bzw. deformierten Teile ausgewechselt werden.

Stabilisator ausbauen

Das kann nötig werden, wenn die Gummilager des Stabilisators spröde geworden sind und knarren oder quietschen.
Radkappen abdrücken, Wagen anheben und aufbocken, Räder abschrauben. Schrauben der vorderen Stabilisatorbefestigungen entsichern und herausdrehen, danach die Kronenmuttern der hinteren Befestigungen entsichern, herausdrehen, und die Tellerscheiben entfernen. Stabilisator nach vorn wegziehen, jetzt kann man die zweite Tellerscheibe von jedem Ende des Stabilisators entfernen und die Gummibüchsen abstreifen.
Beim Einbau werden die Büchsen zuerst aufgeschoben. Damit sie besser gleiten, kann man sie mit Seifenwasser einreiben. Bei der weiteren Montage

ist auf richtige Einbaulage der Tellerscheiben zu achten. Dann den Stabilisator durch die Querlenkerführung schieben und die zweite Tellerscheibe montieren, Muttern aufschrauben, aber noch nicht festziehen. Den Stabilisator hochdrücken und Haltebügel anschrauben. Jetzt werden die Räder montiert und der Wagen abgelassen. Erst danach werden die Schrauben bzw. Muttern der Stabilisatorbefestigung angezogen und gesichert.

Die Hinterachse

Sie ist bis auf die Ölstandkontrolle im Differentialgehäuse und das Nachziehen der Federaufhängungsteile wartungsfrei. Es handelt sich um eine Starrachse, eine Konstruktion, die fast so alt ist wie das Auto überhaupt. Beide Hinterräder sind durch eine gemeinsame Achsbrücke starr miteinander verbunden. Ein fahrtechnischer Vorzug der Bauweise besteht darin, daß die Räder völlig parallel geführt werden, sich also beim Ein- und Ausfedern die hintere Spurbreite nicht ändert, was Sicherheit auf nasser und glatter Straße ergibt.
Ein Nachteil aller Starrachsen: Geht man zu schnell durch eine Kurve mit schlechter Straßenoberfläche, so neigt sie zum „Trampeln", sie stempelt sozusagen seitlich weg, was sich beim Escort durch die sehr schräg eingebauten Stoßdämpfer besonders bemerkbar macht, weil durch die starke Schrägstellung der nutzbare Dämpferweg noch verkürzt wird. Seit Herbst 1970 werden allerdings in alle Escort zusätzliche Längslenker zwischen Hinterachse und Karosserie-Längsträger eingebaut, wodurch eine bessere Führung der Hinterachse sowie ein verbessertes Anfahrverhalten erreicht wird. Bei der Montage der Längslenker ist zu berücksichtigen, daß der rechte und linke Längsträger unterschiedlich lang sind.
Die Federung erfolgt durch zwei halbelliptische Blattfedern. An ihnen ist die Hinterachse asymmetrisch befestigt, das heißt, daß der Abstand zur vorderen Federbefestigung kürzer ist als der zur hinteren. Dadurch wird das Aufschaukeln der Federn während der Beschleunigung oder beim Fahren auf schlechten Straßen vermieden.

Hinterfederbriden nachziehen

Pflegearbeit Nr. 46

Die gebogenen Laschen, die die Hinterachse auf den Blattfedern festhalten, tragen an ihren Enden Schraubgewinde, auf denen Muttern sitzen. Diese Muttern sollten alle 10 000 km auf festen Sitz geprüft und gegebenenfalls nachgezogen werden. Das darf nur in belastetem Zustand geschehen, man darf den Wagen also nicht hochbocken, sondern höchstens auf eine Rampe fahren, damit man besser herankommt.

Hinterfeder auswechseln

Radmuttern lösen und Wagen aufbocken, Feder entlasten, Rad abschrauben. Dann wird der Federbügel entfernt und die Gegenplatte mit dem Stoßdämpferhalter zur Seite geschwenkt. (Hier kann man aufhören, wenn nur der Aufschlaggummi ausgewechselt werden soll.) Gummilager von der Feder abheben. Beide selbstsichernden Muttern der hinteren Federbefestigung abschrauben, Federlaschen mit Bolzen herausnehmen und die Gummibüchsen abnehmen.

Fingerzeige: *Zum Auswechseln der Federaufhängung an der rechten Wagenseite müssen zusätzlich die unteren Befestigungsschrauben des Kraftstofftanks entfernt und die oberen gelöst werden.*
Wenn eine der Hinterfedern beim Fahren knarrt, kann sie mit Gleitmittel eingesprüht werden. Dazu sollte sie entlastet und gelockert werden. Knarrt es weiter, dann evtl. vorhandene Federzwischenlagen erneuern.

Der weitere Ausbau: Vordere Federbolzen abbauen, Federauge mit einem Schraubenzieher aus dem Federbock drücken, Feder entfernen. Mit Hilfe eines passenden Rohrstücks drückt man den vorderen Silentblock aus dem Federauge. Schulter der hinteren Gummibüchse an einer Seite abschneiden und Büchse in entgegengesetzter Richtung aus dem Federauge pressen.
Einbau: Zunächst wird der vordere Silentblock bis zur Bündigkeit in das Federauge gepreßt. Beim Einpressen der hinteren Gummibüchse ist darauf zu achten, daß das mit 3 Warzen an den Stirnseiten der Büchse gekennzeichnete Dreikantprofil in belastetem Zustand der Feder mit einer Kante nach unten zeigen muß. Die Gummibüchse muß völlig trocken im Federauge sitzen. Es darf lediglich beim Einführen zur Montageerleichterung die Stirnseite der Büchse mit Wasser benetzt werden!
Vorderes Federauge in den Federbock setzen und Federbolzen montieren. Gummibüchsen in den Längsträger setzen, Federlaschen mit Bolzen montieren. Wurde die rechte Feder ausgebaut, dann die Schrauben des Tanks festziehen. Gummilager um die Feder legen, Gegenplatte mit Stoßdämpfer unter die Feder setzen und Federbügel montieren. Muttern aufschrauben, Rad anschrauben und Wagen ablassen.

Fingerzeig: *Alle Muttern der Hinterfederbefestigung müssen unter Belastung festgezogen werden, der Wagen muß also auf dem Boden stehen.*

Die vorgeschriebenen Drehmomente:

Stoßdämpfer an Halter	2,1 bis 2,8 mkg
Stoßdämpfer an Hinterachse	3,5 bis 4,2 mkg
Federbügel	2,8 bis 3,5 mkg
Hinterfeder an Karosserie vorn	3,5 bis 4,2 mkg
Federlasche mit Bolzen hinten	1,7 bis 2,1 mkg
Längslenker an Längsträger und Hinterachse	5,8 bis 6,9 mkg

Längslenker

Die Längslenker werden, wie schon erwähnt, seit Herbst 1970 in alle Escort eingebaut, wodurch eine verbesserte Führung der Hinterachse erreicht wurde. Will man ausgeschlagene Längslenkerbüchsen auswechseln, so müssen die Hinterfedern soweit entlastet werden, bis die Befestigungsschrauben des Längslenkers entfernt werden können. Längslenker herausnehmen. Die Silentbüchsen (Gummi-Metall-Verbindung) werden mit Hilfe eines passenden Rohrstückes aus dem Lenker gepreßt. Das Rohrstück braucht man auch zum Einpressen der neuen Büchse; der Außenmantel der Silentbüchse muß bündig mit dem Lenkerauge stehen.
Wichtig: Die Befestigungsaugen der Silentbüchsen liegen nicht zentrisch in der Mitte der Büchse. Also nur so einpressen, daß der größtmöglichste Abstand, gemessen von der vorderen Augenmitte bis zur hinteren Augenmitte, erreicht wird. Und: Die Längslenkerschrauben dürfen erst festgezogen werden, wenn das Gewicht des Wagens auf den Rädern ruht.

Stoßdämpfer

Die hydraulisch wirkenden Stoßdämpfer sind wartungsfrei, an ihnen gibt es nichts zu pflegen oder reparieren. Die Stoßdämpfer dämpfen die Schwingungen der Federung und verhindern damit, daß die Räder vom Boden springen und daß der Wagen nach jeder Unebenheit nachschaukelt.

Stoßdämpferkontrolle

Die Federung ist unruhiger, die Straßenlage auf unebener Strecke schlechter, die Lenkung labiler und der Wagen schaukelt länger als normal nach,

wenn ein Dämpfer ausgefallen ist. Allerdings gehört einige Erfahrung dazu, die Stoßdämpfer-Unarten während der Fahrt festzustellen, denn einzelne Merkmale können auch von anderen Ursachen hervorgerufen werden, z. B. Defekt an der Lenkung, falsche Fahrwerkseinstellung, zu wenig Luft in den Reifen. Kontrolle im Stand: Wagen am betreffenden Kotflügel mit der Hand aufschaukeln und plötzlich loslassen. Die Federbewegung müßte nach höchstens zwei Schwingungen zur Ruhe kommen.
Man sollte die Stoßdämpfer-Befestigung hin und wieder prüfen. Gelegentlich abgenommener Räder oder entlasteter Achsen läßt sich durch Auf- und Abschwingen der Räder feststellen, ob sie nicht klappern. Auf Feuchtigkeitsspuren achten. Geringe Leckverluste wiegen nicht schwer. Die Gummilager bzw. Stoßdämpferaugen kann man auswechseln (z. B. statt des ganzen Dämpfers).
Überbeanspruchte Dämpfer werden schnell heiß, lassen damit in ihrer Wirkung nach, sofern sie nicht defekt sind. Die Überlastung liegt darin, wenn auf schlechter, schlaglochreicher Straße lang anhaltend schnell gefahren wird. Dann erhitzt sich die hydraulische Flüssigkeit und die Dichtungen werden zerstört: Flüssigkeit läuft aus.
Weil Stoßdämpfer langsam auszufallen pflegen, gewöhnt man sich daran, daß der Wagen allmählich schlechter liegt und die Federung schlechter wird. Das Prüfen eines ausgebauten hydraulischen Dämpfers von Hand gibt nicht unbedingt Aufschluß über dessen Wirksamkeit. Allenfalls läßt sich feststellen, ob er ein Totalausfall ist oder nicht. Dazu steckt man durch sein oberes und unteres Auge ein Werkzeug (z. B. kräftiger Schraubenzieher), stellt sich mit beiden Füßen auf das untere und versucht mit dem oben eingesteckten den Dämpfer hochzuziehen und zusammenzudrücken. Registriert man dabei „toten Gang" oder „Leerhub", ist der Dämpfer nicht mehr verwendungsfähig. Bei der Prüfung von Hand müssen die Dämpfer senkrecht stehen, wie im Wagen eingebaut, dürfen aber auch umgedreht werden.

Hinteren Stoßdämpfer auswechseln

Wagen aufbocken. Dann den kompletten Stoßdämpferhalter von der Bodengruppe abschrauben und etwas herunterziehen. Stoßdämpfer nach Entfernen der Befestigungsschraube vom Halter lösen. Jetzt wird die Mutter der unteren Stoßdämpferbefestigung herausgedreht, dann kann man den Stoßdämpfer herausnehmen.
Zum Einbau wird der Stoßdämpfer am Halter montiert, der komplette Halter wird an der Bodengruppe festgeschraubt. Untere Stoßdämpferbefestigung mit Scheibe und Mutter montieren, Wagen ablassen und die Muttern mit dem vorgeschriebenen Drehmoment festziehen.

Fettfüllung der Vorderradlager erneuern

Pflegearbeit Nr. 49

Während die auf Kugellagern laufenden Hinterradnaben wartungsfrei sind, müssen die auf Kegelrollenlagern laufenden Vorderradnaben alle 50 000 km neues Fett bekommen. Die runde Zahl 50 000 steht jedoch nur deshalb im Inspektionsplan, damit die Arbeit auf einen 10 000 km-Dienst fällt. Man kann das Fett auch ohne weiteres etwas früher oder etwas später erneuern, etwa wenn man ohnehin einmal nach dem Radlager oder den Bremsen sehen muß.
Um an die Radnabe heranzukommen, bockt man den Wagen auf, nimmt das Rad und die Fettkappe von der Radnabe ab. Für letzteres verwendet die Werkstatt einen Abheber. Aber man kann sie mit etwas Geduld auch mit dem Schraubenzieher und dem Hammer abdrücken, indem man den Schraubenzieher langsam am ganzen Umfang der Kappe ansetzt und sie mit leich-

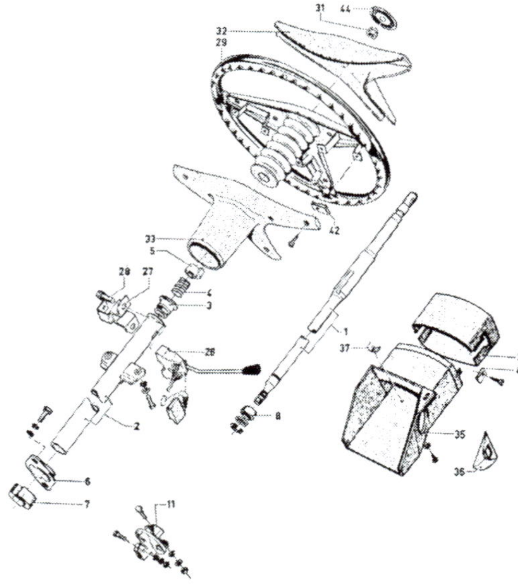

Die Lenksäule im Detail. 1 – Lenksäule, 2 – Mantelrohr, 3 – oberes Lager, 4 – Feder, 5 – Rückstellnocken, 6 – Dichtung unten, 7 – Halter der Dichtung, 8 – Lager, unten, 11 – Gelenk der Lenksäule, 26 – Blinkerschalter (Zündschloß im Detail siehe Kapitel Zündung), 27 – Haltebügel, 28 – Halbrundschraube mit Zahnscheibe, 29 – Sicherheitslenkrad, 31 – selbstsichernde Sechskantmutter, 32 – Lenkradnabenpolster, 33 – Verkleidung des Lenkrads unten, 34 – obere Verkleidung der Lenksäule, 35 – untere Verkleidung, 36 – Verkleidungsstück des Zündschlosses, 37 – Käfigmutter, 41/42 – Schnappmutter, 44 – Emblem im Lenkrad.

ten Hammerschlägen zum Motor hin herausarbeitet. Denn die Kappe ist nur aufgedrückt. Aber Vorsicht, daß die Blechkappe dabei nicht deformiert wird.

Unter der Fettkappe liegt die Nabenschraube mit Kronensicherung: Herausnehmen und Radnabe mit Bremstrommel entfernen. Alle Einzelteile gründlich reinigen. Wenn übrigens die Kegelrollenlager erneuert werden müssen, muß grundsätzlich der dazugehörige Lagerlaufring mit eingebaut werden. Neue Radlager werden mit eingebauten Lagerlaufringen geliefert.

Der Radnabenhohlraum wird mit Fett M1C71A gefüllt, jedoch nicht ganz, es muß ein kleiner Hohlraum für die Ausdehnung des Fetts freigelassen werden. Dann die Radnabe mit Bremstrommel einsetzen. Das äußere Kegelrollenlager ebenfalls mit Fett bestreichen und einbauen. Die Druckscheibe aufschieben und die Einstellmutter beidrehen. Bei gleichzeitigem Drehen der Radnabe die Einstellmutter mit 3,7 mkg festziehen, Mutter um 90° zurückdrehen. Kronensicherung anbringen, Fettkappe mit dem gleichen Fett füllen und aufdrücken. Jetzt können Sie das Rad aufsetzen und den Wagen ablassen.

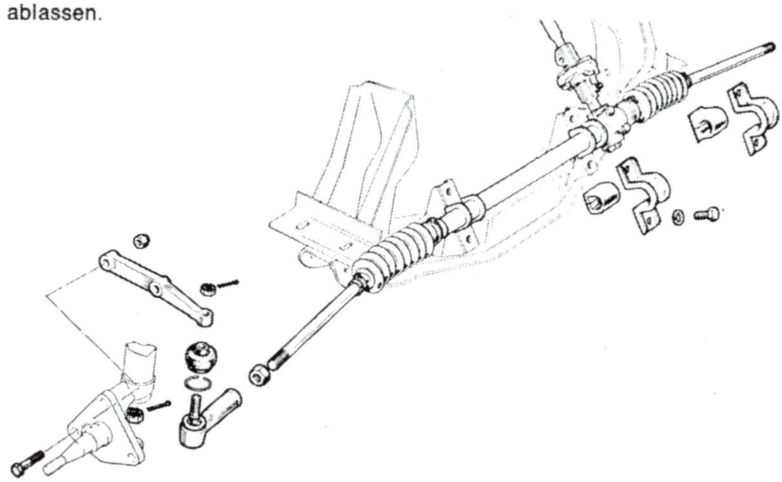

Oben in diesem Bild sieht man, wie die Lenksäule am Lenkgetriebe befestigt ist. In dem runden Mittelstück zwischen den Gummidichtungsbälgen liegt die Zahnstange, die vom Ritzel am Lenksäulenende hin- und herbewegt wird. Diese Bewegung überträgt sich auf die Spurstangen außen, die sie wiederum an die Räder weiterleiten.

Die Lenkung

Wenn man am Lenkrad dreht, schwenken die Vorderräder zur Seite. Diese Drehung in hin- und hergehende Bewegung zu verwandeln, ist die Aufgabe der Zahnstangenlenkung in Ihrem Escort. Das verlängerte Stück der Lenksäule mit dem Lenkritzel reicht bis zu dem vor der Vorderachs-Quertraverse querliegenden Gehäuse, worin sich eine gezähnte Stange hin- und herbewegt. Die Bewegungen der Stange übertragen sich auf die beiden Spurstangen links und rechts, die mit ihren äußeren Enden über Gelenke mit den Spurstangenhebeln der Achsschenkel an den Vorderrädern verschraubt sind.
In der Serienfertigung werden zwei verschiedene Fabrikate der Zahnstangenlenkungen in die Escort eingebaut. Die Teile sind untereinander nicht austauschbar. Das Fabrikat „Cam Gears" ist mit einem fünfzähnigen Ritzel ausgeführt, das Fabrikat „Burman" mit einem sechszähnigen. Außerdem ist der Flanschdeckel zur Ritzellagervorspannung jeweils unterschiedlich montiert. Äußere Erkennungsmerkmale: Beim Fabrikat Cam Gears ist der Lagerdeckel am Ritzelkopf montiert, beim Fabrikat Burman am Ritzelfuß.

Fingerzeig: *Bei aufgebocktem Vorderwagen, wenn also die beiden Vorderräder frei hängen, auf keinen Fall das Lenkrad schnell von Anschlag zu Anschlag durchdrehen. Das führt nämlich zu einem hydraulischen Druckaufbau im Innern des Lenkgetriebes, was eine Beschädigung der Faltbälge zur Folge haben kann.*

Ölstand im Lenkgetriebe

Für die Lenkung ist weder Wartung noch Ölstandkontrolle vorgeschrieben. Aber natürlich darf es in der Lenkung nicht an Öl fehlen, sonst geht die Lenkung schwer und die Verzahnungen verschleißen vorzeitig. Verdacht auf Ölverlust besteht, wenn die Manschetten am Lenkgetriebe ölfeucht sind.
Die Kontrolle, ob überhaupt noch Öl vorhanden ist, ist nicht schwer. Man schraubt an dem Lagerdeckel, hinter dem im rechten Winkel die Lenksäule endet, eine Sechskantschraube heraus, löst die zweite, und kann nun den Deckel verschieben und beobachten, ob noch Öl in der Lenkung ist. (Hier wird übrigens auch das Öl in die Lenkung gefüllt.) Schwieriger ist es jedoch festzustellen, wieviel Öl nun wirklich fehlt und nachgefüllt werden muß, was man vorsichtigerweise der Werkstatt überläßt. Denn es ist Raum für mehr Öl vorhanden, als überhaupt eingefüllt werden darf. Insgesamt darf nur 0,13 Liter des Getriebeöls SAE 80 (Spezifikation S-M 2 C-83 A) in der Lenkung sein.

Lenkungsspiel und Lenkgestänge prüfen

Pflegearbeit Nr. 6

Bei dieser routinemäßigen Prüfung, alle 10 000 km, zu der kein Werkzeug nötig ist, muß geprüft werden, ob die Bewegung des Lenkrades sofort – also ohne Spiel – von den Spurstangen auf die Räder übertragen werden. Zur Kontrolle die Fahrertür öffnen, neben dem Wagen stehen bleiben, gleichzeitig am Lenkrad drehen und das linke Vorderrad beobachten. Ist am Lenkrad oder in der Lenkübertragung Spiel festzustellen, muß man prüfen, woher es kommt. Dazu ist ein Helfer nötig, der das Lenkrad auf Zuruf dreht, während man selbst die einzelnen Teile der Lenkung ansieht oder an ihnen rüttelt, z. B. an Spurstangengelenken, Rädern, um festzustellen, wo die Verzögerung der Lenkübertragung liegt.
Teile mit zu großem Spiel müssen in der Werkstatt ausgewechselt werden. Überhaupt sollte man sich an der Lenkung möglichst wenig selbst zu schaffen machen, da für die Fahrsicherheit zuviel von ihrer einwandfreien Funktion und Einstellung abhängt. Wie das Lenkrad ausgebaut wird, haben wir

im Kapitel „Instrumente und Geräte“ beim Abbau des Kombischalters von der Lenksäule beschrieben.
Bei Reparaturen am Lenkgetriebe sind 3 Einstellungen erforderlich: Einstellung der Ritzellagervorspannung, Einstellung des Gleitsteinspiels (in dieser Reihenfolge) und Drehmoment der Spurstangenlager.
Übrigens haben die Ford-Werke im Oktober 1971 rund 137 000 Autos der Modelle 12/15 M, Escort und Capri wegen unsicherer Lenkung in die Werkstätten zurückgerufen, da die Möglichkeit bestand, daß sich die Lenkräder bei sehr hoher Beanspruchung lösen könnten. Hohe Beanspruchung tritt beispielsweise dann auf, wenn die Räder im Stand eingeschlagen werden, etwa bei Parkmanövern, und wenn sich die Räder gegen den Bordstein pressen. Zur Abhilfe wurde zwischen Lenkrad und Pralltopf eine Klammer angebracht.

Fingerzeig: *Wenn beim Lenken ein leichtes Knarren aus dem Motorraum zu hören ist, kann der Kugelkopf an einem Spurstangenendstück verschlissen sein, weil die schützende Gummihülle undicht ist.*

Genaue Kontrollen an der Lenkung und der Fahrwerkeinstellung sind wie die Einstellungen selbst für den Laien ohne die notwendigen Hilfsmittel und Sonderwerkzeuge nicht möglich. Man kann lediglich durch Beobachtung im Stand und während des Fahrens beurteilen, ob eine genaue Überprüfung durch die Werkstatt angebracht ist.
Allerdings sollte die Lenkanlage auch nach kleineren Hindernisberührungen (z. B. Stöße gegen eine Bordstein- oder Schlaglochkante) vorsorglich kontrolliert werden. Es könnten Spurstangen, Querlenker verbogen sein.
Das macht sich nach einer gewissen Zeit meist in ungleichmäßigem und vorzeitigem Reifenverschleiß bemerkbar, selbst wenn man am Fahrverhalten nichts bemerkt. Ergibt sich jedoch schlechtes Fahrverhalten und anormaler Reifenverschleiß nach einer größeren Reparatur, z. B. Austausch der Bodengruppe, so sollte man zunächst einmal prüfen, ob die Lenkung korrekt befestigt wurde.
Auf jeden Fall sollte man es sich zur Regel machen, einmal im Jahr die Lenkung genau kontrollieren zu lassen. Das ist in jedem Fall eine empfehlenswerte Vorbeugungsmaßnahme.
Zur Lenkungseinstellung nur soviel: Es müssen alle Punkte berücksichtigt werden, die unter der Pflegearbeit Nr. 7: Radaufhängung und -einstellung prüfen, aufgeführt sind.
Zur Einstellung wird die Vorspur der Vorderräder auf 1,5 bis 3,0 mm eingestellt. Zum Einstellen der Vorspur werden die Kontermuttern der Spurstangenendstücke und die äußeren Klemmschellen der Faltbälge gelöst. Die Spur wird durch gleichmäßiges Verdrehen der beiden Spurstangen in gleichläufiger Richtung eingestellt.
Wichtig: Nur wenn beide Spurstangen bei in Geradeausfahrt stehenden Vorderrädern gleich lang sind, hat der Wagen nach links und rechts gleich großen Radeinschlag. Deshalb nach Arbeiten an den Spurstangen die Lenkradumdrehungen von Anschlag zu Anschlag zählen und halbieren. Stehen in dieser Stellung die Räder nicht in Geradeausfahrt, so muß eine Spurstange verkürzt und die andere um den gleichen Betrag verlängert werden. Anschließend die Vorspur nocheinmal prüfen und das Lenkrad, wenn erforderlich, in der Vielkeilverzahnung der Lenkspindel gerade setzen. Erst danach das Lenkrad fest montieren.

Stopp-Stellen

Während der 1,3 Liter-Escort serienmäßig mit Scheibenbremsen vorn, Bremskraftverstärker und Trommelbremsen hinten ausgerüstet ist, hat der 1,1 Liter serienmäßig nur Trommelbremsen an allen vier Rädern. Aber man konnte Scheibenbremsen auch bei ihm – leider gegen Aufpreis – bekommen. Da von den richtig funktionierenden Bremsen das Leben abhängt, hat Ford nicht weniger als sechs regelmäßige Pflege- und Kontrollarbeiten vorgesehen.

Die Bremsanlage

Wenn Sie das Bremspedal treten, wird im Hauptbremszylinder im Motorraum, auf dem der durchsichtige Bremsflüssigkeitsbehälter sitzt, ein Kolben betätigt (beim Bremskraftverstärker mit Unterdruck-Unterstützung). Dadurch wird Bremsflüssigkeit (hydraulische Bremskraftübertragung) in die Bremsleitungen gedrückt. Zu jedem Rad führt eine Bremsleitung. Und an jedem Rad sitzt auch ein Radbremszylinder, der durch den Flüssigkeitsdruck betätigt wird und die Bremsbeläge gegen Scheiben oder Trommeln preßt. Die Handbremse wirkt mechanisch über einen Seilzug auf die Trommelbremsen der Hinterräder.

Die Scheibenbremse

Vor allem drei Vorzüge hat die Scheibenbremse: Sie ist standfester, weil Bremsbeläge und Bremsscheibe offen im Luftstrom liegen und besser gekühlt werden. Bei Bergabfahrten hält die Bremswirkung auch bei Dauerbelastung länger an (kein „fading"). Zweitens ist die Bremswirkung einer Achse

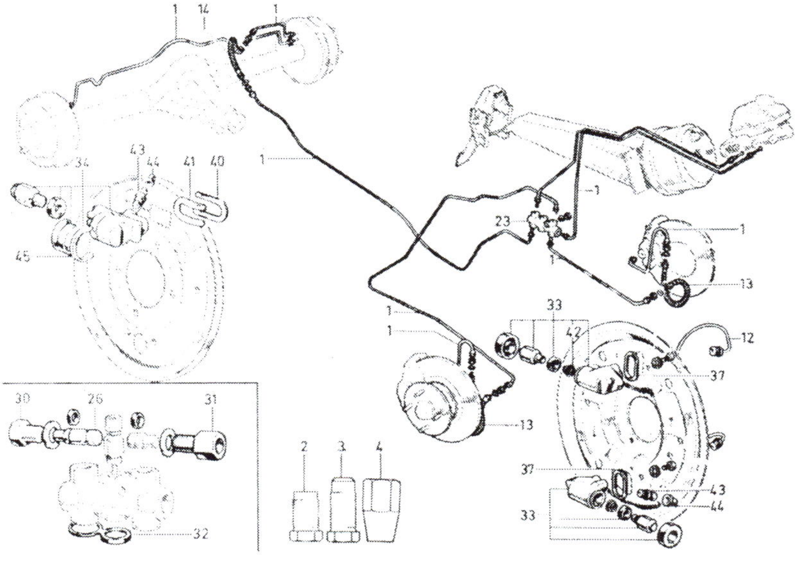

Neben der Übersicht über die Bremsanlage bietet das Bild auch Einblick in die Details. Die Zahlen:
1 – Bremsleitung,
2–4 – verschiedene Schraubnippel,
12 – Verbindungsrohr,
13/14 – Bremsschlauch,
26 – Warnleuchtenschalter,
30 – Verschlußschraube,
31 – Hohlschraube,
32 – Abdeckkappe,
33/34 – Radzylinder vorn und hinten,
37 – Dichtung,
40 – Halter,
41 – Haltefeder,
43 – Entlüftungsschraube mit Staubkappe (44),
45 – Halteklammer der Staubkappe.

gleichmäßiger, d. h. rechte und linke Radbremse haben praktisch die gleiche Wirksamkeit, was bei Trommelbremsen nicht unbedingt der Fall ist. Diese gleichmäßige Bremswirkung macht sich insbesondere beim Abbremsen aus hoher Geschwindigkeit (Notbremsung) vorteilhaft bemerkbar. Man kann bei der Scheibenbremse unbekümmerter auf das Pedal treten. Drittens ist die Scheibenbremse wartungs- und nachstellfrei.

Diese Wartungsfreiheit darf aber nicht darüber hinwegtäuschen, daß die Beläge bei der Scheibenbremse schneller verschleißen. Das ist schließlich kein Wunder: Die Bremsfläche der Beläge ist wesentlich kleiner als bei den Bremsbacken der Trommelbremse, weswegen auch die mehrfach höheren Drücke erforderlich sind. Deshalb auch der Bremskraftverstärker. Bei scharfer Fahrweise können Scheibenbremsbeläge schon nach 10000 bis 12000 km erneuerungsbedürftig sein. Bei normaler Fahrweise kann man es auf das Doppelte und mehr bringen.

Unter Umständen können zwischen Scheibe und Belag Fremdkörper (Sandkörnchen) eindringen, was zum Bremsquietschen führt. Verschwindet das Geräusch nicht, so hat sich der Sand in den Belag gefressen. In diesem Fall sollte die Werkstatt den Belag säubern oder auswechseln. Bremsenquietschen liegt auch daran, daß sich ein Kolben im Zylinder verdreht hat. Ihn auf richtige Stellung zu bringen, ist Werkstattsache, die zu diesem Zweck ein spezielles Werkzeug hat.

Verschiedentlich kommt es auch vor, daß scheibengebremste Wagen beim Rückwärtsfahren fürchterlich quietschen – „grillen" sagt der Fachmann –, was zwar unangenehm ist, aber keinen Defekt darstellt. In der Werkstatt kann man die Beläge dann etwas glätten.

Hinzuweisen wäre auch noch darauf, daß beim Bremsen auf sehr nasser Straße die Bremswirkung um einen Sekundenbruchteil später einsetzen kann, als man es von Trommelbremsen her gewohnt ist: Die zwischen Bremsklotz und Scheibe befindliche Feuchtigkeit wird erst durch den Anpreßdruck der Beläge zum Verdampfen gebracht.

Wir haben im Verlauf dieses Buches unter anderem auch empfohlen, die Wagen-Unterseite mit einem Korrosionsschutzmittel zu behandeln. Wird das bei einem Wagen mit Scheibenbremsen ausgeführt, müssen die Scheibenbremsen abgedeckt werden (altes Packpapier, alte Lappen). Während die Bremsscheiben zur Not noch mit Spiritus gereinigt werden können, müssen verschmierte Beläge ausgewechselt werden, sonst wird die Bremswirkung gefährdet.

Neue Bremsen einfahren

Bremsen müssen gleichmäßig ziehen. Das können sie nur richtig, wenn sie gut eingefahren werden wie der Motor. Bremsbelag und Bremsscheibe beziehungsweise Bremstrommel müssen sich regelrecht aufeinander einfahren, damit sie eine möglichst wirksame Oberfläche gemeinsam haben. Besonders die Scheibenbremsen reagieren auf brutales Einfahren empfindlich. Nicht selten rührt ein lästiges Rubbeln von Einfahrsünden her. Wir meinen, man sollte wenigstens während der ersten 500 Kilometer nicht unnötig grob und langdauernd bremsen. Wenn der Belag bei einer schlecht eingefahrenen Bremse nämlich nur auf wenigen Quadratzentimetern „trägt", oder der Belag ist verbrannt, ist die Bremswirkung nicht so gut wie sie sein könnte – noch schlimmer, sie ist ungleichmäßig. Der Wagen zieht beim Bremsen zur Seite.

Damit man weiß, wie sich die Bremsen am eigenen Wagen bei Notbremsungen verhält, sollte man nach der Einfahrzeit ruhig hin und wieder einen Notbremsversuch probieren. Aber dazu eine leere Straße aussuchen.

Am durchsichtigen Bremsflüssigkeitsbehälter kann man von außen feststellen, wie hoch die Flüssigkeit steht. Er soll zu 3/4 gefüllt sein, sonst kann Luft über den leeren Behälter in die Bremsanlage dringen, wodurch diese wirkungslos wird. Der Kugelschreiber weist auf das wichtige Belüftungsloch im Deckel des Behälters. Das Loch darf nicht verstopft sein, denn es dient zum Belüften des Behälters.

Die Wartungsarbeiten an der hydraulischen Bremsanlage sind an sich einfach. Trotzdem können wir sie nur mit einigen Vorbehalten erklären. Denn: von der sicheren Wirksamkeit der Bremsen kann – wie schon eingangs erwähnt – unter Umständen Ihre Gesundheit und die anderer abhängen. Von der Werkstatt kann mit einiger Wahrscheinlichkeit erwartet werden, daß sie keinen Fehler an der Bremsanlage übersieht.
Andererseits: Wer Routine-Besuche in der Werkstatt aufschiebt, sollte dies nicht tun, ohne selbst seine Bremsen zu kontrollieren.

Fingerzeig: *Wenn Sie das Gefühl nachlassender Bremswirkung haben, muß nicht unbedingt ein mechanischer Fehler oder Verschleiß vorliegen. Eingedrungenes Auftausalz kann die Bremswirkung bis zu 85 Prozent verringern. Abhilfe in diesem Fall nur durch Abschmirgeln der Bremsbeläge.*

Bremsflüssigkeitsstand prüfen

Pflegearbeit Nr. 11

Sie wissen, warum die Bremsanlage Flüssigkeit braucht? Weil sie den Druck auf das Bremspedal gleichmäßig weiterleitet. Der Bremsflüssigkeits-Behälter sitzt vor der Spritzwand auf dem Hauptbremszylinder, evtl. ist der Bremskraftverstärker dazwischengeschaltet. Er ist durchsichtig, aber häufig schmutzig. Wenn er geputzt ist, läßt sich der Flüssigkeitsstand von außen erkennen. Der Stand sollte bei jedem Öffnen der Motorhaube automatisch kontrolliert werden. Vorsichtig den Deckel abwischen, damit das wichtige Entlüftungsloch nicht verstopft wird. Der Behälter darf nicht zu voll und nicht zu wenig gefüllt sein. Eigentlich dürfte die Flüssigkeit nicht weniger werden. Doch sickert im Laufe der Zeit immer etwas aus dem Leitungssystem. Bei erhöhtem Flüssigkeitsverlust unbedingt schnell die Werkstatt aufsuchen.
Zum Nachfüllen nur Original-Bremsflüssigkeit verwenden.
Muß zuviel nachgefüllt werden, sollte der Werkstatt Bescheid gesagt werden: Undichtigkeit ist möglich. Auf keinen Fall, auch nicht als Notbehelf, darf Motorenöl verwendet werden. Bremsflüssigkeit ist ein synthetischer Stoff, der auch bei Kälte oder Hitze nicht dick- oder dünnflüssiger werden darf. Motorenöl zersetzt die Gummiteile. Schmutz und Staub vom Behälter fernhalten. Bremsflüssigkeit ist giftig und greift den Lack an.

Bremsflüssigkeit erneuern

Pflegearbeit Nr. 10

Es empfiehlt sich, bei ständiger starker Belastung der Bremsanlage etwa alle 2 Jahre die Bremsflüssigkeit auszuwechseln. Man vermeidet dadurch, daß bei einer langen Bremsung, z. B. bei einer Paßabfahrt, die Flüssigkeit siedet und Dampfblasen entstehen. Letztere leiten beim Bremsen den Flüssigkeitsdruck nicht weiter, die Bremse wird weich, ja, sie kann dann ganz ausfallen. Je länger die Bremsflüssigkeit in der Anlage ist, umso mehr Feuchtigkeit nimmt sie auf und umso eher sind Dampfblasen möglich. Starke Wärmebelastung der Bremsanlage liegt vor, wenn sehr sportlich gefahren wird oder wenn man viel mit schwer beladenem Wagen fährt.

Bremssystem auf Dichtigkeit prüfen
Pflegearbeit Nr. 28

Verfolgen Sie im Motorraum und bei trockener Wagen-Unterseite (unter den Wagen kriechen, ihn hochbocken oder Hebebühne) den Verlauf der Bremsleitungen: sie dürfen nicht verrostet sein (sonst sofort auswechseln, besonders bei älteren Wagen). Bremsschläuche dürfen nicht aufgequollen sein. Anschluß- und Verbindungsstellen beachten. Wo der Schmutz schwarz wird, kann auf Undichtigkeit geschlossen werden. Feuchtdunkle Stellen an der Bremstrommel? Radzylinder könnte undicht sein: Werkstatt.
Bremsdruckprobe: Bremspedal ein paar Minuten niedergedrückt halten. Es darf in dieser Stellung nicht nachgeben. Falls doch: Vermutlich ist Manschette im Hauptbremszylinder defekt.

Fingerzeige: *Bei Nebelfahrt hin und wieder aufs Bremspedal gehen, um Stopplichter aufleuchten zu lassen. Das warnt – weil sie stärkere Birnen als die Schlußleuchten besitzen – noch wirksamer die Hintermänner.*
Man sollte nicht direkt nach einer scharfen oder längeren Bremsung (Gefällefahrt) beim Anhalten die Handbremse anziehen. Sofern die Bremstrommeln sehr heiß geworden sind, entstehen in den Bremstrommeln beim Abkühlen und Zusammenziehen Spannungen, weil der Widerstand der gespreizten Bremsbacken überwunden werden muß. Dabei können sich die Bremstrommeln verziehen: ungleichmäßige Bremswirkung.
Wenn die Bremswirkung bei Abfahrten im Gebirge nachläßt, hat es keinen Zweck, das Bremsen durch wesentlich erhöhten Fußdruck zu erzwingen. Besser ist es, eine Abkühlungspause für die Bremsen einzulegen und mehr als vorher die Bremswirkung des Motors auszunützen.
Probieren Sie gelegentlich aus, wie man mit der Handbremse abbremst. Im Notfall – wenn die Hydraulik versagt – kann sie Ihre letzte Rettung sein.

Wirkung der Fußbremse prüfen

Die Wirksamkeit der Fußbremse Ihres Escort prüfen Sie ja praktisch ohnehin bei jedem Bremsvorgang. Und wenn Sie dabei das Gefühl haben, daß die Bremswirkung nachläßt, sollten Sie unverzüglich die Werkstatt zur Nachkontrolle aufsuchen. Denn exakt prüfen – auf Wirksamkeit und gleichmäßiges Ziehen – kann nur die Werkstatt auf dem Bremsmeßstand. Immerhin können Sie gezielte Bremsproben zwischendurch einlegen. Die Bremsproben sollten damit beginnen, daß Sie aus mäßiger und dann aus höherer Geschwindigkeit abbremsen. Das gleiche wiederholt man mit losgelassenem Lenkrad. Das gibt auf ebener, nicht gewölbter Straße Aufschluß darüber, ob der Wagen beim Bremsen einseitig wegzieht oder ob die Bremsen rubbeln.

Wirkung der Handbremse prüfen

Die angezogene Handbremse darf den Wagen auf geneigter Bahn weder vorwärts noch rückwärts ablaufen lassen. Sie ist richtig eingestellt, wenn der Handbremsgriff im 5. bis 6. Zahn des Zahnbogens einrastet. Der Wagen darf sich dann auf ebener Straße nicht durch Schieben bewegen lassen. Andernfalls muß die Handbremse nachgestellt werden. Es ist nicht nötig, die Handbremse auf ebener Straße mit aller Gewalt anzuziehen. Das leiert nur den Seilzug aus und macht frühes Nachstellen erforderlich.

Der Pfeil im Foto weist auf den Gabelschlüssel, der wiederum am Vierkantkopf des Einstellexzenters angesetzt ist. Diese Köpfe – je 1 an den Hinterrädern, je 2 an den Vorderrädern mit Trommelbremsen – müssen verdreht werden, um die Bremsen einzustellen.

Bremsen einstellen
Pflegearbeit Nr. 44

Eines schönen Tages werden Sie als Besitzer eines nur mit Trommelbremsen ausgerüsteten Wagens das Gefühl haben, daß Ihr rechter Fuß das Bremspedal weiter als sonst durchtreten muß. Wenn Sie das merken, sind Sie ein aufmerksamer und technisch gefühlvoller Mensch. Normalerweise gewöhnt man sich an jede Veränderung, die sehr langsam vor sich geht.
Eigentlich sollten Sie so lange aber nicht warten, denn Ford schreibt vor, daß die Bremsen alle 10000 km nachgestellt werden müssen (Scheibenbremsbeläge stellen sich automatisch nach). Die Einstellung der Trommelbremsen geht so vonstatten:
Wagen vorn oder hinten hochbocken, Handbremse lösen, Radlagerspiel prüfen und berichtigen, wenn nötig. Dann das Bremspedal mehrmals kräftig durchtreten, um die Bremsbacken in den Trommeln zu zentrieren. Dann begibt man sich unter den Wagen und dreht mit dem Gabelschlüssel die Vierkantköpfe der Einstellexzenter an der Radinnenseite nach rechts, bis die betreffende Bremsbacke fest an der Trommel anliegt. Dann den Einstellexzenter langsam zurückdrehen, bis das Rad frei läuft und die Bremsbacke nicht mehr schleift, was man hören und fühlen kann, wenn man das Rad dreht. Auf die gleiche Weise stellt man auch die übrigen Exzenter nach, je 2 Vierkantköpfe an den Vorderbremsen, nur je einer an den Hinterradbremsen. Nach Abschluß der Einstellung sollte man den Bremsflüssigkeitsstand im Behälter prüfen und gegebenenfalls berichtigen.

Bremsbeläge prüfen, Belagabrieb entfernen
Pflegearbeit Nr. 34

Zunächst die Scheibenbremse: Von außen läßt sich die noch vorhandene Belagdicke am besten nach Abnehmen des Rades erkennen. Man kann also schon durch Blickprobe entscheiden, ob ein Belagwechsel erforderlich ist oder nicht. Dazu muß man die Radnabe etwas drehen, dann sieht man aus Richtung des Bremssattels – unter der Spannfeder – was Belag und was Bremsscheibe ist. Der Belag liegt nämlich auch in nichtgebremstem Zustand eng an der Scheibe an.
Der eigentliche Bremsbelag sitzt auf einem Belagträger, der mit Ösen zur Halterung versehen ist. Beide – zusammen verklebt – sind im neuen Zustand ca. 15 mm dick, wobei der Belag ca. 10 mm und die Trägerplatte 5 mm mißt. Wenn ein Belag innerhalb eines Bremssattels bis auf 2 mm abgefahren ist

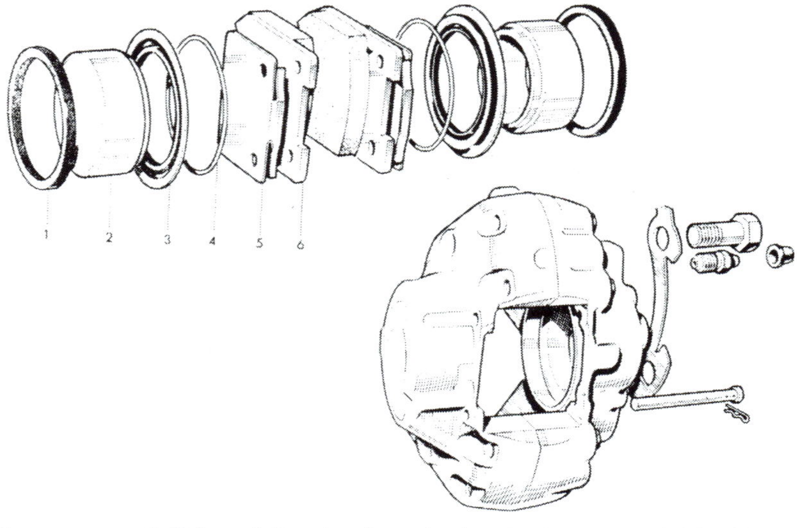

Wie man die Scheibenbremsbeläge auswechselt, ist im Text beschrieben. Auf dieser Explosionszeichnung können Sie sehen, wie die Teile der Scheibenbremse zusammengehören.
Die Zahlen bezeichnen:
1 – Dichtring,
2 – Kolben,
3 – Staubkappe,
4 – Klemmring,
5 – Zwischenblech,
6 – Bremsbacke.

(zusammen mit Trägerplatte also 7 mm), sind im Interesse gleichmäßiger Bremswirkung die Beläge beider Vorderradbremsen zu erneuern. Im allgemeinen nutzen sich alle vier Beläge gleichmäßig ab. Zur genauen Verschleißprüfung sollten eigentlich die Beläge herausgenommen werden, aber das sollte man besser der Werkstatt überlassen. Verölte oder gerissene Beläge müssen ausgewechselt werden.
Es kann sein, daß die Beläge ungleichmäßig abgenutzt sind, weil auf eine Seite der Bremsscheibe mehr Schmutz und Staub kommt als auf die andere, die durch ein Blech abgeschirmt ist. In diesem Fall müssen beide Beläge ausgewechselt werden.

Trommelbremsbeläge prüfen

Dazu werden die Räder und die Bremstrommeln abgenommen. Also Wagen vorn oder hinten aufbocken. Nach Abnahme der Vorderräder Fettkappe und Nabensicherung abnehmen, siehe Absatz „Fettfüllung erneuern“ im vorigen Kapitel. Die Radnabe wird mit der Bremstrommel abgezogen; zur Erleichterung kann man eventuell die Bremsbacken am Einstellexzenter durch Linksdrehen zurückstellen. An den Hinterrädern ist der Abbau einfacher, denn die Trommeln sind nur über die Bolzen auf die Nabe aufgeschoben. Auch hier evtl. die Beläge zurückstellen. Auch die Handbremse muß gelöst werden, sonst wird die Trommel von den gespreizten Backen gehalten. Bei abgenommener Trommel darf die Fußbremse nicht getreten werden.
Die abgenommene Trommel wird vom Belagstaub gereinigt. Da Druckluft nicht immer zur Verfügung steht, nimmt man einen sauberen Borstenpinsel. Der Staub entsteht als Rückstand des Belagverschleißes. Wenn er sich mit Feuchtigkeit vermischt, wird die Bremswirkung ungleichmäßig. Feucht können die Trommeln durch Kondenswasser werden, das sich nach Abkühlung heißgefahrener Trommeln bildet, wenn auch nicht immer. Sind starke Riefen in der Trommel, muß sie ausgedreht oder erneuert werden: Werkstattsache.
Geprüft wird ferner, ob die Beläge nicht zu stark verschlissen sind. Sie dürfen nicht bis auf das Metall abgenutzt sein. 1 mm Restdicke sollte noch vorhanden sein. Verschmierte (verölte oder fettige) Bremsbeläge müssen ausgewechselt werden. Reinigen mit Benzin oder Abschleifen ist wirkungslos. Bremsbeläge dürfen daher nicht mit öligen Fingern berührt werden. Das mindert die Bremskraft, bzw. macht sie ungleichmäßig. Glatte Beläge auf-

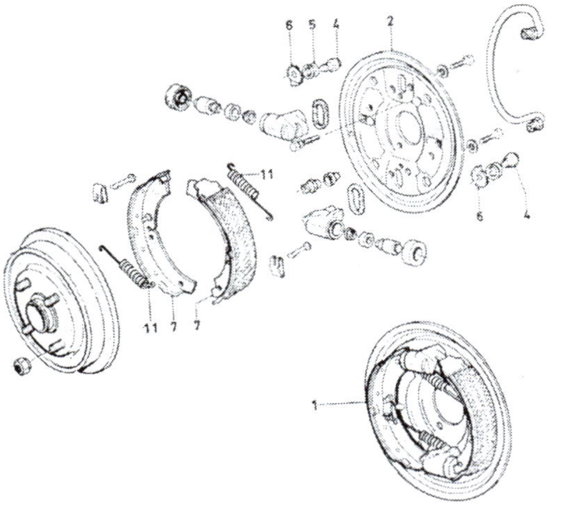

Hier sehen Sie die Einzelteile der Trommelbremse für den Fall, daß Sie sie einmal zerlegen müssen.
Die Zahlen bedeuten:
1 – Vorderrad-Trommelbremse zusammengebaut,
2 – Bremsträger,
4 – Bolzen der Einstellnocken,
5 – Feder,
6 – Einstellnocken,
7 – Bremsbacken mit Belag,
11 – Rückzugfeder.

rauhen, um bessere Wirkung zu erzielen, ist zwecklos. Glätte – auch wenn sie schwärzlich erscheint – bedeutet, daß die Oberfläche gut trägt. Nur Original-Ford-Bremsbacken können verwendet werden, weil Belag und Backe eine Einheit darstellen.

Scheibenbremsbeläge wechseln

Diese Arbeit ist nicht schwer. Wer jedoch nicht besonders praktisch veranlagt ist, sollte diese verantwortungsvolle Arbeit der Werkstatt überlassen. Wegen der Wichtigkeit sei es nochmal wiederholt: Wenn ein Belag verschlissen ist, müssen alle Beläge an einer Achse erneuert werden!
So geht man vor: Wagen vorn aufbocken und die Räder abnehmen. Oben auf dem Bremssattel die Sicherungen der Haltestifte entfernen und die Haltestifte herausziehen, evtl. mit Hammer und Dorn seitlich nachhelfen. Bremsbacken und Zwischenbleche nach oben herausziehen, den Bremsstaub entfernen und die Bremsscheibe auf Riefen kontrollieren, ebenso den richtigen Sitz der Staubkappen und Sicherungen. Der Bremssattel muß dicht, darf also nicht feucht von Bremsflüssigkeit sein.
Zum Einbau werden beide Andrückkolben bis zum Anschlag in ihre Zylinder zurückgedrückt, wobei darauf zu achten ist, daß der Bremsflüssigkeitsbehälter nicht überläuft. Die neuen Backen und Zwischenbleche von oben hineinschieben. Wichtig: Der in die Zwischenbleche eingestanzte Pfeil muß immer nach oben (in Drehrichtung des Rads) zeigen. Die Bremsbackenhaltestifte durch die Löcher im Gehäuse, in Blechen und Belägen einfädeln und wieder sichern. Zum Schluß das Bremspedal mehrmals durchtreten und gegebenenfalls den Flüssigkeitsstand im Behälter berichtigen. Nicht vergessen: Eine Probebremsung, bevor man sich in den Verkehr begibt.

Handbremse einstellen

Pflegearbeit Nr. 45

Wenn die Handbremse um mehr als fünf bis sechs Rasten angezogen werden muß, um den Wagen auf der Straße nicht mehr verschieben zu können, oder ihn am Gefälle zu halten, muß sie nachgestellt werden.
Da die Handbremse auf die Hinterräder wirkt, wird der Wagen hinten hochgebockt. Die Handbremse lösen und kontrollieren, ob die Hinterräder frei laufen und die Bremsbacken nicht schleifen. Dies ist nötig um festzustellen, ob die Bremsbacken nicht zuviel nachgestellt sind oder etwa das Handbremsseil hängt. Das Handbremsseil an der Ausgleichsschwinge, sie sitzt

Die Teile der Handbremse, die auf die Hinterräder wirkt, für den Fall, daß Sie z. B. einmal das Handbremsseil auswechseln müssen. So geht man dabei vor: Wagen hinten hochbocken. Dann die Gabelköpfe an den Handbremshebeln der Hinterräder aushängen. Einstellmutter an der Ausgleichsschwinge ganz vom Seil abschrauben und das Seil aus der Schwinge nehmen. Jetzt den Gabelkopf des Seilzugs am Handbremsgriff aushängen und das Seil komplett aus den Führungen unter dem Wagenboden herausziehen. Für den Einbau werden die Gabelköpfe auf das neue Seil umgebaut. Das Handbremsseil richtig am Unterboden verlegen und zuerst den Gabelkopf am Handbremsgriff anschließen und sichern. Vorher sollte der Kopf leicht eingefettet werden. Dann das Handbremsseil in die Ausgleichsschwinge einführen und die Einstellmutter aufdrehen. Zum Schluß unbedingt Bremsbacken und Handbremse einstellen.

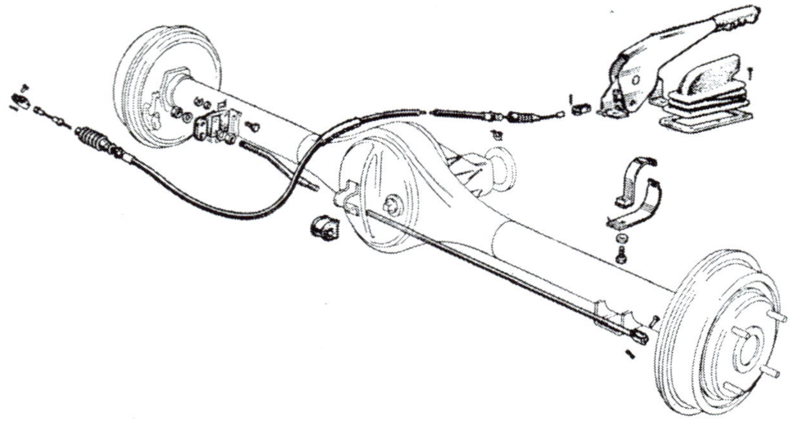

auf dem Hinterachsrohr neben der rechten Blattfeder, durch Lösen der Einstellschraube zurückstellen. Jetzt wird der Einstellexzenter der Fußbremse an den Innenseiten der Hinterräder eingestellt, siehe Absatz „Fußbremse einstellen". Dann zuerst die Querstange und dann das Handbremsseil an der Ausgleichsschwinge so einstellen, daß die Bremstrommeln gerade noch frei laufen und keiner der Backen schleift. Dabei einige Mal auf die Fußbremse treten, damit sich die Backen in den Trommeln zentrieren. Zum Schluß die Muttern an Querstange und Handbremsseil kontern, bevor man den Wagen abläßt.

Fingerzeige: *Sitzen die Einstellmuttern zu fest, weil sie angerostet sind, dann keine rohe Gewalt anwenden, sondern mit einem rostlösenden Mittel einsprühen.*
Festgerostete Einstellexzenter können meist nur durch Erwärmen mit der Lötlampe oder dem Schweißbrenner gelöst werden. Dazu müssen jedoch die Bremsbacken ausgebaut werden – Werkstattsache!

Handbremsgriff ausbauen

Am Unterboden den Gabelkopf des Handbremsseilzugs aus dem Griff aushängen. Dann löst man im Innenraum die Blechschrauben des viereckigen Rahmens, unter dem die Gummiabdeckung eingeklemmt ist. Jetzt kann man den Griff vom Tunnel abschrauben und herausnehmen. Der Handbremsgriff mit Zahnbogen und Sperrklinke ist übrigens ein komplettes Ersatzteil und kann nicht zerlegt werden. Der Einbau geschieht in umgekehrter Reihenfolge.

Bremsanlage entlüften

Läßt sich das Bremspedal zu tief durchtreten, ist Luft in die Leitungen der Bremszylinder eingedrungen (oder die Beläge sind zu stark abgefahren). Es läßt sich auch feststellen, wenn das Pedal beim Betätigen sozusagen federt. Entlüftung ist stets auch nach allen Arbeiten an der hydraulischen Anlage nötig, was aber, wie schon gesagt, Angelegenheit der Werkstatt ist. Erste Kontrolle vor dem Entlüften: Ist Bremsflüssigkeits-Behälter gefüllt? Möglicherweise war der Stand zu tief abgesunken, so daß von dort aus Luft eingedrungen ist. Beim Entlüften sind beide Kammern des Bremsflüssigkeits-Behälters ständig mit frischer Bremsflüssigkeit gefüllt zu halten.
Vor dem Entlüften sollte sicherheitshalber noch geprüft werden, ob die Bremsdruckstange zwischen Bremspedal und Hauptbremszylinder bzw. Bremskraftverstärker ein Spiel von etwa 1 mm aufweist. Es wird gemessen

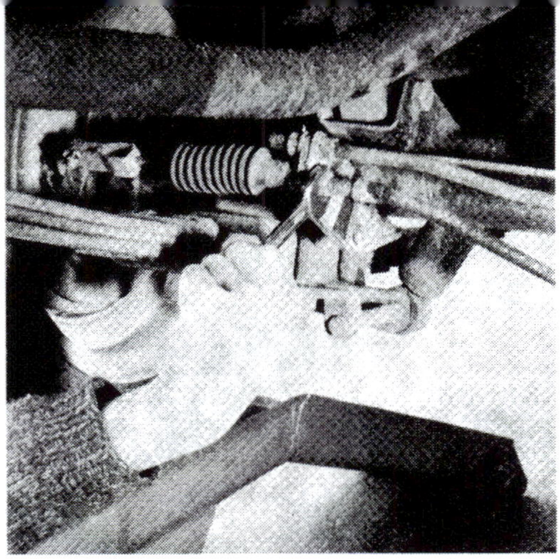

Hinter dem Hinterachsrohr sitzen die Muttern, an denen die Handbremse nachgestellt wird. Wie man die Handbremse einstellt, ist im Text beschrieben. Auf dem Foto ist jedoch zu sehen, daß Muttern und Gewinde im Spritzbereich der Räder liegen und schnell verschmutzen und rosten. Man sollte deshalb die Einstellvorrichtung immer wieder einmal reinigen und fetten. Damit erleichtert man sich die Einstellarbeit.

durch Bewegen der Druckstange. Korrektes Maß: 98,6 bis 99,8 mm zwischen dem Bremspedalösen-Mittelpunkt und dem Anschlag des Bremskraftverstärker-Trägers an der Trennwand. Die Verstellmutter finden Sie im Motorraum am anderen Ende der Schubstange. Wenn nötig, diese Schraube lösen und die Schubstange verdrehen, bis das Spiel stimmt. Dieses Spiel ist wichtig, denn ist es nicht vorhanden, schleifen die Bremsbeläge ständig, was zu Hitzeentwicklung führt, oder die Bremse blockiert.

Zum Entlüften braucht man einen kleinen Gabelschlüssel, einen dünnen Gummi- oder Plastikschlauch von etwa 50 cm Länge, ein durchsichtiges Gefäß, einen zweiten Mann und ein sauberes Tuch zum Filtern, falls man nicht neue Flüssigkeit verwendet.

Durch das Entlüften soll, wie schon der Name verrät, die Luft wieder aus der Bremsanlage herausgebracht werden. Der zweite Mann drückt mit dem Bremspedal pumpenderweise die Flüssigkeit aus den Leitungen, und zwar so lange, bis sie keine Luftbläschen mehr mit sich bringt. Entlüftet wird an allen vier Rädern, wofür jeweils eine Entlüftungsschraube vorhanden ist. Begonnen wird mit dem Entlüften an dem Rad, das vom Hauptbremszylinder am weitesten entfernt ist, also rechts hinten. Am linken Vorderrad wird zuletzt entlüftet.

Dann sieht der Gang der Handlungen folgendermaßen aus: Plastikschutzkappe der Entlüftungsschraube des rechten, hinteren Radzylinders trocken abbürsten und abnehmen. Den Plastikschlauch auf die Entlüftungsschraube aufsetzen. Das andere Schlauchende in den durchsichtigen Behälter tauchen, in dem etwas Bremsflüssigkeit enthalten sein muß, damit dort beim Pumpen keine Luft angesaugt wird. Entlüftungsschraube um etwa eine viertel Umdrehung lösen. Auf Zuruf des Mannes am Rad tritt der Helfer das Bremspedal langsam bis zum Pedalblech durch. Wenn kein Luftbläschen mehr aus dem Schlauch austritt, ruft der Mann am Rad „Halt" – der Helfer muß das Pedal in seiner tiefsten Stellung getreten lassen, das Schlauchende bleibt unter dem Flüssigkeitsspiegel im Gefäß. Der Mann am Rad schließt nun das Entlüftungsventil wieder. Schlauch abziehen. Schutzkappe aufsetzen. Dieser Vorgang wird an jedem Rad wiederholt.

Fingerzeige: *Nach Entlüftung an jedem Rad sind die Kammern des Bremsflüssigkeits-Behälters im Motorraum wieder aufzufüllen. Denn wenn das Flüssigkeitsniveau zu weit absinkt, gerät Luft in die Bremsleitungen.*
Nach jedem Pumpvorgang muß das Bremspedal mindestens 3 Sekunden lang

in der Lösestellung verbleiben, damit sich beide Kammern im Hauptzylinder vollständig füllen können.
Original-Bremsflüssigkeit ist seit einiger Zeit bernsteingelb statt blau wie früher. Bei Ford trägt sie die Spezifikation SM6C-9101-A, andere Bremsflüssigkeiten müssen die Spezifikation DOT 3 oder DOT 4 tragen. Achten Sie beim Kauf auf diese Spezifikationen, damit in die Bremsanlage des Escort kein untauglicher Saft gerät.

Der Bremskraftverstärker

Wer einen Wagen mit Servo-Bremse, also mit Bremskraftverstärker, fährt, wird sich zweifellos bei den ersten Bremsungen über das „giftige" Ansprechen der Bremsen gewundert haben. Giftig ist jedoch nur die verstärkte Bremskraft, die vom Fuß praktisch nur noch ausgelöst oder gesteuert wird. Der Umgang mit einer solchen Bremskraftverstärkung ist also nur Gewöhnungssache.
Woher stammt nun diese Hilfskraft? Man sehe sich dazu die dicke Schlauchleitung an, die vom Vergasersaugrohr zu dem großen, runden Behälter neben dem linken Radkasten führt. In diesem Schlauch wird der Ansaug-Unterdruck des Motors wirksam und bewegt in dem Behälter eine große, elastische Membrane. Diese wiederum verstärkt die Kraft der Bremsdruckstange, die vom Bremspedal zum Hauptbremszylinder führt. Zur Wartung ist an der Servo-Anlage nichts vorgesehen.
Wissen muß man natürlich, daß die Servo-Anlage keine Bremskraft liefert, wenn der Motor steht. Beim Abschleppen wegen defekten Motors muß man also daran denken, daß man mehr Fußkraft zum Bremsen braucht.

Fingerzeig: *Man sollte nicht direkt nach einer scharfen oder längeren Bremsung (Gefällefahrt) beim Anhalten die Handbremse anziehen. Sofern die Bremstrommeln sehr heiß geworden sind, entstehen bei den hinteren Bremstrommeln beim Abkühlen Spannungen. Dabei können sich die Bremstrommeln verziehen, was später ungleichmäßige Bremswirkung hervorruft.*

Störungsbeistand
Trommel- und Scheibenbremsen

Die Störung	– ihre Ursache	– ihre Abhilfe
A Wagen zieht nach links oder rechts beim Bremsen	1 Reifendruck ungleichmäßig	Korrigieren bei kalten Reifen
	2 Bereifung ungleichmäßig abgenutzt	Reifen so untereinander auswechseln, daß auf jede Achse gleichmäßig abgenutzte Reifen kommen
	3 Verschmierte Beläge	Beläge erneuern
	4 Scheibenbremsbeläge ungleichmäßig abgenutzt	Beläge erneuern
	5 Verschmutzte Schächte im Bremssattel	Reinigen
	6 Kolben in Bremssattelzylinder verdreht	Stellung der Kolben berichtigen
	7 Korrosion in Bremssattelzylindern	Erneuern
	8 Unrunde Bremstrommeln	Trommeln ausdrehen oder erneuern
B Bremsen quietschen	1 Falscher Belagtyp	Auswechseln
	2 Kolben in Bremssattelzylinder verdreht	Stellung der Kolben berichtigen
	3 Bremsscheibe hat Schlag	Erneuern
	4 Verklemmter Bremssattel	Richten, evtl. reinigen
	5 Belagträgerplatte der Scheibenbremse uneben	Abziehen und LM-Paste auf Bremskolben auftragen

Die Störung	— ihre Ursache	— ihre Abhilfe
	6 Staub und Schmutz in der Trommel	Trommeln mit Preßluft ausblasen und mit Schmirgelleinen säubern
	7 Beläge liegen nicht gleichmäßig an Trommeln an	Bremsträgerplatte auf Verzug, Federn auf richtige Spannung prüfen. Evtl. Trommeln (wenn unrund) ausdrehen oder Beläge erneuern
C Pedalweg zu groß	1 Beläge abgenutzt	Beläge erneuern
	2 Bremsscheibe hat Schlag	Auswechseln
D Pedalweg zu groß, federndes oder völliges Durchtreten	1 Luft in Bremsanlage, evtl. Bremsflüssigkeit im Behälter zu tief abgesunken	Bremsen entlüften evtl. Vorratsbehälter auffüllen
	2 Dichtung in Bremssattelzylinder defekt	Erneuern
	3 Undichtigkeit	Gesamtes System kontrollieren
	4 Beschädigte Manschette in Haupt- oder Radbremszylinder	Auswechseln
E Bremsscheibe oder Trommel wird zu heiß	1 Siehe D 2	
	2 Siehe A 5	
	3 Spreizfeder defekt	Auswechseln
	4 Erlahmte Rückzugsfedern in der Trommel	Auswechseln
	5 Ausgleichsloch im Hauptbremszylinder verstopft	Reinigen
	6 Bremsbeläge schleifen	Richtig einstellen
F Schlechte Bremswirkung bei hohem Fußdruck	1 Belag verölt	Beläge erneuern, Undichtigkeit suchen
	2 Bremsbeläge (Scheibenbremse) abgenutzt	Beläge erneuern
	3 Bremsverstärker defekt	Werkstatt
G Bremsen schütteln	1 Belag abgenutzt	Beläge bzw. Bremsbacken auswechseln
	2 Siehe B 3	
	3 Bremstrommeln unrund	Trommeln egalisieren oder auswechseln
	4 Scheiben- und Sattelbefestigung fluchten nicht	Richten
	5 Radlagerspiel (Scheibenbremsen) zu groß	Korrigieren
	6 Siehe B 1	
	7 Siehe C 2	
	8 Siehe A 5	
	9 Sattel der Scheiben lose	Festziehen

Gewisse Rundungen

Moderne Räder und Reifen weisen Merkmale auf, die keineswegs auf Zufall beruhen. Vielmehr wurden Reifengrößen, Reifenart und Felgenbauweise in langen Versuchsreihen ermittelt. Sie sind sozusagen Konstruktionsmerkmale und mitentscheidend für eine gute Straßenlage. Folglich stehen Reifen- und Felgenbezeichnung im Kraftfahrzeugbrief und auch im Kraftfahrzeugschein. Sie sind maßgeblich beim Neukauf von Reifen oder beim Ersatz der Felgen, der TÜV achtet genau darauf. Trotzdem hat man beim Neukauf der Reifen einige Freiheiten bezüglich der Marken- und Profilauswahl, die es gestatten, die Fahreigenschaften des Escort nach eigenem Geschmack etwas zu verändern. Darauf gehen wir im folgenden Kapitel „Reifenwahl" ein.

Reifengrößen

Der Escort wurde serienmäßig mit schlauchlosen Reifen ausgerüstet. Nichts anderes bedeutet das Wort Tubeless, das Sie auf der Reifenflanke an Ihrem Wagen lesen können. Daneben steht auf dem Reifen auch die Bezeichnung: 6.00–12/4 PR, 6.00 S-12/6 PR beim Turnier, 155 SR 12 beim GT oder 165 SR 13 beim Sport. Das bedeutet: Die Reifen sind 6 Zoll bzw. 155 oder 165 mm breit. Die Reifenbreitenangabe in Zoll stammt noch aus der Frühzeit der Reifenentwicklung. Heute ist die Angabe in Zoll mit ein Merkmal dafür, daß es sich bei dem Reifen um einen Normalreifen in Ballonausführung handelt. Gürtelreifenmaße werden heute durchweg in Millimetern angegeben. In Wirklichkeit schwankt die Reifenbreite von Fabrikat zu Fabrikat etwas, wie man den folgenden Reifendaten entnehmen kann.
Die Zahl am Ende der Reifenbezeichnung gibt die Reifengröße und den Durchmesser der Felge in Zoll (″) an. 1 Zoll entspricht 25,4 mm. Die 12-Zoll-Felge des Escort hat also an der Auflage für den Reifenwulst einen Durchmesser von 304,8 mm, die 13-Zoll-Felge des Sports von 330,2 mm. Größen sind genormt, so daß die Reifen mit dieser Größenangabe ohne Rücksicht auf die Reifenmarke völlig gleich sind.

Ply-Rating-Zahl

Die Hersteller von Markenreifen kennzeichnen seit einiger Zeit grundsätzlich alle Reifen mit der Ply-Rating-Zahl, so daß die für normale Modelle vorgesehenen Reifen die Bezeichnung 6.00–12/4 PR tragen. Diese Ply-Rating-Zahl gibt die in den Normvorschriften festgelegte Tragkraft des Reifens, also seine Belastungsfähigkeit in Abhängigkeit von Geschwindigkeit und Luftdruck an. Deshalb ist die Einhaltung des richtigen Reifendrucks so wichtig. Ursprünglich war das nicht so: Am Anfang gab die Ply-Rating-Zahl die Zahl der Cordlagen in der Reifenkarkasse, also dem Reifenunterbau an, aber inzwischen ist sie zum Vergleichswert für die Tragfähigkeit geworden.

Normal- und Gürtelreifen

Das Erkennungsmerkmal von Normalreifen ist nicht in den Zahlen der Reifenbezeichnung sondern in dem zwischen den Zahlen liegenden Bindestrich zu sehen. Der Normalreifen heißt auch Diagonalreifen. Diese Bezeichnung erhielt er aus der Tatsache, daß sich – je nach Verwendungszweck – 2 bis 16 Gewebelagen unter verschiedenen Winkeln diagonal kreuzen, z. B. ca. 30° bei Niederquerschnittreifen, ca. 40° bei Standardreifen.

Bei Gürtel- oder Radialreifen sind die Gewebelagen quer zur Laufrichtung von Wulst zu Wulst, also radial angeordnet. Unter der Lauffläche haben die Gürtelreifen also einen stabilen Gürtel aus feinen Textil- oder Stahlfäden, der sich in seinem Umfang kaum verändert, so daß die Lauffläche nicht wie bei den Diagonalreifen mit zunehmender Geschwindigkeit „aufgeht", also größer im Umfang wird. Dadurch gibt es in der Lauffläche bei der Berührung der Fahrbahn keine Querbewegungen. Daraus resultiert eine besonders gute Bodenhaftung bei geringem Reifenverschleiß.

Reifen dieser Bauart haben weiche und gut federnde Flanken (Seitenwände) und einen ausgiebig versteiften, folglich im Bereich der Aufstandsfläche wenig verformbaren Laufstreifen. Daraus erwachsen für das Reifenverhalten so viele Vorteile, daß sich sagen läßt: Der Gürtelreifen kann alles besser als der Diagonalreifen. Gürtelreifen sind ja auch teurer. Nur: Auf Pflaster, über Schlaglöcher, Querrinnen und dergleichen kann der Gürtelreifen nicht so weich wie ein Normalreifen abrollen. Bei Gürtelreifen mit einem Gürtel aus Stahldrahtgeflecht ist diese Abrollhärte besonders ausgeprägt, bei Reifen mit Textilgürtel um eine Idee gemildert. Und die Steifheit des Gürtels äußert sich umso deutlicher, je langsamer ein Wagen rollt. Bei mittleren und hohen Geschwindigkeiten erbringt der Gürtelreifen die denkbar beste Reifenfederung.

Ein SR-Reifen, wie er beim Escort GT und Sport montiert wird, ist ein Gürtelreifen, der bis zu 180 km/h beansprucht werden darf. Für noch höhere Geschwindigkeiten wären Gürtelreifen mit den Buchstaben HR zwischen den Zahlen erforderlich. HR bedeutet High Speed – Hochgeschwindigkeit und Radial. Die Stufe R hat sich als bedeutungslos herausgestellt. Den Reifenfirmen bereitet es keine Schwierigkeiten, SR-Reifen herzustellen. Demzufolge treten auf dem Markt, in reifentechnischen Handbüchern und Bestückungslisten, keine R-Ausführungen auf. Das S in der Reifenbezeichnung der zulässigen Diagonalreifen steht für das englische Wort Speed. Es ist also ein Diagonalreifen für höhere Geschwindigkeit. So kann ein S-Reifen auf 12-Zoll-Felge bis 160 km/h verwendet werden, ein gewöhnlicher Diagonalreifen ist dagegen nur für 135 km/h Spitze zugelassen!

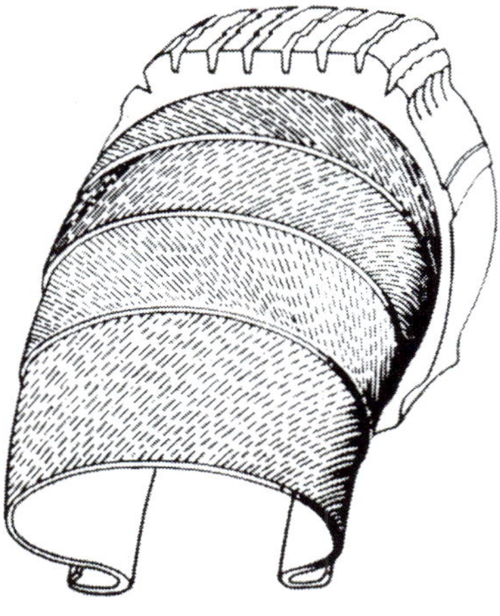

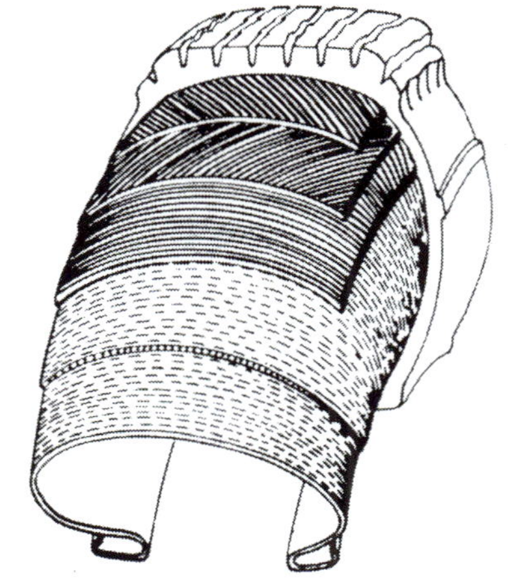

Während in der Diagonalkarkasse (links) die Fäden der einzelnen Gewebelagen (zumeist sind es heute nur noch zwei statt der hier gezeigten vier!) diagonal zueinander liegen, ist beim Radial-Reifen (rechts) über die Unterkarkasse mit quer zur Fahrtrichtung liegenden, also radialem Fadenlauf ein Gürtel montiert, dessen Stahl- oder Textilfäden leicht gekreuzt etwa in Laufrichtung des Reifens liegen.

Die Felgenabmessungen

Die Escort-Modelle werden je nach Motorleistung und Bauart mit verschiedenen Felgen ausgestattet:

- 4,00 C x 12 für alle Normallimousinen
- 4,50 C x 12 für GT und den Kombi Turnier
- 5 J x 13 für den Escort Sport
- $5^1/_2$ J x 13 für den RS

Bei diesen Angaben handelt es sich um Normbezeichnungen, die sich auf die für die Reifengröße wichtigen Felgenabmessungen beziehen. Sie bedeuten:
4,00/4,50 = Felgenmaulweite in Zoll, an der Basis des Felgenhorns quer zur Fahrtrichtung gemessen
C/J = Formung des Felgenhorns nach Norm-Vorschrift
x = Zeichen für Tiefbettfelge
12/13 = Felgendurchmesser von Wulst zu Wulst, in Zoll gemessen.

Felge ist nicht gleich Felge

4,00 C x 12, 4,50 C x 12 oder 5 J x 13 ist jedoch nicht unbedingt die Gewähr dafür, daß eine so bezeichnete Felge auch wirklich an den Escort paßt. Es kommt nämlich nicht allein auf die Größenbezeichnung an, sondern auch auf die Art der Radkappenbefestigung, Lochzahl für die Radmuttern, Lochdurchmesser, Lochkreisdurchmesser, Bolzenlochausführung und Einpreßtiefe. Über all das sagt die Felgenbezeichnung nichts aus. Deshalb sollte man Felgen nur beim Ford-Händler kaufen. Das gilt auch für Sportfelgen. Da weiß man, daß man die richtigen bekommt. Außerdem hat man die Gewähr dafür, daß es Felgen mit minimalem Seiten- und Höhenschlag sind, wie es die diesbezüglichen strengen deutschen Normvorschriften diktieren.

Reifenabmessungen nach Normvorschrift

Zu den Reifengrößen finden sich in den Reifenhandbüchern der verschiedenen Firmen noch einige Reifendaten, die der Erklärung bedürfen. Sie sind beispielsweise bei der Eichung des Tachometers, bei der Berechnung des zurückgelegten Weges usw., aber durch ihren Einfluß auf die Geschwindigkeit von Bedeutung. Allerdings können die Daten bei Reifen der gleichen Größe durchaus geringfügig voneinander abweichen.
Die Maße unserer Tabelle entnahmen wir dem Dunlop-Reifenhandbuch.

Reifengröße	Gesamtdurchmesser mm	Reifen-Betriebsbreite mm	Reifenhalbmesser statisch mm	Reifenhalbmesser dynamisch mm	Abrollumfang mm
6,00–12/4 PR	574	160	265	271	1700
6,00–12/6 PR	574	165	265	271	1700
6,00 S 12/4,6 PR	572	169	265	274	1700
155 SR 12	554	162	248	269	1665
165 SR 13	596	167	269	–	1800

Bei Reifen mit M + S-Profil kann der Außendurchmesser den Normdurchmesser bis zu 6 mm, der wirksame Radius die Normzahlen bis zu 3 mm überschreiten. Der Außendurchmesser wird am liegenden und voll aufgepumpten Reifen gemessen. Der statische Halbmesser ist jedoch geringer als die Hälfte des Gesamtdurchmessers, denn er entspricht dem Abstand der Felgenmitte vom Boden bei stillstehendem Fahrzeug, wobei der Reifen vorschriftsmäßigen Luftdruck hat und der Wagen mit der höchstzulässigen Zuladung belastet

ist. Da sich bei dieser Belastung der Reifen eindrückt, muß der statische Halbmesser natürlich kleiner als der eigentliche Reifenradius sein. Und Gürtelreifen drücken sich wegen ihrer weichen Seitenflanken besonders stark ein.
Während der Fahrt ist jedoch weder der statische noch der ursprüngliche Halbmesser wirksam, denn durch Rollwiderstand, Rollwulstbildung und Verformung ändert sich auf völlig glatter Fläche der Abstand von Felgenmitte zum Boden wieder etwas. Dieser Abstand ist etwas größer als beim statischen Halbmesser, weil sich der Reifen aufbaucht, aber kleiner als beim konstruktiven Halbmesser. Er nennt sich dynamischer Halbmesser und wird, damit eine gleichartige Messung möglich ist, nach der Normvorschift für 60 km/h festgestellt, denn bei höheren oder niederen Geschwindigkeiten wölbt sich der Reifen natürlich mehr oder weniger auf.
Der dynamische Halbmesser und damit der Abrollumfang des Reifens (= dynamischer Halbmesser x 2 x Pi, Pi = Ludolfsche Zahl 3,14159) wirkt sich bei der Tacho-Eichung aus. Da der Tachometer, wie schon im Kapitel „Instrumente und Geräte" erwähnt, eine gewisse Voreilung haben darf und zumeist in der Praxis auch hat, ist es also möglich, daß bei Montage anderer Reifen die Tachovoreilung sich verändert. Da die Abmessungen unserer Tabelle natürlich nur für neue Reifen gelten, ändert sich die Tachoanzeige bei zunehmendem Abrieb der Reifenlauffläche auch etwas.
Auch auf die Motordrehzahl im Verhältnis zur Geschwindigkeit hat der Abrollumfang einen Einfluß. Die Auswirkungen sind leicht zu merken:

- Größerer Abrollumfang bedeutet, daß der Motor im Verhältnis zur Geschwindigkeit etwas langsamer dreht. Umgekehrt gesagt: Mit größerem Abrollumfang erreicht man zwar bei Höchstdrehzahl etwas höhere Spitzengeschwindigkeit, büßt aber Temperament beim Beschleunigen und am Berg ein, was sicherlich in den wenigsten Fällen wünschenswert ist.
- Kleinerer Abrollumfang bringt mehr Motordrehzahl im Verhältnis zur Geschwindigkeit. Das bedeutet bei Höchstdrehzahl des Motors etwas geringere Spitzengeschwindigkeit, aber mehr Temperament zum Beschleunigen und bei Bergfahrt.

Reifendruck prüfen

Teil der Pflegearbeit Nr. 5

Schlauchlose Reifen, wie sie am Escort montiert sind, dürfen in 6 bis 8 Wochen etwa 0,1 atü verlieren. Wer wenig fährt, sollte sich an diesen Zahlen orientieren, wer viel fährt kann sich an das von Ford einst empfohlene 5000-km-Intervall halten. Trotzdem lohnen Stichproben zwischendurch. Wer den Druck periodisch überwacht, weiß über seine Reifen bald Bescheid.
Die Reifendruckprüfung soll immer bei kalten Reifen geschehen. Da der Druck schon nach wenigen Kilometern Fahrt ansteigt, wäre es falsch, beim nächsten Halt an einer Tankstelle den Luftdruck entsprechend zu verringern. Bei Verdacht auf Druckverlust muß der Reifen unverzüglich untersucht werden, sonst kann aus einem kleinen Defekt ein großer werden.

Reifendrücke

Wagentyp	**Limousine**				**Turnier**				**GT**		**Sport/RS**	
Reifensorte	Normalreifen								Gürtelreifen			
Reifengr.	6,00-12/4 PR		6,00 S 12/6 PR		6,00 S 12/4 PR		6,00-12/6 PR		155 SR 12		165 SR 13	
Reifendruck atü	vorn	hinten	vorn	hinten	vorn	hinten	vorn	hinten	vorn	hinten	vorn	hinten
bis 3 Pers.	1,4	1,9	1,7	2,1	1,4	1,9	1,4	1,9	1,4	1,9	1,4	1,6
voll belastet	1,6	2,1	1,8	2,1	1,6	2,5	1,6	2,2	1,6	2,2	1,6	2,1

Die unterschiedlichen Luftdruckempfehlungen bedeuten nun nicht, daß man bei anderer Belastung stets zur nächsten Tankstelle fährt und den Luftdruck herauf- oder heruntersetzen läßt. Vielmehr wird der Luftdruck nach der hauptsächlichsten Belastung gewählt. Für längere Strecken mit Geschwindigkeiten über 100 km/h sind die Drücke jeweils um 0,2 atü zu erhöhen – so entstehen die sogenannten Autobahndrücke. Verschiedene Hersteller sind sogar für ein Plus von 0,3 atü. Damit sind dann die Reifen auch für ausgedehnte schnelle Autobahnfahrten an hochsommerlichen Tagen bzw. bei voller Wagenladung bestmöglich gerüstet. Korrekte Drücke ergeben die beste Reifenleistung, fahrtechnisch wie im Verschleiß.

Zu weich gepumpt

Bei zu geringem Luftdruck fährt man nicht gleich auf den Felgenkanten, aber der Wagen liegt schwammig und unsicher auf der Straße. Der Grund leuchtet ein: Die Reifenflanken sind weich, die Lauffläche walkt zu stark. Zu schwach gepumpte Reifen führen also zu erheblichen fahrtechnischen Nachteilen. Aber die Auswirkung auf den Verschleiß ist nicht weniger abschreckend. Vermehrte Walkarbeit führt zu höherer Reifenerwärmung, wodurch das Profil erheblich mehr Gummiabrieb erleidet als bei niedriger Reifentemperatur. Außerdem nutzen sich die Ränder des Laufstreifens stärker ab als die Mittelpartie der Lauffläche.

Zu hart gepumpt

Mit etwas überhöhtem Reifendruck zu fahren, bringt einige Vorteile. Der Wagen rollt leichter, walkt weniger und wird dadurch auch weniger warm. Er liegt richtungsstabiler auf der Straße, die Lenkung ist exakter und die Straßenlage besser. Daß die kleinere Aufstandsfläche mit besserer Straßenlage in Einklang stehen soll, könnte Zweifler nachdenklich stimmen. Aber es stimmt schon. Der Profilgummi der – verkleinerten – Aufstandsfläche steht unter höherem spezifischen Druck (kg pro cm^2), er wird fester, genauer gesagt form- und kraftschlüssiger vom Wagengewicht auf die Fahrbahn gepreßt.
Aber auch zu harten Druck darf man nicht ungestraft übertreiben. Hart gepumpte Reifen sind steifer und weniger federungswillig, man muß also Abstriche am Fahrkomfort hinnehmen. Außerdem wird durch zu starke Hervorwölbung der Lauffläche der Mittelstreifen stärker abgenützt als die äußeren, weniger belasteten Profilpartien.

Reifendruckprüfer

Auf die Frage nach der Genauigkeit des Luftdruckmessers haben die Tankwarte meist die beruhigende Antwort zur Hand: Eben erst geeicht. Aber erwiesenermaßen können von Tankstelle zu Tankstelle zum Teil erhebliche Meßabweichungen auftreten. Durch die Nonchalance der Tankwarte sollte man sich aber nicht einschläfern lassen, denn es kommt beim Reifendruck auf jedes Zehntel an! Alle Zweifel beseitigt ein korrekt anzeigender Druckprüfer aus dem eigenen Handschuhfach, wohin man ihn gleich nach dem Kauf legt, vor allem zum Schutz vor derben Stößen. Es kann ein Gerät in Stabform sein, in Uhrform oder in birnenförmiger Ausführung. Was besser ist, können die Hersteller oft selbst nicht sagen. So ein Druckmesser kostet zwischen 5 und 20 Mark, und es ist im Hinblick auf die Vorteile stets korrekter Reifendrücke gut angelegtes Geld.
Die Handhabung ist leider nicht ganz einfach. Beim Ansetzen des Prüfers ans Ventil zischt leicht Luft heraus, ein oder zwei Zehntel atü schneller als gedacht. Man muß das zischfreie Ansetzen üben, um nicht Druck zu verlieren, der sich mangels Luftpumpe an Ort und Stelle nicht ersetzen läßt. Denn eigentlich gehört zum eigenen Druckprüfer auch eine eigene Luftpumpe.

Reserverad nicht vergessen

Angenommen, Ihr Wagen hat eine Reifenpanne. Das Reserverad aber ist unbrauchbar, weil defekt oder ohne Luft. Oder es steht daheim in der Garage. Wußten Sie, daß die Polizei in solchen Fällen Grund zu einer Anzeige sieht, weil es sich um Verstöße gegen § 1 StVZO handelt? Ein so liegengebliebenes Fahrzeug stellt meist eine Gefährdung und vermeidbare Behinderung anderer Verkehrsteilnehmer dar. Deshalb bei mindestens jeder zweiten Reifendruckprüfung auch das Reserverad kontrollieren lassen.

Reifenzustand prüfen

Pflegearbeit Nr. 29

Im Vordergrund der Reifenprüfung steht die Beobachtung der Verschleißerscheinungen. Man muß sehr zufrieden sein, wenn alle Reifen über den gesamten Umfang und die ganze Profilbreite gleichmäßig abgenutzt sind. Das ist gar nicht so selbstverständlich. Vor allem an den Vorderrädern zeigt sich oft ein Übergewicht der Abnutzung an den äußeren Seiten der Profile. Zwar kann dies durchaus darauf zurückzuführen sein, daß sich der Fahrer als wilder Kurvenspezialist aufführt. Mehr Anlaß zur Besorgnis geben jedoch wellenförmige Vertiefungen in regelmäßigen Abständen oder die sogenannte Sägezahnabnutzung der äußeren Profilschultern. Bei derart merkwürdigen Abnutzungserscheinungen ist meist etwas faul, entweder am Rad oder am Fahrwerk.

Nur der Reifenfachmann kann die Ursachen ungleichmäßiger Reifenabnutzung treffsicher erkennen. Er weiß aus Erfahrung, aus welcher Richtung das eine oder andere Übel kommt: Zuviel oder zuwenig Luftdruck, garnicht oder mangelhaft ausgewuchtete Räder, kranke oder total verschlissene Stoßdämpfer, ausgeschlagene Gelenke der Radführungen, Fehler in der Lenkgeometrie, darin hauptsächlich Abweichungen vom exakten Maß für Vorspur und Radsturz. Alle diese Fehlerquellen hinterlassen ihre charakteristischen Verschleißspuren auf dem Reifenprofil. Nicht lange selbst herumrätseln, sondern die Vertragswerkstatt oder einen Reifenhändler aufsuchen. Unter Umständen müssen die Achsen neu vermessen und eingestellt werden, und das ist ja mit eigenen Mitteln nicht möglich.

Dagegen können Sie bei der Reifenprüfung mit einem kleinen Schraubenzieher Steinchen und andere Fremdkörper herauszwängen und nachsehen, ob sie Schaden angerichtet haben. Kleine Sandkörnchen braucht man nicht herauszupolken, die gibt das Profil bald von selbst wieder frei. Wird ein Nagel erwischt, diesen nicht blindlings herausreißen, sondern bei langsamem Herausziehen abschätzen, welche „Tiefenwirkung" er wohl erreicht haben mag. Die Reifenflanken auf Schnitte und Risse untersuchen. Denn besonders tückisch ist ein Gewebebruch der Karkasse, wie er leicht durch unbekümmer-

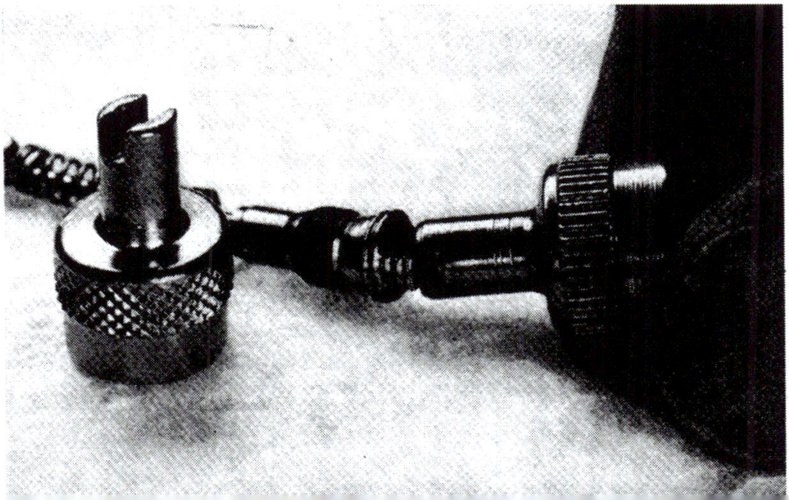

Zum Reifenventil gehört eine Ventilkappe, denn wenn sie fehlt, nistet sich Schmutz ein, der beim nächsten Aufpumpen an den Ventilsitz gelangt und ihn undicht macht. Es sollte möglichst eine Ventilkappe mit Schlitz sein wie auf dem Foto, denn dann kann man mit ihr den Ventileinsatz festdrehen, wenn er sich gelockert hat.

tes Überfahren von Bordsteinkanten, Steinen oder Schlaglöchern hervorgerufen werden kann. Ein Gewebebruch kann leicht zum Riß werden und zu einem Reifenplatzer führen. Außerdem sind solche Reifen von der Runderneuerung ausgeschlossen. Ersten Aufschluß, ob ein Reifen durch einen Fremdkörper verletzt worden ist, gibt schleichender Druckverlust, den man bei regelmäßiger Reifendruckkontrolle bemerken muß.

Reifen und Felgen pflegen

Zur Auffrischung des schönen matten Reifenglanzes Schuhcreme verwenden, wäre ein arger Mißgriff, denn Terpentinöl und Gummi vertragen sich schlecht. Man nehme Reifen-Spezialfarbe aus dem Autozubehörladen.
Auch die Felgen erwarten gelegentlich einen prüfenden Blick. Wer große Steine oder Bordsteinkanten überfährt, darf sich über Dellen im Felgenhorn nicht wundern. Solche Dellen und Beulen werden möglichst bald mit einem schweren Hammer ausgebeult, um zu verhindern, daß Wasser und Schmutz an den Reifensitz geraten und dort den Reifen beschädigen oder den Reifensitz auf der Felge beeinträchtigen. Roststellen ebenfalls möglichst bald beseitigen: Rost abschleifen, grundieren und überlackieren.
Nach Unfällen müssen Felgen genau überprüft werden. Verbogene Felgen und Felgen mit geplatzten Schweißnähten sofort auswechseln! Wenn die Felge in Höhe oder Seite mehr als 1,5 mm „eiert", muß sie ebenfalls ausgetauscht werden. Neue Felgen dürfen höchstens 1,25 mm Höhen- oder Seitenschlag aufweisen. Mit dem Reifen zusammen darf die Felge am Escort nur eine Unwucht von maximal 8,5 Gramm aufweisen. Reifen sollen liegend aufbewahrt werden. Und zwar möglichst in einem dunklen, kühlen Raum.

Der Radwechsel

Statistiker behaupten, daß den Autofahrer nur noch alle 4 Jahre eine Reifenpanne trifft. Und manchen trifft es nie. Viele Autofahrer meinen, sie müßten nichts über die Handhabung des Wagenhebers wissen. Doch wenn Sie eine Panne trifft, müssen Sie das Rad auf der Stelle wechseln, auch wenn es in Strömen regnet. Hundert Meter Weiterfahrt und der platte Reifen wäre im Gewebe so verwalkt, daß er sich nicht mehr reparieren ließe. So geht der Radwechsel am besten:

- Wagen möglichst auf ebenen und festen Boden steuern.
- Nach Situation Pannendreieck und Lichtsignale aufstellen.
- Radkappe mit dem spitzen Ende der Wagenheberkurbel abdrücken.
- Handbremse fest anziehen, darauf achten, daß ein Radbolzen obensteht. Das erleichtert die Neumontage.
- Radmuttern etwas lockern (falls das plattgefahrene Rad durchrutscht, mit dem Wagenheber die gegenüberliegende Wagenseite etwas anheben und am auszuwechselnden Rad beim Lösen der Schrauben die Kurbel nach unten drücken.
- Wagenheber aus dem Gepäckraum holen und an der betreffenden Wagenheberaufnahme ansetzen. Der Dorn des Wagenhebers wird in das Führungsrohr der betreffenden Wagenseite eingesteckt, mit der Kurbel drehen, bis der Heberfuß den Boden berührt. Durch Stein oder Brett für feste Heberunterlage sorgen, damit der Heber nicht wegrutschen oder im weichen Boden versinken kann. Möglichst auch das diagonal entgegengesetzte Rad durch Steine gegen Abrollen sichern!
- Ersatzrad aus der Halterung im Gepäckraum nehmen.
- Fahrzeug hochkurbeln, bis das Rad frei schwebt.
- Radmuttern ganz herausdrehen.
- Rad abnehmen und auswechseln.

- Radmuttern eindrehen und mäßig festziehen.
- Wagen auf den Boden ablassen.
- Radmuttern reihum fest anziehen und Radkappe mit dem Handballen aufschlagen.
- Nichts liegen lassen, was ins Auto gehört, auch die Warnzeichen einsammeln.

Die Reifenreparatur

Der defekte Reifen sollte umgehend repariert werden. Sonst hat man, wenn es der Teufel will, einen zweiten Platten und kein Ersatzrad. Die Reparatur eines schlauchlosen Diagonal- oder Textilgürtelreifens, an dem sich der Anlaß der Plattheit erkennen läßt – ein eingedrungener Nagel etwa –, ist eine Arbeit von nur wenigen Minuten: Das Einstichloch wird aufgebohrt, gereinigt, mit Vulkanisierlösung eingerieben und ein Gummi-Pilz eingeführt, der sich im Reifen spreizt und das Loch dicht verschließt. Man kann eine solche Reparatur auch selbst machen. Den entsprechenden Reparatursatz gibt es beispielsweise von Tip-Top. Die eigenhändige Reparatur hat allerdings nur dann Sinn, wenn man eine Luftpumpe zur Hand hat.
Bei einem schlauchlosen Stahlgürtelreifen kann man leider keinen Reparaturstopfen einsetzen, denn die Cordfäden des Stahlgürtels würden den Stopfen anschließend beim Fahren zerscheuern. Ist im Stahlgürtelreifen das Loch in der Lauffläche (Reparaturen der Seitenwand sind nicht zu empfehlen) nicht größer als 5 bis 6 mm, kann man sich mit einem einfachen Flickzeug zur Reparatur von Autoschläuchen behelfen (vor allem bei Auslandsreisen). Den beschädigten Reifen von der Felge abnehmen, eingedrungenen Fremdkörper entfernen und innen in den Reifen an der Schadensstelle einen Schlauchflicken einsetzen. Diese Reparatur hält tausende von Kilometern. Zu Hause muß man dann den Reifen vom Fachmann vulkanisieren lassen; entsprechende Reparatursätze zum Selbermachen gibt es leider nicht.

Fingerzeig: ***Bei Reifenreparatur oder Reifenmontage beachten: An den Escort-Felgen können die Reifen nur über das innere Felgenhorn ab- und aufmontiert werden.***

Schlauch im schlauchlosen Reifen?

Bei ihrer Einführung mißtrauten viele Fahrer den schlauchlosen Reifen. Heute kennt man sie als sichere Sache. Deshalb besteht eigentlich kein Anlaß dazu, einen Schlauch in schlauchlose Reifen einzulegen. Außerdem birgt das Gefahr in sich. Der Schlauchlose ist nämlich so dicht, daß sich beim Aufpumpen zwischen Schlauch und Decke Luftblasen und so gefährliche Scheuerstellen bilden können. Soll ein schlauchloser Reifen mit Schlauch gefahren werden, weil die noch gute, aber reparierte Decke es geraten erscheinen läßt, oder weil ein rostnarbiges Felgenhorn nicht mehr dicht abschließt, dann ist so zu verfahren: Das „schlauchlose Ventil" aus der Felge entfernen, denn der Schlauch hat ja selbst ein Ventil. Schlauch mit Talkum einreiben. Beim Aufpumpen das Ventil des Schlauchs öfter in die Felge drücken, damit Luft zwischen Decke und Schlauch durchs Ventilloch entweichen kann.

Auswuchten

Ein Autorad ist kein Lämmerschwanz. Es darf nicht hin- und herwackeln, was seine Ursache in ungleicher Gewichtsverteilung am Rad hat. Man nennt dies Unwucht. Sie darf beim Escort 8,5 Gramm nicht übersteigen. Es gibt zwei Arten von Unwucht, die statische und die dynamische. Die statische Unwucht erkennt man, wenn ein schön freilaufendes Rad immer mit der gleichen Stelle zu Boden sinkt und sich allmählich auspendelt. Die statische Unwucht liegt

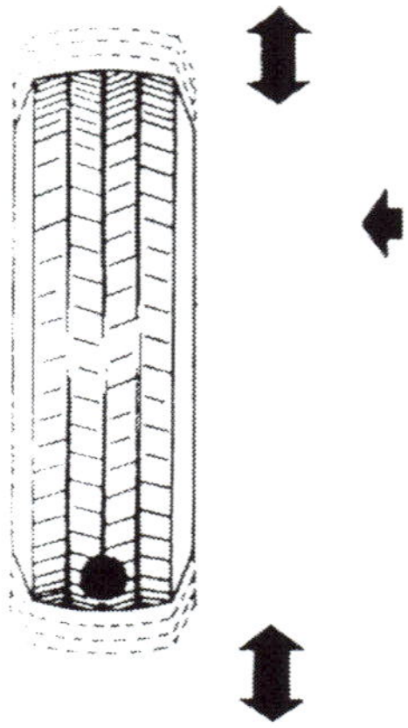

Unsere Skizze erläutert die Auswirkungen der Unwucht am laufenden Rad.

Die **statische** Unwucht liegt senkrecht zur Radachse und ist durch ein entsprechendes Gegengewicht auf der gegenüberliegenden Seite des Rades zu beheben.

Die **dynamische** Unwucht ist durch Auspendeln des Rades nicht feststellbar, aber das schnellaufende Rad flattert und wackelt. Das läßt sich nur auf einer Auswuchtmaschine beheben. Die dynamische Unwucht steht irgendwie schräg zur Radachse, wie die schwarzen Punkte der Skizze andeuten.

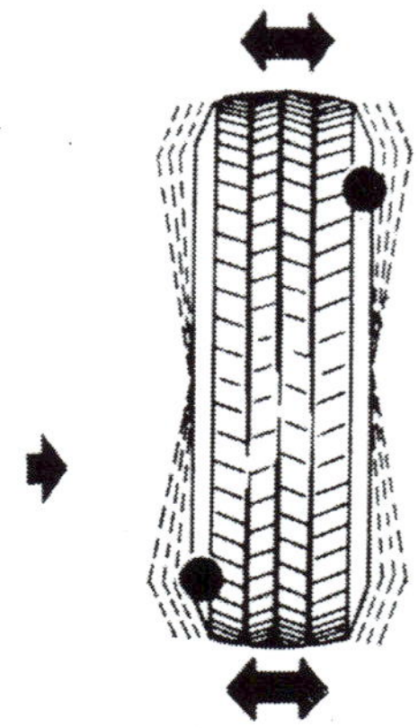

senkrecht zur Radachse und wäre einfach durch ein entsprechendes Gegengewicht zu beheben. Schwieriger ist jedoch die dynamische Unwucht, siehe Bild oben. Diese Unwuchten müssen, zumindest an den Vorderrädern, beseitigt werden, sonst ist die Lenkung unruhig. Reifen und Radlager werden früh abgenutzt.
Die Kräfte, die dabei auftreten, sind recht beachtlich. Eine ungleiche Gewichtsverteilung von 100 Gramm bringt bei Spitzengeschwindigkeiten leicht eine einseitige Zugkraft von 10 kg zustande. Die Kosten für das Auswuchten der Räder lohnen sich also. Die Notwendigkeit des Nachwuchtens erkennt man mit feinem Fingerspitzengefühl am Vibrieren des Lenkrads zuerst. Auf den Auswuchtmaschinen erkennt man meist die Stelle schnell, wo ein Gegengewicht angebracht werden muß. Wenn Sie können, dann bleiben Sie bei dieser Arbeit dabei, denn unter Umständen können Sie durch Zuschauen die Qualität der Auswuchtarbeit unterstützen. In manchen Werkstätten stellt man nämlich die jüngsten Lehrlinge an diese Maschinen, denen es auf 20 g mehr oder weniger nicht ankommt. Es kommt aber für Fahrkomfort, Fahrsicherheit und Verschleiß sehr auf jedes Gramm an. Besonders wichtig ist das Auswuchten runderneuerter Reifen.

Räder nicht austauschen

Von regelmäßigem Reihum-Austauschen der Räder, das manche Werkstätten empfehlen, halten wir nichts. Durch das Auswechseln der Räder werden nämlich Fehler der Lenkung, Stoßdämpfer, Gelenke usw. verschleiert. Bestimmte Fehlerquellen haben dann nicht genügend Zeit, ihre Kennmarken auf dem Reifenprofil zu hinterlassen.
Darüber hinaus kann man aber auch aus Kostengründen auf den Räderumtausch verzichten. Bekanntlich nützen sich die Reifen an den Vorderrädern schneller ab als die auf den Hinterrädern. Das heißt, daß man die Vorderreifen früher ersetzen muß. Wer knapp bei Kasse ist, möchte vielleicht nur zwei neue Reifen kaufen statt vier auf einmal. Eine Kostenersparnis ergibt sich aus diesem Verfahren nicht, aber man muß nicht soviel Geld auf einmal auf den Tisch des Reifenhändlers legen. Der einzige Grund, der nach unserer Ansicht für den regelmäßigen Räderaustausch und damit gleichmäßige Abnutzung an allen vier Rädern spricht, ist der, daß man nach Abnutzung auf eine andere Reifensorte umrüsten will.

Profilaufnahme

Von Monat zu Monat können Sie zusehen, wie das Profil auf Ihren Reifen schwindet. Doch gleichmäßiger Abrieb findet nur selten statt. Schon Reifen, die nur stellenweise „Glatze" zeigen, sind polizeiwidrig. Die amtlich vorgeschriebene Profiltiefe beträgt 1 mm, weniger darf es an keiner Stelle der Lauffläche sein. Denn bei Regen kann ein derart verschlissener Reifen nicht mehr genug Wasser verdrängen. Daraus erwächst aber die Gefahr des Wassergleitens der Reifen, das Aquaplaning = Aufschwimmen der Räder auf einem Wasserkeil. Eigentlich sollte man es deshalb nicht weiter als bis zu 2 mm Mindestprofiltiefe kommen lassen, gerade bei dem gegenwärtigen Trend zu immer breiteren Reifen und glatteren Fahrbahnen. Das meinen auch die Reifenhersteller, die 1 mm ebenfalls für zu gering halten.
Abgenutzte Reifen also rechtzeitig durch neue oder runderneuerte ersetzen. Das Angebot für alle möglichen Betriebs- und Witterungsverhältnisse ist groß. Da die Abnutzung aber nicht von heute auf morgen vor sich geht, haben Sie genügend Zeit, die richtige Auswahl zu treffen und das notwendige Geld zurückzulegen.
Es gibt eine Reihe verschiedener Reifentypen, die für diese oder jene Beanspruchung oder Witterung besonders geeignet sind. Es sind die:

- Diagonalreifen
- Radialreifen
- M + S-Reifen
- Runderneuerte Reifen

Wie lange müssen Reifen halten?

Bei dieser Gelegenheit wollen Sie sicher gern wissen, ob die Reifen der Erstausstattung eigentlich lange genug gehalten haben. Diese Frage ist jedoch nicht so ohne weiteres mit einer Kilometerstrecke zu beantworten, denn zu viele Einzelheiten wirken dabei mit. Bei Reifen gleichen Typs spielen dabei die Unterschiede von Marke zu Marke übrigens keine so große Rolle wie die Einwirkungen des Fahrwerks und vor allem die Sorgfalt des Fahrers.
Wer mit allem Dampf um die Kurven fegt, Gas- und Bremspedal stets bis zum Bodenbrett durchtritt, braucht sich nicht zu wundern, wenn abgeriebene Gummikrümel seine Fahrspur markieren. Noch stärker wirkt sich erhöhter Reifenverschleiß durch zu niedrigen Luftdruck aus.
Auch die Außentemperatur nacht sich beim Reifenabrieb bemerkbar: Im Hochsommer können sich durch scharfe Fahrt heißgefahrene Reifen dreimal so schnell verschleißen als in gemächlicher Fahrt bei Frostwetter.
Schließlich müssen Lenkung, Stoßdämpfer, Sturz, Spur und Nachlauf der Räder in Ordnung sein.
Fehler in dieser Beziehung sind am außergewöhnlichen und einseitigen Reifenverschleiß vom Fachmann zu erkennen. Unterschiedliche Kilometerleistungen erbringen natürlich auch die verschiedenen Reifentypen. Am schnellsten verschlissen sind die winterlichen M + S-Reifen, deren dicke

und grobe Stollen verhältnismäßig bald abgerutscht sind, trotz der abriebgünstigen Jahreszeit, in der sie gefahren werden. Die unterschiedlichsten Kilometerleistungen zeigen die serienmäßig montierten Diagonal-Reifen. Da gibt es, wir hören, Ford-Besitzer, die bereits nach 7000 km zu neuen Reifen greifen müssen, während andere es mit den gleichen Reifen auf 35000 km oder noch mehr bringen. Das ist also eine sehr weite Spanne, die mehr im Fahrer als in der Reifenmarke ihre Ursache hat.

An dieser Stelle muß aber auch darauf hingewiesen werden, daß sich die Qualität eines Reifens nicht nur durch seine Kilometerleistung bemerkbar macht, denn ein abriebfester Reifengummi ist oftmals „hart" und dadurch in seiner Straßenhaftfähigkeit geringer. Diese ist jedoch beim Kurvenfahren und beim Bremsen, vor allem auf nasser Fahrbahn, von ganz besonderer Bedeutung. Da ist ein „weicher" Gummi besser, der aber andererseits nicht so abriebfest ist. Aus diesen Gegensätzen suchen die Reifenproduzenten den besten Kompromiß herauszuknobeln.

Die längste Haltbarkeit zeigen die Radial-Reifen. Man erreicht damit teilweise die doppelte Kilometerstrecke der Diagonal-Reifen. So bringt es mancher routinierte Taxifahrer mit dem besonders langlebigen Michelin zX auf 65000 und mehr Kilometer mit einem Reifensatz. Das liegt in diesem Falle aber nicht an der Gummimischung, sondern vor allem an dem grundsätzlich anderen Aufbau der Radial-Reifen.

Beste Montagezeit im Herbst

Vielleicht überrascht es Sie, daß neue Reifen (auch frische runderneuerte) eingefahren werden müssen. Sie werden nämlich erst nach rund 500 bis 1000 km wirklich rutschfest, wenn die vorher vom Vulkanisieren sehr glatte Reifenoberfläche angerauht ist.

Die beste Montagezeit ist für alle Reifen der Herbst. Im heißen Hochsommer werden die noch dicken Profilstollen vor allem bei scharfer Fahrt sehr heiß, was sich in erhöhtem Abrieb bemerkbar macht. Im Herbst laufen sich dagegen die Reifen unter günstigen Temperaturbedingungen ein und der erste Abrieb wird durch die Kälte vermindert. Solche Reifen haben bis zu 30% längere Lebensdauer.

Diagonal-Reifen

Ursprünglich montierten die deutschen Autohersteller serienmäßig die billigeren Diagonalreifen. Inzwischen ging der Trend eindeutig zu den fahrsichereren Gürtelreifen und die Nachfrage nach Diagonalreifen sinkt ständig. Das hatte zur Folge, daß die Reifenhersteller die Preise für die althergebrachten Diagonalreifen anhoben, so daß sie teilweise teurer als Gürtelreifen sind.

Fingerzeig: *Der Gürtelreifen 155 SR 12 kann auf Wunsch bei allen Modellen montiert werden, allerdings dann nur in Verbindung mit der breiteren Felge 4,50 C x 12. Die 13 Zoll-Felge ist dem Escort Sport vorbehalten.*

Mitbestimmung des TÜV

Der TÜV hält sich bei der regelmäßigen Fahrzeugüberprüfung an die Reifenvereinbarung mit den Werken. Das heißt, er beanstandet Reifen und Felgen, die nicht der serienmäßigen Bestückung entsprechen, bzw. für die kein zusätzlicher Vermerk im Kraftfahrzugschein Ihres Escort vorhanden ist. Also nur montieren, was im Kfz-Schein steht.

Radial-Reifen

Die Unterschiede von Radial- oder Gürtelreifen zu den Diagonalreifen sind bereits im Kapitel „Räder und Reifen" behandelt.

Die Reifenflanken sind dünn und empfindlich. Nicht an Bordsteinen entlang-

scheuern lassen. Keine scharfen Kanten überrollen, weder im rechten noch im spitzen Winkel. Das kann schnell zu einem Gewebebruch führen. Aus dem gleichen Grund auch Schlaglöcher meiden.
Die vorgeschriebenen Luftdrücke gewissenhaft einhalten. Besser mit etwas zu hohem als mit zu niedrigem Druck fahren.
Das Auto soll mit vier Reifen des gleichen Typs der gleichen Marke ausgerüstet sein. Das gilt für Gürtelreifen ganz besonders. Achsweise Verwendung von Gürtelreifen ist möglich, aber nicht zu empfehlen. Keinesfalls über Kreuz montieren, wenn man 2 Gürtelreifen einer und 2 Gürtelreifen einer anderen Marke hat, sondern das eine Paar der einen, das andere Paar der anderen Achse zuordnen. Wenn zwei Stahlgeflechtreifen im Spiel sind, dann kommen diese auf die Hinterachse.
Räder und Gürtelreifen müssen besonders sorgfältig ausgewuchtet sein. Das können nur Reifenbetriebe mit einer Maschine zur statischen und dynamischen Auswuchtung. Nicht aber Tankstellen, die nur über ein einfaches Gerät verfügen, auf dem sich lediglich statisch auswiegen läßt – eine halbe Sache.
Neue Gürtelreifen nicht sofort voll beanspruchen. Die ersten hundert Kilometer verhalten fahren – einfahren. Neuer Gummi ist steif. Erst wenn das Profil gründlich durchgewalkt ist, was möglichst sachte vor sich gehen sollte, stellt sich mit voller Elastizität auch die volle Haftkraft ein.

Reifenpreise

Für Autoreifen gelten, wie heute überall üblich »empfohlene Richtpreise«, an die sich aber niemand halten muß. So gibt vielleicht ein Händler 10% Rabatt auf den empfohlenen Richtpreis und außerdem sind Montage, Auswuchten und die dazu notwendigen Bleigewichte im Preis inbegriffen. Ein anderer Händler bietet dagegen 30% Rabatt an, dafür muß man aber Montage und Auswuchten extra bezahlen. Lassen Sie sich von hohen Rabattprozenten nicht täuschen, das billigste Angebot kann hinterher teurer als gedacht ausfallen. Es lohnt sich also in jedem Fall, erst einige Angebote einzuholen, ehe man Reifen kauft.
Auf dem Markt gibt es neben den bekannten Markenreifen welche von großen Kaufhauskonzernen und sogenannte Importreifen. Letztere sind meist die billigsten. Bevor Sie aber bei völlig unbekannten Reifen zugreifen, sollten Sie erst das Urteil eines Fahrers (nicht des Verkäufers) hören, der schon längere Zeit diese Reifen aufgezogen hat oder, noch besser, Sie besorgen sich einen Reifentestbericht einer unabhängigen Fachzeitschrift.

Fingerzeig: *Kaufen Sie keine Reifen, die z. B. an Tankstellen im Reifenständer dem Sonnenschein ausgesetzt sind. Das läßt sie vorzeitig altern.*

M + S-Reifen

Die für heutige Straßenverhältnisse nur noch bedingt brauchbaren M + S-Reifen treiben durch querliegende Stollen und Rippen den Wagen durch Matsch und Schnee vorwärts und verkürzen den Bremsweg bei diesen allerdings seltenen Straßenverhältnissen. Wie wir bereits angemerkt haben, braucht man eigentlich gar keine Winterreifen, wenn man sich die richtigen Ganzjahres-Gürtelreifen ausgesucht hat oder wenn man nicht gerade im Gebirge wohnt. Wer trotzdem nicht ohne M + S-Reifen auszukommen glaubt, sollte sich M + S-Gürtelreifen zulegen, sie gibt es in den passenden Größen. Sie sind wegen ihrer nichtwalkenden Lauffläche wirkungsvoller als die M + S-Reifen in Diagonalbauweise.
In der Praxis hat sich gezeigt, daß es meist günstiger ist, wenn man zwei Gleitschutzketten im Kofferraum dabei hat, die man im Notfall auf die angetriebenen Hinterräder montiert.

Geschwindigkeitsbegrenzung für Winterreifen

M + S-Reifen auf Diagonalkarkasse dürfen wegen ihrer schlechteren Fahreigenschaften auf nasser und trockener Straße nicht so schnell wie Normal-Reifen gefahren werden. Für M + S-Reifen auf Diagonalkarkasse gelten 135 km/h Höchstgeschwindigkeit. Es hat sich bewährt, M + S-Reifen mit einem um 0,2 bis 0,3 atü erhöhten Luftdruck zu fahren. Für M + S-Reifen auf Radialkarkasse liegt die Geschwindigkeitsbegrenzung bei 160 km/h. An allen Wagen, die mit Reifen gefahren werden, deren bauartbedingte Höchstgeschwindigkeit niedriger als die des Autos ist, muß am Heck eine Plakette angebracht werden. Das gilt natürlich auch für Haftreifen. Tempoplaketten mit der jeweils zulässigen Geschwindigkeit gibt es beim Reifenhandel.

Haftreifen

Bisher konnte man dem, der auch im Winter Tag für Tag auf sein Auto angewiesen ist, bezüglich der richtigen Winterbereifung den guten Rat zu M+S-Eisreifen geben. Da aber seit April 1975 an diese Spikesreifen wegen „straßenschädigenden Verhalten“ verboten sind, war die Reifenindustrie gezwungen, neue Wege zu gehen.
So wurden als Spikes-Nachfolger die Haftreifen kreiert. Im Zusammenhang mit diesen Reifen-Neuentwicklungen taucht häufig der Begriff „kältefreundliche Gummimischung“ oder „Haftmischung“ auf. Man versteht darunter Gummimischungen, die auch bei Kälte weich und damit haftfähig bleiben. Erzielt wurde dieser Effekt dadurch, daß man den Ruß, der normalerweise im Reifengummi als Füllstoff enthalten ist, ganz oder teilweise durch andere Stoffe ersetzt, z. B. durch Kieselsäure. Doch auch durch andere Profilgestaltung unterscheiden sie sich von ihren Vorgängern.
Die praktische Erprobung erwies, daß einige Haftreifenfabrikate bei wenigen bestimmten Straßenverhältnissen den Sommergürtelreifen leicht überlegen sind. Doch bei glattem Eis und bei Temperaturen um den Nullpunkt, wo sich auf dem Glatteis beim Darüberrollen ein Wasserfilm bildet, erreichen Haftreifen die Leistungen von Spikesreifen nicht, vielmehr bieten sie genausowenig Sicherheit wie ein Sommerreifen. Es bleibt also eine Sicherheitslücke, die der Fahrer einkalkulieren muß, wenn er nicht halt- und führungslos dahinschlittern will. Bei solchen Straßenverhältnissen, die in unseren Breiten oft nur ein bis zwei Tage anhalten, ist es besser, man läßt seinen Wagen zu Hause.
Selbstverständlich müssen Sie – wie vorher bei Spikesreifen – auch von den Haftreifen unbedingt vier Stück kaufen. Denn Sie wollen ja auf glatter Straße nicht nur vorwärtskommen, sondern vor allem auch lenken und bremsen. Und dazu brauchen Sie auf allen vier Rädern die gleiche Reifensorte. Wer jedoch noch abwarten will, wohin in der Winterreifenentwicklung der Hase läuft, dem ist zu raten, seinen Wagen einstweilen mit wintertauglichen Sommergürtelreifen auszurüsten und im Gepäckraum des Wagens für alle Fälle einige Sandsäcke und einen Satz Gleitschutzketten mitzuführen. Auskunft über Gleitschutzketten finden Sie im Kapitel „Winterschutz“.

Besondere Felgen für den Winter

Die Anschaffung besonderer Felgen für Winterreifen rentiert sich schnell. Das erspart nicht nur das kostenpflichtige Ummontieren der Reifen auf den Felgen vor und nach dem Winter, sondern Sie können ohne Schwierigkeit auf die jeweiligen Witterungsumstände im Winter reagieren. Wenn weit und breit kein Schnee liegt, brauchen Sie auch keine M + S-Reifen am Wagen, um nur ein Beispiel zu nennen. Auf diese Weise vermeiden Sie den sinnlosen Abrieb der teuren Spezialreifen.

Die Runderneuerung

Ganz zu Unrecht stehen runderneuerte Reifen bei vielen Autofahrern in schlechtem Ansehen. Es gibt namhafte Betriebe, die sich fabrikmäßig mit der Runderneuerung abgefahrener Reifen befassen und auf diese Arbeit vertrauenswürdige Garantie geben.
Die Fachleute guter Runderneuerungsbetriebe nehmen einen Reifen zur Runderneuerung erst nach gründlicher Inspektion an. Wenn Gewebebrüche, bis auf das Gewebe abgefahrene Profile, Durchschläge und mürbe Seitenwände festgestellt werden, lehnen sie die Runderneuerung der Karkasse, so nennt sich der Unterbau des Reifens, ab.
Auch wenn mit einem runderneuerten Reifen nicht mehr ganz die Kilometerleistung wie zuvor erreicht wird, so rentiert sich das Runderneuern durch den verhältnismäßig niedrigen Preis doch noch.

Die Wagenwäsche

Das Bad ist frei

Zweifellos wäre es bequem, den Wagen überhaupt nicht zu waschen. Aber das geht nicht. Denn die Wagenwäsche als mildeste Stufe der Lackpflege muß sein. Hochglänzender Wagenlack ist nämlich kein entbehrlicher Luxus, sondern Voraussetzung für die Werterhaltung. Außerdem verkauft sich guter Zustand später leichter und günstiger an die zweite Hand. Auch wer denkt, den Wagen fürs erste mit der Schutzwachsschicht zu fahren, mit der er ausgeliefert wird, tut dem Lack nichts Gutes. Das Schutzwachs schließt nämlich den Lack hermetisch von der Luft ab. Der Lack benötigt aber den Sauerstoff der Luft um aushärten zu können. Dazu braucht er rund 10 bis 12 Wochen. In dieser Zeit sollte der Lack überhaupt nicht shampooniert oder konserviert, sondern nur mit viel klarem Wasser gewaschen werden.
Es gibt drei Verfahren der Wagenwäsche, zwischen denen man nach Möglich- und Bequemlichkeit wählen kann:

- Eimerwäsche
- Schlauchwäsche mit fließendem Wasser und Bürste
- Schnellwäsche.

Lackzerfall geht zum größten Teil aufs Konto mangelnder oder falscher Pflege. Triftige Gründe zur Sorgfalt, wenn man kein Geld zu verschenken hat. Wie man mit geringem Aufwand den größten Effekt erzielt, erfahren Sie in diesem Kapitel.

Schlauchwäsche

Die Schlauchwäsche ist der Eimerwäsche vorzuziehen, weil Schmutz an den Borsten der Schlauchbürste weniger haftet als in den Poren eines Schwammes und weil das reichlich nachfließende Wasser den Schmutz aufweicht und abschwemmt. Darauf kommt es nämlich an. Der Schmutz darf auf keinen Fall trocken oder halbfeucht abgerieben werden, denn er würde den Lack in eine Kratzerlandschaft verwandeln. Kratzer machen den Lack rasch glanzlos, seine Widerstandsfähigkeit gegenüber Witterungseinflüssen wird herabgesetzt.
Das Wasser soll mäßig und ohne Druck aus dem Schlauch fließen; damit wird der Schmutz zunächst eingeweicht. Mit dem Druck spritzen, wie er bei der Freiwilligen Feuerwehr üblich ist, wäre falsch, wenn man nicht gerade die Radkästen oder das Fahrgestell reinigt. Auf dem Lack schadet hoher Wasserdruck, denn er schleudert die Sand- und Staubteilchen über den Lack, der dadurch auch zerkratzt und glanzlos wird.
Der zweite Arbeitsgang ist die eigentliche Wäsche. Sie geschieht am einfachsten mit der weichen Schlauchbürste (Preis ca. 15 DM), die auf das Schlauchende aufgesteckt und ständig von frischem Wasser durchflossen wird. Praktisch ist auch ein weicher Waschhandschuh. Im Zubehörhandel kostet ein Perlon-Waschhandschuh etwa 8 DM, aber man kann ihn aus einem Rest flauschigem Stoff auch selbst zusammennähen. Den Waschhand-

schuh stülpt man über die eine Hand und folgt mit ihr der anderen, die den Schlauch hält. Aber man muß den Handschuh während der Wäsche von Zeit zu Zeit gründlich auswaschen, um allen Schmutz zu entfernen. Von Schlauchschwämmen sind wir noch weniger begeistert, denn man kann sie praktisch niemals ganz sauber auswaschen. Mikroskopische Untersuchungen haben gezeigt, daß selbst bei bestgeeigneten Schwämmen nach vermeintlich gründlichster Reinigung die Poren noch voller Schmutz sitzen. Und zwar sind darunter Sandkörner mit annähernd 1 mm Durchmesser – wahre Felsbrocken im Vergleich zur Lackdicke. Besonders kleinporige Schwämme verschmutzen schnell und schmirgeln dann den Lack.
Welches Hilfsmittel auch angewendet wird, keinesfalls kräftig andrücken. Die Bürste, der Handschuh oder der Schwamm sollen den Schmutz nur auflockern. Abgewaschen wird er mit fließendem Wasser. Ständig Wasser über den Teil der Karosserie spülen, der gerade bearbeitet wird. Und jeden Quadratzentimeter abwaschen, sonst bleiben Spuren, die nach dem Trocknen sichtbar werden.

Wasser abledern

Den Abschluß der Wagenwäsche bildet das Trockenledern. Es ist unerläßlich, denn bei Luft- und Sonnentrocknung würde das Wasser je nach dem Zustand der Lackkonservierung graue Tropfen- oder Schlierenflecken hinterlassen. Das trockene Leder wird zuerst angefeuchtet und dann wieder ausgewrungen. Sonst nimmt es kein Wasser auf. Das Waschleder Zug um Zug in breiter Bahn über den Lack ziehen. So nimmt man das meiste Wasser weg. Beim anschließenden Trockenpolieren kann man kräftiger drücken, denn Schmutzteilchen sind (hoffentlich) nicht mehr vorhanden. Und zudem wird das Leder ja – ebenfalls hoffentlich – mehrmals ausgewaschen.
Am Waschleder sollte man nicht sparen. Ein großflächiges Ziegen- oder Rehleder (ca. 15 Mark) erleichtert das Trockenledern der großflächigen Blechteile und hält am längsten. Dadurch lohnt sich die Anschaffung wieder. Ein billiger Fetzen aus Restbeständen taugt jedoch fürs Abreiben der Felgen oder Karosserie-Ecken, an denen das teure Leder zerrissen werden könnte. Auch von Kunst- oder Ersatzledern ist abzuraten. Mit Ausnahme des Vileda-Autotuchs, mit dem wir gute Erfahrungen gemacht haben. Dabei kostet es nur ein Drittel eines guten Leders.

Eimerwäsche

Beobachtungen und Umfragen haben erwiesen, daß die meisten Handwäscher viel zuwenig Wasser nehmen – aus welchen Gründen auch immer. Deshalb sei hier die Mahnung wiederholt: Nie am Wasser sparen! Als Hilfsmittel sollten Sie einen Waschhandschuh aus Kunstfaser oder ein Waschtuch z. B. von Vileda, nehmen, denn sie sind leichter zu reinigen als ein Schwamm. Für das Abschwemmen des Schmutzes gilt ebenfalls, was wir schon bei der Schlauchwäsche betont haben. Man kann zum Aufweichen des Schmutzes einfach einen Eimer Wasser über das Auto gießen. Aber besser: Waschtuch oder Waschhandschuh voll mit Wasser tränken und über Dach und Karosserieteilen ausdrücken, evtl. Wasser mit leichter Hand verteilen. So kann man den Wasserfluß etwas steuern.
Wer mangels besserer Gelegenheit gezwungen ist, aus dem Eimer zu waschen, muß aber mindestens zwei Eimer bereithalten. Denn das Wasser im Eimer wird schnell zur Schmutzbrühe, und mit dem darin enthaltenen schwebenden Sand schmirgelt man dann über den Lack. Das bekommt ihm schlecht, wir haben es schon beschrieben. Deshalb auch: Auf keinen Fall mit dem nassen Schwamm auf dem trockenen Schmutz herumwischen!

In dem einen Eimer wird immer der schmutzige Schwamm oder Waschhandschuh ausgewaschen, im anderen der saubere Schwamm mit Wasser getränkt. Unter ständigem Auswaschen wird so die Karosserie von oben nach unten abgewaschen. Möglichst oft frisches Wasser holen. Mit den Resten des schmutzigen Wassers kann man den Schmutz an den Rädern und in den Radkästen aufweichen. Zum Abwaschen der Reifen, Felgen und der Innenseite der Radkästen genügt eine Waschbürste.

Zum Schluß Abledern wie unter Schlauchwäsche beschrieben. Ist eine Shampoowäsche nötig geworden, kann man das Schaumreinigungsmittel dem Wasser für die Reinigungswäsche zusetzen, nachdem der größte Schmutz abgewaschen ist. Um so gründlicher muß aber zum Schluß klargespült werden.

Nicht in der Sonne waschen

Praller Sonnenschein und eine stark erwärmte Motorhaube erschweren die Wagenwäsche. Das Wasser verdunstet schnell und hinterläßt häßliche Wasserränder. Deshalb möglichst im Schatten oder bei wechselnder Bewölkung waschen. Die Motorhaube durch Übergießen mit kaltem Wasser abkühlen. In schattenloser Gegend zuerst das Dach stark anfeuchten und schnell in kleineren Abschnitten reinigen, dann die im Schatten liegende Seite des Wagens. Wenn möglich, dann das Auto wenden.

Fingerzeige: *Nehmen Sie zur Wäsche und Wagenpflege Armbanduhr oder Ringe ab. Manche Kratzer rühren von einer unkontrollierten Bewegung des Fingers oder des Unterarms her.*

Ein stark verschmutztes echtes Fensterleder darf zur Reinigung keinesfalls gekocht werden, sonst wird es hart. Handwarmes Wasser, dazu etwas Kernseife oder ein fasernschonendes Feinwaschmittel, schärfer darf die Reinigung nicht sein. Vor allem Benzin ist das allerungeeignetste Reinigungsmittel für Leder. Es wäre schade um das teure Stück.

Schnellwäsche

Gegen die Schnellwäsche ist an sich nichts einzuwenden. Sie ist billig, spart Zeit und reinigt auch gründlich; besonders der Escort bereitet in dieser Beziehung kaum Schwierigkeiten, denn seine rundliche Form kann man als geradezu bürstengünstig bezeichnen. Wenn man jedoch ausschließlich schnellwaschen läßt, kann es vorkommen, daß dem Escort-Besitzer erste Anfänge von Lackschäden durch Steinschlag oder Korrosion entgehen. Deshalb zwischendurch gezielt danach suchen! Kleine Schäden sind leichter auszubessern als solche, die man längere Zeit unbeachtet gelassen hat.

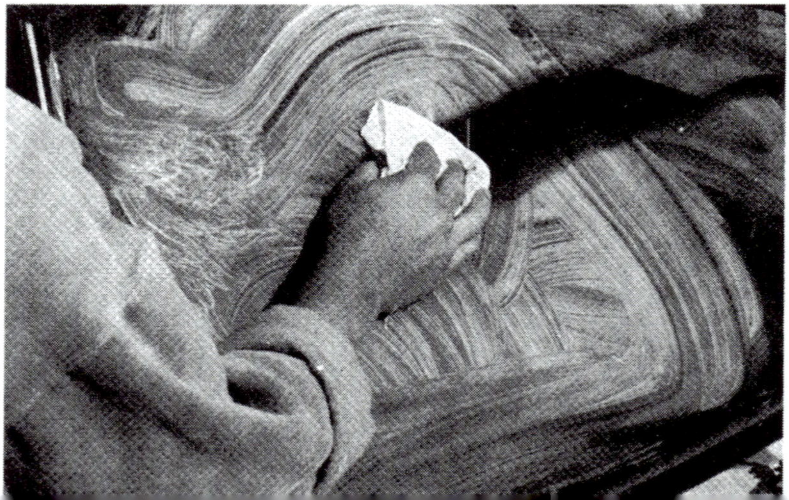

Das Messingputzmittel Sidol – hier im Bild angewendet – hat sich als eines der besten Mittel zum Säubern der Scheiben von Silikon, Konservierungsmittel und hartnäckigen Abgasrückständen erwiesen. Sidol auftragen, antrocknen lassen und den weißen Belag abreiben. Bei stark haftendem Schmutz die Prozedur wiederholen.

Einige Punkte, die der Schnellwasch-Anhänger beachten sollte:

- Warten Sie beim nachlackierten Wagen mit der ersten Schnellwäsche, bis der Lack ausgehärtet ist. Er braucht dazu etwa 10 bis 12 Wochen.
- Konservieren Sie Ihren Wagen nach vier bis fünf Schnellwäschen wieder neu mit Hartwachs. Bei der Schnellwäsche wird der Lack nicht so sehr durch Schmutz wie bei der Handwäsche, sondern mehr durch die schleudernden Borsten strapaziert. Das Hartwachs wirkt da als Puffer. Der Waschkonservierer, den die Waschanlage versprüht, genügt dafür nicht!
- Ein Schnellwasch-Fan sollte immer Scheibenreiniger im Auto haben, denn die Waschanlage macht keinen Unterschied zwischen Lack und Scheiben, wenn sie über den Wachssprühbogen gegen Ende der Waschstraße den Waschkonservierer versprüht. (Der Sprühgang muß aber aus technischen Gründen sein, damit Sie Ihren Escort trockengeblasen in Empfang nehmen können.)
- Suchen Sie eine Schnellwaschanlage nicht nur nach dem Preis aus (verlangt werden von 4 bis 8 DM für die Außenwäsche), sondern auch nach dem gebotenen Service:

Wird an unzugänglichen Stellen (z. B. hinter den Stoßstangen) von Hand nachgewaschen? Sonst besteht auf die Dauer die Gefahr von Schmutz- und Rostnestern.
Werden im Winter die Türschlösser zugeklebt?
Spart der Schnellwaschbetrieb am Wasser? Auch wenn Sie die Antwort glauben müssen: Durchschnittlich rechnet man mit einem Wasserverbrauch von 200 Liter pro Minute, und 600 Liter pro Wagen.
Sind die Borsten der rotierenden Bürsten noch lang und relativ neu?
Kurze Borsten strapazieren den Lack mehr als lange; der Betrieb spart am Auswechseln auf Kosten Ihrer Lacklebensdauer! Ausgefranst dürfen die Borstenenden sein, das schont den Lack.

Fingerzeig: ***Außenspiegel nach der Schnellwäsche auf richtige Stellung überprüfen. Meist wird er verstellt.***

Scheiben reinigen

Für die Reinigung der Fenster sollte ein zweites Fensterleder zur Verfügung stehen. Poliert man die Fenster mit dem Waschleder trocken, werden von diesem Spuren von Mineralöl oder vom Lackpflegemittel übertragen, was störende Schlierenbildung bewirken kann, besonders wenn das verwendete Lackkonservierungsmittel Silikon enthält.
Schlieren und Schleier auf den Scheiben können außer von Silikon auch von Ölspuren in Abgasen und fettigen Bestandteilen von hochgeschleudertem Wasser aus Pfützen herrühren. Bei entgegenkommenden Scheinwerfern sieht man nur noch Glitzern und keine Straße mehr.
Zur Beseitigung von Fett helfen die üblichen Haushaltsspülmittel – aber nicht immer –, gegen Silikon und in hartnäckigen Fällen nur spezielle Antisilikonmittel, am besten Pasten. Gute Antisilikon- und Entfettungswirkung hat das Messingputzmittel Sidol – nicht verwechseln mit dem in diesem Falle unwirksamen Sidolin: Auftragen, trocknen lassen, weißes Pulver abreiben. Flüssige Mittel, die es auch zur Beimischung zum Scheibenwascher gibt, mildern das Übel zwar etwas, haben aber häufig keine restlos reinigende Wirkung.
Übrigens: Schmutz nie trocken von der Scheibe reiben. Das gibt Kratzer ins Glas, die besonders bei Nachtfahrten die Sicht beeinträchtigen.

Glanzvolle Taten

Sie haben die Farbe Ihres Escort entweder nach Geschmack oder nach praktischen Erwägungen ausgewählt. Aber der Lack, in dem diese Farbe eingebettet liegt, ist mehr als Schmuckfarbträger. Er soll vor allem das rostempfindliche Stahlblech der Karosserie schützen.

Was für Lack?

Der Escort ist mit Acrylharzlack lackiert, der besonders oberflächenhart, kratzfest, farbbeständig und glanzhaltend ist. Dabei ist die eigentliche Decklackschicht nicht einmal 1/10 mm dick. Dieser farbige Hauch muß an allen Stellen so dicht decken, daß nirgends die darunterliegenden Schichten des Lackaufbaus durchschimmern. Ford trägt übrigens den Lackunterbau im Elektrophorese-Verfahren auf, das besonders gleichmäßige und dichte Beschichtung gestattet. Außerdem soll der Lack bei normaler Pflege über Jahre seinen Glanz behalten. Dabei dürfen ihn auch schwere Strapazen, wie sengende Sonne, strenge Kälte, strömender Regen, grobkörniger Schmutz und spritzendes Salzwasser, nicht in die Knie zwingen. Er muß außerdem ziemlich schlagfest sein und hat alle Bewegungen des Blechs bei Vibrationen und normalen Biegungen geschmeidig mitzumachen.
Diese Eigenschaften haben die Lackhersteller dem Lack im Lauf der Jahre sozusagen „anentwickelt". Aber beibehalten kann die bei ca. 130° C eingebrannte Mehrschichtenlackierung seine Fähigkeiten nur, wenn sie gepflegt wird. Denn auch der beste Lack altert im Lauf der Zeit. Der Weichmacher, der den Lack elastisch hält, verflüchtigt sich allmählich und die einzelnen Farbpartikel liegen nicht mehr im Lack eingebettet, sondern stehen spröde ab. Der Lackglanz wird stumpf, die Poren erweitern sich. Feuchtigkeit dringt ein und zermürbt die Lackschicht von unten her.
Ist erst die äußere, die dünnste, aber auch die härteste Lackschicht, durchlässig geworden, geht der Lackzerfall schnell vonstatten. Besonders dann, wenn der Straßenstaub sowie die Chemikalien der Luft und im Spritzwasser oder die Salzluft am Meer die Zerstörungskräfte des Wassers verstärken. Übrigens ist der Lack eines nachlackierten Wagens nicht mehr so hart und widerstandsfähig wie der ursprüngliche Serienlack, denn die Einbrenntemperatur beträgt mit Rücksicht auf hitzeempfindliche Plastikverkleidungen und -teile, Reifen, usw. nur noch ca. 80° C. Ein Grund mehr, den Erstlack von Anfang an zu pflegen. Das gilt besonders für metalleffektlackierte Escort, die etwas verstärkter Pflege bedürfen. Als Pflegemittel verwendet man die gleichen Produkte wie für normale Acrylharzlacke.

Lackpflege von Stufe zu Stufe

Auf die Dauer reicht die Wäsche mit klarem Wasser zur Wagenpflege nicht aus. Von Zeit zu Zeit will der Lack gereinigt und mit neuen Wirkstoffen versehen sein. Aber bei nachlassendem Glanz nicht gleich mit dem stärksten Reinigungs- und Poliergeschütz auffahren. Das Ford-Pflegemittelprogramm und eine große Autopflegemittelindustrie ermöglichen durch vielseitiges Angebot, jeden Lack entsprechend seinem Zustand zu behandeln. Man kann – von der Klarwäsche einmal abgesehen – nach dem Charakter der Pflegemittel folgende Lackpflegestufen unterscheiden:

- Schaumwäsche
- Konservieren
- Reinigen
- Polieren

Allerdings lassen sich nicht alle Pflegemittel in diese Einteilung fassen. Die Tendenz geht zum Mehrzweckmittel, das dem Pfleger die Arbeit erleichtern soll. Aber die Mehrzweckmittel sind nicht immer die Alleskönner, als die sie häufig angepriesen werden.

Schaumwäsche

Wenn die Wäsche mit klarem Wasser keine befriedigende Glanzwirkung mehr bringt, dann ist es Zeit für die Shampoowäsche. Shampoo ist aber nicht für jede Wäsche notwendig, darunter würden Lack und Konservierung leiden. Etwa alle zwei Monate Schaum reicht aus, falls nicht die intensive Luftverschmutzung in Industriegebieten zu häufigerer Lackreinigung zwingt.
Doch nicht alles, was schäumt, ist für den Escort geeignet. Haushaltsspülmittel sind für den stets porösen Autolack abzulehnen, auch wenn auf der Verpackung etwas von Autopflege steht. Sie sind meist zu scharf – selbst in geringen Anteilen. Auch nicht rückfettendes Autoshampoo ist problematisch, wenn nicht eine Konservierung nachfolgt. Das Shampoo löst zwar den Schmutz, laugt aber auch den Lack aus. Die Poren setzen sich schnell mit Schmutz und Säuren aus der Luft zu: die Zerstörung und Unterrostung macht schnelle Fortschritte.

Auto-Shampoo nicht zu oft anwenden

Leider ist Auto-Shampoo zur „Naß-Pflege" des Lacks bei Samstagnachmittag-Straßenrand-Pflegern viel zu beliebt, so daß sie allwöchentlich mit wenigen Eimerchen Wasser und Shampoo ihr Auto wieder auf Hochglanz bringen. Daß Eimerwäsche schon an sich problematisch ist, wurde bereits auf Seite 205 beschrieben. Schlimmer wird es noch, wenn die fehlende Wassermenge durch Shampoo ausgeglichen werden soll. Die Rechnung geht nicht auf, denn die meisten Auto-Shampoos, auch als „Auto-Schaumwäsche" bezeichnet, laugen den Lack mit der Zeit doch ziemlich aus und ihre vielfach angeblich „rückfettende Wirkung", bei der die fettlösenden Bestandteile des Shampoos in den Lackporen nach getaner Arbeit während des Reinigungsprozesses durch schützende Wachsteilchen ersetzt werden sollen, ist eine Art chemische Akrobatik, die wohl nur in der Theorie einwandfrei funktioniert. Nicht so in der Praxis, denn Versuche haben gezeigt, daß nach zwei Jahren der Lack nie mit Shampoo gewaschener Wagen wesentlich besser ist als jener, der ständig fleißig mit Shampoo gepflegt wurde.
Deshalb Auto-Shampoo nur gelegentlich verwenden, wenn der Lack etwa von Dieselqualm, Ruß oder anderer Schmiere wasserunlöslich verschmutzt ist. Vorher wird der grobe Schmutz vom Wagen abgewaschen – also noch ohne Shampoo – danach kommt als zweiter Gang die „Feinwäsche" mit Shampoo, das wieder mit einer tüchtigen Wasserflut abgeschwemmt werden muß, damit alle fettlösenden Stoffe und Emulgatoren aus den Lackporen gewaschen werden. Und schließlich soll nach dem Trockenledern die Lackierung mit einem Hartwachs oder Lack-Konservierer behandelt werden, wenn die „Tropfenprobe" auf dem trockenen Lack nicht beweist, daß eine wasserabstoßende Schutzschicht bereits auf dem Lack durch die „rückfettende" Wirkung sitzt.

So stellen Sie fest, ob Ihr Escort eine neue Konservierung gebrauchen kann: Perlt das Wasser in kleinen Tropfen vom Lack, dann ist die Konservierung noch gut, bilden sich flächige Pfützen, sollte konserviert werden, denn der Lack ist nicht mehr genügend wasserabstoßend. Ausnahme: Laufende Schnellwäsche, wo man vorbeugend konservieren sollte, siehe den entsprechenden Absatz im vorigen Kapitel.

Konservieren

Konservierungsmittel verschließen die Poren wieder. Man kann mit ihnen den jeweiligen Zustand des Lacks erhalten, aber nicht auffrischen – von Mehrzweckmitteln zunächst abgesehen. Deshalb nur neuen oder gut erhaltenen Lack konservieren. Alten, zerfallenen und beschädigten Lack erst in konservierungswerten Zustand bringen. Auf keinen Fall Schmutz- und Chemikalienspuren konservieren. Gründliche Wäsche muß der Konservierung vorangehen.

Die Konservierungsmittel gibt es im Zubehörhandel, in Werkstätten und an Tankstellen in Sprühdosen, flüssig oder als Pasten. Aber am besten hält man sich an das Ford-Pflegemittelprogramm, das auf die Acrylharzlackierung des Escort abgestimmt ist. Die meisten Konservierer sind auf Wachsbasis aufgebaut. Bei guten Konservierungsmitteln ist den synthetischen Wachsen in mehr oder weniger großen Anteilen Naturwachs beigemischt. Das beste und härteste Naturwachs ist das von der südamerikanischen Carnauba-Palme. Der Zusatz ist meist auf der Packung vermerkt.

Manche Konservierungsmittel sind mit Silikonteilchen durchmischt. Silikon verstärkt zwar die Konservierungswirkung, aber man kann über seine Verwendung am Auto streiten, weil man kaum vermeiden kann, daß es auf die Scheiben gerät, und dort ist es gar nicht erwünscht. Außerdem muß ein mit Silikon gepflegter Lack erst umständlich vorbehandelt und geschliffen werden, wenn der Lack ausgebessert werden soll. Auf Silikon bildet der aufgesprühte Lack nämlich „Fischaugen" oder „Krater" durch chemische Zersetzung. Das zu beheben wird dann teuer.

Die Konservierungsmittel der großen Marken haben sich gut bewährt: Car-Plate, Polifac-Hartwachs, Rex-Lackbalsam, Sonax-Autohartwachs, 1z-Hartglanz, aber auch die Wachse aus den Programmen der großen Mineralölfirmen, wenn man auch nicht alle Angaben glauben muß, welche die Dauer der Konserviererwirksamkeit betreffen. Die mittlere Konservierungsdauer dürfte bei etwa drei bis vier Monaten liegen. Die Verarbeitung ist unterschiedlich: Gebrauchsanweisung beachten!

Waschkonservierer

Bei der Eimerwäsche gibt man bei der letzten Nachwäsche mit dem Schwamm einen Meßbecher voll Waschkonservierer in den Eimer mit klarem Wasser,

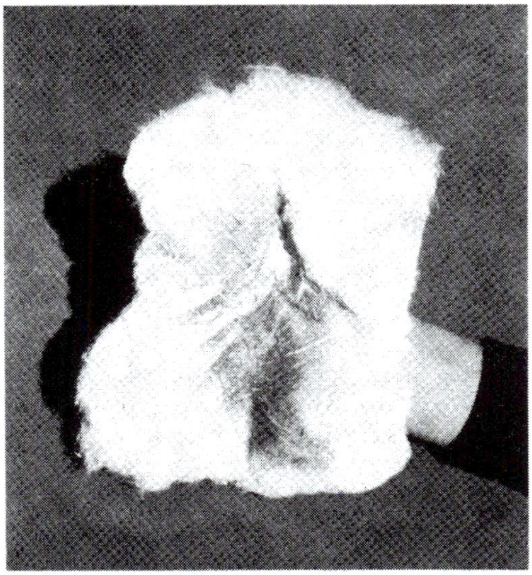

Bei den zahlreichen Lackpflegemitteln laufen die Bezeichnungen oft verwirrend durcheinander. Ob ein Lackpflegemittel den Lack schleifend angreift, läßt sich auf dem polierenden Wattebausch erkennen: Wenn der Lack auf ihn abfärbt, handelt es sich um ein Poliermittel mit schleifender Wirkung. Und solche sollen möglichst selten angewandt werden, sonst hat man bald auf die Grundierung »durchpoliert«. Bei geringer Abfärbung ist es zumindest ein intensiv wirkender Lackreiniger.

wäscht damit den Wagen ab und ledert den Wagen trocken (bei Rex) oder läßt die Feuchtigkeit antrocknen (bei Polifac). Zum Schluß mit dem Poliertuch oder noch besser mit der Polierwatte nachreiben. Es bleibt dann eine wachsartige Schutzschicht auf dem Lack zurück. Waschkonservierer soll man nur bei einwandfrei gutem Lack verwenden. Sie wirken nicht so lange und intensiv wie spezielle Konservierer, können die Dauerhaftigkeit aber verstärken und verlängern. Bei Dauerverwendung sollte man sie bei jeder Wäsche zugeben. Eilige Leute sparen mit ihnen Zeit, aber kaum Geld.

Fingerzeige: *Schlierenbildung deutet auf mangelhaft auspolierte Konservierungsmittel hin. Abhilfe: neuerliche Schaumwäsche mit gründlichem Klarspülen. Danach richtig konservieren. Pflegemittel sparsam auftragen. Der Lack nimmt nur etwa 2 Prozent des aufgetragenen Wachses zur Konservierung auf. Ein Teil liegt als Schutzschicht darüber, aber der große Rest bleibt an der Polierwatte.*
Stellen, an denen das Wasser stehenbleibt oder langsamer trocknet, verstärkt konservieren. Das sind besonders die Einstiegkanten unter den Türen, Karosserie-Trennfugen und der Umkreis von Zierat, die Wasser lange halten. Stehendes Wasser begünstigt Rostbildung.

Lack kann man zu Tode pflegen

Leichter als mit Autoshampoos und mit Konservierern kann man den Autolack mit Reinigern und Polituren ruinieren. Man kann den Lack buchstäblich zu Tode pflegen. Wer immer wieder mit einem Poliermittel an seinem Wagenlack herumfummelt, wird eines Tages die hauchdünne Lackschicht durchgeschliffen haben. Wenn erst die Grundierung oder gar das blanke Blech durchschimmert, wird eine teure Nachlackierung fällig. Deshalb grundsätzlich mit Pflegemitteln sparsam umgehen, nicht mehr tun als notwendig. Und immer nur das Mittel anwenden, das gerade noch die angestrebte Wirkung bringt. Es gibt nämlich Poliermittel für neuwertigen, matten und zerfallenen Lack mit Zwischenstufen. Im Zweifelsfall einen Lackfachmann der Werkstatt fragen.
Der Wagenpfleger kann auch am besten beraten, wenn es um die Wahl eines bewährten Wagenpflegemittels geht. Was er mit Erfolg ausprobiert

hat, kann man nehmen. Das Angebot ist nämlich derart unübersichtlich und vielseitig geworden, daß sich praktisch nur noch der zurechtfindet, der von Berufs wegen damit befaßt ist. Es muß nicht unbedingt ein Erzeugnis der großen Marken sein. Diese haben zwar ihren guten Ruf zu verlieren, doch mancher kleine Hersteller, der sich einen begrenzten Markt erobern will, bietet Qualität zu vertretbarem Preis. Daneben gibt es viele unseriöse Geschäftemacher, die ihre Produkte in der Waschküche zusammenbrauen und auf Ausstellungen, an Parkplätzen, Jahrmärkten und Haustüren feilbieten. Oft handelt es sich um flüssig gemachtes Bohnerwachs. Also vorsichtig sein!

Lack reinigen

Man sollte eine Reinigungskur nicht scheuen. Sie schadet dem Lack weniger als eine Auffrischung mit Politur. Reinigende Wirkung hat schon die Schaumwäsche. Lackreiniger sollen aber erst angewendet werden, wenn das Shampoo nicht mehr hilft oder der Lackglanz zu erblinden beginnt. Die Lackreiniger lösen verstärkt Chemikalien und Schmutz aus dem Lack, sie entfernen auch die „toten" Farb- und Lackteilchen, die durch Verwitterung des Lacks und Verflüchtigen des Weichmachers vorhanden sind. Matte Lacke erhalten durch Reinigen neuen Glanz, nicht aber zerfallene. Allerdings enthalten manche Reiniger einen mehr oder weniger starken Schleifmittelzusatz, der stumpfe Lacke wieder auf Hochglanz poliert. Reiniger haben selten Konservierungswirkung: deshalb nach der Reinigung immer konservieren.
Bewährte Lackreiniger sind Super Carnu, ultra deep gloss bzw. dessen Nachfolger gloss, 1z-Extra, Abomar u. a.

Lack polieren

Für alten, verwitterten Lack sind Reiniger zu milde. Man muß gröberes Geschütz auffahren, also Poliermittel. Beim Polieren wird die verwitterte Lackschicht abgeschliffen, eingeebnet. Da bei der Lackpolitur der Lack am stärksten strapaziert wird, versucht man, die Politur durch regelmäßiges Waschen und Konservieren so weit als möglich hinauszuschieben.
Wer seinen Wagen regelmäßig etwa alle 3 Monate konserviert, wird auch vor 3 Jahren kaum mit einem Poliermittel Bekanntschaft machen müssen. Ist Polieren unumgänglich geworden, dann wählt man ein Poliermittel aus, das dem Stadium des Lackzerfalls entspricht. Es eignet sich:
Für matte, aber neuere Lacke: Polifac Wax-Politur, Sonax-Autopolish, 1z-Lackpolitur.

Teerspritzer und Insekten

Keinesfalls mit dem Messer, Fingernagel oder einem Holz abschaben. Das gibt Kratzer im Lack. Für Teerflecken gibt es bei Ford und im Handel spezielle Teerentferner, aber auch einfaches Petroleum oder Butter eignet sich. Mit dem Ford-Teerentferner, der dem Acrylharzlack bestimmt nicht schadet, kann man auch Blütenharz vom Lack entfernen. Nach der Reinigung mit Shampoo abwaschen, klarspülen und neu konservieren.
Insektenleichen können den Lack verätzen, wenn man sie nicht rechtzeitig entfernt. Keine chemischen Experimente starten. Am einfachsten: Die Rückstände gut mit klarem Wasser aufweichen und mit einem harten Fliegenschwamm aus Kunststoff, z. B. von Aral, oder mit einem alten Perlonstrumpf ablösen.

Lack ausbessern

Lackschäden durch Steinschlag, Schrammen oder zerknautschtes Blech sehen häßlich aus und Reparaturlackierungen sind teuer. Da läßt sich mit eigener Leistung durchaus Geld sparen, wenn der Schaden nicht sehr groß ist. Bei entsprechender Erfahrung kann man auch eine ganze Tür oder Motorhaube lackieren,

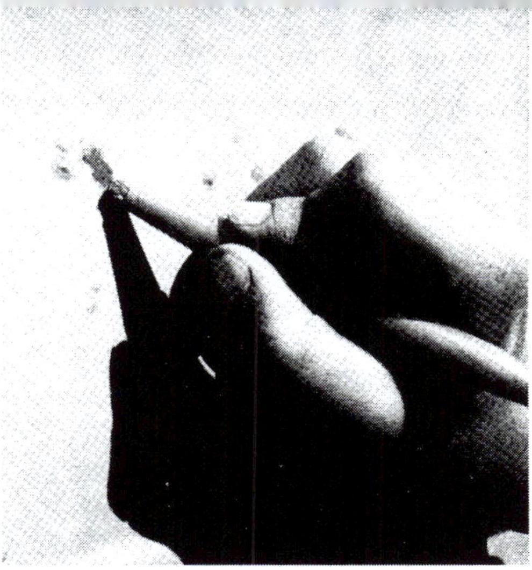

Wer sich nicht auf die Wunderwirkung der Chemie, der Rostumwandler, verlassen will, kann den Rost auch wie im Foto mit einem Rost-Radierer entfernen. Es sind in einem Kunststoffhalter zusammengefaßte Stahldrähte, mit denen man das Blech blank schaben kann. Solche Rost-Radierer gibt es im Zubehörhandel oder im Einzelversand, z. B. von der Firma Walter Neuber in Witten.

aber eine eigenhändige Ganzlackierung ist nicht zu empfehlen, denn der Sprühdosenlack trocknet zu schnell, so daß es keinen allseitigen Glanz gibt.
Ganz so einfach, wie sich das manchmal in Prospekten oder auf Schaufensterplakaten ausnimmt, ist die Heimwerkerlackierung allerdings auch nicht, denn es genügt nicht, mal eben Lackfarbe über eine Schramme zu sprühen. Da wird der Schaden nur noch auffälliger und häßlicher. Wenn's ordentlich aussehen soll, muß die Lackierung wie vom Fachmann „aufgebaut", also in mehreren Schichten erarbeitet werden. Das kostet Zeit und erfordert Erfahrung. Was dabei zu beachten ist, läßt sich auf dieser Seite nur andeuten, aber nicht bis zur letzten Pannenvermeidung erläutern. Deshalb haben wir unsere Lackier-Erfahrungen (neben jenen über Rostschutz, Rostbekämpfung, Lackpflege, Blecharbeiten usw.) im Sonderband Nr. 45 dieser Buchreihe zusammengefaßt, der den Titel „Die Auto-Karosserie" trägt. Wenn Sie sich also um das Äußere Ihres Escort mehr bemühen wollen, erspart Ihnen dieser Sonderband viel Lehrgeld.

Die richtige Lackfarbe

Es ist nicht möglich, die richtige Lackfarbe für Ihren Escort nach Erinnerung oder Augenmaß zu kaufen, denn es gibt Dutzende verschiedener Blau-, Weiß- oder Grau-Töne, die sich sehr ähnlich sehen, deren Unterschiede aber unübersehbar werden, wenn sie nebeneinander etwa eine Kofferraumhaube „zieren". Deshalb müssen Sie die ganz genaue Farbtonangabe speziell Ihres Escort wissen, die entweder im Kaufvertrag oder als Werksnotiz vielleicht auf der Frontseite des Kraftfahrzeugbriefes zu finden ist. Am Escort selbst ist der genaue Farbton im Typenschild verschlüsselt, was Ihnen aber nur die Ford-Vertretung enträtseln kann. Dort müssen Sie also im Zweifelsfalle fragen. Wenn Ihr Escort dann beispielsweise die Farbbezeichnung „daytonagelb 72" trägt, können Sie damit rechnen, daß alle führenden Lacksprühdosenhersteller, wie Auto-K, Belton, Ducolux, Dupli Color und Prestoflux, diese Farbbezeichnung farbtongenau in ihrem Sortiment haben und natürlich gibt es auch eine passende Lacksprühdose als Ford-Ersatzteil (von einem der genanten Sprühdosenproduzenten), nur ein bißchen teurer, wie das bei Werks-Ersatzteilen so üblich ist.
Alle Sprühdosenlacke vertragen sich farbtechnisch einwandfrei mit der serienmäßigen Einbrennlackierung Ihres Escort, aber untereinander gibt es bei diesen lufttrocknenden Sprühdosenlacken manchmal Schwierigkeiten, denn sie sind chemisch zum Teil auf unterschiedlicher Basis „aufgebaut". Bleiben Sie darum am besten bei der einmal gewählten Marke, wobei aber gesagt werden kann, daß Auto-K und Belton (Nitrokombinationslack) sowie Dupli Color und Prestoflux

(Acryllack) trotz der unterschiedlichen Namen jeweils aus dem gleichen Hause stammen. Ducolux ist ein Kunstharzlack.

Lackierung „aufbauen"

Eine Lacksprühdose allein genügt nicht, denn der Farblack allein deckt nicht auf blankem Blech und schützt auch nicht allein gegen Unterrostung. Sie brauchen also je nach Schadensumfang an Material noch Füllspachtel (für stärkere Unebenheiten) auf Polyesterharzbasis, Ziehspachtel (als „Feinstrich"), Rostschutzgrund und Haftgrund (in Sprühdosen). An Werkzeugen sind notwendig Spachtelmesser, Schleifgerät und verschiedene Sorten Schleifpapier, Abklebeband, Zeitungsbogen zum Abdecken, Wassereimer, Waschpinsel, Waschbenzin und Aceton (besonders wirksames Löse- und Reinigungsmittel).

Je nach Schaden wird zuerst das Blech ausgebeult, der Rost bis aufs blanke Blech abgeschliffen, eventuell müssen Rostlöcher durch harzgetränkte Glasfasermatte geschlossen werden. Das blanke Metall wird mit Rostschutz- oder Haftgrund gesprüht, darüber gespachtelt, das ganze eben geschliffen, wieder gespachtelt, nochmals mit Wasserzugabe geschliffen, Füller (in der Regel zugleich Haftgrund) gesprüht und diese Fläche mit „400er" oder „500er" Schleifpapier bei Wasserzugabe feinstgeschliffen, so daß auch nicht mehr der Schatten einer Unebenheit zu erkennen ist. Erst dann wird die Lackfläche abgedeckt und endlich der deckende Farblack in mehreren hauchdünnen Schichten gesprüht, sonst gibt es häßliche Laufnasen und die ganze Arbeit muß noch einmal wiederholt werden. Man braucht also auch für eine kleine Reparaturlackierung einige Stunden Zeit.

Wichtig ist der Arbeitsplatz: Er muß staubfrei, aber gut zu belüften sein. Wind darf nicht blasen und kalt, nahe der Null-Grenze oder gar darunter, darf es auch nicht sein. Hochsommertemperaturen mögen die Sprühdosenlacke jedoch auch nicht, sie trocknen dann zu schnell und alles wird matt.

Salz gegen Blech

Solange noch keine Möglichkeit besteht, unsere Straßen im Winter aufzutauen ohne dem Autoblech zu schaden, muß das Blech stärker als im Sommer gegen Rostfraß geschützt werden. Denn der salzige Matsch, der von den Reifen nach allen Seiten hin verspritzt wird, ist für Metall das reinste Gift. Wo sich das Zeug absetzt, beginnt bald der Rost zu blühen, wenn nicht eine Schutzschicht zwischen Salzwasser und Metall liegt.

Glanzteile im Winter

Lack und vor allem Chrom sind in diesem Falle keine ausreichende Schutzschicht. Mit Leichtigkeit dringt das Salzwasser durch die feinsten Poren. Wichtig: Lack vor Winterbeginn gut konservieren, Wagen im Winter häufiger waschen, auch wenn der Wagen bald wieder schmutzig wird.
Das einfachste Schutzmittel für die Chrom- und Eloxalteile ist säurefreie Vaseline, aber sie wird durch hart anprallendes Spritzwasser mit der Zeit verdrängt und wirkungslos. Besser ist deshalb ein Wachsunterbodenschutzmittel wie etwa Tectyl von Valvoline. Alle diese Mittel verstecken den Chromschmuck allerdings unter einer unansehnlichen Fett- oder Wachsschicht. Aber man kann seinen Chromschmuck auch im Winter glänzen lassen. Dazu gibt es Sprühdosen mit einem glasklaren Chromschutzspray von vielen Herstellern, z. B. von Ford selbst oder von Polifac für ca. 4,20 DM. Größere Sorgfalt ist beim Auftragen von ebenfalls sehr dichtem Chromschutzlack (wird sogar in mehreren Farben angeboten) nötig: Die Chromteile müssen vorher restlos trocken sein (für schnelleres Arbeiten mit dem Föhn trocknen). Nicht zu dünn auftragen, sonst hat man im Frühjahr Schwierigkeiten beim Ablösen des brüchigen Schutzfilms.

Start bei strenger Kälte

- Luftfilter in Stellung „Winter“ bringen (nicht bei GT).
- Kupplung treten, um Widerstand von steifem Getriebeöl auszuschalten.
- Der Keilriemen darf nicht durchrutschen, sonst Lichtmaschinenspannung ungenügend. Riemen prüfen!
- Motoröl muß die laut Winterempfehlung richtige Viskosität aufweisen (siehe Kapitel „Schmieren, fetten, ölen“). Zu dickes Öl erhöht den Widerstand für den Anlasser und damit die Belastung für die Batterie.
- Im Zubehörhandel gibt es Sprühflaschen (z. B. „Startpilot“), die einen besonders leicht vergasbaren Anlaßkraftstoff enthalten. Dieser wird bei betätigtem Anlasser in den Luftfilter – oder Vergaserstutzen eingespritzt. Auch Feuerzeugbenzin vergast recht gut. Das sollte aber nur Notbehelf sein. Nach der Ursache für die Kaltstartschwäche forschen.
- Anlassen wird bei sehr strenger Kälte erleichtert, wenn man die Kerzen herausschraubt und vorher an Flamme, Ofen, Herd usw. erwärmt. Auch Hilfsmaßnahme, wenn Motor ersoffen und Kerzen gereinigt werden mußten. Wichtig: Elektroden-Abstand muß stimmen. Eventuell um 0,1 mm verengen.

■ Batterie bei Laternengaragenautos ausbauen, in geheizte Wohnung nehmen, und erst zum Start wieder einsetzen.
■ Zündleitungen, Zündspule und Verteiler müssen schmutz- und ölfrei sein. Falls weißliche (elektrisch leitende) Schicht auf Kabeln und Teilen der Zündanlage (vom Streusalz im Winter), diese abwaschen und gut abtrocknen.
■ Startautomatik muß freigängig sein, Starterklappe muß einwandfrei schließen (Luftfilter abnehmen, prüfen).

Praktische Hilfen unterwegs

Für Fahrten im Winter denkt man als Autofahrer auch an folgende Dinge, die unterwegs sehr nützlich sein können:
■ Ins Scheibenwaschwasser gegen Einfrieren hohen Anteil von Frostschutzmittel oder etwa 50–75 Prozent Spiritus mischen. Gummidichtungen und Scheinwerferglas mit Glyzerin einreiben, damit diese nicht festfrieren bzw. während der Fahrt vereisen. Frostschutzmittel (Glyzerin, Scheibendefroster) kann man an einem Draht von außen in das Türschloß gleiten lassen.
■ Eis-Schaber, um vereiste Scheiben zu reinigen. Er muß aus Kunststoff sein, damit die Scheiben nicht verkratzt werden.
■ Sandsäckchen, um an vereister Steigung streuen zu können. Mehrere Sandsäcke im Gepäckraum belasten die Antriebsachse und garantieren besseres Fortkommen. Bei Schwierigkeiten mit Anfahren am Berg evtl. Passagiere in den Gepäckraum setzen oder auf die hintere Stoßstange stellen.
■ Schneeschaufel, um sich bei Schneefall einen Weg bahnen zu können.
■ Anti-Beschlagtuch, mit dem die von innen beschlagene Windschutzscheibe und Heckscheibe abgerieben werden kann. Die Imprägnierung, die das Beschlagen etwa drei Tage verhindert, reicht in dem Tuch für eine Saison. Dann wird das Tuch ausgewaschen und als normales Staubtuch verwendet.
■ 2 alte Teppichstreifen, jeweils etwa einen halben Meter breit und mindestens 1,5 m lang aus einem alten Teppich oder Kokosläufer. Diese Stücke kann man zum Anfahren unter die Hinterräder legen, wenn es auf Glatteis nicht mehr weitergeht. Wichtig ist, daß an beiden Stücken jeweils eine starke Schnur befestigt ist. Damit wird der Teppichstreifen auf der für ihn zuständigen Wagenseite an der hinteren Stoßstange angehängt, bevor man ihn vor den Hinterrädern ausbreitet. Wenn der Wagen mit Hilfe der Teppichstreifen nämlich an der Steigung endlich ins Rollen gekommen ist, zieht er die Streifen einfach hinterher, bis die Steigung genommen ist.
■ Sprühdosen gegen vereiste Windschutzscheiben. Billiger und nahezu genauso wirkungsvoll geht es mit Brennspiritus, den man sich in eine kleine Plastikflasche füllt.

Unterbodenschutz

Zum Winteranfang den Unterbodenschutz aufbringen oder bereits vorhandenen Unterbodenschutz untersuchen, ob der Schutz noch unbeschädigt ist. Gegebenenfalls nachspritzen lassen, bevor das erste Salzwasser unter den Schutz dringt und dort das Zerstörungswerk beginnt. Näheres über Rostschutz und Unterbodenschutz im Kapitel „Werterhaltung“.

Schneeketten

Die Fachleute mögen diesen Ausdruck nicht so gern, „Gleitschutzketten“ ist ihnen lieber, denn die Ketten helfen ja nicht nur auf Schnee, sondern auch auf Eis, im extremen Fall auch im Schlamm weiter. Auf jeden Fall kann man mit den Ketten noch durchkommen, wenn die M + S-Reifen längst versagen. Deshalb ist, wer im Gebirge wohnt oder öfter zum Skilauf fährt, mit Gleitschutzketten bestens versorgt. Das Gros der Autofahrer ist jedoch – die

Praxis zeigt es – einfach zu faul, die Gleitschutzketten mit frostklammen Fingern auf- und abzumontieren. Denn schließlich braucht man die Ketten nur in Härtefällen und nur auf relativ kurzen Strecken. Fährt man mit Ketten auf trockener Straße, können nämlich schon nach wenigen Kilometern die ersten Stücke davonfliegen – auch bei den besten Gleitschutzketten. Die Ketten sind aber zu teuer, um sie auf diese Art zu verschleißen, das wäre ein hoher Preis für die eigene Faulheit.
Deshalb ist es zu begrüßen, daß sich die Kettenhersteller bemühen, die Montage möglichst zu erleichtern. Das Montieren kann man sich jedoch, da der Escort für kurze Strecken bei langsamer Fahrt nur ein Paar Gleitschutzketten für die Hinterräder braucht, durch eine 6. Felge einfacher machen. Im Kofferraum stecken dann zwei mit Normalreifen und fertig montierten Ketten bestückte Räder, die bei Bedarf gegen die Hinterräder ausgetauscht werden. Dieses Ummontieren ist nicht so unangenehm, wie das Aufmontieren der Schneeketten mit frostklammen Fingern bei der herkömmlichen Methode. Allerdings muß bei dieser Arbeit der Wagen ganz besonders gut gegen das Wegrutschen auf dem glatten Eis oder Schnee – auch der Wagenheber – gesichert sein.
Bei dem Hinweis auf das Ummontieren ist es bereits angedeutet: Ketten montiert man möglichst nicht auf M + S-Reifen. Die Ketten müssen nämlich so locker auf den Reifen montiert werden, daß sie während der Fahrt darauf „wandern" können. Sonst gibt es einseitige Spannungen von so großer Kraft in den Kettenteilen, daß diese reißen oder den Reifen beschädigen. Auf den groben M + S-Profilen können die Ketten jedoch nicht wandern.
Wenn Sie an die Anschaffung von Gleitschutzketten denken, kommen nur die tatsächlich feingliedrigen Spurketten in Frage. Alle anderen Ketten, wie Leiter-, Zickzack-, Gummikreuzketten sind veraltet, weil nicht ununterbrochen ein Kettenteil auf dem Boden liegt; bei Zickzack-Ketten, deren aufliegende Kettenteile stets schräg zur Fahrtrichtung des Wagens auf dem Boden liegen, kann der Wagen beim Bremsen in die entsprechende Richtung ziehen.
Zu Gleitschutzketten gehören als inoffizielles aber unvermeidbares Zubehör eine Kombizange und eine Rolle zäher Draht, damit man unterwegs losgerissene Kettenglieder wieder an die Kette flicken kann.

Anfahrhilfen

Hier unterscheidet man chemische oder mechanische Hilfsmittel, um den steckengebliebenen oder auf dem Eis rutschenden Wagen wieder flottzubekommen. Die mechanischen Helfer sind kurze Ketten oder Bügel, die um die Reifen geschnallt werden. Am weitesten ausgereift scheint uns „Snowgrip" der Fa. Auto-Technik, 7032 Sindelfingen 6, Carl-Orff-Straße 6. Das Gerät ist mit seinen vier Bügeln im Nu auf den Reifen gelegt und gestattet auch kürzere Fahrten mit geringer Geschwindigkeit, etwa wenn man an einer Steigung zwischendurch nicht anhalten will oder kann. Je nach Reifengröße kostet ein Satz Snowgrip zwischen 155 und 175 DM.

Dach über dem Kopf

Die rundliche Form des Escort hat zweifellos ihre Vorteile. Sie ist recht windschlüpfig und sie schlüpft auch optimal durch die Borsten der Schnellwaschanlagen. Der Lack dankt den Mangel an eckigen Kanten mit langer Lebensdauer, denn an den Karosseriekanten wird in der Schnellwaschanlage der Lack am schnellsten auf die Grundierung durchgescheuert.
Doch in die Karosserie sind noch weitere Vorzüge hineingebaut, die nicht so offen zutage liegen. Das Blech wurde nach modernen Erkenntnissen verarbeitet. Auf die Bodengruppe ist die damit selbsttragende Karosserie geschweißt. Ferner wurde die sogenannte Sicherheits-Bauweise verwirklicht: Stabile Mittelzelle des Innenraums, Vorbau und Heckteil als energievernichtende Knautschzone aus verformbaren Blechgruppen. Wie sich in der Praxis bei Auffahrunfällen zeigte, hat diese Konstruktion sehr widerstandsfähige, dabei stoßdämpfende Wirkung, wobei die Innenzelle weitgehend stabil bleibt, wenn nicht eine ganz unglückliche Stoßrichtung vorliegt.
Allerdings schränkt die vollverschweißte Karosserie größere Selbsthilfeaktionen am Blech von vornherein ein: Man kann in Eigenarbeit höchstens die beweglichen Teile wie Türen oder Hauben auswechseln. Alles andere, Kotflügel, Heck- und Seitenteile, muß man zum Auswechseln der Werkstatt überlassen, weil die Teile mit Hammer und Meißel oder Blechschneider voneinander getrennt und mit dem Schweißgerät wieder zusammengefügt werden müssen.

Die Stoßstangen

Die vordere und hintere Stoßstange besteht aus einem Stück. Wenn sie also an einem Punkt verbogen ist, muß sie komplett ausgewechselt werden. Es sei denn, Sie wollen mit dem lädierten Stück durch die Landschaft fahren.
Jede Stoßstange hat eine Vierpunktbefestigung: zwei Schrauben halten sie vorn, wo auch die Stoßstangenhörner angeschraubt sind, zwei Schrauben seitlich.
Für den Ausbau der vorderen Stoßstange zunächst die seitlichen Muttern in den Kotflügeln innen abschrauben, die Federringe und Distanzstücke aufbewahren. Dann die vorderen Muttern von den Stoßstangenhaltern abschrauben. Am besten kann man im Stoßstangenhohlprofil mit hochgekröpften Ringschlüsseln oder Steckschlüsseleinsätzen arbeiten. Der Anbau geschieht in umgekehrter Reihenfolge. Vor dem Festziehen der vier Befestigungsschrauben muß die Stoßstange zur Karosserie ausgerichtet werden.
Bei Ausbau der hinteren Stoßfänger werden ebenfalls zuerst die seitlichen Muttern herausgedreht, dann die Muttern an den Haltern. Damit man an die linke Seitenmutter herankommen kann, muß zuerst das Reserverad aus dem Gepäckraum herausgenommen werden.

Motorhaube ausbauen

Die Haube ist mit vier Schrauben an den Scharnieren befestigt, die Scharniere ebenfalls mit vier Schrauben an der Karosserie. Es richtet sich nach

Das Haubenschloß ist in der Regel richtig justiert, wenn die Außenkante der geschlossenen Haube mit den inneren Kotflügelkanten bündig steht. Will das nicht recht funktionieren, kann es auch an den beiden seitlichen Auflagepuffern für die Haubenvorderkante liegen. Sie können entsprechend mit der Hand verdreht werden. Sitzen sie fest, dreht man sie mit dem Schlüssel wie im Foto, nachdem man den betreffenden Puffer abgezogen hat; im Bild liegt er oben auf der Haubenkante.

der Art des Schadens, ob man die Motorhaube allein oder gleich zusammen mit den Scharnieren ausbaut. Sie sollten aber in jedem Fall einen Helfer dabeihaben, der die Haube festhält, wenn Sie die letzten Schrauben herausdrehen. Muß die Haube ausgewechselt werden, sollten Sie von der alten Haube alle Kleinteile abnehmen, da sie für die neue Haube gebraucht werden.

Haubenverschlüsse prüfen

Teil der Pflegearbeit Nr. 33

Außer dem Fetten sollte etwa alle 10 000 km geprüft werden, ob die Verschlüsse einwandfrei ineinander gleiten. Sie können dabei zuschauen, bis die Haube fast ganz geschlossen ist, den Rest des Schließweges müssen Sie fühlen. Oder man sieht es an Reibspuren an den Verschlüssen selbst, wenn an der Motorhaube der Schließdorn nicht einwandfrei in dem Loch verschwindet oder an der Heckklappe der Haken nicht sauber einrastet.
Meistens, aber nicht immer, sitzt die Haube schief, wenn die Schließvorrichtung nicht richtig arretiert. Bei geschlossener Motorhaube muß der Abstand zu den beiden Kotflügeln und zu dem hinteren Windlauf vor der Windschutzscheibe rundum annähernd gleich sein. Sitzt die Haube schief, müssen die Sechskantschrauben an den beiden Haubenscharnieren unter dem hinteren Ende der Motorhaube etwas gelockert und nach dem Justieren wieder festgezogen werden.
Schließt die Heckklappe nicht richtig, wird die Grundplatte des Drahtbügels an der Gepäckraumrückwand gelockert und etwas verschoben. Justieren kann man die Gepäckraumklappe nach Lockern der Scharnierschrauben.

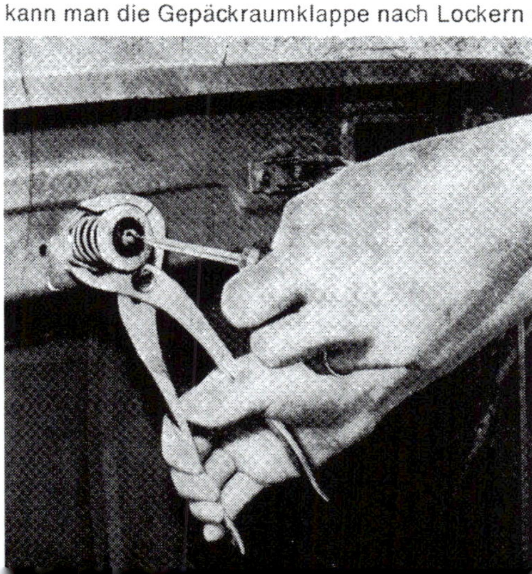

Wenn der Schließdorn schief in seine Öffnung läuft, kann der Dorn etwas verbogen werden. Reicht der Schließdorn aber nicht ganz bis zur Arretierungsraste in der Öffnung hinab, so wird die aus Blech gepreßte Kontermutter des Schließdorns ganz oben an der Motorhaube etwas gelockert und festgehalten, während man den Schraubenzieher in dem Schlitz an der Dornspitze ansetzt und den Dorn etwas herausdreht.

Der Kühlergrill ist mit neun Kreuzschlitz-Blechschrauben richtiggehend angenäht. Sie müssen herausgedreht werden. Um an die oberen Schrauben heranzukommen, müssen Sie die Motorhaube öffnen. Hat Ihr Ford Escort Zusatzfernscheinwerfer wie der im Foto, müssen die Halterungen der Zusatzleuchten gelockert und die Leuchten nach vorn geklappt werden, um an die dahinter liegenden Kreuzschlitzschrauben heranzukommen. Bevor man beim Einbau die Blechschrauben festzieht, den Grill zum Blech ausrichten.

Motorhaubenschloß erneuern

Nach Öffnen der Motorhaube den Kühlergrill abschrauben. Dann drehen Sie die Halteschrauben des Schlosses an der Kühlerzwischenwand ab und nehmen das Schloß nach vorn heraus.

Gepäckraumklappe ausbauen

Will man nur den Gepäckraumdeckel abnehmen, so genügt es, die Haltemuttern an den Scharnieren herauszudrehen. Übrigens: wenn man sie etwas lockert, kann man die Haube zur Karosserie justieren. Sollen jedoch auch die Scharniere ausgebaut werden, müssen die Federstäbe heraus. So geht man vor: Gepäckraumklappe öffnen und mit einer geeigneten Tragleiste abstützen (besser, wenn es ein Helfer ist). Dann mit einem verstellbaren Schlüssel (sie werden in der Alltagssprache oft Engländer oder Franzosen genannt) das abgegröpfte Ende des Drehfederstabs aus seiner Halterung herausdrücken und langsam entspannen, also ja nicht aus der Hand oder dem Werkzeug schnellen lassen. Den Federstab aus dem Scharnierende herausnehmen. Beim zweiten Drehfederstab geht man genau so zu Werke. Jetzt kann man die Scharniere abnehmen.

Zierleisten

Gottseidank hat der Escort recht wenig Chromzierat. Das erleichtert die Lackpflege und erspart Ärger in Schnellwaschanlagen. Die Zierleisten um die Seitenscheiben und am Heck, sowie die Schriftzüge, sind lediglich ins Blech gesteckt. Zum Abnehmen eine Messerklinge vorsichtig zwischen Blech und Zierat schieben und diesen abhebeln, bis man mit den Fingern greifen kann. Man muß nur aufpassen, daß man die Glitzerdinge nicht verbiegt.

Wenn sich eines Tages der Hebelgriff im linken Ablagefach lose bewegt und die Motorhaube nicht mehr aufspringt, brauchen Sie nicht gleich nach dem Stemmeisen zu laufen, um die Haube aufzubrechen. Eventuell hat sich der Zug am Hebelgriff gelöst und Sie können ihn dort noch mit der Zange fassen, bevor er in der Hülle verschwindet. Falls Sie damit kein Glück haben, drehen Sie die unteren Befestigungsschrauben des Kühlergrills heraus und biegen den Grill vorsichtig nach außen, bis der Spalt breit genug ist, um nach oben zum Hebel des Haubenschlosses zu greifen. Danach kann man entscheiden, ob der defekte Zug ausgewechselt werden muß oder repariert werden kann.

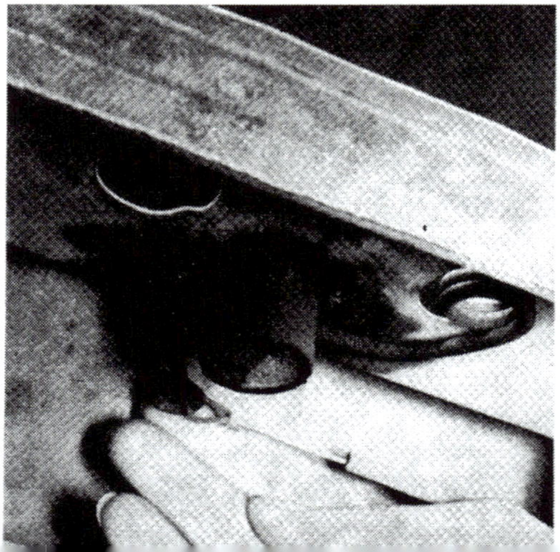

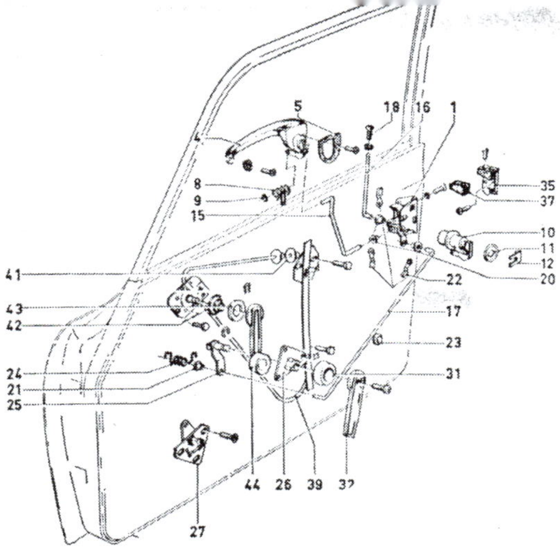

So sehen die Innereien der Escort-Vordertür für Tür- und Fensterbetätigung aus, und zwar ab Baujahr 1969, denn vorher lag das Türschloß unterhalb des Türgriffs, und auch das Gestänge innen war etwas anders ausgeführt. Die Zahlen bedeuten: 1 – Türschloß, 4 – Türaußengriff mit Druckknopf, 5 – große Unterlage, 8 – Feder der Auslösebetätigung, 9 – Sicherungsring, 10 – Schließzylinder, 11 – Unterlage, 12 – Halter, 15 – Auslösebetätigung Türschloß, 16 – Türsicherung innen des Türschlosses, 17 – Fernbetätigung Türschloß von Innentürklinke, 18 – Knopf, 20/21 – Büchse, 22 – Clip, 23 – Führung der Verbindungsstange, 24 – Feder, 25 – Hebel, 26 – Lager ohne Hebel, 27 – Lager mit Hebel, 31 – Türrosette, 32 – Türöffnungshebel, 35 – Schließkeil, 37 – Keilstück, 39 – Fensterkurbelapparat, 41 – Dämpfungsgummi, 42 – Feder, 43 – Fensterkurbelrosette, 44 – Fensterkurbel.

Die Türen

Die Türen des Escort gibt es als Ersatzteil nur als komplette Rohbautüren. Das bedeutet, daß die Tür als Ganzes gewechselt und dann lackiert wird. Jedoch fehlen an der Rohbautür die Anbauteile. Diese müssen von der alten Tür übernommen oder, falls sie zerstört sind, dazugekauft werden.

Fingerzeig: *Bei der Arbeit an den Türen unbedingt das Minuskabel von der Batterie abnehmen. Sonst entleert sie sich über die Innenleuchte.*

Tür auswechseln

Eigentlich braucht man zum Ausbau einer Seitentür nur die Scharnierstifte herauszutreiben und den Türoffenhalter abzunehmen. Da aber der Türausbau und das Umbauen auf die neue Tür zusammengehören, schildern wir alles in einem Arbeitsgang.

Türfenster nach unten kurbeln, Fensterkurbel, Innentürgriff und Armlehne abschrauben. Wo die Fensterkurbel nicht mit einer Kreuzschlitzschraube gesichert ist, liegt ein Federring hinter der Griffrosette, den man mit einem Flachschraubenzieher und etwas Geduld von der Achse drücken kann; die Werkstatt verwendet dafür eine Spezialzange.

Dann die Türverkleidung abnehmen (mit Schraubenzieher anheben, mit der Hand abziehen) und die Kegelfeder entfernen. Die Plastikfolie vorsichtig abziehen. Fensterkurbelapparat an Mitnehmer und Türinnenblech abschrauben, Fensterschachtleisten nach oben herausziehen.

Dann dreht man die drei Schrauben los, die am Türschloß die Fernbetätigung des Innengriffs halten und hebt die Fernbetätigung komplett heraus. Die Fensterführungen werden unten abgeschraubt, oben außen an der vorderen Führungsschiene sind zwei Nieten auszubohren, dann kann man die Fensterführungen nach oben außen aus dem Fensterschacht ziehen. Nur bei Ausführung mit Schwenkfenstern ist die vordere Führungsschiene verschraubt.

Jetzt hebt man das Türfenster aus dem Türschacht und zieht die hintere Führungsschiene heraus. Das Gestänge am Türgriff entfernen, Türgriff abschrauben und herausnehmen. Die U-Sicherung am Schließzylinder wegnehmen, den Schließzylinder herausheben. Zum Schluß die Türscharnierbolzen heraustreiben und die Tür abnehmen. Ab Herbst 1970 sind die Türscharniere angeschraubt, so daß man die Türen abschrauben kann.

Tür einbauen

Türscharniere anschrauben oder Türscharnierbolzen eintreiben. Schließzylinder einsetzen. Türgriff und Türschloß einbauen, Gestänge zum Türgriff einhängen. Als nächstes kommt das Fenster an die Reihe: Fensterführung

Wenn man an der Tür- oder Fensterbetätigung der Tür hantieren will, muß man den Türinnenbezug abnehmen. Das geschieht wie auf dem Foto, indem man an einer Ecke einen flachen Schraubenzieher oder eine Messerklinge zwischen Bezug und Lack schiebt, und die erste Federklammer vorsichtig heraushebelt, bis man den Bezug mit den Fingern fassen kann. Dann kann man den Bezug Stück für Stück gegen sich ziehen. Dabei aufpassen, daß das gute Stück nicht abknickt. Die darunterliegende Kunststoff-Folie zieht man vorsichtig soweit ab, daß man arbeiten kann. Sie darf nicht zerreißen, denn sie wird später wieder festgeklebt.

am Türschloß einsetzen und festschrauben, Fenster vorsichtig einführen, Fensterführung von außen in den Fensterschacht einführen. Dann wird die Fensterführung oben angenietet und unten festgeschraubt, wie bereits gesagt, ist beim Schwenkfenster auch die vordere Führung verschraubt. Fensterschachtleisten einführen, Fensterkurbelapparat festschrauben, die Fernbetätigung des Innengriffs einführen und befestigen und das Gestänge mit dem Türschloß verbinden. Beim Anbau der Fensterkurbel darauf achten, daß sie bei geschlossenem Fenster nach vorn zeigt.

Türaußengriff auswechseln

Dazu soll das Türfenster geschlossen sein. Dann nimmt man Innengriff, Fensterkurbel, Armlehne und Innenverkleidung ab. Die hintere Schraube des Türaußengriffs von innen herausdrehen, ebenso die vordere Schraube, danach kann man den Griff außen mit der Rosette abnehmen. Der Einbau geschieht in umgekehrter Reihenfolge.

Türschließkeil erneuern und einstellen

Der Ausbau ist einfach, weil man an der Schmalseite der Tür nur die drei Kreuzschlitzschrauben herausdrehen muß, um den Schließkeil abnehmen zu können. Zum Einbau müssen der Schließkeil und die Unterlage angebracht und die Schrauben eingedreht werden. Der Schließkeil muß sich jedoch mit der Hand hin- und herbewegen lassen. Dann drückt man den Schloßzylinder der Tür nach innen und schließt die Tür. Die Tür muß jetzt bündig mit dem hinteren Teil der Karosserie stehen. Falls sie das nicht tut, dann den Schließkeil entsprechend verschieben. Noch einmal Tür schließen und prüfen. Stimmt alles, dann die Tür vorsichtig öffnen, damit die Stellung des Schließkeils nicht mehr verändert wird und die Schrauben so fest als möglich anziehen.

Türen justieren

Zum Richten der Türen ist es notwendig, die Halteschrauben an den Türscharnieren (erst ab Herbst 1970) zu lösen. Solches Justieren einer Tür wird beispielsweise notwendig, wenn sie geöffnet auf den Bürgersteig aufgeschlagen ist und nun etwas verkantet im Türausschnitt sitzt oder sich durch Anprall etwas verschoben hat. Dieses Justieren ist für den Mann in der Werkstatt sehr einfach; er braucht dazu nur einen Hammerstiel und ein besonderes Richtwerkzeug, das man als Selbsthelfer natürlich nicht hat. Damit werden je nach Bedarf die Türscharniere etwas gebogen oder gespreizt. Weil dazu neben dem Richtwerkzeug einige Erfahrung gehört, läßt man diese zeitlich nicht aufwendige Arbeit – nicht aufwendig, falls sonst

nichts beschädigt ist – in der Ford-Werkstatt machen. Die Scharnierschrauben brauchen nur gelöst zu werden, falls die Tür zugleich mit der Scharniersäule „bündig" (flächengleich) gestellt werden muß.
Selbst helfen kann man sich jedoch, wenn eine Tür in ihrem Rahmen klappert, also nicht ganz klapperfest geschlossen ist oder falls die Tür nicht „bündig" (= flächenglatt) zur Schloß-Säule sitzt. Voraussetzung ist dazu aber der Ribe-Schrauben-Spezialschlüssel.
Soll die Tür nur bündig zur Schloß-Säule gestellt werden, ist die Schließplatte in die der Schließkeil der Tür einrastet, zu verstellen, bis die eingerastete Tür flächengleich zur übrigen Karosserie sitzt. Sitzt die Tür an sich gut, klappert jedoch, wird nach dem gleichen Lösen der Schrauben nur die Oberkante der Schließplatte etwas nach innen gedrückt. Geht die Tür erst bei starkem Druck zu, muß die Oberkante der Schließplatte etwas nach außen gedreht werden.

Fingerzeige: *Schwergängige und korrodierte Schließzylinder und Türdrücker kann man mit modernen Sprays, z. B. Teroson mo, Aral Intact, Molykote MoS_2-Oil etc. wieder gängig machen. Schlüssel mit der Spitze ins Schloß stecken, damit man durch den geöffneten Schließzylinder-Vorhang einsprühen kann.*
Die Schlösser dürfen nicht mit festem Graphitpuder geschmiert werden. Trockengraphit wird von dem Schlüssel ständig nach hinten geschoben und macht eines Tages ein völliges Einschieben des Schlüssels unmöglich. Die Folge sind hohe Kosten, da das Schloß ausgebaut, auseinandergenommen und gereinigt werden muß.
Von den genannten Sprays auch einige Tropfen an den Verriegelungsstiften entlang in die Tür träufeln. Das beugt dem Festfrieren der Stifte durch herablaufendes Kondenswasser vor und pflegt auch deren Gummidichtungen, die zum Herausrutschen neigen.
Da die Schließzylinder, auch an der Heckklappe, schon bei geringen Frosttemperaturen zum Einfrieren neigen, sollte man immer einen Defroster-Spray in der Manteltasche haben. Es gibt sehr kleine Sprays, die in der Tasche nicht auffallen, z. B. Aral-Türschloß-Baby oder auch Teroson mo.

Abdichtgummi der Türöffnung erneuern

Zuerst muß die Aluminiumschiene am Einstieg abgeschraubt werden. Dann kann man den Abdichtgummi von der Innenkante der Türöffnung abziehen. Kantenschutz und Dichtgummi sind ein Teil.
Der neue Abdichtgummi wird mit einem Gummihammer auf die Innenkante der Türöffnung geschlagen. Beim Anschrauben der Aluminiumschiene ist darauf zu achten, daß beide Enden des Gummis fest unter der Schiene sitzen.

Dichtgummi am Türschacht

Das Türfenster wird ganz nach unten gekurbelt. Man faßt das Gummi am hinteren Ende und zieht es nach oben außen aus dem Schacht. Genau gleich geht man auch beim inneren Dichtstreifen vor. Zum Einbau werden zuerst der innere Dichtstreifen, dann die äußere Dichtung genau angesetzt und nach unten in die Sicherungsspangen gedrückt.

Die Scheiben

Es mag Sie interessieren, daß Windschutz- und Heckscheibe nirgends am Karosserieblech anliegen, sondern kleiner als der Fensterausschnitt der Karosserie sind und nur von dem doppelt-T-förmigen Profilgummi gehalten werden. Das bedeutet, daß sich solch eine Scheibe, wenn ihre Öffnung bei einem

Die Kurbelfensterführung und das Dreieckfenster einer hinteren Escort-Tür. Die Zahlen bedeuten: 1 – Mittelstrebe, 2 – Niet, 3 – Sechskantschraube mit Scheibe, 4/5 – vordere und hintere Kurbelfensterführung (im Kreis das Führungsprofil im Querschnitt), 6 – Scheibe, 7 – Einfaßgummi der Dreieckscheibe (im Kreis das Profil im Querschnitt), 8 – Dreieckfensterscheibe.

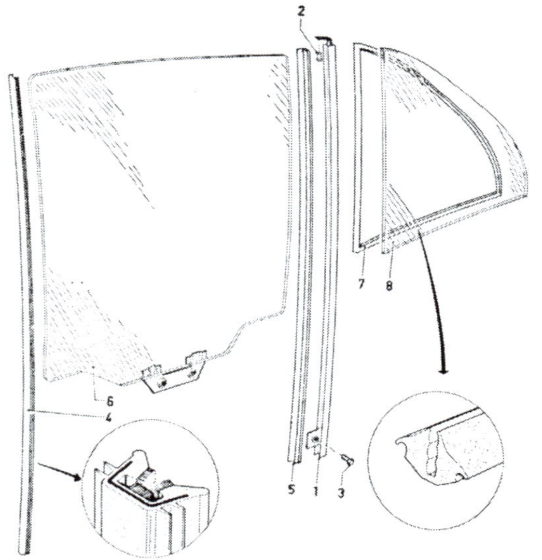

Unfall mal als Notausgang benutzt werden muß, mit den Füßen, dem Arm oder der Schulter ohne weiteres nach außen drücken läßt. Das ist besser, als sie mit der Faust oder einem harten Gegenstand zerschlagen zu wollen.
Das bedeutet auch, daß Sie, falls Sie unbedingt in Ihren verschlossenen Ford rein müssen – Schlüssel verloren – auf keinen Fall eine Scheibe Ihres Wagens einschlagen müssen; das wird viel zu teuer! Sie brauchen nur an der hinteren festen Seitenscheibe oder der Heckscheibe den Profilgummi um die Scheibe mit einem Messer zur Hälfte aufzuschneiden, die Chromumrandung zu entfernen, und die unzerbrochene Scheibe mit leichter Hand herauszunehmen, um durch diese Öffnung kriechen zu können und die Tür von innen zu öffnen. Die Scheibe wird in der Werkstatt für einige Mark eingesetzt.

Wenn die Kurbelfenster klemmen

Wenn sich die Fensterscheiben in den Türen nur schwer auf- und abwärts drehen lassen, muß es nicht unbedingt am Kurbelmechanismus liegen, dessen Ausbau und Überprüfung ja ziemlich umständlich ist. Zuerst sollten Sie deshalb prüfen, ob die Fensterscheiben beim Drehen der Kurbel verkanten und dadurch klemmen. Dann haben sie in den Fensterführungen zu viel Spiel. Der Fehler ist durch einen schmalen Pappestreifen zu beheben, der bei heruntergekurbeltem Fenster innen in die Fensterführung eingelegt wird. Da Pappe jedoch aufquillt, würden wir einem entsprechend schmal geschnittenen Streifen Resopal den Vorzug geben. Dann kann sich die Scheibe nicht mehr verkanten. Sitzt jedoch etwa eine neu montierte Scheibe zu stramm in der Fensterführung, kann man deren Seitenkanten mit Vaseline einreiben, wodurch die Scheibe „wie geschmiert" laufen wird. Tut sie es doch nicht, Kurbelmechanismus inspizieren.

Dreieckfenster erneuern

Dazu muß zuerst das Kurbelfenster mit Führungen und Kurbelapparat demontiert werden, siehe Absatz „Tür auswechseln" in diesem Kapitel. Dann sind oben außen zwei Nieten an der vorderen Führungsschiene auszubohren, unten wird das Fenster von einer Schraube gehalten, die herausgedreht werden muß. Dann drückt man die Führungsschiene oben nach hinten und nimmt das Dreieckfenster mit Dichtgummi aus dem Türrahmen.
Beim Einbau muß das Fenster oben neu vernietet werden.

Das kleine Hebelchen neben der Schloßfalle ist der Betätigungshebel für die Kindersicherung an den hinteren Türen der Escort-Viertürer. Ist die Sicherung eingeschaltet, kann die rückwärtige Tür nicht mehr von innen geöffnet werden, spielende Kinder sind also so sicher wie im Zweitürer untergebracht.

Frontscheibe auswechseln

An Front und Heck baut Ford Scheiben aus gehärtetem Sicherheitsglas ein. Beim Zerspringen tritt eine Feinsplitterung ein, wobei sich zur Scheibenmitte hin größere Splitter ergeben. So kann man auch nach dem Bersten der Scheiben noch etwas sehen und bis zur nächsten Werkstatt fahren. Für die nicht splitternde Verbundglasscheibe muß man leider Aufpreis bezahlen. Der Scheibenausbau braucht aber nicht erst dann aktuell zu werden, wenn die Scheibe zerplatzt oder beschädigt ist. Auch Wasserundichtigkeit kann zum Ausbau zwingen, wenn Scheibenzement, in die Dichtung gedrückt, keine Abhilfe bringt. Dann wird eventuell gleich ein neuer Fenstergummi nötig, falls der alte spröde und rissig ist.

Zum Ausbau zunächst mit einem Messer, Brieföffner, oder noch besser einem Hartholzspan die Dichtlippe außen und innen vom Blech lösen. Bei Verbundglasscheiben muß die innere Dichtlippe mit einem Messer rundherum abgeschnitten werden. Beim Lösen des Dichtprofils darauf achten, daß der Lack nicht verkratzt wird. Sodann den Zierrahmen abnehmen. Dazu erst die Schiebemuffe in der Mitte der Fensterunterkante mit einem Hammer und einem schräg angesetzten, scharfkantigen Hartholzklötzchen beiseiteschlagen, damit der Zierrahmen mit einem Schraubenzieher aus dem Gummiprofil gehebelt werden kann. Beim Abnehmen den Zierrahmen nicht abknicken! Dann drückt man die Scheibe mitsamt dem Gummiprofil von innen nach außen aus dem Fensterausschnitt, wobei man unbedingt einen Helfer braucht, der von außen gefühlvoll gegen die Scheibe drückt und sie auffängt, wenn sie aus dem Rahmen springt.

Zersplitterte Scheiben außen und innen mit Folie und Papier bekleben, damit die Splitter nicht herausfallen (meist bleibt ja die zersplitterte Scheibe im Rahmen stecken). Das Armaturenbrett mit Papier abdecken, denn dort hineingefallene Splitter sind nur sehr mühsam wieder herauszuholen.

Dann werden an Scheibe, Blech und in den Rillen des Profilgummis die Reste der alten Dichtmasse gründlich abgekratzt.

Zum Einbau die Scheibe auf einen weich abgedeckten Tisch legen, damit ihr nichts passiert. Dann im Gummiprofil in die hintere Nut mit der kurzen Dichtlippe eine starke Schnur oder weichen Draht einführen, und zwar so, daß sich die Schnur seitlich links oder rechts unten um etwa 10 cm überlappt und die Enden ca. 20 cm heraushängen. Man kann nun, ehe das Gummiprofil um die Scheibe gelegt wird, in die Scheibennut des Profils Dichtungsmasse aus dem Ford-Ersatzteillager oder Scheibenzement vom Zubehörhandel einbringen, oder – wie es die Werkstatt macht – die Dichtmasse erst nach dem Scheibeneinbau mit der Handpumpe unter die Dichtlippen pumpen. Abgedichtet wird die Frontscheibe nur oben und seitlich, unten kann man die Dichtmasse sparen, die Scheibe ist dort auch so dicht.

Das Einsetzen der Scheibe geht so vor sich: Scheibe mit dem angelegten Gummiprofil von außen ansetzen, so daß die überlappenden Schnur-Enden nach innen hängen. Die Scheibe an den Rahmen anpassen und dort – man muß unbedingt zu zweit sein – wo sich die Schnur-Enden überschneiden, fest andrücken. Nun hält der Helfer die Scheibe außen fest, der andere Mann geht in den Innenraum und zieht abwechselnd an dem einen und anderen Schnur-Ende, was bewirkt, daß die Gummidichtlippe stückweise über den Fensterrahmen gezogen wird. Der Helfer außen muß jeweils dort, wo innen gerade gezogen wird, außen die Scheibe fest andrücken. Das Herausziehen der Schnur immer an der Fensteroberseite beenden und anschließend kontrollieren, ob das Gummiprofil überall gut anliegt. Gegebenenfalls mit einem Gummi- oder Holzhammer von außen leicht auf das Profil schlagen.

Nach dem Einsetzen der Scheibe wird die Schnur außen in die Profilnut eingelegt, die den Zierrahmen aufnehmen soll. Die Werkstatt benutzt dazu ein Kupferrohr, durch das die Schnur wandert und das gleichzeitig die Nut erweitert. Im Fachhandel gibt es dazu auch spezielle „Einreisser". Man kann die Nut aber auch mit anderen Hilfsmitteln spreizen. Dann den Zierrahmen ansetzen und die Dichtlippe durch Ziehen an der Schnur aufweiten, so daß mit kräftigem Andrücken die Zierleiste Stück für Stück eingesetzt werden kann. Leichter geht es, wenn man die Zierleisten-Dichtlippe mit Glyzerin einsalbt. Zum Schluß die Verbindungsmuffen aufsetzen.

Bei der Heckscheibe und den hinteren Seitenscheiben ist die Arbeitsreihenfolge gleich wie bei der Frontscheibe.

Fingerzeig: *Nie die Frontscheibe trocken putzen. Es entstehen feine Kratzer, die bei Nachtfahrt störende Reflexe ergeben.*

Gute Stube

In einem sauberen Auto fährt es sich behaglicher als in einem muffigen. Der Aufwand für Sauberkeit und Pflege ist nicht hoch, die Mühe lohnt auf jeden Fall: und sei es für den Verkauf an die zweite Hand.

Verkleidungen pflegen

Die Pflege der Tür- und Innenverkleidungen wird dadurch sehr vereinfacht, daß sie aus unempfindlichem Kunststoff gefertigt sind, ebenso die Armaturenbrettverkleidung und der Dachhimmel.
Verschmutzte Kunststoffbezüge reinigt man mit handelsüblichen Kunstlederreinigern: Schaum oder Flüssigkeit mit Schwamm auftragen, in die Narbung und die Prägerillen einwirken lassen und abwaschen. Man kann aber ohne Risiko auch eine milde Lösung eines Haushaltsspülmittels verwenden. Wichtig ist, daß man den Schmutz aus der Narbung herausholt. Das schafft man am besten durch Abwaschen mit einer Bürste, nachher den Bezug mit einem Fensterleder trockenreiben. Die Bodenmatten kann man waschen mit einem milden Reinigungsmittel, Teppichmatten jedoch besser aber absaugen, ausklopfen oder feucht reinigen. Vor dem Einlegen gründlich trocknen.

Bodenbelag herausnehmen

Während die Gummimatten leicht herauszunehmen sind, hat Ford die Bodenteppiche, die den ganzen Fußraum verkleiden, an den Einstiegkanten und am Getriebetunnel unter Metalleisten geklemmt. Diese muß man erst abschrauben, ehe der Teppich herausgenommen werden kann. Allerdings ist das bei der Teppichverkleidung nicht so oft nötig wie bei den Gummimatten, denn die Teppiche sind an der Unterseite mit Kunststoff beschichtet, so daß nur wenig Wasser und Schmutz auf das darunterliegende Blech durchkommen. Trotzdem sollte man wenigstens einmal im Jahr, etwa beim Großreinemachen im Frühjahr, unter dem Teppich nach dem rechten sehen. Haben Wasser und Schmutz zum Rosten des Wagenbodenblechs geführt, sollte man den Boden entrosten oder mit Rostumwandler bestreichen und das Ganze mit Metallack überlackieren.

Fondseitenverkleidungen ausbauen

Dazu müssen Sie die hintere Sitzbank herausnehmen, ebenso das Rückenpolster. Dann wird die Blechzunge, die die hintere obere Ecke der Verkleidung hält, nach oben gedrückt, ebenso die Blechzungen im unteren Bereich, worauf Sie die Verkleidung abnehmen können. Befestigungsspange am Aschenbecher lösen und den Aschenbecher aus der Verkleidung herausnehmen. Der Einbau geht in umgekehrter Reihenfolge vor sich, also Aschenbecher einsetzen, Verkleidung ansetzen und die Federclipse eindrücken, Blechzungen umbiegen.

Der Dachhimmel

Wie man den Kunststoffbezug pflegt, haben wir bereits gesagt. Der Aus- und Einbau des Dachhimmels kann notwendig werden, wenn der Bezug durch einen nicht reparierbaren Riß beschädigt worden ist. Jedoch ist die Arbeit so umfangreich, daß man sie besser der Werkstatt überläßt. Dort ist man mit den Arbeiten vertraut und macht sie schneller und – alles zusammen gerechnet – meistens auch billiger. Denn um überhaupt erst am Himmel arbeiten zu können, müssen vorher u. a. folgende Teile abgebaut werden: Batteriekabel, alle Sitze, Scheiben mit Dichtungen, Sonnenblenden, Innenleuchte, Innenspiegel, teilweise die Türdichtungen.

Türdichtungen pflegen

Die Türgummis tragen wesentlich zur Klapperfreiheit, Zugluft- und Wasserdichtigkeit des Escort bei. Deshalb gilt es, die Elastizität dieser Dichtungen zu erhalten. Zur Pflege eignen sich Talkumpuder und Glyzerin am besten, man kann es auch zu einer Paste mischen. Im Ford-Ersatzteillager gibt es auch spezielles Gummipflegemittel. Es ist ausreichend für die Pflege, wenn man die Gummis etwa alle drei Monate einreibt.
Spröde, gerissene Dichtungen möglichst bald auswechseln, da sie nicht mehr richtig abdichten können und auch Klappern begünstigen. Die Dichtungen sind auf dem Blech festgeklebt. Gealterte Dichtungen werden einfach abgerissen. Bevor man neue Dichtungen mit Gummikleber anbringt, unbedingt die Reste des alten Klebers vom Blech entfernen.

Die Sitze

Wie man die Vordersitze verstellt, ist in der Betriebsanleitung Ihres Escort genau beschrieben. Ausgebaut werden sie komplett mit den Sitzschienen, indem man die Sechskantschrauben herausdreht, mit denen die Stützen auf dem Wagenboden befestigt sind. Sollten sich die Sitze schwer verschieben lassen, müssen die Sitzschienen gereinigt und leicht eingefettet werden.
Beim Ausbau der Rücksitzbank dreht man zuerst die Kreuzschlitzschraube heraus, welche die Bank vorn in der Mitte über dem Kardantunnel festhält. Dann kann man die Bank aus ihrem Rahmen herausheben. Zum Ausbau der Rückenlehne müssen Sie vier Schrauben entfernen: Im Innenraum unten außen an der Rückenlehne, wo sie gegen die Radkästen geschraubt ist, im Gepäckraum oben, wo die Lehne an die Ablage unter dem Heckfenster geschraubt ist.

Polsterreparaturen

Selbst bei bester Innenraumpflege werden mit der Zeit die Sitzpolster verschlissen und reißen da und dort ein. Man kann entsprechend vorbeugen und sich beizeiten Polsterschonbezüge kaufen. Aber sehr wirtschaftlich ist das nicht, denn Schonbezüge sind teuer und der Originalbezug, auf den ein kluger Gebrauchtwagenkäufer zuerst schaut, falls ihn der Wagen interessiert, wird davon auch nicht neu.
Also lieber gleich einen neuen Original-Polsterbezug – oder selbstgeschneidert. Die Polsterschneiderei ist nämlich gar nicht so schwer für jemand, der mit Schere und Nähmaschine umgehen kann. Die Ösen und Haken der Polsterbezüge lassen sich leicht vom Sitzrahmen lösen (Ausbau der Sitze, siehe vorigen Abschnitt). Dann wird der verschlissene Polsterbezug zum Maßnehmen auf den neuen Stoff gelegt (wir würden Cordsamt dazu empfehlen, denn er ist unempfindlicher als er aussieht, läßt sich durch Längsrippung leicht verarbeiten und sieht ausgesprochen individuell und „vornehm" aus) und mit entsprechenden Nahtzugaben zugeschnitten. Vielleicht lassen sich noch die Kunststoff-Seitenteile und -Rückseiten der Polsterbezüge verwenden. Sie müssen mit weiten Nähstichen in mehreren Nähten nebeneinander an den Stoff genäht werden, damit der Kunststoff nicht wie perforiert in der Naht ausreißt.

Sicherlich sind auch Teile der Sitzfederung und der Unterpolsterung durchgesessen, wenn der Polsterbezug repariert werden muß. Merken Sie sich gut, um welche Teile es sich handelt, und lassen Sie sich im Ersatzteillager Ihrer Ford-Werkstatt das betreffende Bild im Ersatzteilkatalog zeigen, damit auch wirklich das genau richtige Teil für Sie bestellt wird.

Polster reinigen

Für die Bezüge hat Ford eine Kombination von Kunstleder und Stoff gewählt. Vollkunstlederbezüge stehen gegen Aufpreis zur Wahl. Wir würden sie jedoch nicht nehmen, da man auf dem Kunstleder leicht ins Schwitzen kommt. Empfindlich sind die Stoffbezüge nur gegen Verschmutzung und Flecken. Glücklicherweise kann man sie mit allen Mitteln behandeln, die auch im Haushalt zur Fleckenentfernung benutzt werden. Deshalb zu Ihrer Erleichterung einige Tips aus der Hausfrauenpraxis: Die Stoffpolsterung reinigt man mit dem Staubsauger oder einer mittelharten Bürste. Ausklopfen. Gegen Flecken kann man mit Schaumwaschmittel vorgehen. Auch Fleckenwasser möglich. Aber unbedingt den Stoff vorher säubern und entstauben, sonst gibt es Schmutzränder. Das Fleckenwasser oder Reinigungsmittel auf einen Lappen gießen, nicht direkt auf den Fleck.
Blutflecken entweder mit kaltem Wasser und weichem Lappen oder mit einem ammoniakgetränkten Lappen entfernen. K2r oder Tetrachlor-Kohlenstoff gegen Schuhcremeflecken, Lippenstiftspuren. Fleck mit Tetra befeuchten, Löschblatt auflegen. Bei besonders diffizilen Flecken fragt man am besten vor dem Reinigen die Hausfrau.
Die Kunstleder-Sitzbezüge reinigt man wie die Seitenbezüge und den Dachhimmel entweder mit einem Haushalts-Schaumreiniger oder mit einem Kunstlederreiniger (Zubehörhändler, Tankstellen). Das Kunstleder ist in dieser Beziehung nicht empfindlich.

Sicherheitsgurte

Ford hat im Escort durch vorbereitete Gewindelöcher vorgesorgt, daß man alle Arten der Sicherheitsgurtausführungen montieren kann. (Wir raten zu einem Automatik-Dreipunktgurt).
Wenn Sie die Gurte nicht im Ford-Ersatzteillager sondern beim Zubehörhändler kaufen, müssen Sie den Wagentyp angeben. Die Gurtpeitschen (am Boden befestigtes Teil mit dem Gurtschloß) gibt es in unterschiedlichen Längen. Bei richtiger Einbaulänge dürfen die Gurtschlösser nicht am Körper anliegen.

Armaturenbrett-abdeckung

Wie der Instrumententräger ausgebaut wird, haben wir schon im Kapitel „Instrumente und Geräte“ beschrieben. Will man die weitere Abdeckung des Armaturenbretts ausbauen, muß zuerst die Tachowelle und der Instrumententräger ausgebaut werden. Dann innen am Armaturenbrett zwei Muttern abschrauben, die Blechzunge geradebiegen und die Abdeckung vorsichtig abheben.
Beim Einbau der Sicherheitsabdeckung müssen Sie auf die Stellung der Blechzunge achten. Man verdreht sie so, daß die Abdeckung fest am Armaturenbrett anliegt.

Gepäckraum nicht vergessen

Bei manchen Fahrern sieht der Gepäckraum aus wie eine vermoderte Gruft, und ähnlich ist auch sein Zustand. Man sollte aber den Kofferraum nicht vergammeln lassen, sonst riecht es im Innenraum nebenan bald muffig. Roststellen möglichst bald beseitigen und überlackieren. Hin und wieder auch Reserverad- und Tankmulde an den Gepäckraumseiten sauberwischen.

Lebensverlängerung

Was in diesem Kapitel zusammengefaßt steht, berührt sowohl die Kapitel Karosserie und Arbeiten im Innenraum als auch das Kapitel Winterschutz. Darüberhinaus sind hier Beratungstips für die Werterhaltung des Ford Escort festgehalten, basierend auf den Erfahrungen der Praxis.

Die Rostplage

Rostbildung kann man nur durch Vorbeugen und sorgfältige Lack- und Chrompflege eindämmen. Ganz verhindern kann man sie nicht, wohl aber den Zeitpunkt des Auftretens und allzu große Ausbreitung hinauszögern. Wenn man den Lack bei jeder Wagenwäsche beobachtet und leichte Steinschlagschäden gleich mit Rostumwandler behandelt, dann mit dem Lackpinsel überstreicht, ist schon die Basis fürs Weiterrosten entzogen.
Besonders gefährdet ist die Frontpartie unter der Stoßstange. Wer dort keinen Wert auf Schönheit legt, kann die Partie mit schwarzem Bitumen- oder Kautschuklack aus der Sprühdose übersprühen und hat dann für die nächste Zeit Ruhe. Weitere Maßnahmen siehe Kapitel „Lackpflege".

Rost am Wagenboden

Der Escort-Fußraum ist eigentlich gut gegen Eindringen von Wasser und Schmutz geschützt, denn die Fußmatten sind aus einem Stück verlegt und auch seitlich hochgezogen. Außerdem ist die Matte unten mit Kunststoff beschichtet, so daß keine Feuchtigkeit bis aufs Blech durchdringen kann. Trotzdem sammelt sich im Lauf der Zeit Feuchtigkeit unter der Matte. Zum Teil kann es seitlich vorn einsickern, zum Teil ist es auch Kondenswasser, und vielleicht hat die Kunststoffschicht einen Riß bekommen. Jedenfalls schadet es nichts, wenigstens ein- bis zweimal im Jahr unter der Matte nach dem Rechten zu sehen. Falls Wasser vorhanden ist, muß dieses aufgetrocknet, die Matte ausgetrocknet werden. Und wenn Rostansatz zu sehen ist, muß dieser entfernt, der Wagenboden neu bestrichen werden. Entweder mit Rostprimer, Zinkfarbe oder schlichtem schwarzem Metallack aus dem Farbengeschäft – es kommt dort unten ja nicht auf Schönheit an. Aber der TÜV achtet besonders auf durchgerostete Bodenbleche.

Lohnt sich Unterbodenschutz?

Erschreckend rostet im Winter das Fahrwerk und der Unterboden vor sich hin, wenn es ungeschützt dem aggressiven Salzwasser aus Schneematsch und Auftausalzen ausgesetzt ist. Besonders heimtückisch ist dabei, daß diese Salze in den unzugänglichsten Winkeln und Hohlräumen der Karosserie antrocknen und auch den folgenden Sommer hindurch immer wieder gierig Spritzwasser aufsaugen und bösartige Rostnester bilden. Mit diesem Bild vor Augen wird man zwangsläufig auf die Frage kommen, ob man dem Escort einen Unterbodenschutz spendieren soll, zumal ab Werk nur die Radkästen ausgespritzt sind, und zwar aus Geräuschdämpfungsgründen mit Antidröhnmasse.

Bei einem älteren Gebrauchtwagen sollten Sie sich keinen Illusionen hingeben; hier hilft kein Unterbodenschutz mehr, wenn der oder die Vorbesitzer bislang nichts zum Schutz der Unterseite getan hatten. Unterbodenschutz auf vorhandenen Rost aufzutragen, hat allenfalls moralische Wirkung – der Rost setzt seine Tätigkeit dann eben vorläufig unsichtbar fort. Wer gar vor dem TÜV-Termin noch schnell etwas Unterbodenschutz auf durchgerostete Bleche kleistert, wird mit hundertprozentiger Sicherheit wieder nach Hause geschickt und muß das kunstvolle „Make-up" durch handfeste Bleche ersetzen (hierfür gibt es von verschiedenen Firmen spezielle Reparaturbleche zum Einschweißen). Wenn Sie aber ein gepflegtes Exemplar Ihr eigen nennen, das bereits in zurückliegender Zeit einen richtigen Unterbodenschutz erhielt, oder einen neueren Escort besitzen, der ab Werk bereits einen Unterbodenschutz besitzt, dann sollten Sie diese Schutzschicht weiterhin erhalten.

Unterbodenschutz kontrollieren und ausbessern

Mindestens einmal im Jahr muß der aufgetragene Unterbodenschutz kontrolliert und eventuell nachgearbeitet werden. Wenn Sie einen hellen oder günstigen Arbeitsplatz haben, wo sich der Escort sicher aufbocken läßt, können Sie das selbst machen. Sie brauchen dazu eine helle Handlampe und ein Spachtelwerkzeug oder abgebrochenes Messer, mit dem Sie verdächtige Stellen ankratzen und damit prüfen können, ob der alte Unterbodenschutz nicht locker sitzt oder unterrostet ist. Um alle Ecken beobachten zu können, ist weiterhin ein Spiegel nützlich.

Nach einer gründlichen Unterwagenwäsche – am besten an einer Tankstelle, die ein Heißdampfstrahlgerät hat – werden alle schadhaften Stellen sorgsam ausgekratzt mit Spachtelwerkzeug, Schaber und Drahtbürste. Alle Rostansätze so weit wie möglich bis aufs blanke Metall abschleifen und den letzten Porenrost mit einem Roststopper „einbalsamieren". Bewährt hat sich dazu „Terotex Rostprimer" von Teroson, der zugleich die Haftfestigkeit des nachfolgenden Unterbodenschutzmaterials verbessert. Sogenannte Rostumwandler haben am Unterboden keinen Sinn, sie versprechen viel und halten wenig.

Zum eigentlichen Ausbessern benötigen Sie sowohl streichbares Material für die größeren Flächen und überall dort, wo Sie mit dem Pinsel hinkommen, denn es läßt sich dickschichtiger auftragen. Für schwer zugängliche Fugen und Ekken brauchen Sie außerdem eine Sprühdose mit Unterbodenschutz, am besten Tectyl von Valvoline, denn die Tectyl-Sprühdose hat einen schräg nach oben strahlenden Sprühknopf, was für diese Arbeit sehr praktisch ist.

Zum Sprühen montiert man die Räder ab und verdeckt die Bremsen mit Papierbogen gegen die schmierigen Sprühnebel.

Hohlraumversiegelung

Man soll die Vorbeugung zwar nicht übertreiben, sonst gibt man eventuell sein Geld für den Nachbesitzer aus. Aber zur Hohlraumversiegelung raten wir dann, wenn man den Wagen mindestens vier Jahre behalten will, also die gleichen Bedingungen vorliegen, die auch zur Entscheidung für einen Dauerunterbodenschutz geführt haben – auch wenn die Hohlraumversiegelung für den Escort mindestens 100 DM kostet.

Meist versiegeln die Vertretungen, die einen Unterbodenschutz ausführen, auch die Hohlräume. Dabei werden die Hohlräume angebohrt, eine rostschützende, isolierende Flüssigkeit wird eingesprüht, danach verschließt man die Bohrungen wieder mit Gummistopfen. Selbermachen lohnt kaum, es sei denn, Sie haben eine Bohrmaschine und können eine Spritzpistole ausleihen, die mit hohem Druck arbeitet (60 bis 80 atü).

Die Mittel für die Hohlraumkonservierung sind nicht mit den normalen Unter-

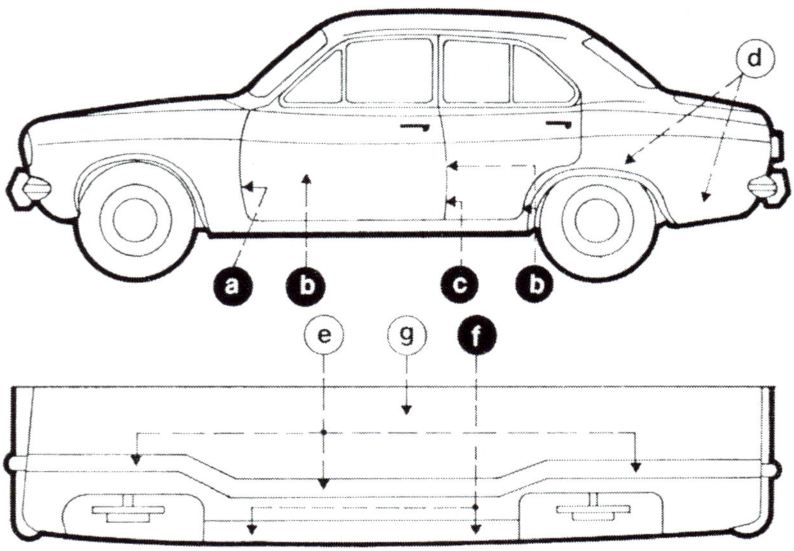

Hohlräume und Karosserieinnenseiten sind ständig vom Rostfraß bedroht. Deshalb sollte man schon beim Neuwagen eine Hohlraumversiegelung vornehmen lassen, wodurch Lebensdauer und Wiederverkaufswert bedeutend länger erhalten bleiben. Unser Arbeitsplan stammt von der Firma Pingo, 8042 Oberschleißheim, Freisinger Straße 26, die ebenfalls einen Hohlraumversiegler entwickelt hat, der in unzugängliche Ritzen kriecht und auch bereits vorhandenes Wasser unterwandert, sowie Weiterrosten verhindert. Die Buchstaben und Zeichen bedeuten: ● – Löcher müssen gebohrt werden, ○ – Löcher sind vorhanden, a – Türpfosten, b – Tür (anbohren oder Verkleidung abnehmen), c – Mittelpfosten (beim Viertürer), d – Seitenteil durch Gepäckraum, e – Längsträger, f – Einstiegschweller.

bodenschutzmitteln gleichzusetzen, denn sie müssen auch Feuchtigkeit, die selbst schon beim neuen Fahrzeug unvermeidbar ist und sich in solch einem Hohlraum gar nicht restlos austrocknen läßt, unterwandern und vorhandenen Rostanflug durchkriechen. Auch nicht die nächste Tankstelle oder Werkstatt, die solche Hohlraumversiegelung anbietet, ist für wirklich gute Arbeit geeignet. Bei dem Preis können Sie auch einige Bedingungen stellen:

■ Suchen Sie sich einen Spezialbetrieb, der für seine Hohlraumkonservierung einen guten Ruf hat. Oft machen Lackierwerkstätten diese Arbeit. Da sind Sie gut aufgehoben, denn dort sind die Leute besonders sorgfältige Arbeit gewohnt.

■ Lassen Sie sich bei der Vorbesprechung für diesen Auftrag (man will sich ja beraten lassen) den genauen Hohlraumkonservierungsplan für Ihren Escort mit der Skizze des Fahrzeugs so nebenbei mal zeigen, denn Sie möchten ja gerne wissen, was da alles an Ihrem Fahrzeug gemacht wird. Wenn man Ihnen solch einen Spezialplan für Ihren Escort nicht vorführen kann, dann gehen Sie gleich ein Haus weiter, auch wenn man Ihnen versichert, daß der Spezialist für diese Arbeiten das alles vorzüglich verstünde. Bei der Vielzahl der heutigen Personenwagen-Modelle ist es jedoch einfach unmöglich, daß auch der beste Spezialist an jedem Fahrzeug jene versteckten Stellen und Hohlräume findet, auf die es gerade ankommt. Da muß nach vorliegendem Plan gearbeitet werden, sonst ist es Pfusch. Solche Spezialpläne für die verschiedensten Auto-Modelle (wie wir ihn als Muster für den Escort zeigen) stellen die Firmen Dinol, Pingo, Teroson, Bostik, Ziebart und Valvoline (Tectyl) den Fachwerkstätten zur Verfügung.

■ Erkundigen Sie sich bei dem Vorgespräch auch mal so nebenbei, bei welcher Firma der betreffende Spezialist der Werkstatt einen Fachlehrgang mitgemacht hat. Wenn man Ihnen darauf keine Auskunft zu geben weiß, dann verabschieden Sie sich am besten baldmöglichst ohne Auftragserteilung. Denn eine Hohlraumkonservierung läßt sich nicht dadurch lernen, daß man einem Arbeiter eine Sprühpistole und eine Bohrmaschine für die Löcher in die Hand drückt. Das muß in einem ordentlichen Kursus erlernt und geübt sein.

Wenn diese Bedingungen für die Hohlraumkonservierung erfüllt sind und Sie bei der Arbeit möglichst noch ein wenig „interessiert" zugeschaut haben, dann ist Ihr Geld gut angelegt.

Beulen in der Haut

Das bei einem Zusammenstoß mit Gewalt hineingedrückte Blech will mit gleicher Kraft wieder in seine ursprüngliche Lage versetzt werden! Das ist nicht immer einfach, besonders wenn versteifende Hohlprofile mit im Spiel sind. Kleine Beulen kann man jedoch selbst beseitigen, wenn man einen Gummihammer und einen Faustkeil zum Gegenhalten besitzt. Der Gummihammer vom letzten Camping ist meist schlecht geeignet, weil seine Flächen von den Heringen verunstaltet sind. Man sollte schon die ca. 10 Mark für einen Gummihammer mit einer flachen und einer leicht gewölbten Schlagfläche dranrücken. Um genügend Wirkung zu erzielen, muß man auf der anderen Seite mit einer „Handfaust" gegenhalten. Handfäuste aus Spezialstahl gibt es im Fachhandel für etwa 16 bis 20 Mark, für den Privatgebrauch genügt eine Universal-Handfaust. Vor dem Aushämmern einmal versuchen, die Beule mit dem Handballen herauszudrücken.

Mit dem Ausbeulen beginnt man am Rand und setzt die Schläge stückweise immer weiter innen an. Natürlich kann dieses Verfahren nur ein Notbehelf sein – das Blech wird damit nie völlig glatt.

Spachteln und Lackieren

Die Feinbearbeitung der ausgebeulten Stelle mit Spachtel erfordert viel Geschick. Natürlich können Sie die einigermaßen herausgeklopfte Beule zur weiteren Behandlung der Karosserie- und Lackierwerkstatt überlassen, aber Sie können sich auch selbst helfen, wenn Sie einen geeigneten Arbeitsplatz haben: hell, trocken und staubfrei.

In den wenigen Zeilen, die für die Beschreibung unserer Spezialarbeit hier zur Verfügung stehen, läßt sich das fachgerechte Spachteln, Schleifen und Lackieren natürlich nur in Umrissen andeuten. Deshalb gibt es in dieser Buchreihe einen Sonderband (Nr. 45), der sich unter dem Titel „Die Auto-Karosserie" speziell mit deren Wartung und Instandsetzung befaßt. Darin ist natürlich auch in besonderen Kapiteln ganz genau beschrieben, mit welchen Hilfsmitteln in welcher Reihenfolge und in welcher Weise Karosserieschäden ausgebessert und nachlackiert werden. Alle „Wenn und Aber" sind dabei so ausführlich und genau dargestellt, daß eigentlich nichts schief gehen kann.

Doch hier einige grundsätzliche Hinweise: Mit irgend einem Spachtel und einer Lacksprühdose ist es nicht getan. Beim Spachtel kommt es auf die Tiefe der Einbeulung an. Bei Unebenheiten von mehr als einem Millimeter Tiefe brauchen Sie einen auch in dickeren Schichten auftragbaren Polyester-2-Komponenten-Spachtel (bekannt: „Prestolith"). Darüber kommt als letzter „Feinstrich" ein sogenannter Messer- oder Ziehspachtel, in der Regel als schnell trocknender Nitrokombinationsspachtel. Er ist aber für ein Millimeter und dickere Schichten völlig ungeeignet.

Zum Schleifen, damit die Reparaturstelle auch der früheren Blechform entspricht, braucht man eine ganze Reihe verschiedener Naßschleifpapiere von Körnung 80 bis mindestens Körnung 400 (bei Acrylharzlack bis zu Körnung 600). Als Werkzeug dazu glatt gehobelte Hartholzstücke, damit der Schliff vollkommen eben wird.

Außer dem farbgebenden Decklack brauchen Sie noch auf jeden Fall sogenannten Haftgrund (damit die ganze Lackaufbauschicht gut am blanken Blech haftet) und Füller (der die Poren der Spachtelschicht schließt und erst den Hochglanz des darüber gesprühten Decklacks ermöglicht). In den

gängigen Lacksprühdosensortimenten sind Haftgrund und Füller in einem doppelt verwendbaren Haftgrund-Filler kombiniert.
Wenn keine handwerksgerechte Lackierausrüstung zur Verfügung steht, kommen eigentlich nur die in tausenden Autofarbtönen erhältlichen Lacksprühdosen in Frage. Denn ein Farbanstrich mit dem Pinsel sieht auf einem Auto doch recht schäbig aus. Die verschiedenen Lacksprühdosenmarken haben verschiedene Lacklösemittel, man kann also nicht mit zwar gleicher Farbe aber anderer Marke sprühlackieren – die Lacke vertragen sich zumeist nicht miteinander.
Weitere Hilfsmittel sind Spachtelmesser, Naturschwamm zum Nachwaschen, Wassereimer, saubere fuselfreie Lappen und Zeit, denn zwischen jedem Arbeitsgang muß man das einwandfreie Abtrocknen abwarten.

Drahtseilakt

Mitunter kann es vorkommen, daß Ihr Escort weder mit Erfahrung noch mit gutem Zureden von der Stelle zu bewegen ist. Der Wagen muß abgeschleppt werden. Aber da das gewerbliche Abschleppen gleich teuer zu stehen kommt, versucht man erstmal, einen mildtätigen Zeitgenossen zu finden, der Sie ins Schlepptau nimmt.

Eigenes Seil ist besser

Ein Damenstrumpf, Bindfaden oder Draht kann keine dauerhafte Verbindung schaffen. Es muß ein solides Abschleppseil oder eine Abschleppstange sein. Und besonders vorteilhaft ist es, wenn sich dieses Seil im eigenen Wagen befindet, denn es ist ähnlich wie beim Reservekanister: im Ernstfall hat niemand einen dabei. Wenn Sie Ihr eigenes Seil im Bedarfsfall am Wagen befestigen und mit dem anderen Ende hilfeheischend winken, sieht jeder Autofahrer auf 100 Meter, was Ihr Problem ist und kann noch rechtzeitig bremsen. Der Zubehörhandel bietet ein reichhaltiges Angebot an Abschleppstangen und -seilen aus Perlon, Hanf und Stahl an. Jede Sorte hat ihre Vor- und Nachteile. Perlonseile dehnen sich zum Beispiel beim Anfahren, so daß selten etwas durch Rucken verbogen wird. Dafür sind sie scheuer- und hitzeempfindlich. Das Perlonseil muß verschiebbare Ledermanschetten haben, die man entsprechend dem Wagentyp verschieben kann, um das Seil vor scharfen Kanten und vor dem heißen Auspuff zu schützen. Hanfseile sind besonders preiswert, aber unelastisch, was man durch sorgfältiges ruckfreies Fahren ausgleichen muß. Stahlseile sind noch weniger nachgiebig, wenn sie keinen sogenannten Ruckdämpfer in der Mitte haben.

Schleppfahrt mit Gefühl

Wird eine Abschleppstange benutzt, so wird diese immer an den Stoßstangen befestigt. Die Stange hat außer der leichten Anbringung den Vorteil, daß es beim Abschleppen keine Rucke geben kann. In Schwierigkeiten kann man höchstens bei engen Kurven oder Einmündungen kommen, wenn man kein eingespieltes Team ist und keinen günstigen Kurveneinschlag zustande bringt. Nachteil der Stange: Sie ist teuer und nimmt im Escort-Gepäckraum relativ viel Platz weg.
Diese Sorge hat man mit dem Abschleppseil nicht, dafür ist einige Fahrkunst erforderlich. Muß der Escort abgeschleppt werden, befestigt man das Abschleppseil am Lagerloch des Stabilisators. Dazu muß man sich tief unter die vordere Stoßstange beugen. Keinesfalls das Seil um den Stabilisator selbst schlingen, er könnte verbogen werden. Am besten nimmt man den linken Stabilisator-Lagerbock. Dadurch hat der Fahrer des abgeschleppten Fahrzeugs das Seil direkt unter den Augen, denn er muß ja darauf achten, daß es immer straff gespannt ist. Außerdem sieht ein zum Überholen ansetzender Hintermann das Seil schneller und weiß, daß der Raum zwischen den beiden Wagen blockiert ist.

Will man selbst einen Hilfebedürftigen abschleppen, so schlingt man das Seil um das hintere Auge der Blattfeder, nicht jedoch um die beiden Federlaschen, zwischen denen die Feder liegt. Auch hier wählt man wieder aus den oben angeführten Gründen die Blattfeder der linken Wagenseite.
Und nun zum Schleppfahren selbst: Die Fußspitze hat der Fahrer des abgeschleppten Wagens stets in geringem Abstand über – nicht auf – dem Bremspedal. Wenn Sie der Abschleppende sind, weisen Sie den Fahrer, dessen Wagen Sie abschleppen, darauf hin. Es kommt darauf an, daß das Abschleppseil auch im Schub immer leicht gestrafft bleibt. Abrupte Reaktionen sind zu vermeiden. Dann bleibt auch das Rucken aus, das beim Anfahren oder Schalten die Gefahr birgt, daß das Seil reißt oder die Kräfte an den Anknüpfungspunkten zu stark werden. Der Fahrer des Abschleppwagens muß viel mit der Kupplung arbeiten, um die Übergänge beim Anfahren und Schalten weich zu gestalten. Vereinbaren Sie einige Zeichen untereinander vor Beginn der Abschleppfahrt. Wenn die Verständigung nicht klappt, oder wenn einmal ein Anfahrvorgang mißglückt ist, dann bremsen Sie zum Stillstand ab und wiederholen Sie den Anfahrvorgang.

Automatik im Schlepp

Ist der abgeschleppte Wagen mit einem automatischen Getriebe ausgestattet, muß der Wählhebel auf „N" gerückt werden. Lösen der Handbremse nicht vergessen und den Automatikwagen mit nicht mehr als 40 km/h und nicht weiter als 20 km schleppen, andernfalls sind Getriebeschäden möglich. Anschleppen oder Anschieben, z. B. bei leerer Batterie ist bei Automatikwagen nicht möglich! Nicht vergessen: Zündschlüssel auf Stellung „Garage"!

Eigenes Haus am Haken

Wenn Sie Ihren Escort öfter als Zugmaschine benutzen wollen, also um etwa einen Caravananhänger oder einen Lastanhänger zu ziehen, dann brauchen Sie eine vom TÜV abgenommene Anhängerkupplung. Vom Selbstanbau läßt man aber am besten die Finger, korrekter und schneller macht das die Ford-Werkstatt. Die Kosten dürften einschließlich Arbeitszeit 150 DM nicht viel übersteigen. Anhängelasten siehe technische Daten. Bei Caravan-Betrieb ist der Einbau eines Ölkühlers unbedingt zu empfehlen!

Abschleppen rechtlich gesehen

Das Abschleppen ist nach den Gesetzen eine Notmaßnahme. Es darf nur dazu dienen, einen aus eigener Kraft nicht fahrfähigen Wagen in die nächste Werkstatt – möglichst Ford-Werkstatt – oder zum Heimatstandort zu bringen. Für Gefälligkeits- oder Überführungsschleppfahrten haftet keine Versicherung. Der Fahrer des abschleppenden Wagens braucht keinen Führerschein Klasse 2, sondern nur der Klasse 3. Und vom Lenker des abgeschleppten Wagens wird gar kein Führerschein verlangt. Für das Abschleppen betriebsfähiger Wagen (z. B. wenn nur die Batterie leer ist) braucht der Lenker des abgeschleppten Fahrzeugs den Führerschein.
Die Versicherung des Abschleppenden kommt für Schäden auf, die während der Schleppfahrt entstehen, sofern dem Fahrer des abgeschleppten Autos nicht ein schuldhaftes Verhalten nachgewiesen werden kann. Daher sollte der Kavalier vor Beginn der Abschleppfahrt kontrollieren, ob für ihn ein ausreichender Versicherungsschutz besteht, also: Versicherungsprämie bezahlt? Fahrerlaubnis gültig? Verkehrssichere Reifen? Außerdem muß das abgeschleppte Auto zu lenken und zu bremsen sein, und der Lenker des abgeschleppten Wagens muß – auch ohne Führerschein lenken und bremsen können. Ein Wagen ohne Benzin darf nur dann abgeschleppt werden, wenn die nächste Tankstelle in für einen Fußmarsch unzumutbarer Ferne liegt.

Zahlen zählen

Freunde handfester Zahlen kommen hier auf ihre Kosten. Die folgenden Daten stellen den jüngsten Stand dar, wie sie bei Erscheinen des Buches Gültigkeit hatten. Als technische Daten bezeichnet man am Auto jedoch nicht nur das, was sich wiegen, messen oder sonstwie in Zahlen ausdrücken läßt. Auch die Kurzbeschreibung des Motors, der Karosserie und des Fahrwerks gehört dazu. Diese Zahlen können eines Tages für Sie von Interesse sein. Über Modelländerungen durch die Baujahre gibt das nachfolgende Kapitel „Entwicklungsjahre" Auskunft.

Typenübersicht

Dem Baukastensystem bei Ford entsprechend müssen beim Escort die Karosserien und Motoren gesondert betrachtet werden.

Modell	Typ	Version	Bezeichnung	Motor
2türig 4türig	ATH AFH	S	Escort	0,9 Ltr. HC (nur Export) 1,1 Ltr. LC 1,1 Ltr. HC 1,3 Ltr. LC 1,3 Ltr. HC
2türig 4türig	ATH AFH	D	Escort L	
2türig 4türig	ATH AFH	P	Escort XL	
2türig	ATH	G	Escort GT/Sport	1,3 Ltr. GT
Kombi	ADH	D	Escort Turnier	1,1 Ltr. LC/HC 1,3 Ltr. LC/HC

Typschild entschlüsselt

Die Nummer, die in der oberen Reihe des Typschilds steht, gibt Auskunft darüber, wo und wann Ihr Escort hergestellt wurde, wenn man sie zu lesen versteht. Hier haben Sie den Schlüssel, erklärt an der Nummer

```
GB  AT  KR  10008
||  ~~  ||  ~~~~~
12   3  45    6
```

1 – Der erste Buchstabe gibt das Ursprungsland an:
- G = hergestellt und montiert von Ford Deutschland
- E = hergestellt von Ford Deutschland, montiert von Ford außerhalb Deutschlands
- F = hergestellt von Ford Deutschland, montiert von Händlern außerhalb Deutschlands

2 – Der zweite Buchstabe gibt in Verbindung mit dem ersten an, wo der Wagen montiert wurde:
- (G) A = Köln, B = Genk, C = Saarlouis
- (E) D = Dänemark, B = Ägypten, R = Malaysia, T = Peru, P = Portugal, M = Süd-Rhodesien, S = Südafrika, J = Venezuela
- (F) C = Manila-Philippinen

3 – Diese Buchstabengruppe verdeutlicht den Typ: AT = 2türige Limousine, AF = 4türige Limousine, AD = 3türiger Kombi

4 – Der Buchstabe bezeichnet das Baujahr:

1968 = H	1970 = K	1972 = M	Die Buchstaben **I, O, Q** werden nicht verwendet.
1969 = J	1971 = L	1973 = N	
1974 = P, usw.			

5 – Ist der Baumonat:

	Jan.	Febr.	März	April	Mai	Juni
1965, 1969 etc.	J	U	M	P	B	R
1966, 1970 etc.	L	Y	S	T	J	U
1967, 1971 etc.	C	K	D	E	L	Y
1968, 1972 etc.	B	R	A	G	C	K
1973 etc.	J	U	M	P	B	R

	Juli	Aug.	Sept.	Okt.	Nov.	Dez.
1965, 1969 etc.	A	G	C	K	D	E
1966, 1970 etc.	M	P	B	R	A	G
1967, 1971 etc.	S	T	J	U	M	P
1968, 1972 etc.	D	E	L	Y	S	T
1973 etc.	A	G	C	K	D	E

6 – Am Schluß der Codebezeichnung steht die laufende Nummer. Es ist immer eine fünfstellige Zahl, die fortlaufend von 10 001 bis 99 999 vergeben wird.

Der Wagen mit der am Anfang genannten Nummer wurde also hergestellt von Ford Deutschland und montiert in Glenk. Es handelt sich um eine 2türige Limousine aus dem Baujahr 1970, Baumonat Oktober. Fürs Baujahr 74 trifft wieder die Reihe 1966/1970 zu.

Motorkennzeichnung

Außer der Motornummer, die aus den Kfz-Papieren hervorgeht, findet sich am Motorblock eine Codenummer, die Aufschluß über Literklasse, Motortyp, Version sowie Produktreihe im Zusammenhang mit der Leistung gibt. Sie finden Sie rechts am Motorblock (in Fahrtrichtung gesehen) ganz außen an der Schwungradseite auf einer Gußnase unterhalb der Auslaßkrümmerbefestigung.

Motor (Liter)	0,9 HC	1,1 LC	1,1 HC	1,3 LC	1,3 HC	1,3 GT
Motorcode	T2A	G1A	G2A	J1B	J2B	J3A

Außerdem ist auch der Zylinderkopf mit einer Kenn-Nummer versehen, die man nach Abnahme des Ventildeckels zwischen den Ventilfedern entdecken kann. Es bedeuten: 33 = 0,9 HC, 1,1 LC/HC, 37 = 1,3 LC/HC/GT Diese Kenn-Nummern können wichtig werden, falls man den Verdacht hegt, daß beispielsweise an einem Gebrauchtwagen manipuliert wurde.

Motor	flüssigkeitsgekühlter Vierzylinder-Viertaktmotor, Reihenmotor									
Einbaulage	Im Bug, längs im Motorraum stehend, über der Vorderachse, an 3 Punkten gummigelagert.									
Motortyp	1,1 LC	1,1 HC	1,3 LC	1,3 HC	1,3 GT	1,1 LC	1,1 HC	1,3 LC	1,3 HC	1,3 GT
Motorbezeichnung	A11L	A11H	A13L	A13H	A13S					
Motorcode	C	B	T	S	R	G1A	G2A	J1B	J2B	J3A
Leistung DIN-PS	**40**	**45**	**48**	**52**	**64**	**44**	**48**	**54**	**57**	**72**
bei U/min	5300	5300	5000	5000	5800	6000	5500	5500	5500	5500
Hubraum ccm eff.	1098	1098	1298	1298	1298	1071	1071	1263	1263	1263
Bohrung mm	80,98	80,98	80,98	80,98	80,98	80,98	80,98	80,98	80,98	80,98
Kolbenhub mm	53,29	53,29	62,99	62,99	62,99	53,29	53,29	62,99	62,99	62,99
Verdichtung	8,0:1	9,0:1	8,0:1	9,0:1	9,2:1	8,0:1	9,0:1	8,0:1	9,0:1	9,2:1
Kraftstoffsorte	N	S	N	S	S	N	S	N	S	S
Leistung PS/L	36,4	40,9	36,9	40,0	49,2	40,4	43,7	40,7	43,9	55,4
Drehmoment mkg	6,88	7,40	8,70	9,15	8,93	7,2	7,5	8,7	9,3	9,4
bei U/min	2800	2500	2500	2500	4000	3000	3000	3000	3000	4000
Mittl. Kolbengeschwind. m/sec	9,42	9,42	10,5	10,5	12,18	10,66	10,66	11,55	11,55	12,6
bei U/min	5300	5300	5000	5000	5800	6000	5500	5500	5500	5500

Ventilanordnung: im Zylinderkopf hängend, Steuerung über Stößel, Stößelstangen und Kipphebel mit Nockenwelle, Antrieb über Rollenkette

Steuerkette: Länge 438,38 mm, Teilung 9,53 mm, Rollen-⌀ 6,35 mm, Gliederzahl: 46

Ventilspiel						
Einlaß mm	0,25			0,30	0,25	0,30
Auslaß mm	0,45			0,55	0,45	0,55
Ventilhub						
Einlaß mm	8,00			8,66	9,22	9,032
Auslaß mm	8,09			8,53	9,482	9,075
Ventilzeiten	Einlaß öffnet	vor OT	17°	27°	21°	29°
	Einlaß schließt	nach UT	51°	65°	55°	63°
	Auslaß öffnet	vor UT	51°	65°	70°	71°
	Auslaß schließt	nach OT	17°	27°	22°	21°
		GT	RS			
bei Ventilspiel	Einlaß 0,25 mm	0,30	0,20	0,31	0,25	
	Auslaß 0,45 mm	0,55	0,25	0,56	0,43	

Ventilführung: Innen-⌀ 7,907-7,938, Länge Einlaß 46,2-46,7 mm, Auslaß 52,6-53,1 mm

Ventilsitzwinkel: Ein- und Auslaß 44°30' bis 45°

Ventilsitzbreite: Einlaß 1,6 mm, Auslaß 2,0 mm

Ventilteller-⌀: Einlaß 35,7-35,9 mm 38,0 38,02-38,28
Auslaß 31,5-31,75 mm 31,5 31,34-31,6

Ventilreihenfolge: A – E – E – A – A – E – E – A (A = Auslaß, E = Einlaß)

Zündfolge: 1 – 2 – 4 – 3 (Zylinder 1 = vorne beim Kühler)

Drehrichtung: des Motors: rechts herum entgegen der Fahrtrichtung gesehen

Kurbelwelle: fünffach gelagert, wird in zwei verschiedenen Kröpfungen geliefert: 1,1 LC und 1,3 LC/HC/GT

Lagerschalen: bei 1,1/1,3 LC/HC Stahlstützschalen mit Weißmetallauflage, bei GT Stahlstützschalen mit Kupfer-Blei- oder Blei-Bronce-Auflage

Pleuellager: Stahlstützschalen mit Kupfer-Blei- oder Blei-Bronce-Auflage. Im kleinen Pleuelauge Stahlbüchse mit Bronceauflage

Pleuelstangen: je nach Hub unterschiedlich lang

Kolben: mit halbkugelförmigem Brennraum im Kolbenboden, unterschiedliche Muldentiefe je nach Motor

Kolbenringe: 3: von oben = konischer Ring, abgestufter Ring, Ölabstreifring

Kolbenbolzen: im Kolben schwimmend gelagert (bei Betriebstemperatur) und durch Sprengringe gesichert, in kaltem Zustand hat der Kolbenbolzen in den Kolbenaugen Preßsitz-Passung

Schwungscheibe: Zahnkranz 132 Zähne, Gewicht bei 1,1 Ltr. und GT 7,58 kg, bei 1,3 Ltr. 8,39 kg, zul. Schlag der Scheibe 0,08 mm

Nockenwelle: dreifach gelagert (Stahlstützlager mit Weißmetall-Auflage) im Zylinderblock, Antrieb über Steuerkette. GT mit geänderter Nockenbahn und höherem Nockenhub

Kühlung

Überdruck-Flüssigkeits-Kühlsystem, Kühler im Fahrtwind, Ventilator über Keilriemen angetrieben, Umwälzung durch Wasserpumpe, Durchflußmenge durch Thermostat gesteuert, Temperaturanzeige im Armaturenbrett. Das umlaufende Wasser wärmt Vergaserflansch vor, ebenso bei eingeschalteter Heizung deren Wärmetauscher.

Füllmenge: 6 Liter, Mischung aus 50% Wasser und 50% Frostschutzmittel

Kühlerdeckel: 0,85 bis 1,1 atü

Übersetzung: Ventilator: Kurbelwelle = 1,125:1

Keilriemen: 9,5 x 735 LA bei Drehstromlichtmaschine, 9,5 x 800 LA bei Gleichstromlichtmaschine

Thermostat: Öffnungsbeginn: 87±2° Celsius, ganz geöffnet bei 100±2°

Schmiersystem

Druckumlaufschmierung, Rotorsaugpumpe rechts am Motorblock, angetrieben von Nockenwelle, Ölfilterpatrone im Hauptstrom, Ölsieb in der Ölwanne, Kurbelgehäuseentlüftung (halbgeschlossene Motordurchlüftung) über Regulierventil und Ölabscheider in Ansaugkrümmer, Öldruckanzeige im Armaturenbrett.

Ölfüllung	mit Filter 3,25 Liter, ohne Filter 2,75 Liter, Viskosität siehe Füllmengen
Öldruck	2,45 bis 2,8 atü bei 1500 U/min, Öldruck-Kontrollicht leuchtet auf bei 0,32 bis 0,53 atü

Kraftstoffanlage

Tank	Inhalt ca. 41 Liter, Standanzeige im Armaturenbrett
Kraftstoffpumpe	Membranpumpe, mechanisch angetrieben
Förderdruck	0,18 bis 0,32 atü bei 2000 U/min Nockenwelle. Bei Motoren vor August 1970 = 0,07 bis 0,14 atü, GT = 0,25 bis 0,35 atü
Luftfilter	Trockenfilter mit Papiereinsatz

Vergaser	bis August 1970			
	1,1 L-Motoren Hand-choke	1,1 L-Motoren Start-autom.	1,3 L-Motoren Hand-choke	1,3 L-Motoren Start-autom.
Bezeichnung	C 7 AH-E	C 7 AH-G	C 7 AH-B	C 7 AH-D
Fabrikat	Ford	Ford	Ford	Ford
Einlaßkanal-⌀	30	30	34	34
Lufttrichter	21,5	21,5	25	25
Hauptdüse				
bis 920 m ü. NN	112	110	132	127
bis 2130 m ü. NN	110	110	130	125
über 2130 m ü. NN	107	107	125	120
Luftkorrektur-Düse	140	150	150	150
Leerlaufdüse	55	55	60	60
Leerlaufluftbohrung 1. mm	1,05	1,05	1,05	1,05
2. mm	0,60	0,60	0,60	0,60
Vollast-anreicherungskanal	0,70	0,70	0,70	0,70
Vollast-verengung mm	0,60	—	—	—
Pumpendüse mm	0,45	0,45	0,45	0,45
Pumpenhebel mm	7,62	10,16	10,16	10,16
Pumpenfeder	rot	rot	rot	rot
Leerlaufdrehzahl U/min	700±20	700±20	600±20	600±20
Drehzahl-überhöhung	900-1100	1400-1600	1300-1500	1850-2050
bei Kälte U/min	1100-1300	1700-1900	1300-1500	2200-2400
Schwimmer-anschlag oben mm	28,5-28,9	28,5-28,9	28,5-28,9	28,5-28,9
unten mm	35,1-35,5	35,1-35,5	35,1-35,5	35,1-35,5
Starterklappen-einstellung mm	3,6-4,1	2,1-2,5	3,6-4,1	3,3-3,8
Beschl.-Pumpe Hub mm	2,7-2,9	3,1-3,3	3,7-3,9	3,7-3,9

GT-Vergaser	Weber 32 DFE 1. Stufe	2. Stufe
Lufttrichter	23	24
Hilfslufttrichter	4,5	4,5
Hauptdüse	125	115
Luftkorrekturdüse	135	160
Mischrohr	F6	F6
Leerlauf-Kraftstoffdüse	50	45
Leerlaufluftdüse	185	100
Übergangs-bohrungen	1 x 100, 1 x 70	2 x 120
Leerlauf-austrittsbohrung	85	100
Vollast-anreicherungsdüse	—	85
Vollastluftdüse	—	100
Vollastmischdüse	—	100
Pumpendüse	60	
Druckabbau	50	
Nadelventil	2,0	
Schwimmerhub	8 mm	
Starterklappen-öffnung bei Leerlauf-drehzahlüberhöhung	0,9 mm	
Starterklappen-öffnung bei Hebel-stellung 10 mm vor Anschlag	7,5-8,5 mm	
Leerlaufdrehzahl	700±20 U/min	
Leerlaufdrehzahl-Überhöhung	2400-2600 U/min	

Vergaser ab August 1970

Zu Motor	1,1 LC	1,1 HC	1,3 LC	1,3 HC	1,3 GT
Leistung PS	44	48	54	57	72
Bezeichnung	711 W-EB	711 W-EB	711 W-BUB	711 W-BYB	711 W-HA
Startautomatik	—	—	—	711 W-BSC	—
Fabrikat	Ford	Ford	Ford	Ford	Weber
Drosselklappen-bohrung mm	32	32	34	34	32/32
Hauptdüse	1,12	1,12	1,27	1,27	1,2/1,40
Lufttrichter-⌀	23	23	25	25	23/24
Luftkorr.-Düse	1,65	1,65	1,60	1,60	1,80/1,80
Leerlaufdüse	0,55	0,55	0,55	0,55	0,55/0,55
Pumpendüse	0,45	0,45	0,45	0,45	0,55
Anreich.-Düse	0,75	0,75	0,80	0,80	0,70
Membranpumpen-Fördermenge auf 10 Hübe, ccm	5-6				4,4
Leerlaufdrehzahl U/min	800±25 in D: 650±20				800±25

Elektrische Anlage

Bordnetz	12 Volt
Batterie	Kapazität: 44 Ah, bei Automatic-Getriebe 55 Ah, negativer Pol (–) an Masse
Sicherungen	7, Stärke 8 A
Zündspule	Autolite DG-5001, Typ 3004 E-12029-A
Widerstand	primär 1,25-1,5 Ohm, sekundär 5900-6990 Ohm
Vorwiderstand	1,4-1,6 Ohm
Funkenstrecke	16 mm bei 3600 Funken/min
Lichtmaschine Gleichstrom	Fabrikat und Typ: Bosch EG (R) 14 Volt, 25 A, 2 Kohlebürsten, Mindestlänge 10 mm, Mindest-∅ des Kollektors 31, max. Schlag 0,03 mm, max. Schlag des Blechpakets 0,05 mm
Drehstrom	Bosch 490 Watt
Übersetzung	Kurbelwelle: Lichtmaschine = 1:1,8
Ladebeginn	1000 U/min der Kurbelwelle
Ladespannung	14 V, max. Stromstärke 25 Amp.
Regler	Bosch RS/VA 14 V 25 A
Einschaltdrehzahl	1800/min der Lichtmaschine, Einschaltspannung 12-13 V bei 20° C, Rückstrom 2-9 A
Regulierspannung	bei warmer Maschine: bei 25 A Belastung (20° C) = 13,3–14,1 V; bei 25 A Belastung (60° C) = 12,1–13,1 V; bei 1-5 A Belastung (20° C) = 13,6–14,4 V; bei 1-5 A Belastung (60° C) = 13,1–14,1 V
Anlasser	Bosch EF (R) 12 V 0,7 PS
Kohlebürsten	4, Mindestlänge 10 mm, Federdruck 1200 g bei 18 mm, Mindest-∅ Kollektor 32,8 mm
Drehmoment	max. 1,2 mkg bei 8,5 V, max. Stromaufnahme 335 A bei 8,5 V
Zähnezahl	Schwungrad 132, Ritzel 11
Stromaufnahme	ohne Belastung 30-50 A/11,5 V, bei Motorbelastung (20° C) 200 A/10 V/1200 U/min, blockiert (Kurzschluß 335 A/8,5 V, Anlasser-Stromaufnahme am Motor 90-130 A/20° C ca. 180 U/min Motor

Zündverteiler Bis August 1970

		LC-Motor	HC-Motor	GT-Motor
Bezeichnung		C7 AH-B	C7 AH-A	C7 AH-C
Kennfarbe		grün	rot	blau
Grundeinstellung		10° vor OT	10° vor OT	10° vor OT
Fliehkraft-Verstellbeginn	U/min	750-1250	900-1250	900-1300
10° Verst.	U/min	1900-2550	1750-2100	1800-2150
20° Verst.	U/min	3100-3650	3200-4100	5000
Verstellende		26-30°	26-30°	15-20°
	U/min	4500	5400	5200

Grundeinstellung: 1,1 Liter HC-Motor 6° vor OT (Zum Einstellen des Zündzeitpunkts Unterdruckleitung abziehen und Motordrehzahl auf 450±50 U/min drosseln.)

Unterdruck: Verstellbeginn für alle = 100 – 140 mm Hg; Verstellende 11-17 Grad, mm Hg 230

Zündverteiler ab August 1970

	1,1 LC	1,1 HC	1,3 LC	1,3 HC	1,3 GT
Bezeichnung	71 EB-FA	71 EB-CA	71 AB-ZA	71 EB-CA	71 EB-JA
Grundeinstellung	für alle 6°±1° vor OT				
10° Verst. U/min	1800-2300	1700-2000	1400-1600	1700-2000	1400-1600
20° Verst. U/min	3300-4000	3000-4000	1950-2650	3000-4000	1900-2900
Verstellende U/min	4750	4600	4600	4600	4000
Unterdruck-Verstellbeginn mm Hg	117-152	100-130	100-152	100-130	100-130
Verstellende	24,5-28,5°	22,5-26,5°	29,5-33,5°	22,5-26,5°	24,5-28,5°
Verstellende mm Hg	356	254	254	254	254

Kontaktfeder	Druck 500–630 g
Kondensator	Kapazität 0,21–0,25 Mikrofarad
Unterbrecher	Kontaktabstand 0,60 bis 0,65 mm
Schließwinkel	39°±1°, RS: 50°±2°
Zündfolge	1 – 2 – 4 – 3, Zylinder 1 = vorn
Zündkabel Widerstand	zum 1. und 2. Zylinder 6–12 Kiloohm; zum 3. Zylinder 8,5–16 Kiloohm; zum 4. Zylinder 9–16,5 Kiloohm; zum Zündverteiler 5,5–10 Kiloohm; generell 17–28 Kiloohm je Meter
Zündkerzen	siehe Kapitel Zündanlage

Kraftübertragung

Kupplung	Bei Schaltgetriebe: Einscheiben-Trockenkupplung, Membranfeder-Prinzip, mechanisch betätigt über Pedal und Seilzug, Außen-∅ 190,5 mm, Innen-∅ 136,14 mm, Dicke 3,18 mm, Federanpreßdruck 290 kg bei 1,1 Liter, alle übrigen 460 kg
Kupplungsspiel	3–4 mm an der Einstellvorrichtung
Automatic	Hydraulischer Drehmomentwandler als Anfahrkupplung und Drehmomentverstärker, System Borg-Warner
Getriebe	Schaltgetriebe: Vollsynchronisiertes Vierganggetriebe, 1 Rückwärtsgang, Gangwahl durch Knüppel in Wagenmitte. Automatik: Vollsynchronisiertes Dreiganggetriebe, 1 Rückwärtsgang, Fahrstufenwahl durch Wählhebel in Wagenmitte. Betriebstemperatur 100 bis 115° C, Prüfdruck 7 atü (heiß), Prüfdrehzahl 1000 U/min in D

Übersetzungen

Schaltgetriebe: 1,1/1,3 Liter-Motor:

1. Gang	2. Gang	3. Gang	4. Gang	R.-Gang
3,656	2,185	1,425	1	4,235

Schaltgetriebe: 1,3 Liter GT

1. Gang	2. Gang	3. Gang	4. Gang	R.-Gang
3,337	1,995	1,418	1	3,867

Automatic:

1. Gang	2. Gang	3. Gang	R.-Gang	Drehmomentwandler
2,393	1,450	1	2,094	2,43

Ölinhalt: siehe Füllmengen

Antrieb	über Kardanwelle und Differential auf die Hinterräder
Hinterachse	Hypoidachse, Übersetzung: 1,1 Liter 4,11:1, 37:9 Zähne; 1,3 Liter 3,89:1, 35:9 Zähne; Automatic: Personenwagen 3,89:1, Kombi 4,11:1
Übersetzungen	gesamt: Getriebeübersetzung in den Gängen multipliziert mit Übersetzung der Hinterachse

Fahrwerk

Radführung vorn	an McPherson-Federbeinen, querliegender Querstabilisator, Teleskopstoßdämpfer	
Radführung hinten	an Starrachse und Längsblattfedern und (nur Limousine) Längslenkern, schrägstehende Teleskopstoßdämpfer, Federkennung bei Pkw 57,8 mm/100 kg, Kombi 48,7 mm/100 kg	
Radeinstellung	vorn (in Serie fest eingestellt, nicht veränderbar, Werte nur für Kontrollen) bei Leergewicht, bei Nachlauf und Sturz Unterschied zwischen rechts und links max. 30':	
	Standard	verstärkte Federung
Sturz	50' ± 30'	1°10' ± 30'
Nachlauf	1°20' ± 30'	1°25' ± 30'
Spreizung	8° ± 30'	8° ± 30'
Vorspur	0-6 mm	0-6 mm
Spurdifferenzwinkel bei 20°	19° ± 30'	19° ± 30'
Radeinschlag	größter, Innenrad 39°30', Außenrad 36°30'	
Spurkreis-∅	kleinster 8,85 Meter	
Lenkung	Zahnstangenlenkung	
Typ	Cam gears	Burman
Stangenweg	133,35 mm	133,60 mm
Ritzelzähne	5	6
Übersetzung	17,8	17,45
	ca. 3,5 Lenkradumdrehungen von Anschlag zu Anschlag	

Bremsen

Bremsanlage	Hydraulische Vierrad-Bremsanlage, Scheibenbremsen vorn, Trommelbremsen hinten serienmäßig bei GT und Sport, auf Wunsch bei allen Modellen Scheibenbremsen vorn und Bremskraftverstärker	
Trommelbremsen	vorn 8 x 1³/₄"	hinten 8 x 1¹/₂"
Trommel-∅	203 mm	203 mm
Bremsbelagbreite	38,1 mm	44,5 mm
Bremsbelagdicke	4,75 mm	4,75 mm
Belagfläche pro Backen	60,8 mm	71 mm
Bremsfläche (2 Räd)	221 cm²	260 cm²
Radzylinder-∅	19,05 mm	17,78 mm
Scheibenbremsen	Durchmesser 218,4 mm, Dicke 9,5 mm, Mindestbelagdicke 1,5 mm, wirksame Bremsfläche (2 Räder) 101 cm², Bremssattel-Zylinder-∅ 48,05 mm	
Hauptbremszylinder	∅ Trommelbremse 19,05 mm; ∅ Scheibenbremse 20,64 mm; ∅ Trommelbremse und Bremshilfe 19,05 mm	

Räder	Stahlscheibenräder, 4 Loch-Tiefbettfelgen, Pkw = 4,00 C x 12, GT und Turnier 4,50 C x 12, Sport 5 J x 13, Lochkreis-∅ = 107,95 (4¹/₄"). Weitere Angaben im Reifenkapitel.

Maße und Gewichte

Gesamtlänge	4051 mm mit, 3978 mm ohne Stoßstangenhörner
Gesamtbreite	1570 mm
Gesamthöhe	ca. 1400 mm
Radstand	2400 mm
Spurweite	vorn 1270 mm, hinten 1340 mm
Spurkreis-∅	8,85 m
Wendekreis-∅	9,75 m
Lenkradumdrehung	ca. 3,5 von Anschlag zu Anschlag
Bodenfreiheit	belastet: vorn ca. 15, hinten ca. 11 cm
Karosserie	Ganzstahlkarosserie in Leichtbauweise, Aufbau mit der Bodengruppe verschweißt
Leergewicht	Zweitürer 825 kg, Viertürer 845 kg, GT = 830/850 kg, Automatic 840/860 kg
Zul. Gesamtgewicht	1265 kg
Zuladung	Zweitürer 440 kg, Viertürer 420 kg, Zweitürer-GT 435 kg, Viertürer-GT 415 kg
Zul. Anhängerlast	gebremst/ungebremst: 1,1 Ltr. 44 PS 320/320 kg, 1,1 Ltr. 48 PS 400/400 kg, 1,3 Ltr. 680/450 kg, GT 560/450 kg, 1,3 Ltr. HC mit automatischem Getriebe 440/440 kg
Zul. Dachlast	50 kg

Füllmengen und Sorten

Kraftstofftank	ca. 41 Liter, Kraftstoffsorte siehe Absatz Motor in diesem Kapitel
Motorölmenge	3,25 Liter mit, 2,75 Liter ohne Ölfilter
Ölviskosität	-25° C bis 0° C = 5 W 20, 5 W 30; -25° C bis + 30° C = 10 W 30/40/50; +30° C bis 0° C = 20 W 40 und 20 W 50; -25° C bis -10° C = 10 W; -10° C bis 0° C = 10 W 20; 0° C bis +30° C = SAE 30; +30° C = SAE 40; Ganzjahresöl demnach in unseren Breiten SAE 10 W 40/50
Getriebe	Inhalt 0,9 Liter, Hyp 80, Ford-Spezifikation S-M2C-83A
Getriebeautomatic	Inhalt 6,4 Liter, Ford-Spezifikation M2C-33F
Hinterachse	Inhalt 1,0 Liter, Ford-Spezifikation M2C-28BA
Lenkung	Inhalt 0,13 Liter, Hochdruckgetriebeöl SAE 80
Kühlsystem	Inhalt 6,4 Liter, Frostschutzmischung 50% Frostschutzmittel:50% Wasser

Fahrwerte (eigene Messungen)

	1100 N	1100 S	1300 S	1300 GT
Spitze km/h	125	130	145	155
Beschleunigung 0–100 km/h	25,0 sec	21,8 sec	17,2 sec	12,7 sec
Verbrauch L/100 km	10,0 N	10,0 S	10,5 S	11,0 S

Anzugsdrehmomente mkg

Radmuttern		7,0-7,5
Bremssattel am Federbein		6,2-6,9
Lagerhalter der hinteren Radlager		2,1-2,5
Achsmutter: bei rotierender Nabe		3,7, dann Muttern um 90° zurückdrehen
Bremsträger vorn/hinten		2,1-2,5
Spurstangenhebel an Achsschenkel		4,2-4,7
Lenkung an Verbindungsträger		1,7-2,1
Spurstangenendstück an Spurstangenhebel		2,5-3,0
Lenkrad an Lenkspindel		2,8-3,5
Hinterachse bis Dezember 1968	Gewinde/Gänge	mkg
Tellerrad an Ausgleichsgetriebe	3/8"/24	7,0-7,5
Ausgleichsgetriebe an Achsgehäuse	5/16"/24	2,1-2,5
Sicherungsblech-Ringmutter	5/16"/18	1,7-2,1
Ausgleichsgetriebe-Lagerdeckel	7/16"/14	
Halteplatte-Hinterachswelle an Achsrohrflansch	5/16"/24	2,1-2,5
Gelenkwelle an Flansch-Antriebsritzel	5/16"/24	2,1-2,5
Zweiteilige Gelenkwelle an Antriebsritzel	M 10 x 1	6,0-6,5
Hinterachse ab Dezember 1968		
Selbstsich. Mutter an Antriebskegelrad	3/4"/20	10-12
Lagerdeckel an Hinterachsgehäuse	M 10	6,0
Deckel an Hinterachsgehäuse	M 8	1,8-2,3
Halteplatte-Hinterachsseitenwelle an Achsrohrflansch	M 10	4,0-5,0
Gelenkwelle an Flansch-Antriebsritzel	M 10 x 1	6,0-6,5
Radgelenk an Stoßdämpfer		4,1-4,8
Stützlager an Stoßdämpfer		3,9-4,4
Stützlager Stoßdämpfer an Karosserie		2,1-2,5
Querlenker an Verbindungsträger		3,5-4,1
Motor		
Hauptlagerdeckel	7/16"/14	9,0-9,7
Pleuellagerdeckel	3/8"/24	4,2-4,8
Nockenwellenhalteplatte	1/4"/20	0,4-0,5
Nockenwellenrad	1,7-2,1	5/16"/18
Kettenspanner und Stirnraddeckel	1/4"/20	0,7-1,0
Ölwanne 1. Arbeitsgang	1/4"/20	0,4-0,8
2. Arbeitsgang		0,8-1,1
Schwungscheibe	3/8"/24	6,2-6,9
Kurbelwellen-Riemenscheibe	7/16"/20	3,3-3,9
Zylinderkopf 1. Arbeitsgang	7/16"/14	2,8-4,2
2. Arbeitsgang		7,0-7,6
3. Arbeitsgang nach 20 Minuten		9,0-9,7
4. Arbeitsgang nach Warmlaufen (15 min bei 1000 U/min)		9,0-9,7
Kipphebelwelle	3/8"/16	3,5-4,1
Krümmerschrauben	5/16"/18	2,1-2,5
Krümmermuttern	5/16"/24	2,1-2,5
Ölpumpe	5/16"/18	1,8-2,1
Zylinderkopfhaube	1/4"/20	0,35-0,5
Ölablaßschraube	1/2"/20	2,8-3,5
Zündkerzen	M 14 x 1, 25	3,0-4,0
Getriebe an Motor		3,0-3,6
Getriebehals an Getriebegehäuse		4,5-5,0
Kupplungsdruckplatte an Schwungscheibe		1,7-2,1
Deckel an Getriebegehäuse		0,7-1,1
Automatic		
Wandler an Mitnehmerscheibe	3/16"24	0,25-0,35
Wandler an Getriebegehäuse	1/4"/20	0,7-1,3
Getriebehals an Getriebe	5/16"/18	1,0-1,8
Ölpumpe an Getriebe	1/4"/18	1,2-1,4
Steuergehäusehälften	3/4"/24	3,5-4,0
Steuergehäuse an Getriebe	5/16"/18	1,0-1,8
Ölwanne an Getriebe	5/16"/18	1,0-1,8
Ölablaßschraube	5/16"/18	1,2-2,6

Weitere allgemeine Anzugsmomente siehe im Kapitel „Werkzeug und andere Hilfen".

Neue technische Maßeinheiten

Internationale Abkommen und das Bundesgesetz vom 2. Juli 1969 fordern, daß wir von einigen altgewohnten technischen Begriffen allmählich Abschied nehmen und stattdessen neue technische Maßeinheiten gebrauchen. Soweit sie unser Auto betreffen, sind sie natürlich auch in diesem Buch zu finden, vielfach allerdings noch neben oder mit den alten Bezeichnungen, sozusagen zum Abgewöhnen. Hier ihre Erläuterung:

Die Motorleistung wird nicht mehr in PS (= Pferdestärken), sondern in kW (= Kilowatt) angegeben, wobei 1 PS = 0,736 kW ist.

Das Drehmoment, sowohl beim Motor wie beim Anziehen von Montageschrauben, kannte man seither in mkg (= Meterkilogramm), jetzt wird es in Nm (= Newtonmeter) gemessen, wobei 1 mkg = 10 Nm sind. Die seitherigen Werte verzehnfachen sich also.

Der Reifenluftdruck, seither in atü (= Atmosphäre Überdruck) angegeben, wird nun in bar (= Bar Überdruck) vorgeschrieben, wobei 1 atü = 0,9806 bar, praktisch also auch = 1 bar ist.

Entwicklungsjahre

Die nachstehende Übersicht ist nicht nur aus chronologischen Gründen interessant. Sie kann auch für den Gebrauchtwagenkauf Anhaltspunkte geben. Allerdings muß man berücksichtigen, daß Ford ein reichhaltiges Aufpreisangebot zur Verfügung hält, so daß eine Zierleiste allein noch keinen Aufschluß über das betreffende Baujahr gibt. Darüberhinaus zeigt die Aufstellung, daß Ford durch die Jahre sehr bemüht war, den Escort fortlaufend zu verfeinern und den neuen Marktsituationen anzupassen. Über einzelne technische Änderungen geben an den betreffenden Stellen die Buchkapitel Auskunft. Die technischen Daten der Motoren und Modelle finden Sie in dem vorhergehenden Kapitel.

1968

Februar: Vorstellung des Escort als Nachfolger des englischen Ford Anglia und als Europa-Modell auf dem Automobilsalon in Brüssel. Der Name wurde vom englischen Wort escort abgeleitet, was soviel wie eskortieren oder sicher geleiten bedeutet. Start mit fünf Motoren:

1,1 Liter 40 PS	1,3 Liter 48 PS
1,1 Liter 45 PS	1,3 Liter 52 PS
	1,3 Liter 64 PS (GT)

Für einige Exportländer 940 ccm-Motor mit 34 bzw. 36 PS. Dazu 4 zweitürige Karosserie-Versionen:
Escort – Escort XL – Escort GT, Turnier (Kombi). Auslieferung vorerst nur in England und in EFTA-Länder wie Schweiz, Österreich usw.
September: Auslieferungsbeginn des Escort in der Bundesrepublik, Motoren- und Karosserie-Versionen (alle zweitürig) wie oben. Jedoch beim deutschen Escort Torsionsstabilisator vorn und breitere Reifen gegenüber englischen Escort: 6.00-12 auf Felge 4.00 x 12 statt 5.50-12 auf der schmalen Felge 3.50 x 12, bei GT Gürtelreifen 155 SR 12 auf Felge 4.50 x 12 (bei den anderen Versionen auf Wunsch, Kombi serienmäßig Felge 4.50 x 12).
Ausstattungen: Alle Escort Sicherheitslenkrad mit Pralltopf. Escort mit einfacher Instrumentengruppe (Tacho und Kombiinstrument), Kunstledersitze mit Stoffmittelbahnen, Gummibodenmatten, fußbetätigter Scheibenwascher. Escort XL = anderer Stoffsitzbezug, Bodenteppich, fußbetätigte Wischer/Wascher-Kombination, Zigarrenanzünder, abblendbarer Innenspiegel. GT = Armaturenbrett mit 6 Rundinstrumenten, andere Lage der Tastenschalter, Streifen mit Holzimitation im Armaturenbrett.
Äußerliche Merkmale: XL gegenüber Escort mit Stoßstangenhörnern, Rückfahrscheinwerfern unter der Stoßstange, Zierleisten an Regenrinne. Dazu beim GT gegenüber XL Grill und Scheinwerfereinfassungen mattschwarz, nur Einfassungsleiste metallglänzend, Zierleisten an Radausschnitten und an den Seiten unten, Zierleisteneinfassung der Seitenfenster.
Preise: Escort 1100/40 und 45 PS = 5394,60 DM, XL = 5794,20 DM, Escort 1300/48 PS = 5705,40 DM, XL = 6105,– DM, Escort 1300 S/52 PS = 5783,10 DM, XL = 6182,70 DM, Escort 1300 GT/64 PS = 6593,40 DM, Escort 1100 Turnier = 5827,50 DM, 1300 Turnier/48 PS = 6082,80 DM, 52 PS = 6182,70 DM.
Sonderausstattung auf Wunsch: Getriebeautomatik (nur für Escort 1100 S und 1300 S) = 799,20 DM, Gürtelreifen 155 SR 12 (GT serienmäßig) = 99,90 DM, Scheibenbremsen vorn und Bremskraftverstärker für Escort 1100 = 155,40 DM, Stoßstangen-Gummipuffer = 41,07 DM, Warnblinkanlage 11,10 DM, Sportlenkrad 96,57 DM, Rückfahrleuchten für Escort = 44,40 DM, Ausstellfenster vorn = 27,75 DM, Spezialausstattung für Kombi = 105,45 DM.
Dezember: Filtersieb vor Schwimmernadelventil.

1969

Februar: Hinterachse verbessert, leichte Änderung der Antriebsuntersetzung. Bei Beanstandung des Kaltlaufverhaltens nachträglich neuer Luftfilterschnorchel, schwenkbar auf Winterstellung.
März: Nun beteiligt sich auch Ford Köln an sportlichen Wettbewerben. Vom Escort 1300 GT (Gruppe 2) wurden 10 Fahrern für private Wettbewerbsautos zur Nachwuchsförderung je ein getunter Motor vom Werk überlassen, Fahrwerksänderungen nach Empfehlungen der Ford-Rennabteilung. Weitere Daten: Leistung ca. 130 PS bei 8000 U/min., Verdichtung 11,5:1, zwei Weber-Doppelvergaser, wahlweise Vier- oder Fünfganggetriebe, Gewicht ca. 750 kg, Felgen Minilite, 7 Zoll vorn und hinten, Reifen 13 Zoll (Dunlop), Bilstein-Stoßdämpfer, Radsturz vorn 1° negativ, Höchstgeschwindigkeit je nach Übersetzung zwischen 130 und 195 km/h.
Für Rundstrecken- und Bergrennen gedacht ist der Ford Escort Twin Cam (Gruppe 2), Fahrer Glemser, Mohr, Schüler: 1600 ccm-Motor mit 2 obenliegenden Nockenwellen, Leistung ca. 165 PS bei 6500 U/min., Verdichtung 10,5:1, Spitzengeschwindigkeit je nach Übersetzung zwischen 140 und 220 km/h.
April: Escort Turnier jetzt als XL lieferbar. Laderaum mit Bodenteppich, Laderaumleuchte, Instrumentenbrett holzgemasert, Schaltknüppel verchromt. Preise: 1,1 Liter 40/45 PS = 6249,30 DM, Aufpreis für 1,3 Liter-Motoren 48/52 PS einschließlich Scheibenbremsen = 255,30 DM, Automatikgetriebe 799,20 DM.
Juli: Bei 1100-Motoren neue Vergaser gegen hohen Verbrauch, Erkennungszeichen Ziffer 31 statt 16 auf dem Deckel, bei GT auf Verbrauchsbeanstandung neue Düsenbestückung.
September (zur IAA Frankfurt): Vier Türen auf Wunsch bei allen Karosserie-Versionen, hintere Seitentüren mit Kindersicherung.
Viele Detailänderungen: Alle Escort mit vorderen seitlichen Ausstellfenstern, Türschloß auch rechts, bei den

geänderten Schlössern erfolgt die Türverriegelung von innen mit Druckknöpfen, Motorhaubenverriegelungshebel im Innenraum unter dem Armaturenbrett links, Blende und Hebel der Heizungsbetätigung abgeflacht, bisheriger Hebel für Vordersitzlehnen-Verstellung durch Handrad ersetzt, Tankeinfüllstutzen in Karosserie versenkt, vergrößerter Scheibenwascherbehälter, neue Federungs- und Stoßdämpferabstimmung für besseres Fahrverhalten bei vollbeladenem Wagen und auf schlechter Straße.
GT und XL bekamen zusätzliche Ablage unter dem Armaturenbrett links, Rückfahrscheinwerfer hängen nicht mehr unter der Stoßstange, sondern sind zwischen Stoßstange und Rückleuchten in die Karosserie eingelassen. GT zusätzlich mit zweistufigem Scheibenwischer und Mittelkonsole auf dem Kardantunnel jetzt serienmäßig.

1970

Mai: Verbesserungen am Getriebe gegen Lagergeräusche und vorzeitigen Verschleiß.
September: Für Modelljahr 1971 stärkere Motoren:
1,1 Liter LC 44 PS 1,3 Liter HC 57 PS
1,1 Liter HC 48 PS 1,3 Liter GT 72 PS
(nähere Angaben siehe Kapitel „Technische Daten".)
Der bisherige 1300 N/48 PS-Motor fiel ersatzlos weg. Die starre Hinterachse, bisher nur an Blattfedern geführt, hat für Verbesserung des Fahrkomforts zusätzliche Längslenker zur Aufnahme der Brems- und Beschleunigungskräfte bekommen. Federungs- und Stoßdämpferabstimmung geändert.
Keine Änderung der Karosserie, jedoch neue Farben, Innenausstattung auf Polsterfarbton abgestimmt, durchgehende Ablage unter dem Armaturenbrett.
Escort Normal mit neuer Türinnenverkleidung, lackiertem Grill, Holzmaserblende auf Armaturenbrett.
Neu im Programm der Escort L, zusätzlich mit Bodenteppich, hinteren Haltegriffen, Kartentasche auf Fahrerseite, Gepäckraumleuchte, zweistufigem Scheibenwischer abblendbarem Innenspiegel, kombinierter Wisch/Wasch-Anlage, Stoßstangenhörnern mit Gummipuffern, Rückfahrscheinwerfern.
Escort XL mit Holzmaserblenden an den Türen, Make-up-Spiegel, Ausstellfenstern hinten, zweistufigem Scheibenwischer, vordere Sitzgestelle verkleidet, verbesserte Lage des Zigarrenanzünders. Äußere Merkmale: Rechteckige Scheinwerfer, Zierleisten an Heck und Seitenfenstern, Steinschlagleiste am Türschweller.
Escort GT: Innenänderungen wie XL, außen Schwarzlackierung von Grill und Heckblech, breite Zierleiste am Türschweller.

1971

Februar: Verstärkte Rückholfeder am Kupplungspedal gegen Schnarr- und Rappelgeräusche, nachträgl. Einbau möglich.
August: Neu im Programm in der Bundesrepublik (seit 1970 schon im Ausland wie jetzt noch der Escort Mexico mit 1601 ccm-Motor, 86 PS bis 5500 U/min., Spitze ca. 165 km/h) der Escort Sport mit 72 PS-Motor, Getriebe und Bremsen, Fahrwerk des GT. Hinterachsübersetzung wurde dem größeren Abrollumfang der 165 SR 13-Reifen angepaßt (Felgen 5.00 x 13). Innen sind Polster, Verkleidung und Armaturenbrett in blendfreiem schwarz, kurzer Schaltknüppel, Drehzahlmesser auf dem Armaturenbrett. Äußerliche Merkmale: Mattschwarzer Grill, schwarze Heckblende, runde Scheinwerfer, geteilte vordere Stoßstange, verbreiterte Kotflügel, nur als Zweitürer lieferbar. Spitze knapp 160 km/h.

1972

August: Mattschwarzer Kühlergrill und schwarzes Armaturenbrett für alle Modelle. Grundmodell durch Zierleisten an Seiten und Heck sowie Radzierkappen dem Escort L angeglichen.
Zweistufiger Scheibenwischer, verkleidete Sitzgestelle. Escort L: Hintere Ausstellfenster.
XL mit schwarzem Heckblech, Rechteckscheinwerfer, XL und Sport mit Armaturenbrett des GT mit Drehzahlmesser.
Preise geringfügig angehoben.
Alle Escort Sport-Modelle mit Stahlgürtelreifen 165 SR 13. Heizbare Heckscheibe (in Verbindung mit Drehstromlichtmaschine) gegen Aufpreis lieferbar.

1973

Januar: Ausstattungsverbesserungen. Grundausstattung mit 1100 S/48 PS-Motor, serienmäßig Bremskraftverstärker, kombinierte Wischer/Wascherbetätigung mit Fußpumpe, Haltegriffe am Dachrahmen, abblendbarer Innenspiegel. Auf Sonderwunsch — ohne Minderpreis — mit 1100 N/44 PS-Motor.
Escort L: Scheibenbremsen vorn, Stoßstangenhörner, Spiegel in rechter Sonnenblende serienmäßig.
XL und GT: Drehstromlichtmaschine und heizbare Heckscheibe serienmäßig.
Juni: Escort RS 2000, Lieferung über Rallye-Sport-Händler, die auch Tuninghilfe leisten. Vierzylindermotor mit obenliegender Nockenwelle (vom Consul), 100 PS bei 5700 U/min, Verdichtung 9,2, Superkraftstoff, max. Drehmoment 14,9 mkg bei 3750 U/min, Spitze 175 km/h, Beschleunigung von 0—100 9,3 sec., Solex Registervergaser mit Startautomatik, Drehstromlichtmaschine 490 Watt. Gesamtgewicht 915 kg. Gürtelreifen 165 SR 13, Felgen 5½ Zoll, auf Wunsch 6 Zoll Alu-Felgen. Lederlenkrad, Schalensitze mit Kopfstütze, heizbare Heckscheibe, H4-Halogenlicht, Verbundglasfrontscheibe, Bodenteppich, Dreipunktgurte vorn (auf Wunsch Automatikgurte und hintere Ausstellfenster). Äußerlich: schwarzer dicker Seitenstreifen und Heckquerstreifen, auf Wunsch schmaler Seitenstreifen.
September: Dreipunktgurte an den Vordersitzen für alle Escort serienmäßig.

1974

Januar: Ausstattungsvariante GXL, die den GT ablöst. Zweitürige Limousine, Halogenscheinwerfer, Kunstlederdach, breitere Radausschnitte vorn, 5 Zoll-Sportfelgen mit Chromzierringen, Stahlgürtelreifen 165 SR 13. Motor 1300 ccm/72 PS. Innen Holzfurnier an Armaturenbrett, Tür- und Seitenverkleidungen, Veloursbodenteppiche, Sitze mit Stoffbezug. Unter dem Armaturenbrett Handschuhkasten statt Ablagefach, Armaturen wie beim bisherigen GT, ebenso Sportlenkrad und heizbare Heckscheibe.
Zur Jahresmitte lief bei Ford der zweimillionste Escort vom Band. Zum Jahresende Garantie-Erweiterung auf 1 Jahr oder 20 000 km.

1975

Januar: Der neue Escort II erscheint (er wird im gesonderten Handbuch, Band Nr. 58, behandelt).

Stichwortverzeichnis

Abblendlicht 102, 141
Abschleppen 235
Anfahrhilfen 217
Anlasser 116
Armaturenbrett 151, 154, 229
Aufbocken 34
Ausbeulen 233
Auspuffanlage 57
Austauschmotor 63
Auswuchten 197
Autoelektrikdienste 11

Batterie laden 106
Batterie, leere 107
Batteriebelastung 102
Batteriepflege 104
Batterie prüfen 103, 105
Benzinpumpe 79
Benzinverbrauch 16
Blinkanlage 144, 153, 155
Blinkleuchten 144
Bosch-Dienst 11
Bremsen einfahren 180
Bremsen einstellen 183
Bremsen entlüften 186
Bremsflüssigkeit 180

Dachverkleidung 227
Drehstromlichtmaschine 108, 109, 111
Drehzahlmesser 159

Einfahren 49
Ersatzteile für Auslandsfahrten 29

Felgen 192
Fliehkraftversteller 128
Frontscheibe auswechseln 225
Frontscheibe reinigen 206
Frostschutzmittel 67, 157, 216

Gepäckklappe ausbauen 220, 223
Getriebe 166
Getriebeöl 44, 45
Grill ausbauen 220
Gürtelreifen 190, 201

Halogen-Scheinwerfer 146
Handbremse einstellen 185
Heizbare Heckscheibe 159
Heizung 72, 158
Hinterachse 172
Höchstgeschwindigkeit 18
Horn 148

Innenreinigung 227

Kabelstärken 120
Keilriemen 64, 109
Klingeln 76
Kompressionsdruck 56
Kondensator 134
Konservieren 210
Kraftstoff 76
Kraftstoffanzeige 150
Kraftstoffleitungen 78
Kraftstoffpumpe 79
Kraftstoffverbrauch 16
Kühlflüssigkeit 67
Kühlventilator 70
Kühlwasserthermometer 152
Kupplung einstellen 163
Kupplung, Funktion 160
Kupplungsfehler 162
Kupplungszug wechseln 163
Kurbelgehäuseentlüftung 61

Lackfarbe 208
Lackierung 208
Lack polieren 212
Lack reinigen 212
Ladekontrolle 152
Lampen 141
Lenkrad ausbauen 176
Lenkschloß 135, 136
Lack ausbessern 213, 234
Leerlauf einstellen 91
Lenkungsspiel 177
Lichthupe 149
Lichtmaschine 110
Lichtmaschinenpflege 112
Luftfiltereinsatz 97

Motorausbau 62
Motoraustausch 63
Motorbehandlung (Fahrtechnik) 49
Motorhaube ausbauen 218
Motorraumschaubild 30

Nabenlager vorn 175
Nebelscheinwerfer 146

Öldruck 153
Ölfilter wechseln 40
Ölpumpe 60
Ölsorten 42
Ölstand Motor 38
Ölstand Getriebe 44
Ölverbrauch 43
Ölwechselabstände 41
Ölwechsel Motor 39

Parklicht 102
Probefahrt 15

Radeinstellung 171
Räder tauschen 198
Radwechsel 196
Regler 111
Reifenarten 190
Reifendruck 193
Reifengrößen 190
Reifenreparatur 197
Reifen, Spikes 202
Reifenzustand 195
Rost 213, 230
Rostumwandler 29
Rückfahrscheinwerfer 145
Runderneuerung 203

Schaumwäsche 209
Scheiben 223
Scheibenbremsen 179, 185
Scheibenwascher 158
Scheibenwischer 156
Scheinwerfer einstellen 141
Schlauch 197
Schmiersystem 59
Sicherheitsgurte 229
Sicherungen 122
Sitze 228
Solex-Dienste 11
Spannungsabfall 121
Stabilisator 172
Standlicht 144
Startautomatik 86, 94
Starten, richtiges 89
Steckdose 18
Stoßdämpfer 174
Stoßstange auswechseln 218

Tachometer 150
Tachometer eichen 18
Tank 74
Thermostat 70
Türen ausbauen 221
Türschalter 155
Türschlösser 221
Türverkleidung 222
TÜV 19

Unterbrecher 127
Unterbrecherkontakte 129

Ventilantrieb 52
Ventilfedern tauschen 56
Ventilspiel 54
Verbrauch messen 16
Vergaser einstellen 91, 92
Vergaser reinigen 95
Vergaserteile 81, 86
Voltmeter 153
Vorderachse 170

Wärmewert 140
Wagenwäsche 204, 209
Wartungsarbeitentabelle 31
Wasserpumpe 69
Weber-Vergaser 87

Zierat abbauen 220
Zündkabel 137, 140
Zündkerzen 138
Zündkerzengesicht 139
Zündkerzenwärmewert 140
Zündschloß 136
Zündspule 125
Zündverstellung 128
Zündverteiler 133
Zündverteiler schmieren 46
Zündzeitpunkt 131, 240
Zylinderkopf 52

Erläuterungen zum Schaltplan in der hinteren Buchklappe

Lassen Sie sich von dem Kabelgewirr unseres Schaltplans nicht verwirren. Nicht alles, was darauf verzeichnet ist, trifft für Ihren Escort zu, denn im Plan sind auch Aggregate, Anzeigeinstrumente, Kabel etc. für Escort GT und Sonderausstattungen enthalten. Der Plan stellt also das Vollständigste dar, was es gegenwärtig gibt. Wegen der Vielzahl der Leitungen konnten wir auch die Kabel nicht durchgehend farbig drucken, sondern nur in der Nähe ihrer Anschlußpunkte. Aber zum Erkennen der Farben (sie entsprechen weitgehend den Kabelfarben im Escort) und zum Verfolgen der Leitungen mit spitzem Bleistift bietet der Plan ausreichende Übersichtlichkeit. Die Klemmenbezeichnungen im Escort und im Plan entsprechen der deutschen Normung; sie finden die Nummern bei den jeweiligen Anschlüssen und an den Kabeln selbst im Verlauf ihrer Führung. Bei einer Anzahl Kabeln ist noch eine Buchstaben/Zahlen-Kombination vorangestellt, die aussagt, zu welchem Gerät die betreffende Leitung führt. Diese Kombination finden Sie in den rotgedruckten Bezeichnungen wieder, deren Bedeutung Sie der nachstehenden Aufstellung entnehmen können.

Bedeutung der Kennbuchstaben

a1		=	Lenk-Zünd-Startschloß
a2		=	Schalter Blinklicht-Fernlicht-Hupe
a3		=	Lichtschalter
a4		=	Schalter — Wischermotor 1stufig
a4.1	F1	=	Schalter — Wischermotor 2stufig (GT)
a5		=	Schalter — Heizgebläsemotor 1stufig
a5.1	B9	=	Schalter — Heizgebläsemotor 2stufig (GT)
a6	D7	=	Zigarettenanzünder
a7	A8	=	Fußschalter — Wischermotor
a8		=	Zündverteiler
a12	A7	=	Sperrschalter — Autom.-Getriebe
a13	B7	=	Warnblinkschalter
b2		=	Türkontaktschalter rechts (Innenleuchte)
b3		=	Türkontaktschalter links (Innenleuchte)
b4	D5	=	Schalter — Rückfahrscheinwerfer
b5		=	Bremslichtschalter
b6		=	Mehrfachstecker Stirnwand
b7		=	Mehrfachstecker Stirnwand
b8		=	Mehrfachstecker Stirnwand
b9		=	Mehrfachstecker Stirnwand
b10		=	Mehrfachstecker Lenk-Zünd-Startschloß
b11		=	Mehrfachstecker Lenk-Zünd-Startschloß
b12		=	Mehrfachstecker Rückstell-Blinkerschalter
b13		=	Mehrfachstecker Rückstell-Blinkerschalter
b16		=	Mehrfachstecker Lichtschalter
b18		=	Mehrfachstecker Kombi-Instrument
b19		=	Mehrfachstecker Kombi-Instrument
b19.1	E9	=	Mehrfachstecker Kombi-Instrument (GT)
b20		=	Mehrfachstecker Schalter-Wischermotor
b20.1	F1	=	Mehrfachstecker Schalter-Wischermotor (GT)
b21		=	Mehrfachstecker Sicherungskasten
b23		=	Mehrfachstecker Sicherungskasten
b25	A8	=	Mehrfachstecker Fußschalter-Wischermotor
b26		=	Mehrfachstecker Hauptscheinwerfer
b27		=	Mehrfachstecker Hauptscheinwerfer
b34	D2	=	Bremskreis-Warnschalter (nur Export Schweden)
b39	B7	=	Mehrfachstecker Warnblinkschalter
b40		=	Spannungskonstanthalter
b40.1	E9	=	Spannungskonstanthalter (GT)
b45		=	Mehrfachstecker Schalter — Heizgebl.-Motor
b45.1	B9	=	Mehrfachstecker Schalter — Heizgebl.-Motor (GT)
b48		=	Mehrfachstecker — Heizgebläsemotor
b49		=	Mehrfachstecker — Heizgebläsemotor
b50	D2	=	Mehrfachstecker Schalter — Zweikreisbremswarnanlage
b54		=	Mehrfachstecker Kabelstrang — Instrumententafel
b55		=	Mehrfachstecker Kabelstrang — Schlußleucht.
b57		=	Steckverteiler
b60	A8	=	Mehrfachstecker Schalter — Wischermotor
b65		=	Steckverbindung Leitung 15 Kombi-Instrum.
b66		=	Mehrfachstecker Prüfschalter (Zweikreisbremswarnanlage)
b67	E8	=	Mehrfachstecker Kombi-Schlußleuchte
b68	E8	=	Mehrfachstecker Kombi-Schlußleuchte
d2		=	Spannungsregler
d3		=	Blinkgeber
e1		=	Sicherungskasten (Sicherg. 1—7 = 8 Amp.)
e3	Y	=	Sicherung — Radio (2 Ampere Mittelträge)
f1		=	Geber-Kühlwasserfernthermometer
f2		=	Geber-Kraftstoffvorratsanzeige
f3	F2	=	Öldruck — Kontrollschalter
g1	D6	=	Zeituhr
h1		=	Blinkleuchte vorn links
h1.1	A	=	Zusatzblinkleuchte vorn links (nur Export Italien und Dänemark)
h2		=	Blinkleuchte vorn rechts
h2.1	A	=	Zusatzblinkleuchte vorn rechts (nur Export Italien und Dänemark)
h3		=	Kombi-Schlußleuchte links
	a	=	Blinkleuchte
	b	=	Bremsleuchte
	c	=	Schlußleuchte
h4		=	Kombi-Schlußleuchte rechts
h5		=	Hupe
h9	D2	=	Fußbremswarnleuchte (nur Export Schweden)
h10	D2	=	Prüfschalter (Zweikreisbremswarnanlage)
h13	B7	=	Warn-Blink-Kontrolleuchte
k1		=	Zündspule
m1		=	Lichtmaschine
m2		=	Anlasser
m3		=	Motor Heizgebläse
m4		=	Wischermotor
n1		=	Batterie
r2		=	Vorwiderstandsleitung (Zündspule)
r3	B9	=	Vorschaltwiderstand (Heizgebläse)
u1		=	Kombi-Instrument
			1) Blinker-Kontrolleuchte (rot)
			2) Öldruck-Kontrolleuchte (rot)
			3) Fernlicht-Kontrolleuchte (blau)
			4) Ladestrom-Kontrolleuchte (grün)
			5), 5.1), 5.2), 5.3) Instrumentenbeleuchtung
			6) Spannungskonstanthalter
			7) Kühlwasserfernthermometer
			8) Kraftstoffvorratsanzeiger
			9) Batteriekontrolle (Voltmeter)
			10) Drehzahlmesser
u1.1	E9	=	Kombi-Instrument GT (Bedeutung der Zahlen: siehe unter u1)
u2		=	Hauptscheinwerfer rechts
	a	=	Abblendlicht
	b	=	Fernlicht
	c	=	Begrenzungslicht
u3		=	Hauptscheinwerfer links
u4		=	Kennzeichenleuchte rechts
u5		=	Kennzeichenleuchte links
u6		=	Innenleuchte vorn
u6.1	D3	=	Laderaumleuchte
u10	Y	=	Radio
u13	D5	=	Rückfahrscheinwerfer links
u13.1	D5	=	Rückfahrscheinwerfer rechts
u16	A7	=	Beleuchtung Schaltstufenanzeige (Autom. Getriebe)
u17	D8	=	Kofferraumleuchte

Achtung! An Export-Fahrzeugen für Italien und Frankreich wird am Blinkerschalter Leitung 56a mit 56b vertauscht.

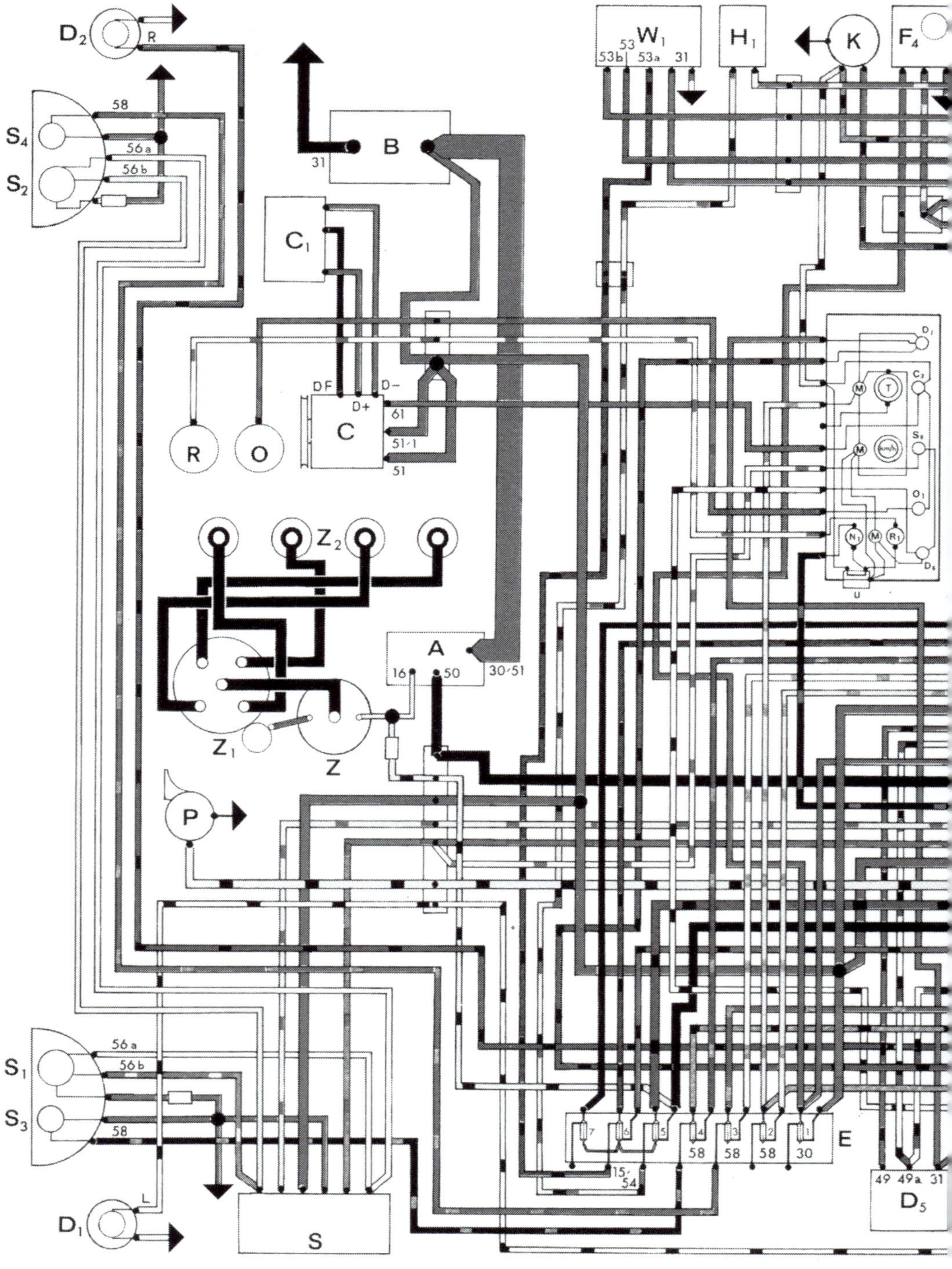
D2
R
S4
58
56a
56b
S2
31
B
C1
DF
D+
D-
C
61
51-1
51
R
O
Z2
Z1
Z
A
16
50
30-51
P
W1
53
53b
53a
31
H1
K
F4
D1
C2
S6
O1
N1
M
R1
D6
T
km/h
U
S1
56a
56b
S3
58
L
D1
S
7
6
5
4
3
2
1
58
58
58
30
E
15/54
49
49a
31
D5

Erläuterungen zum Schaltplan siehe Seite 242

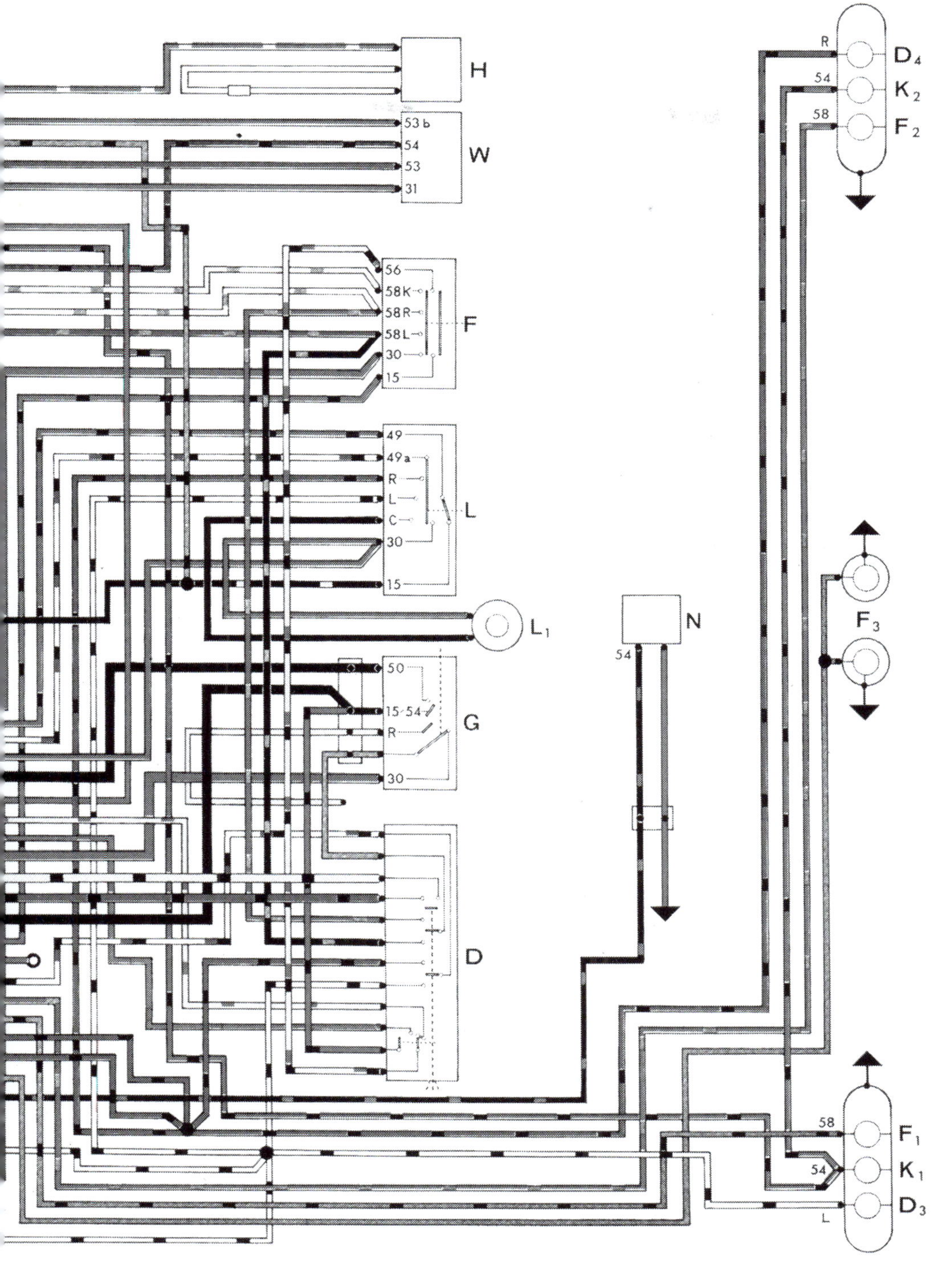

FSC
www.fsc.org
MIX
Papier | Fördert gute Waldnutzung
FSC® C083411

Zeitfracht Medien GmbH
Ferdinand-Jühlke-Straße 7
99095 Erfurt, Deutschland
produktsicherheit@kolibri360.de